化学工业出版社"十四五"
普通高等教育规划教材

# 土壤肥料学

王 帅 王 楠 主编

化学工业出版社
·北京·

## 内容简介

《土壤肥料学》主要涵盖土壤学和肥料学相关的基本知识，全书除绪论外共分十一个项目，土壤篇主要介绍土壤组成认知技能、土壤性状认知技能、土壤养分及管理技能、土壤形成与分类技能、土壤类型划分及认知技能；肥料篇主要介绍测土配方施肥技能，肥料认知与合理选用技能，植物缺素及肥害诊断、救治技能，肥料配方技能，植物营养与科学施肥技能以及农田土壤环境污染防治技能。本书内容丰富，结合了当前我国土壤肥料的发展水平与生产实际，注重理实一体，从基础到实践环环相扣、逐层递进，项目化、任务化安排章节更有利于启发式、提问式、参与式教学及案例分析等，充分提高学生的参与意识和思考能力。

本书可作为高等农林院校种植类本科各相关专业的课程教材，也可供从事土壤肥料科研、生产、管理的人员和广大农业科技工作者参考阅读。

**图书在版编目（CIP）数据**

土壤肥料学 / 王帅，王楠主编. -- 北京：化学工业出版社，2024. 8. -- ISBN 978-7-122-45855-1

Ⅰ. S158

中国国家版本馆 CIP 数据核字第 20245MF624 号

责任编辑：郭宇婧　石　磊　满悦芝　　装帧设计：张　辉
责任校对：田睿涵

出版发行：化学工业出版社
（北京市东城区青年湖南街 13 号　邮政编码 100011）
印　　装：大厂聚鑫印刷有限责任公司
787mm×1092mm　1/16　印张 19¼　字数 495 千字
2024 年 10 月北京第 1 版第 1 次印刷

购书咨询：010-64518888　　售后服务：010-64518899
网　　址：http://www.cip.com.cn
凡购买本书，如有缺损质量问题，本社销售中心负责调换。

定　　价：59.00 元

# 编写人员名单


**主　编：**王　帅　王　楠

**副主编：**孙　玲　刘　鑫　胡　宁　彭　靖　尹秀玲

**参　编：**刘　明　宁夕琳　杜晓东　孙宇军　李　凯

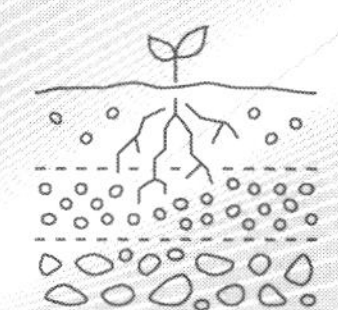

# 前言

土壤肥料是重要的农业资源，对保障粮食安全和维护生态环境具有至关重要的作用。近年来，随着测土配方施肥技术的广泛应用和第三次全国土壤普查的深入推进，通过土壤肥料等技术手段，我们可以实现资源的高效利用和耕地质量的显著提升。这对于我国农业的可持续发展具有特别重要的意义。

“土壤肥料学”是农林类高等院校种植类专业的主要核心课程，本书全面系统地介绍了土壤基本理论和原理，土壤养分及管理技能，土壤形成与分类技能，土壤类型划分及认知技能，肥料的种类、品种、性质和特点，肥料对作物生长发育、产品品质以及生态环境的影响，各类肥料的有效施用与科学管理原则和技术，以及农田土壤污染防治技能。本书全面总结了近年来我国土壤与肥料科研与实践的全新成果，深入贯彻了“绿水青山就是金山银山”的发展理念，系统阐述了土壤污染防治与肥料科学施用的技能。这对于推动物质循环的绿色、高产、优质、高效、可持续发展，实现“藏粮于地，藏粮于技”的国家战略，具有非常重要的促进作用。

本书紧密围绕并结合了我国当前土壤肥料科技发展与生产实践的需求，充分考虑了学科特性及对专业人才的培养目标。本书可作为高等农林院校种植类本科各相关专业的课程教材，也可供从事土壤肥料科研、生产、管理的人员和广大农业科技工作者参考阅读。

本书共分十二个项目，内容包括绪论，土壤组成认知技能，土壤性状认知技能，土壤养分及管理技能，土壤形成与分类技能，土壤类型划分及认知技能，测土配方施肥技能，肥料认知与合理选用技能，植物缺素及肥害诊断、救治技能，肥料配方技能，植物营养与科学施肥技能，农田土壤环境污染防治技能。

参与本书编写的人员主要有王帅（绪论、项目一）、王楠（项目二的任务一和任务二、项目三、项目五）、孙玲（项目二的任务三和任务四、项目四）、刘鑫（项目六）、胡宁（项目八、项目九）、彭靖（项目七、项目十）、尹秀玲（项目十一）。在本书的编写过程中，我们得到了吉林农业科技学院校企合作教材立项建设项目资助，并且参阅了相关论文、专著、科技创新成果和教材，这些珍贵的资料为我们提供了宝贵的启示和参考，在此一并表示衷心的感谢。限于教材字数和编者的知识水平及经验，本书难免有疏忽和不妥之处，我们热切地期待读者能够提出宝贵的意见和建议。

**编者**

**2024 年 3 月 2 日**

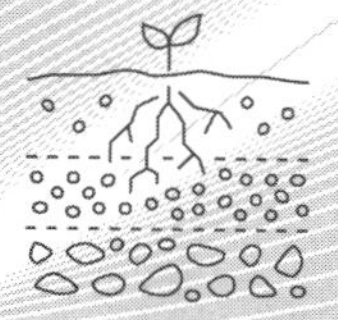

# 目 录

## 绪 论 1



## 项目一 土壤组成认知技能 8

## 项目二 土壤性状认知技能 44



## 项目三 土壤养分及管理技能 110

## 项目四 土壤形成与分类技能 128



## 项目五 土壤类型划分及认知技能 148

## 项目七 肥料认知与合理选用技能 178

## 项目八　植物缺素及肥害诊断、救治技能　227



## 项目九　肥料配方技能　234



## 项目十　植物营养与科学施肥技能　238

## 项目十一 农田土壤环境污染防治技能 267

# 绪　论

## 任务一　土壤及土壤肥力

土壤是人类生产和生活中最为珍贵的自然资源之一，具有重要的生产和生态环境调节功能。它也是国家最为重要的自然资源之一，是人类赖以生存和农业发展的物质基础，没有土壤就没有农业。古人云“民以食为天，农以土为本”，这句话也道出了土壤对于国家及人民的重大贡献。然而，对于土壤概念的解读，不同学科的专家会有不同的认识：环境科学家认为土壤是重要的环境因素，是环境污染物的缓冲带和过滤器；工程学专家将土壤看作承受高强度压力的基地或工程材料的来源。本任务从农业科学工作者的角度讨论土壤及土壤肥力的概念、性质及其作用。

### 一、土壤

土壤是发育于地球陆地表面能够生长绿色植物的疏松多孔结构表层。这一概念阐述了土壤的功能、所处的位置及物理状态，同时也表明，土壤是一个独立的历史自然体，有其发育与形成的自然过程。

在自然界中，土壤以不完全连续的状态覆盖于陆地表面，处于大气圈、生物圈、岩石圈和水圈相互交接的地带，各圈层间进行着物质及能量的交换与转化。土壤是联系有机界和无机界的纽带，在生态系统中，有时将土壤带称为土壤圈。按照地质学进行划分，岩石圈上部的风化残余物为风化壳，土壤位于风化壳的上层，土壤在自然界中的位置见图 0-1。

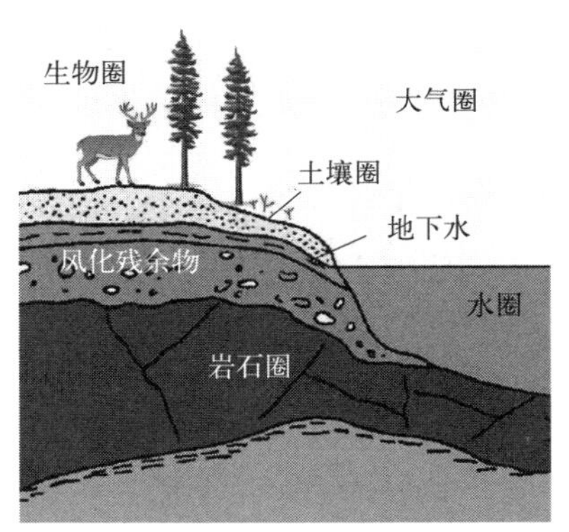

图 0-1　土壤在自然界中的位置示意图

土壤是以疏松的状态存在于陆地表面的。这个表层的松散物质有着一定的厚度，一般称之为土体，它是土壤科学研究的对象。土体的下面是岩石风化的残余物或其他类型的堆积物，它们是形成土壤的母体物质，叫作母质，土体和母质之间的界限，常常很难清楚地划分出来。在平原地区，土体的厚度在 1～2m。在山区，土体较薄，常不足 1m，甚至只有十几或几十厘米。有人认为，应当把高等植物主要根系分布的深度划为土体。事实上，主要根系以下的土层对植物生长仍有相当大的作用，所以土体应比这个深度稍微深些。

在野外观察和研究土壤时，从地面垂直向下直到母质挖一断面，这一断面叫作土壤剖面。土壤剖面一般可呈现出水平层次，这些层次被称为土壤发生层，简称土层。土壤剖面的表层是有机质的积聚层，颜色较暗，在土壤学中称之为 A 层。土壤剖面的心土层被称为 B

层。A 层和 B 层合称土体。土体以下逐渐过渡到轻微风化的基岩或地质堆积物层，称之为母岩层或者母质层。土壤剖面中各个土层的厚度、特性和相互排列组合的情况，对于土壤的水分、养分、空气、热量状况及耕性等，都有直接的影响，对植物生长发育有着重要的作用。

土壤是由固体、液体和气体三相物质组成的疏松多孔结构。土壤固体部分通常以土粒形式存在，按容积计算一般约占 50%，其中矿物质占 38%（按质量计算约占 95%），有机质占 12%（按质量计算约占 5%），其余 50%的容积是固体土粒之间大小不同的孔隙，里面充满液体和气体，也就是水分和空气，水分和空气常在 15%～35%的容积范围内且彼此相互消长。土壤的三相组成见图 0-2。在土壤孔隙中或土粒表面上，生存着许多昆虫、蠕虫、原生动物和大量的微生物。在 1g 土壤中，微生物的数量往往可以多到数十亿个，它们对于有机质的分解、腐殖质的形成和养分的转化，都起着非常重要的作用。组成土壤的这些物质，不是简单地、机械地混合在一起，而是相互联系、相互制约地构成一个统一体。

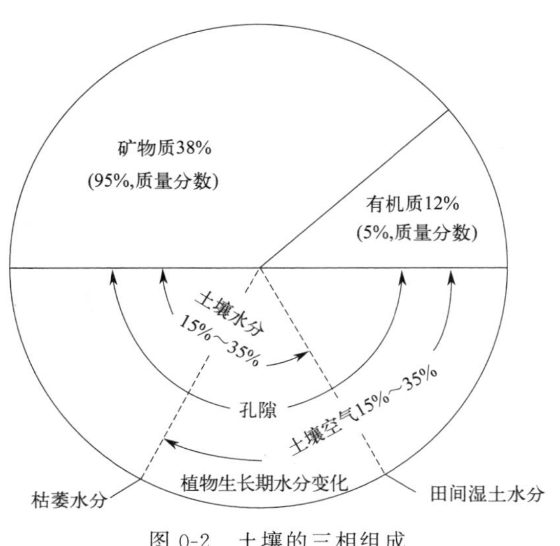

图 0-2 土壤的三相组成

土壤的物质组成在数量上有着很大的差异。泥炭土的有机质质量分数在 70%～80%之间，砂质土壤及其他瘠薄土壤，有机质质量分数甚至低到千分之几。

## 二、土壤肥力

土壤能够生产植物收获物，是由于它具有肥力，这也是土壤的本质特征。土壤的概念和肥力的概念是分不开的，土壤的发生发展过程，实质上就是肥力发生发展的过程。土壤具有肥力，这是土壤和其他物质（如岩石、母质等）的根本区别，是土壤的本质特征。

关于土壤肥力的概念，如同土壤的概念，迄今为止没有统一的定义。欧美的一些土壤学家传统地把土壤供应养分的能力看作是肥力。苏联早期的土壤学家威廉斯认为，土壤肥力是在植物生活的全过程内，土壤不断地同时供给植物以最大数量的水分和养分的能力。从他的这个定义看出，肥力包括水分和养分两个因素。

我国土壤科学工作者在总结农民群众生产经验的基础上，发展了威廉斯关于土壤肥力的概念。一般认为，土壤肥力是指在植物生长期间土壤供应和协调水分、养分、空气和热量的能力，通常简称为水、肥、气、热四大肥力因素。在四个肥力因素中，水、肥、气是物质基础，热是能量条件。四大肥力因素与土壤的物理性质、化学性质和生物学性质密切相关，因此可以说，土壤肥力是这些性质的综合反映。

土壤肥力可以分为自然肥力和人为肥力两种。自然肥力是在没有人为因素参与下，在自然成土过程中产生的，只有在未开垦的草原和林地土壤中才能存在；人为肥力是在自然肥力基础上，在人们耕作熟化过程中发展起来的。在耕种土壤中，两种肥力在生产上同时发挥着作用，但是，因受环境条件影响或土壤管理技术水平的限制，只有其中一部分能够在生产上表现出经济效果，这一部分肥力叫作有效肥力，另一部分没有直接反映出来的肥力，叫作潜在肥力。有效肥力和潜在肥力是可以相互转化的，之间没有绝对的界限。一些土壤（如某些涝洼地的草甸土、沼泽土和盐渍化土壤等）潜在肥力较高，而有效肥力不高；一些土壤（如风砂土）潜在肥力和有效肥力均不高。上述土壤均应因地制宜地进行农田基本建设、改造环境条件、改良土壤，使一部分潜在肥力转变为有效肥力，或者提高有效肥力，使之在作物生产上表现出效果。

良好的土壤，既要有较高的潜在肥力，能保蓄大量的养分和水分，又要有较高的有效肥力，在作物整个生长期间不断地、适时适量地供应和协调水、肥、气、热等肥力因素。威廉斯曾指出“没有不良的土壤，只有拙劣的耕作方法”。实践表明，任何不良的自然土壤，都可能被改造成为高产农田。但是，破坏土壤资源，土地利用不合理或者“只种地不养地”，土壤肥力均会有所降低，作物产量就会随之减退。

# 任务二　土壤在农业生产和生态环境中的重要性

## 一、土壤与农业生产

土壤不仅是一个独立的历史自然体，而且是农业的基本生产资料。土壤的主要功能在过去、现在及未来永远是用于发展农业生产。从现代大农业（农、林、牧）角度来看，农业属于植物生产，植物利用光能同化 $CO_2$ 并从土壤中吸收养分、水分，合成有机物质（粮食、棉花、蔬菜、水果、药材）以及其他人类赖以生存的必需品，同时为牧业提供精、粗饲料。牧业是畜、禽以农业供给的精、粗饲料或直接以牧草为食，生产肉、蛋、乳、皮、毛，同时提供有机肥料中原材料的行业。人们将有机肥料施用于土壤，保持和增加土壤有机质含量，提高土壤肥力，进一步促进农、牧业生产。林业也是以土壤为基础的植物生产，其可为人类提供木材和燃料，此外，还能发挥涵养水源、保持水土、防风固沙、保护农田和草场的重要作用，是农业高产稳产和发展畜牧业的重要条件。由此可见，农业、林业和牧业都是直接或间接以土壤为基础的，三者间的结合可以保持农业生产中物质的合理循环和能量的高效流动，充分、合理利用和保护土壤资源的核心途径就是提高土壤肥力。

## 二、土壤与生态环境

土壤作为地球的皮肤，是连接大气圈、生物圈、水圈、岩石圈的中心纽带。生态环境是“由生态关系组成的环境”的简称，是指影响人类生存与发展的水资源、土地资源、生物资源以及气候资源数量与质量的总称，是关系到社会和经济持续发展的复合生态系统，研究生态环境主要研究生态系统的结构和功能。从宏观来看，生物圈是一个巨大的生态系统，其包括陆地生态系统、海洋生态系统、岛屿生态系统、淡水生态系统等多种多样的、大小不一的多个生态系统。土壤是陆地生态系统中一个具有结构的组成部分，是其中的一个亚系统，同时又是一个独立的生态系统。独立的土壤生态系统在结构上有四个组成部分：一是生产者，主要指绿色植物和藻类，它们通过光合作用固定 $CO_2$；二是消费者，是指直接或间接以生产者为食的食草和食肉动物；三是分解者，是指生存在土壤内部或地表的营腐生细菌、真菌等微生物和土壤微小动物，它们分解生物残体的有机物质使之变为无机状态，并从中获取养分和能量；四是非生物物质，是指土壤矿物质、腐殖质、水分和空气等，这些都是土壤生物生命活动的物质基础，属于土壤的生物环境。从土壤生态系统的功能来看，这四种组分之间存在着复杂而精细的食物链关系，它们相互作用、相互制约，共同调控着土壤中物质和能量转化过程的速度与强度，决定着土壤肥力的高低。

土壤生态系统受人为活动影响较大。人是高级的生产者，也是消费者。人类为了生产和生活的需要，不断地从环境中索取大量的自然资源，同时向环境中排出大量的废物，因而改变了土壤生态系统的平衡，导致生态的日益恶化。历史上，国内外都有这方面的惨痛教训。如18～19世纪，美国开发了大片的森林和草原作为农田，由于地面裸露，土壤侵蚀日益严重，1934年美国发生了历史上最严重的一次“黑风暴”，狂风越过美国2/3的大陆，刮走3亿多吨土壤，水井和溪流干涸，作物枯萎，牛羊渴死，当年的冬小麦减产51亿公斤。在20世纪50年代，苏联为了扩大耕地面积，开垦哈萨克斯坦的草原，也多次引起了“黑风暴”，仅1963年一次“黑风暴”就毁掉了2000多万公顷农田。截至2022年，我国水土流失面积265.34万平方公里。其中，水力侵蚀面积109.06万平方公里，风力侵蚀面积156.28万平方公里。西部地区水土流失面积为223.35万平方公里，中部地区水土流失面积为28.39万平方公里，东部地区水土流失面积为13.60万平方公里。这些都可能与历史上滥伐森林、滥垦草原和过度放牧有关。

土壤资源与光、热、水、气资源一样被称为可再生资源，但土壤资源的再生速度非常缓慢，地球表面形成1cm厚的土壤，需要300年以上的时间。我国是世界上荒漠化面积较大、受影响人口较多、风沙危害较重的国家之一。2022年，我国荒漠化土地总面积261.16万平方公里，占国土面积的27.2%。岩溶地区石漠化土地面积为1007万公顷。由此看来，土壤的再生速度远抵不上水土流失造成土层减少的速度。同时土壤的质量也是可变的，土壤的本质特征是肥力，它是在各种因素的作用下，经过漫长时间发育而来的，永远处在动态变化中。随着社会的发展，废水、废气和废渣的排放及大量施用农药，造成了土壤的污染，使土壤理化性质和生物性质恶化，影响植物的正常发育，甚至通过食物链的传播，危害人类健康。生态环境问题也日渐凸显，人们对土壤的生态功能越来越重视。中国人口基数大，各种类型的土壤资源人均占有量均较低，要想从有限的土壤资源中获取足够的粮、肉、蛋、奶和木材等物品，必须在开发利用土壤资源时注意利用和保护相结合。从国内外诸多经验教训来看，要建设高产、稳产农田，需要建立一个农田、森林和草原生态系统相结合的复合生态系统，使农田生态系统具有更大的稳定性。在农田生态系统中，要制定合理的轮作、施肥和耕作制度，做到用地和养地结合，改善生态系统，使土壤资源展现出应有的生态效益和经济效益。

# 任务三　土壤科学的发展

土壤学是一门古老的科学，人们在农业生产实践中逐渐积累了认土、评土、用土和改土的知识。然而土壤是一个极其复杂的体系，直到18世纪中期以后，土壤学才成为真正意义上的独立科学。

## 一、近代土壤科学发展

土壤学的兴起和发展与近代自然科学，尤其是化学和生物学的发展息息相关。16世纪以前，人们对土壤的认识仅是以土壤的某些直观性质和农业生产经验为依据。16—18世纪，近代土壤学随着自然科学的发展，逐步开始形成。在西欧，许多学者为论证土壤与植物的关系，提出了各种假说。17世纪中叶，荷兰医生范·海耳蒙特根据其长达五年的柳枝土培试验结果，认为土壤除了供给植物水分以外，仅仅起到支撑的作用。17世纪末，英国的伍德沃德（1665—1728）将植物分别置于雨水、河水、污水及污水加腐殖土四种介质中生长，发现后两种介质中的植物生长较好，因而他认为细土是植物生长的要素，从而否定了海耳蒙特的观点。18 世纪末，德国的泰伊尔提出“植物腐殖质营养”学说，认为除了水分以外，腐殖质是土壤中唯一能作为植物营养的物质，这一学说在西欧曾风行一时。18 世纪以后，随着自然科学的进一步发展，土壤学在发展进程中先后出现了三大学派，即农业化学土壤学派、农业地质土壤学派和土壤发生学派。

1840 年，德国化学家李比希（J. von Liebig，1803—1873）提出“植物矿质营养学说”及“养分归还学说”。他指出矿质元素是植物主要的营养物质，土壤则是这些营养物质的主要来源，土壤中矿质养分的含量是有限的，其必将随着耕种时间推移而日益减少，因此必须增施矿质肥料予以补充，否则土壤肥力将日趋衰竭，作物产量也渐趋下降。他正确地指出了土壤对植物营养的重要作用，从而促进了田间肥效试验、温室培养试验、农业化学分析的兴起以及化肥工业的发展，为土壤学及肥料学的发展做出了划时代的贡献。

19 世纪下半叶，西欧（主要是德国）的一些土壤学家用地质学的观点来观察土壤，将土壤看作是岩石风化的堆积物。德国的费斯克、地质学家法鲁（1794—1877）及拉曼不承认土壤是一个独立自然体，忽视了生物对土壤形成的作用。他们主张土壤形成过程是单纯的岩石风化和淋溶过程，并且随着土壤发育程度的加深，风化和淋溶程度也不断加强，土壤中养分不断地释放出来被雨水淋溶损失，结果致使土壤肥力呈递减曲线下降。显然，这不符合现代农业发展过程中“土壤肥力持续提高、单位面积产量逐步增加”的实际情况。然而，农业地质学观点在土壤学发展史上同样起到了积极作用，该学派观点开辟了从矿物学研究土壤的新领域。

1883 年，俄国土壤学家道库恰耶夫（1846—1903）在整理其博士论文的基础上出版了《俄罗斯黑钙土》一书，在农业地质学派的基础上，创立了土壤发生学派。该学说认为土壤有自己的发生和发育历史，是一个独立的历史自然体，土壤形成过程是由岩石风化过程和成土过程所推动的，影响土壤形成发育的因素可概括为母质、气候、生物、地形和时间五个方面，简称为五大成土因素；土壤的外部形态和内在性质都直接或间接与五大成土因素有关。苏联早期的土壤学家威廉斯，继承和发展了土壤发生学派观点，进一步强调了生物在土壤形成过程中的主导作用，并据此创立了土壤统一形成学说。

土壤作为人类赖以生存的重要自然资源，由于持续的集约利用，正在不断地发生变化，这种变化不仅会对土地承载力产生重要作用，而且也会对全球气候状况产生直接或间接影响。因此，当今土壤学已由原来仅研究土壤本身向研究土壤圈及其他圈层之间的关系扩展。土壤圈概念自 1938 年由英国土壤学家 S. Matson 提出后，近 10 年来获得了快速发展，特别是 1990 年，Arnold 对土壤圈的定义、结构、功能及其在地球生态系统中的地位作了全面阐述和展望，为土壤科学参与解决全球环境问题奠定了基础。

随着社会的发展，人们的需求发生了巨大变化。与之相适应，土壤科学发展方向可凝练为两大方向：第一，研究土壤圈与地球其他圈层的关系；第二，研究土壤圈物质迁移与能量平衡对人类生存环境的影响。根据上述研究方向可概括为四项基本任务：土壤圈物质循环与全球土壤变化；水土资源时空变化、开发利用与恢复重建；土壤肥力演变规律、土壤质量与土壤健康发展趋向及调控对策；农业可持续发展、区域治理与生存、生态环境建设。其中通过土壤圈物质与养分循环，研究与探讨如何实现农业可持续发展与生态环境建设是关键。

## 二、我国土壤科学发展

中华民族的祖先在 6000 多年前的仰韶文化时期，在黄河流域就有原始粗放农业发展。在几千年的农业生产实践中，我国劳动人民在认土、用土、养土和改土等方面积累了丰富的经验，并被一些古代科学家总结、记载在许多古籍中。4100 多年前，夏代《禹贡》以土壤肥力为主，并将土壤颜色、质地、植被和土壤水文状况作为鉴别土壤的标准，把九州的土壤分为三等九级，根据土壤肥力等级，安排农业生产，制定适当的田赋。这种土壤分类，是我国古代土壤科学史上的创举，也是世界上有关土壤分类和等级评定最早的记载。2600 多年前春秋战国时期的《管子·地员》指出："凡草土之道，各有谷造，或高或下，各有草土。"所谓凡草土之道，各有谷造，就阐明了土壤形成、土壤分布与植被的自然规律。把土壤、植被和种植谷物紧密结合起来，说明了土壤与植被及其适宜的栽培作物之间存在着一定的规律性，在不同的地形部位上分布着不同的植被和土壤；指出了认识草就可以认识土壤，认识土壤，就可以因地制宜地来利用土壤、种植作物。春秋战国时期的《吕氏春秋·任地》，从土壤耕作出发，记载了用土、改土与养土的技术措施，提出"力者欲柔，柔者欲力。息者欲劳，劳者欲息。"南北朝时期（公元 420 年—589 年），杰出的农业科学家贾思勰编撰的《齐民要术》就有旱田耕作经验的记载，书中总结出了"秋耕欲深，春耕欲浅""凡耕高田，不问春秋，必须燥湿得所为佳，若水旱不调，宁燥勿湿"的经验。关于利用绿肥肥田则指出："凡美田之法，绿豆为上，小豆、胡麻次之。"可见，当时已能根据土壤墒情掌握适耕期，对绿肥轮作也有相当的经验。到了宋、元、明、清时期，一些重要的农业书籍先后问世，如宋代的《陈旉农书》，元代的三大农书《农桑辑要》《王祯农书》和《农桑衣食撮要》，明代的《农政全书》和清代的《授时通考》等，都记载了一些耕作和培肥土壤之法。

我国现代土壤科学的研究工作始于 20 世纪 30 年代，当时主要进行了一些土壤调查、制图和一般的农化分析试验，此外，对我国土壤资源、土壤类型及其分布规律、理化性质以及土壤改良也进行了初步研究。新中国成立以后，土壤科学事业有了较大发展。中国科学院和农业农村部相继成立了专门的研究机构，高等农业院校设立了土壤和农业化学等相关专业。1950 年以来，随着耕垦和农业的发展，土壤地理、土壤改良及土壤肥力等分支学科陆续形成。中国科学院院士熊毅对土壤物理化学、土壤胶体、土壤矿物、土壤改良、土壤生态环境等进行了研究，拓展了水稻土氧化还原的形成学说，寻找出中国主要土类中黏土矿物的分布规律，提出了统一规划，因地制宜，综合治理旱、涝、盐、碱的原则及井灌井排等治理措施，是中国土壤胶体化学和土壤矿物学的奠基人。

迈入新千年后，我国拥有一支庞大的土壤科学研究专业队伍，一些研究工作在国际同类研究中得到了高度认可，如土壤的电化学性质、土壤分类、土壤中营养元素的再循环、盐碱土改良与利用等。中国土壤科学研究者通过多学科间的交叉融合，将"人口-资源-环境"作为整体研究系统，以土壤肥力提升与农业可持续发展为研究重点，以土壤资源保护与生态环境建设为研究目标做了一系列卓有成效的工作，为中国经济社会的持续发展做出了巨大贡献。

随着农业生产水平的提高、全球环境问题的出现以及人们对全球变化的关注，土壤学正在为农业可持续发展及农业环境管理提供重要的理论及技术支撑，土壤资源、土壤环境及土壤管理等学科研究日益活跃。

# 任务四　土壤学研究领域与研究方法

## 一、土壤学研究领域

土壤学已发展成为一门独立的学科，根据国际土壤科学联合会的划分，较为成熟的学科分支包括土壤物理学、土壤化学、土壤矿物学、土壤生物学、土壤肥力和植物营养、土壤发生分类与制图、土壤技术以及土壤与环境等8个分支学科，另外还设有盐渍化、微生物、土壤动物、水土保持、森林土壤、土地评价、土壤治理等专业委员会。中国土壤学会的分支学科几乎覆盖了国际土壤科学联合会的全部基础分支学科。

土壤物理学主要研究土壤物理性质和水、气、热运动及其调控原理等内容；土壤化学主要研究土壤物质的化学组成、性质及土壤化学反应过程等内容；土壤矿物学主要研究土壤矿物的结构、组成、性质和化学反应等内容；土壤微生物学主要研究土壤中微生物区系、多样性及其功能和活性等内容；土壤生物化学主要研究土壤中的有机质组成、结构及其生物化学过程等内容；土壤肥力与植物营养主要研究土壤供应矿质养分的能力及其影响因子与植物营养的关系等内容；土壤地理学主要研究土壤与自然地理环境的关系等内容；土壤管理学主要研究人工措施对土壤和作物生产的影响等内容。

## 二、土壤学研究方法

土壤学研究方法归纳起来有宏观与微观研究方法、综合与交叉研究方法、野外调查与实验室研究结合方法以及新技术应用。

在宏观研究方法中，研究土壤的全球变化是站在土壤圈的高度上。研究区域土壤则要考虑一个区域的自然地理，区域的地形、水分、气候和地质特征对成土的影响。在微观研究方面，要注重土壤物质的化学组成、结构，物质相界面的性质、结合方式以及物理、化学和生物化学反应，这些都要应用现代化仪器设备去研究。

土壤学的研究手段随着其他学科新技术的发展也有较大更新，遥感技术、数字化技术、地理信息系统（GIS）技术已被成功地应用于土壤信息技术、土壤数据库和精准农业中。一些现代化的分析技术（如同位素示踪技术）、生物技术和方法（如高通量测序法）已被土壤相关分支学科所采用。

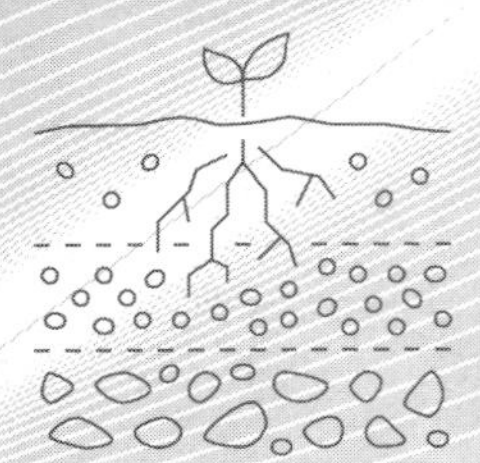

# 项目一　土壤组成认知技能

## 任务一　土壤矿物质

土壤矿物质是土壤的主要组成部分，约占土壤固相干重的95%以上，是土壤的“骨架”。土壤矿物质由成土母质继承和演变而来，可分为原生矿物和次生矿物，其组成、结构和性质对土壤物理、化学及生物学性质都有较大影响。通过对本任务的学习，读者可结合区域的特点识别土壤矿物质组成及类别。

### 一、土壤矿物质的化学组成

土壤矿物质是由地壳中的岩石、矿物经过各种风化作用演变而来的。为此，讨论土壤矿物质的化学组成，必须知道地壳的化学组成。土壤矿物质的元素组成很复杂，元素周期表中几乎所有元素都能从土壤中发现，但主要的有20余种，包括氧、硅、铝、铁、钙、镁、钛、钾、钠、磷、硫以及一些微量元素，如锰、锌、铜、钼等。表1-1列出了地壳和土壤的平均化学组成，从该表可见：①氧（O）和硅（Si）是地壳中含量较高的两种元素，分别占47%和29%，两者合计占地壳质量的76%；铝（Al）、铁（Fe）次之，四者（O、Si、Fe和Al）相加共占地壳质量的88.7%；也就是说，其余90多种元素合在一起，也只占地壳质量的11.3%；所以，在组成地壳的化合物中，绝大多数是含氧化合物，其中硅酸盐最多；②在地壳中，植物生长必需的营养元素含量很低，磷、硫均不到0.1%，氮只有0.01%，而且分布极不平衡；由此可见，地壳所含的营养元素远不能满足植物和微生物营养的需求；③土壤矿物的化学组成，一方面继承了地壳化学组成的特点，另一方面有的化学元素在成土过程中增加了，如氧、硅、碳、氮等，钙、镁、钾、钠等元素含量有所减少。这也反映了成土过程中元素的分散、富集特性以及生物的积聚作用。

表1-1　地壳和土壤平均化学组成（以质量分数表示）

| 元素 | 地壳中/% | 土壤中/% | 元素 | 地壳中/% | 土壤中/% |
|---|---|---|---|---|---|
| O | 47.0 | 49.0 | Mn | 0.10 | 0.085 |
| Si | 29.0 | 33.0 | P | 0.093 | 0.08 |
| Al | 8.05 | 7.13 | S | 0.09 | 0.085 |
| Fe | 4.65 | 3.80 | C | 0.023 | 2.0 |
| Ca | 2.96 | 1.37 | N | 0.01 | 0.1 |
| Na | 2.50 | 1.67 | Cu | 0.01 | 0.002 |
| K | 2.50 | 1.36 | Zn | 0.005 | 0.005 |
| Mg | 1.37 | 0.60 | Co | 0.003 | 0.0008 |
| Ti | 0.45 | 0.40 | B | 0.003 | 0.001 |
| H | (0.15) | — | Mo | 0.003 | 0.0003 |

资料来源：维诺格拉多夫，1950，1962。

## 二、土壤中的原生矿物

土壤中的原生矿物是指在土壤形成过程中未改变化学组成的原始成岩矿物，可为硅酸盐和铝硅酸盐、氧化物类、硫化物类、磷酸盐类等，主要存在于粗粒组分中，它的种类直接影响土壤的化学组成。

### （一）土壤中原生矿物的构造类型

不同种类的原生矿物，由于其构造特点及元素组成不同，抗风化能力及提供养分的能力也不同。土壤中存在的几种主要原生矿物均属于硅酸盐矿物，在构造上既有联系，又有区别。其共性是基本构造单位相同，即都以硅氧四面体为基本组成单位。硅氧四面体由一个硅离子和四个氧离子构成（图 1-1）。硅离子位于四个氧所围成的正四面体中心的空穴内，称为中心离子。由于硅离子为+4 价，氧离子为−2 价，所以每个氧离子只需用 1 个价电子与硅离子结合，另一个价电子是自由的。硅氧四面体可以表示为 $[SiO_4]^{4-}$，四面体的四个氧离子各带 1 个负电荷，它既可以与阳离子以离子键结合，也可以与相邻硅氧四面体共用氧而结合。这样一来，就形成了不同种类和不同性质的原生矿物。通常由简至繁可将硅酸盐矿物的构造分为以下五种类型（图 1-2）。

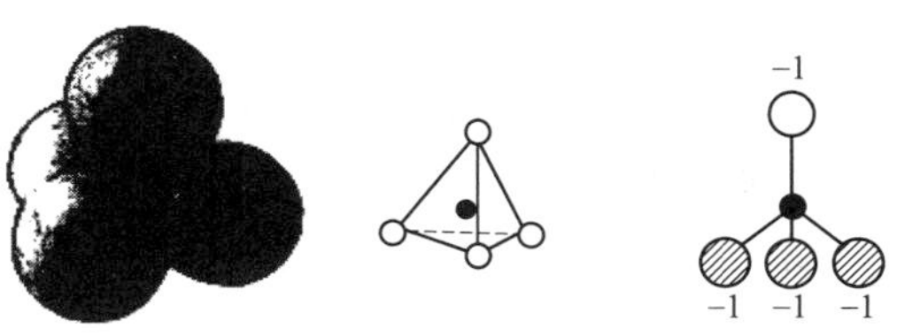

图 1-1　硅氧四面体的基本构造

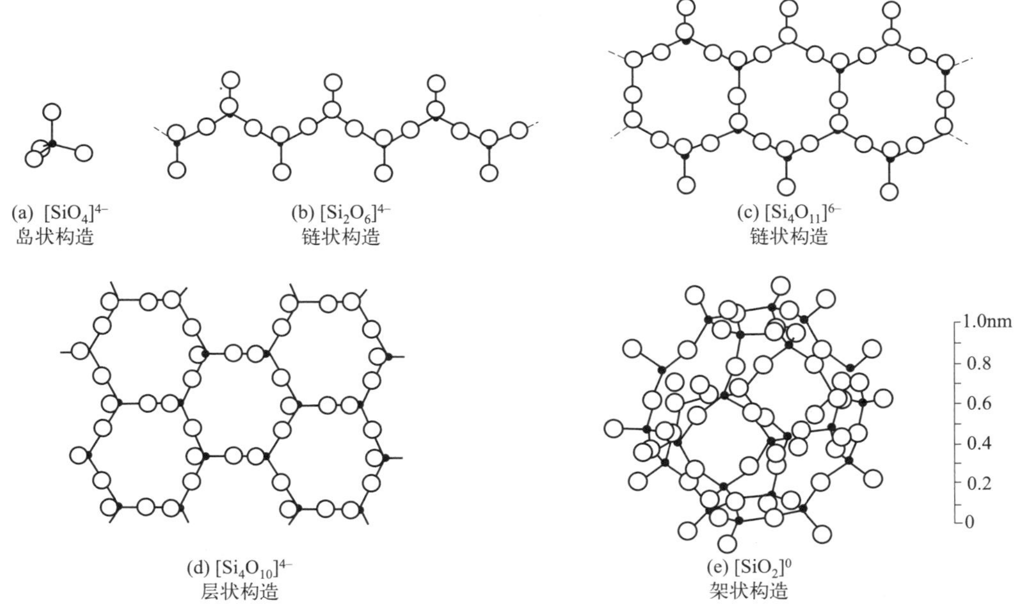

图 1-2　硅酸盐矿物的构造类型（Mackenzie，1975）

#### 1. 由独立四面体构成的矿物

独立四面体的四个氧离子均未被共用，其分子式为 $[SiO_4]^{4-}$，剩余的四个负价被 $Mg^{2+}$、$Ca^{2+}$、$Fe^{2+}$、$Al^{3+}$ 等离子中和，橄榄石类矿物即此种构造。根据中和负价的阳离子种类不同，橄榄石可分为镁橄榄石（$Mg_2[SiO_4]$）、铁橄榄石（$Fe_2[SiO_4]$），橄榄石类矿物构造简单，极易风化。

**2. 四面体单链矿物**

四面体与四面体之间形成单链，每个四面体的两个氧离子分别与其相邻的四面体共用，故其分子式为 $[Si_2O_6]^{4-}$，其负价被 $Ca^{2+}$、$Mg^{2+}$、$Fe^{2+}$ 等中和，辉石类矿物即此种构造。根据中和负价的阳离子种类不同，辉石有镁辉石（$Mg_2[Si_2O_6]$）、铁辉石（$Fe_2[Si_2O_6]$）及钙辉石（$Ca_2[Si_2O_6]$）等。辉石类矿物的构造也较为简单，易风化，发育程度较深的在土壤中亦不多见，风化后可释放出铁、镁、钙等营养元素。

**3. 四面体双链矿物**

由上述两个单链并行而成，每个四面体的两个或三个氧离子相互与其相邻的四面体合用，故其分子式为 $[Si_4O_{11}]^{6-}$，角闪石类矿物即属此种构造，例如透闪石｛$Ca_2Mg_5[Si_4O_{11}]_2(OH)_2$｝和阳起石｛$Ca_2Fe_5[Si_4O_{11}]_2(OH)_2$｝。角闪石类构造虽然较复杂些，但与石英、长石相比，也属易风化矿物，发育程度较深的在土壤中亦不多见，风化后可释放出镁、钙及铁等多种营养元素。

**4. 由四面体片层构成的矿物**

四面体平面延展，形成六边形的片状结构，每个四面体中的三个底层氧离子均分别与其相邻的四面体共用，故其分子式为 $[Si_4O_{10}]^{4-}$。云母、滑石及各种黏粒矿物中的硅片均属此种构造，每个四面体中剩余的一个氧离子与其相重叠的铝氧八面体共用中和了负电荷。云母类矿物中，常见的有白云母｛$KAl_2[AlSi_3O_{10}](OH)_2$｝和黑云母｛$K(Mg,Fe)_3[AlSi_3O_{10}](OH,F)_2$｝，前者抗风化能力较强，故呈细小的片状存在于土壤中，后者则易受化学风化而分解，风化后脱钾可形成伊利石或其他黏粒矿物。富含云母类矿物的土壤一般钾素营养较为丰富。

**5. 四面体架状构造矿物**

由四面体构成立体框架（架状构造），每个四面体中的氧离子均与其相邻的四面体共用，其分子式为 $[SiO_2]^0$，无剩余负电荷，故不需其他中和负价的阳离子。石英及方英石属此种构造。如果石英中一部分四面体中的 $Si^{4+}$ 被 $Al^{3+}$ 代替，则产生负价，可被 $Ca^{2+}$、$Na^+$、$K^+$ 等阳离子中和，这就形成了长石类矿物。长石类矿物的种类很多，如钠长石（$Na[AlSi_3O_8]$）、钙长石（$Ca[Al_2Si_2O_8]$）、钾长石（$K[AlSi_3O_8]$）等。石英、长石是岩石中分布最为广泛的矿物，它们的结构稳定，抗风化能力强。因此，其在土壤中残留量很多，即使风化，能提供植物所需的养分也很少。

### （二）土壤中原生矿物的种类及其性质

原生矿物具有坚实而稳定的晶格，基本上不吸水、不膨胀，不具有物理化学的吸收性能。但是，原生矿物在土壤中多以砂粒和粉砂粒存在，使土壤具有良好的通气、透水性。在风化和成土过程中，随着原生矿物的分解，其可逐渐释放出钾、钙、镁、磷、硫等多种元素，这也是原生矿物对土壤肥力的促进作用。土壤中含有的原生矿物，其种类有数百种，而常见的矿物只有几十种，例如硅酸岩和铝酸盐类、氧化物类、硫化物和磷酸盐类，以及某些特别稳定的原生矿物（如石英、石膏、方解石等）。土壤中主要的原生矿物及其对土壤肥力的作用如下：

**1. 长石类**

长石类属于钾、钠、钙、镁的无水铝硅酸盐矿物，是土壤中广泛存在的较为稳定的矿物。长石类矿物颗粒主要集中在土壤的砂粒和粉砂粒部分，土壤中常见的长石有钾长石（$K[AlSi_3O_8]$）和钙长石（$Ca[Al_2Si_2O_8]$）。钾长石含 $K_2O$ 10%～13%、$CaO+Na_2O$ 3%～5%。土壤中钙长石约含 CaO 9%～12%，$K_2O$ 1%～2%。钾长石与钙长石中的 K 和 Ca 对植物来说属于无效养分，只有颗粒表面上结合的 K 和 Ca 才是植物可利用的。因此，矿物颗粒越细，有效的 K 和 Ca 越多。随着风化过程的进行，会有更多的 K 和 Ca 被释放出来。

#### 2. 云母类

云母类属于钾、铁、镁的铝硅酸盐矿物，土壤中常见的有白云母 $\{KAl_2[AlSi_3O_{10}](OH,F)_2\}$ 和黑云母 $\{K(Mg,Fe)_3[AlSi_3O_{10}](OH,F)_2]\}$。白云母中 $K_2O$ 约占 10%，$FeO+Fe_2O_3$ 约占 2%～3%，含 MgO 0～3%；黑云母中 $K_2O$ 约占 6%～9%，$Fe_2O_3+FeO$ 约占 23%，MgO 约占 9%。黑云母和白云母均不易风化，而两者相比，前者更易风化，故云母碎片易在土壤细砂粒中看到。云母类矿物在风化过程中可释放较多的 K、Fe、Mg 等营养元素。

#### 3. 辉石类和角闪石类

这两类矿物统称为铁镁矿物，它们是钙、镁、铁的铝硅酸盐，多为黑色或暗绿色。土壤中辉石 $\{Ca(Mg,Fe,Al)[(Si,Al)_2O_6]\}$ 和角闪石 $\{Ca_2Na(Mg,Fe)_4(Al,Fe^{3+})[(Si,Al)_4O_{11}]_2(OH)_2\}$ 含量非常丰富。辉石类矿物含 $Fe_2O_3$ 2%、FeO 5%～10%、CaO 16%～26%、MgO 12%～18%；土壤中角闪石含 $Fe_2O_3$ 5%、FeO 10%、CaO 10%～12%、MgO 12%～14%。这两类矿物中，Fe、Mg、Ca 的含量都很高，风化时能释放较多的矿物养料。

#### 4. 橄榄石类

其分子式为 $\{(Mg,Fe)_2[SiO_4]\}$，是铁、镁的硅酸盐，呈橄榄绿色。橄榄石含 $Fe_2O_3$ 0%～3%、FeO 5%～34%、MgO 27%～51%。由于橄榄石属于独立四面体构成的矿物，极易风化，故土壤中少见，其风化后可释放出镁、铁等养分元素。

#### 5. 磷灰石

磷灰石的主要成分是磷和钙，包括氟磷灰石 $[Ca_5(PO_4)_3F]$、羟基磷灰石 $[Ca_5(PO_4)_3OH]$ 和氯磷灰石 $[Ca_5(PO_4)_3Cl]$ 等。土壤中含磷灰石很少，但磷灰石风化时能逐渐释放出植物所必需的磷素。

#### 6. 石英

石英（$SiO_2$）属于氧化物类矿物，在土壤中分布很广，在砂粒和粉砂粒中，石英质量分数可在 70%～90%之间，石英是极稳定的矿物，有很强的抗风化能力。石英的化学成分 $SiO_2$ 质量分数接近 100%，基本上不含有其他养分元素。土壤中石英含量占绝对优势时，肥力很低。在一般土壤中，石英砂粒仅可增强土壤的通气、透水性。

土壤中还有铁、钛和铝的氧化物类原生矿物，如赤铁矿（$Fe_2O_3$）、金红石（$TiO_2$）、蓝晶石（$Al_2SiO_5$）等，它们都比较稳定，不易风化。

## 三、土壤中的次生矿物

土壤中的次生矿物是在岩石风化和成土过程中，由原生矿物经化学蚀变或由其分解产物重新合成的新生矿物，包括简单盐类、次生氧化物和铝硅酸盐类矿物。通过电子显微镜对其外部形态进行观察可以清楚地看出，次生矿物可呈板状、小球状或短栅状等各种形状，但从其内部构造及成分看，它们大都为层状硅酸盐，故有时也称为次生层状硅酸盐矿物。由于次生矿物的颗粒较细，主要存在于土壤的黏粒组分中，是黏粒的主要成分，故也称为次生黏粒矿物，或直接称为黏粒矿物。

## （一）次生层状硅酸盐矿物的构造特征

### 1. 基本构造单位

（1）四面体

前面已经介绍了硅氧四面体的构造，其分子式可以写成 $[SiO_4]^{4-}$。在层状硅酸盐中，四面体底部的三个氧各与相邻的四面体底层氧共用，形成四面体片。剩余的一个氧（即四面体顶部的氧）与八面体共用，这样每个四面体的负价全部被中和。四面体片呈六角形网状构造，六个氧围成六角形空穴的半径约为 0.15nm，整个四面体片的厚度约为两个氧的厚度 0.52nm（图 1-3）。

（2）八面体

八面体是由一个铝（或铁、镁）离子为中心离子，其周围等距连接六个氧离子（或氢氧根离子）所构成。六个氧离子（或氢氧根离子）排成两层，每层都由三个氧离子（或氢氧根离子）排成三角形，上层三个氧离子和下层三个氧离子互相交错排列，铝（或铁、镁）离子位于两层中心的孔穴内，这样的结构从外表看有八个面，每个面均由三个氧离子（或氢氧根离子）构成，故称八面体。八面体的中心离子为铝离子时，称之为铝氧八面体，其分子式为 $(AlO_6)^{9-}$（图 1-3）。

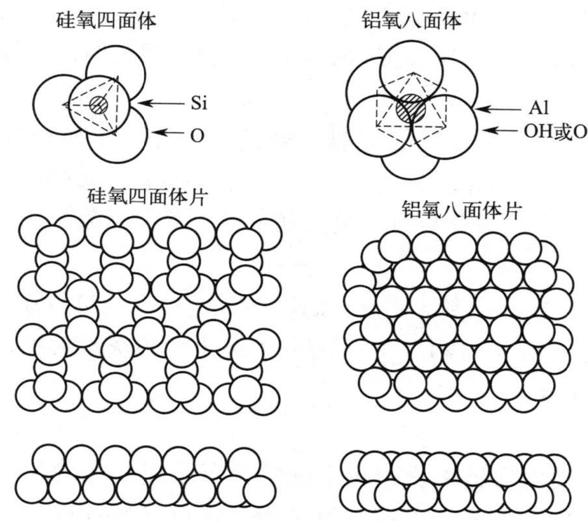


图 1-3 硅氧四面体和铝氧八面体的基本构造及四面体片和八面体片的平面图、侧面图（Schulze，1989）

在层状硅酸盐中，八面体之间也是通过共用相邻氧离子（或氢氧根离子）先聚合成八面体片，然后由八面体片和四面体片相互重叠形成层状硅酸盐。重叠时，八面体片中 2/3 的氧离子和四面体片顶部的氧离子共用，余下的 1/3 氧被氢离子中和形成氢氧根离子。在八面体片中，中心离子可以是三价铝离子，也可以是二价镁离子，前者构成的八面体片称为水铝片，后者称为水镁片。在水铝片中，所有八面体中心空穴数的 2/3 被铝离子占据，这样的八面体片称为二（位）八面体片。在水镁片中，所有八面体中心的空穴均被镁离子占据，这样的八面体片称为三（位）八面体片。

### 2. 同晶代换

黏粒矿物结晶形成时，晶架内四面体或八面体中心阳离子常被另一种大小相似的阳离子所代替，其结果是改变了晶架的化学组成，而晶体的构造不受破坏，这种现象被称为同晶代换（同晶替代）。同晶代换现象可发生在四面体片中，常以 $Al^{3+}$ 代换 $Si^{4+}$，也可发生在八面体片中，常以 $Mg^{2+}$、$Fe^{3+}$ 或 $Fe^{2+}$ 代换 $Al^{3+}$。

同晶代换发生后，如果互换的两个阳离子是等价的，晶体内则保持电中性，如果互换的离子价数不等，晶体内正负电荷就会出现不平衡现象，从而使晶体带电。若以低价代高价，例如以 $Al^{3+}$ 代换四面体中的 $Si^{4+}$ 或以 $Mg^{2+}$ 及 $Fe^{2+}$ 代换八面体中 $Al^{3+}$ 时，晶体可带上一个负电荷；反之，若以高价代低价，例如以 $Al^{3+}$ 代三八面体中的 $Mg^{2+}$ 时，晶体可带上一个正电荷。黏粒矿物的同晶代换现象，多以低价代高价为主，故矿物晶体表面以带负电荷为主。

当两对同晶代换分别产生一正一负的电荷，且两者发生位置相邻时，可互相抵消，这种现象称为内在中和。当两者发生的位置间相距较远时，在同一晶体的两个点上兼具两种电荷。晶体所带的负电荷，除发生内在中和外，大部分被晶体外的阳离子（如 $K^{+}$、$Ca^{2+}$ 等）所中和，这种现象称为外在中和。

### 3. 层间距和底面间距

晶体结构最明显的特征是其中的原子或离子在三维空间周期性重复排列。晶体的最小结构单元称为单晶。晶体实际上可以看成是无数单晶的紧密堆砌。在黏土矿物学中，原子或离子的二维平面组合称为面，由面组成的最小单元称为片，片的组合称为层；两个相重叠的层与层间的距离称为层间距；一个重叠层底面到其相邻的另一重叠层底面的距离称为底面间距，或称为基距。图 1-4 以 2∶1 型层状硅酸盐矿物为例说明了黏粒矿物的一般构造及其各部位名称。

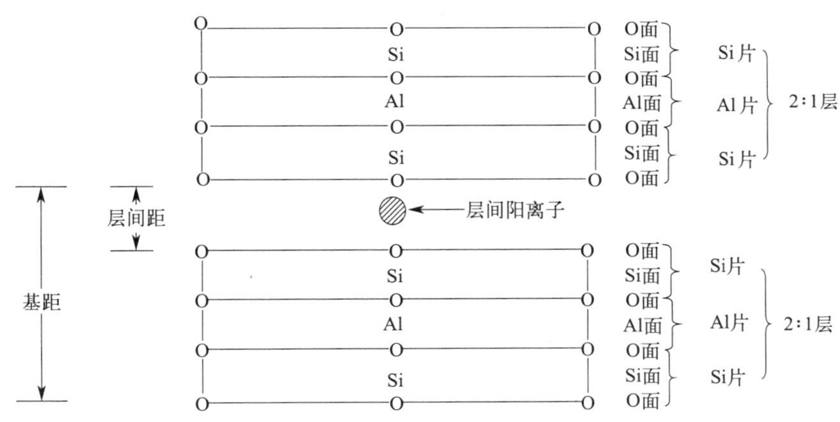


图 1-4　2∶1 型层状硅酸盐矿物的构造模式图

### 4. 各种层状硅酸盐矿物构造的不同点及分类

层状硅酸盐矿物的种类很多，但各种矿物的基本构造单位均为四面体和八面体，其不同点主要有：①四面体片和八面体片的数目、重叠次序及方式；②同晶代换的多少，互换离子种类及其发生位置；③单位化学式的电荷数大小；④晶层间结合力的性质及层间阳离子的种类；⑤八面体片的类型（即二八面体片或三八面体片）。根据这些不同点，黏土矿物学中通常将层状硅酸盐矿物按表 1-2 进行分类。

## （二）土壤中的主要次生矿物

土壤中的次生矿物，主要有层状硅酸盐矿物、氧化物和水合氧化物以及磷酸盐、硫酸盐、碳酸盐矿物等（表 1-3）。除云母外，次生矿物有着与原生矿物不同的化学组成和特异构造。下面主要介绍土壤中常见的几种层状硅酸盐矿物的构造特征和性质。

**表 1-2 层状硅酸盐矿物的分类**

| 晶层类型 | 单位化学式的电荷数($x$) | 族 | 亚族 | 种 |
|---|---|---|---|---|
| 1∶1 | 0 | 高岭石-蛇纹石 | 高岭石<br>蛇纹石 | 高岭石、埃洛石、迪开石<br>纤蛇纹石、叶蛇纹石 |
| 2∶1 | 0 | 叶蜡石-滑石 | 叶蜡石<br>滑石 | 叶蜡石<br>滑石 |
| | 0.2～0.6 | 蒙皂石 | 蒙脱石<br>皂石 | 蒙脱石、贝得石、绿脱石<br>皂石、锂皂石、斯皂石 |
| | 0.2～0.9 | 蛭石 | 二八面体<br>三八面体 | 黏粒蛭石<br>蛭石 |
| | 0.2～1 | 水云母 | 二八面体<br>三八面体 | 伊利石、海绿石<br>三八面体伊利石 |
| | 1 | 云母 | 白云母<br>黑云母 | 白云母、钠云母<br>金云母、黑云母 |
| | 2 | 脆云母 | 珍珠云母<br>脆云母 | 珍珠云母<br>绿脆云母 |
| 2∶2 | 不定 | 绿泥石 | 二八面体<br>过渡型<br>三八面体 | 顿绿泥石<br>须藤石<br>斜绿泥石、叶绿泥石 |
| 2∶1层链状 | 不定 | 纤维棒石 | 坡缕石<br>海泡石 | 坡缕石、凹凸棒石<br>海泡石 |

**表 1-3 土壤中的主要次生矿物**

| 次生矿物 | | | 化学式 |
|---|---|---|---|
| 层状硅酸盐矿物 | 1∶1型矿物 | 高岭石 | $Si_4Al_4O_{10}(OH)_8$ |
| | | 埃洛石(1.0nm) | $Si_4Al_4O_{10}(OH)_8 \cdot 4H_2O$ |
| | | 埃洛石(0.7nm) | $Si_4Al_4O_{10}(OH)_8$ |
| | 2∶1型矿物 | 蒙脱石(0.2<$x$①<0.6) | |
| | | 蒙脱石 | $M_{0.67}Si_8(Al_{3.33}Mg_{0.67})O_{20}(OH)_4 \cdot nH_2O$② |
| | | 绿脱石 | $M_{0.67}Fe_4(Si_{7.33}Al_{0.67})O_{20}(OH)_4 \cdot nH_2O$ |
| | | 贝得石 | $M_{0.67}Al_4(Si_{7.33}Al_{0.67})O_{20}(OH)_4 \cdot nH_2O$ |
| | | 蛭石(0.6<$x$①<0.9) | $M_{1.2}(Si_{6.8}Al_{1.2})(Mg,Fe,Al)_{4\sim6}O_{20}(OH)_4 \cdot nH_2O$ |
| | | 伊利石(细粒云母,$x$①−1) | $K(Si_7Al)(Mg,Fe,Al)_{4\sim6}O_{20}(OH)_4$ |
| | 2∶1∶1型矿物 | 绿泥石(二八面体型) | $(Mg,Al)_{9.2\sim10}(Si,Al)_8O_{20}(OH)_{16}$ |
| | | 绿泥石(三八面体型) | $(Mg_{10}Al_2)(Si_6Al_2)_8O_{20}(OH)_{16}$ |
| | 非晶质、准晶质矿物 | 水铝英石 | $(1\sim2)SiO_2 \cdot Al_2O_3 \cdot (2.5\sim3)H_2O$ |
| | | 伊毛缟石 | $(OH)_6Al_4O_6Si_2(OH)_2$ |
| 氧化物、水合氧化物 | 蛋白石 | | $SiO_2 \cdot nH_2O$ |
| | 水铝石 | | $AlO(OH)$ |
| | 赤铁矿 | | $Fe_2O_3$ |
| | 针铁矿 | | $\alpha$-$FeO(OH)$ |
| | 纤铁矿 | | $\gamma$-$FeO(OH)$ |
| | 水铁矿 | | $5Fe_2O_3 \cdot 9H_2O$③ |
| 磷酸盐、硫酸盐、碳酸盐矿物 | 磷灰石 | | $Ca_5(PO_4)_3(OH,F,Cl)$ |
| | 石膏 | | $CaSO_4 \cdot 2H_2O$ |
| | 方解石 | | $CaCO_3$ |
| | 白云石 | | $CaMg(CO_3)_2$ |

① 电荷数。

② M：交换性一价阳离子。

③ $Fe_5(OH)_8 \cdot 4H_2O$ 或 $Fe_5O_7(OH) \cdot H_2O$ 等化学式曾被提出。

### 1. 1∶1型矿物

在构造上，1∶1型矿物由一个四面体片和一个八面体片重叠而成。四面体片中，其顶部的氧与八面体片并用，该面上其余1/3的氧与氢结合成OH。重叠后晶架上边的面由八面体片上的OH组成，底下的面由四面体片上的O所组成。在分类上，1∶1型矿物只包括高岭石-蛇纹石一个族，在族之下细分为高岭石亚族和蛇纹石亚族。在高岭石亚族中，主要有高岭石、埃洛石、珍珠石及迪开石，其中前两者在土壤中数量较多，后两者在土壤中很难发现。由于高岭石亚族中的矿物，几乎不发生同晶代换，所以这一亚族中的矿物在化学组成、基本构造及性质上有很多共性。

（1）高岭石亚族的结构式或分子式相似

例如高岭石的结构式为 $Si_4Al_4O_{10}(OH)_8$，分子式为 $Al_2O_3 \cdot 2SiO_2 \cdot 2H_2O$；埃洛石的结构式为 $Si_4Al_4O_{10} \cdot (OH)_8 \cdot 4H_2O$，分子式为 $Al_2O_3 \cdot 2SiO_2 \cdot 4H_2O$。从上述结构式和分子式来看，该亚族的八面体片为二八面体片，其 $SiO_2/Al_2O_3$ 的分子比率为2。

（2）高岭石亚族矿物的电荷数量少

由于没有同晶代换发生，故高岭石亚族矿物的电荷数量很少，其电荷主要来自边缘断键及表面OH的 $H^+$ 在一定酸度条件下的解离。这种电荷受颗粒本身粗细程度及环境pH值制约，一般阳离子交换量仅为3～15cmol·$kg^{-1}$。富含这一亚族矿物的土壤，一般保肥性能都不高。

（3）膨胀性小

高岭石的晶体结构如图1-5所示，当单位晶层重叠时，相邻两个面一个是OH面，一个是O面，二者间可产生氢键，使层间有很强的结合力。特别是高岭石、水或有机溶剂的分子均不能浸入其层间，故几乎无膨胀性，其底面间距为0.72nm。另外，由于其层间结合力较强，故多形成较大的片状，在电镜下观察呈六角形，直径为0.2～2μm。

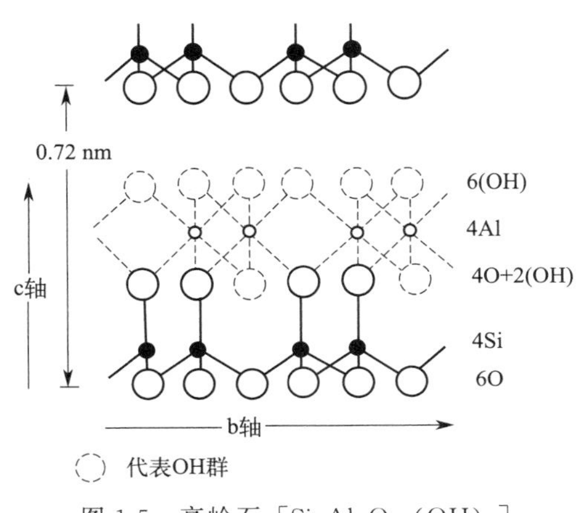


图1-5　高岭石［$Si_4Al_4O_{10}(OH)_8$］的晶体结构

该亚族中的埃洛石，由于多种原因（例如结构缺陷）常带有少量电荷，从而削弱了层间结合力，水分子可进入层间，形成一个水分子层，故埃洛石可膨胀至1.0nm，并由此变成水化埃洛石。若其层间水因加热干燥全部脱去，则称之为变质埃洛石。在电镜下，埃洛石一般呈管状、短栅状及小球状等。

蛇纹石亚族与高岭石亚族的不同点在于，前者的八面体片为三八面体片，即八面体中心空穴均被 $Mg^{2+}$ 占据。蛇纹石亚族主要包括纤蛇纹石和叶蛇纹石。除蛇纹岩风化所形成的土壤外，其他土壤中一般很难见到这些矿物。

### 2. 2∶1型矿物

2∶1型矿物在构造上是由两个四面体片中间夹着一个八面体片而成。在四面体片与八面体片连接的面上，有2/3的氧为两者共用，其余1/3的氧被 $H^+$ 中和形成OH，单位晶层重叠时层间相邻两个面均为四面体片的氧面，故无氢键形成。典型2∶1型矿物的晶体结构可以叶蜡石为代表（图1-6），可以看出叶蜡石无同晶代换发生，单位化学式电荷数为0，其结构式为 $Si_8Al_4O_{20}(OH)_4$，分子式为 $Al_2O_3 \cdot 4SiO \cdot 2H_2O$，可以看出其 $SiO_2/Al_2O_3$ 分子比率为 4。由于 2∶1 型矿物大部分都不同程度地有同晶代换作用发生，所以，也都不同程度地带有表面电荷，这就使各种 2∶1 型矿物在化学组成及性质上有很大差异。通常按单位化学式电荷数的多少将 2∶1 型矿物分为若干个族（表 1-2）。土壤中常见的 2∶1 型矿物主要有蒙脱石、蛭石、水化云母及绿泥石族矿物等。

（1）水云母族矿物

水云母又称伊利石，在构造上其与原生矿物中的云母类矿物基本相似。云母类矿物属于 2∶1 型构造，其四面体中的 $Si^{4+}$ 常被 $Al^{3+}$ 所代换，产生的多余负电荷被层间 $K^+$ 所中和。由于 $K^+$ 半陷在晶层表面由六个氧所围成的空穴中，因此可同时受相邻两晶架负电荷的吸引，从而使两晶架的连接很紧，不易膨胀，水分子及其他阳离子不易侵入，其底面间距为 1.0nm。云母风化后，层间的 $K^+$ 可被代换，少量 $(H_3O)^+$ 及其他阳离子（如 $Ca^{2+}$、$Mg^{2+}$ 等）能够进入层间，使云母变成水云母。水云母的晶体结构见图 1-7。

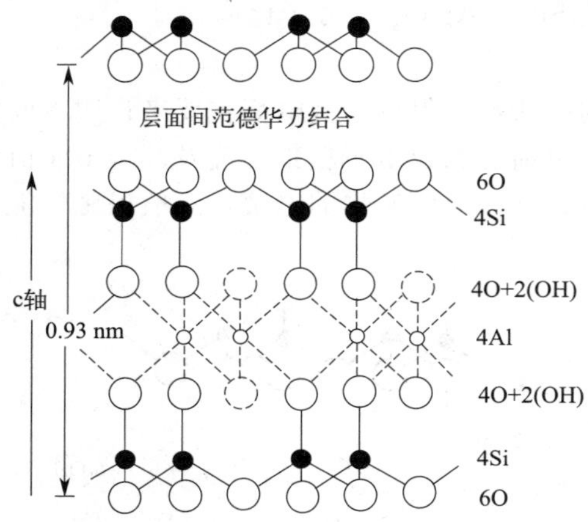


图 1-6　叶蜡石 $[Si_8Al_4O_{20}(OH)_4]$ 的晶体结构

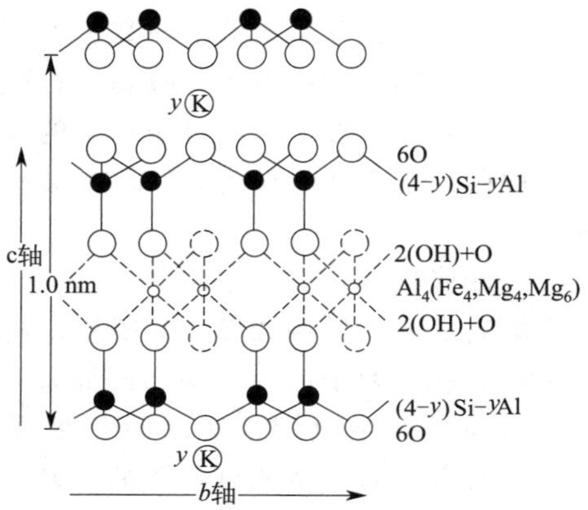

图 1-7　水云母 $[K(Si_7Al)(Al,Mg,Fe)_{4\sim6}O_{20}(OH)_4]$ 的晶体结构

水云母的结构式为 $K(Si_7Al)(Al,Mg,Fe)_{4\sim6}O_{20}(OH)_4$，其阳离子交换量为 20～40cmol·kg$^{-1}$，介于高岭石和蒙脱石之间。水云母膨胀性比云母略大，其底面间距也是 1.0nm。水云母颗粒较细，一般小于 1～2μm。

水云母族可分为二八面体亚族和三八面体亚族。土壤中的水云母一般多为二八面体矿物，三八面体水云母因不稳定而少见。水云母中 $K_2O$ 质量分数为 6%～8%，比白云母少。我国北方土壤，尤其是干旱地区土壤，其水云母含量较高，钾素含量较为丰富，南方土壤则含量较低。

（2）蛭石族矿物

云母及伊利石进一步风化，层间的 $K^+$ 可全部被 $Mg^{2+}$ 等阳离子取代，进而使水分子侵入形成两个水分子层，使底面间距扩大到 1.4nm，这就是蛭石。

蛭石的晶体结构如图 1-8 所示，蛭石层间的 $Mg^{2+}$ 实际上为水化阳离子，因此层间结合力较弱，其膨胀性较水云母强，但由于蛭石的层电荷多存在于四面体片中，与层间阳离子的结合力又较蒙脱石强些，故其膨胀性较蒙脱石弱。

蛭石的结构式可写成 $Mg_{1.2}(Si_{6.8}Al_{1.2})(Mg,Fe,Al)_{4\sim6}O_{20}(OH)_4$，阳离子交换量为 100～150cmol·kg$^{-1}$。蛭石族可分为二八面体和三八面体亚族（表 1-2），土壤中特别是黏粒中的蛭石大多为二八面体蛭石。由于无法从土壤中分离出单纯的蛭石，所以土壤学研究常以三八面体蛭石为标本。

(3) 蒙皂石族矿物

蒙皂石族包括蒙脱石(二八面体)和皂石(三八面体)亚族。土壤中的蒙皂石一般为二八面体蒙脱石亚族矿物,其可以看作是叶蜡石的衍生物,八面体主要被 $Al^{3+}$ 占据。由于同晶代换的离子种类及发生部位不同,形成一系列类质同象矿物,其中蒙脱石、贝得石和绿脱石是三种最典型的矿物。

蒙脱石的同晶代换主要发生在八面体片中,主要以 $Mg^{2+}$ 代换 $Al^{3+}$。四面体片中一般很少发生同晶代换。八面体中的 $Al^{3+}$ 全部被 $Fe^{3+}$ 代换时,形成绿脱石;若仅有四面体发生代换,即以 $Al^{3+}$ 代换 $Si^{4+}$ 时,形成贝得石。蒙脱石的结构式可写成 $M_x(Al_{4-x}Mg_x)Si_8O_{20}(OH)_4$,贝得石与绿脱石的化学式见表 1-3。二八面体型蒙皂石的晶体结构见图 1-9。

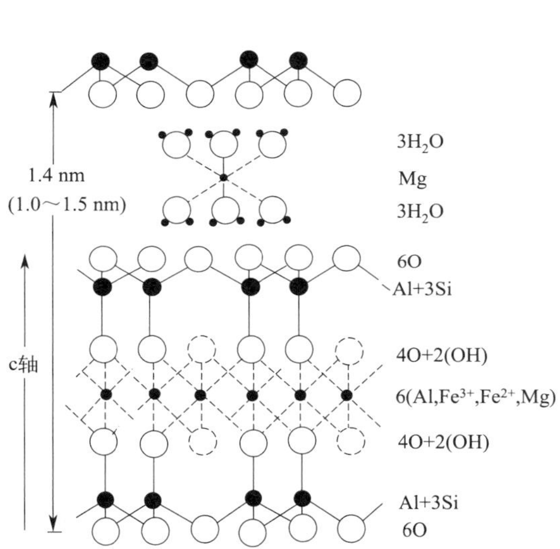


图 1-8 蛭石 [$Mg_{1.2}(Si_{6.8}Al_{1.2})(Mg,Fe,Al)_{4\sim6}O_{20}(OH)_4$] 的晶体结构

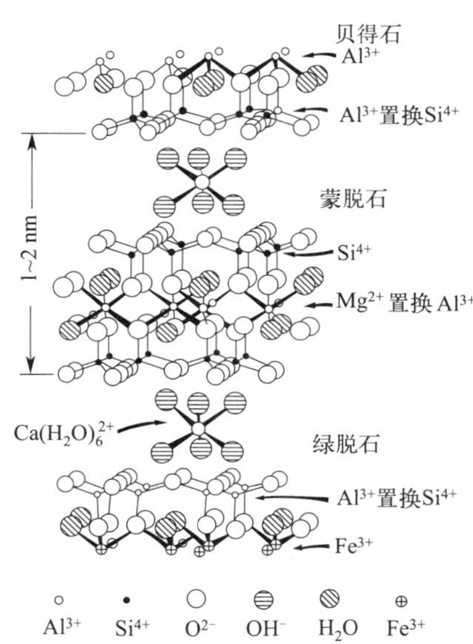


图 1-9 二八面体型蒙皂石的晶体结构

由于层电荷起源于八面体中,距离表面较远,对层间阳离子作用较弱,故蒙脱石膨胀性很强,风干状态时底面间距多为 1.4nm,吸水后在 1.8～2.0nm 之间。

蒙脱石的阳离子交换量为 80～100cmol·kg$^{-1}$,其颗粒细微,表面积较大,其中 80% 为内表面。因此,以蒙脱石为主要黏粒矿物的土壤,其保水性、保肥性、黏结性、黏着性、可塑性等均较强,而通透性则较差,耕作阻力大。

我国东北地区的黑土、黑钙土及华北地区钙质土中蒙脱石含量较高,此外,华北地区褐土和西北地区灰钙土中也含有一定数量的蒙脱石。

(4) 绿泥石族矿物

绿泥石族矿物分为二八面体、三八面体及过渡型三个亚族。化学通式为 $(Mg,Fe,Al)_{12}(SiAl)_8O_{20}(OH)_{16}$,结构单位由 2∶1 型云母晶层和一层氢氧化物(水镁石或水铝石)间层规则地相间重叠,若将间层看作是夹杂物,其仍属于 2∶1 型矿物,否则,可认为是 2∶1∶1 型或 2∶2 型矿物(图 1-10)。

一般常见的绿泥石大多为三八面体型,属于镁铁系。2∶1 型云母晶层中四面体的 $Si^{4+}$ 部分被 $Al^{3+}$ 代换,会产生负电荷,而水镁石间层中因 $Al^{3+}$ 代换 $Mg^{2+}$ 而产生正电荷,层与

图 1-10 绿泥石［$(Mg,Fe,Al)_{12}(SiAl)_8O_{20}(OH)_{16}$］的晶体结构

层间结合力一部分由正负静电作用引起，另一部分则由云母的氧离子与水镁石 OH 之间的氢键引起。因此，层间结合力较强，不易膨胀，底面间距为 1.4nm。

二八面体绿泥石可分为如下三种情况：①2∶1 晶层为二八面体，但氢氧化物间层为三八面体水镁石；②全部为二八面体型；③结晶差，层间物质发育不完全。土壤中次生绿泥石多属于这一类型。

绿泥石的阳离子交换量为 10～40cmol·$kg^{-1}$，土壤中含有的绿泥石大多继承于母质，或由角闪石、黑云母等铁镁硅酸盐矿物蚀变而成。绿泥石经不起化学风化作用，随风化和成土作用加强，母质中原有的绿泥石会很快消失。因此，黏粒中存在大量绿泥石是土壤发育较差、风化程度较低的象征。

**3. 混层矿物及 2∶1 型链状矿物**

（1）混层矿物

混层矿物又称夹层矿物，是由 2 种或 2 种以上不同结构单位相间堆叠形成的黏土矿物。层状硅酸盐矿物经热液蚀变或风化作用可转变为混层矿物。混层矿物可分为规则相间和不规则重叠两种类型，往往根据各成员矿物的名称和含量比例进行命名，主要成员在前，次要成员在后（见表 1-3）。土壤中混层矿物的存在比较复杂，一般温和或干热的土壤，其混层矿物含量均较多。混层矿物兼备几种矿物的特性，因此，含有混层矿物的土壤会有更多植物易于利用的养分，而含有单一类型矿物的土壤则不然。

（2）2∶1 型链状矿物

纤维棒石是 2∶1 型链状硅酸盐矿物，其主要特征是硅氧四面体呈链状，其在排列上每隔一段就颠倒一次，从而形成了棒状特征，颗粒呈纤维状。纤维棒石族包括凹凸棒石、海泡石等若干品种。大多数由角闪石或辉石转变而来，在湖泊沉积物特别是干燥、荒漠的湖泊沉积物中很普遍。表层土壤的凹凸棒石可风化为蒙脱石。

综上，几种主要的黏粒矿物在构造上的区别和联系可用图 1-11 来说明。

二维码 1-1 氧化物与其他次生矿物

**4. 氧化物与其他次生矿物**

具体内容见二维码 1-1。

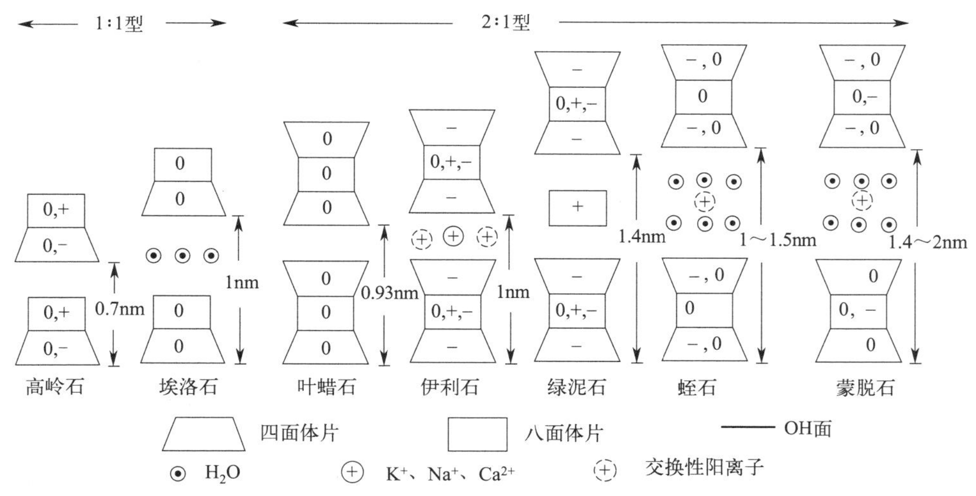


图 1-11　层状硅酸盐矿物的构造模式图

## （三）我国土壤中黏粒矿物的分布规律

土壤中的黏粒矿物，既可由岩石中的原生矿物风化蚀变而成，又可由风化成土过程中原生矿物的分解产物重新合成，也可来自于沉积物母质本身所固有的矿物。因此，生物气候条件、成土母质类型都是影响土壤黏粒矿物组成的重要因素。不同生物气候条件下的土壤，其黏粒矿物组成往往存在很大差异。一般认为，随风化强度的增加，矿物成分将由复杂向简单方向转化，各种矿物的演变更替顺序如下。

生物气候条件是随纬度变化的，故土壤黏粒矿物组成也随纬度不同而有明显的地带性规律。在《中国土壤》（第二版）中，根据不同母质及不同类型土壤的黏粒组成情况，我国土壤的黏粒矿物组成被划分为六个地带。

### 1. 以水云母为主的地带

以水云母为主的地带主要包括新疆、内蒙古高原西部漠境和半漠境土壤，矿物处于初期风化阶段，表土黏粒的 $K_2O$ 质量分数高达 4%，黏粒矿物以水化度低的水云母为主，其次为绿泥石和蒙脱石。

### 2. 以水云母-蒙脱石为主的地带

以水云母-蒙脱石为主的地带包括内蒙古高原东部、大小兴安岭、长白山地和东北平原区域，主要土壤类型有栗钙土、黑钙土、黑土、白浆土、草甸土及暗棕壤等。黏粒矿物组成以水云母为主，但蒙脱石比例明显增大。

### 3. 以水云母-蛭石为主的地带

以水云母-蛭石为主的地带包括青藏高原东南边缘山地、黄土高原和华北平原。主要土壤类型有棕壤、褐土、黑垆土、黄绵土和黄潮土等。黏粒矿物以水云母为主，蛭石数量明显增加，部分土壤蒙脱石含量也不少，另含有少量的绿泥石和高岭石。

#### 4. 以水云母-蛭石-高岭石为主的地带

以水云母-蛭石-高岭石为主的地带位于亚热带北部，土壤类型主要是黄棕壤。黏粒矿物兼有南北的过渡性特点，在一定条件下，水云母、蛭石和高岭石都有所存在。

#### 5. 以高岭石-水云母为主的地带

以高岭石-水云母为主的地带包括长江以南的红壤分布区，土壤黏粒矿物以结晶程度较差的高岭石为主，伴有少量水云母和蛭石，铁、铝氧化物含量明显增加。

#### 6. 以高岭石为主的地带

以高岭石为主的地带包括贵州南部、闽粤东南沿海、南海诸岛及台湾等气候湿热、风化强烈的地区，土壤类型主要是赤红壤和砖红壤。土壤黏粒以结晶良好的高岭石为主，伴有少量水云母和蛭石，氧化铁和三水铝石在部分区域含量明显增高。

从我国各地带土类中黏土矿物的组成可以看出如下的规律性：温带干旱的漠境和半漠境地带，云母类矿物处于初步脱钾阶段，以水云母为主，蒙脱石较少。随着湿润程度增加，半干旱草原地区，蒙脱石迅速增加，结晶良好，以蒙脱石和水云母为主，然而到半湿润的森林-草原环境，不再利于蒙脱石的形成。在暖温带的半湿润和湿润地区更有利于云母的进一步脱钾，蛭石数量明显增多。在亚热带北部，2∶1 型矿物的脱硅作用强烈，高岭石明显增加，并开始出现三水铝石。在中亚热带以南区域，随水热作用的增强，高岭石逐渐取代水云母，占据主导地位，铁铝氧化物矿物亦被大量积累，但一直到热带北部，蛭石和水云母仍未绝迹。

# 任务二　土壤颗粒及土壤质地

土壤颗粒指的是或大或小的矿物质单个颗粒，也就是单粒。它是组成土壤的物质基础，它的粒径大小及其组合比例决定了土壤的质地，并直接影响土壤的物理、化学、生物学性质，与作物生长所需的环境条件及养分转化关系密切。因此，只有了解土壤颗粒的组成和质地特性及其与土壤肥力的关系，才能采取适当的措施对不良质地土壤加以改良，为作物生长提供一个良好的生活环境。

## 一、颗粒的分级与特性

### （一）土壤颗粒分级

土壤是一种由固、液、气三相组成的分散体系。土壤固相即土壤颗粒（简称土粒），有的单个存在于土壤之中，称之为单粒；有的则相互粘结在一起以复合颗粒状态存在，称之为复粒。土粒的大小不同，其表面性质也不同，对土壤理化性质及肥力的影响也各有差异。土粒的形状是不规则的，有的土粒在三维方向上尺寸相差很大（如片状、棒状等），难以直接测定真实粒径。为了按大小对土粒进行分级，以土粒的当量粒径代替。在对土壤进行机械分析（颗粒分析）时，把土粒看作光滑的实心圆球，取与其静水沉降速度相同的圆球直径，称之为当量粒径或有效粒径。土壤学中，通常根据单粒粒径的大小将土粒分为若干级别，并赋予相应的名称，这就是土粒分级。目前，世界各国所采用的土粒分级的标准不一致。表 1-4 中列出了国际制、前苏联制（卡庆斯基制）、美国农部制共三种土粒分级标准。

表 1-4 国际制、前苏联制和美国制的土壤颗粒分级标准

| 国际制 | | 前苏联制(卡庆斯基制)(1957) | | 美国农部制 | |
|---|---|---|---|---|---|
| 粒级名称 | 单粒直径/mm | 粒级名称 | 单粒直径/mm | 粒级名称 | 单粒直径/mm |
| 石砾 | >2 | 石块 | >3 | 石块 | >3 |
| | | 石砾 | 3～1 | 粗砾 | 3～2 |
| | | | | 极粗砂粒 | 2～1 |
| 粗砂粒 | 2～0.2 | 粗砂粒 | 1～0.5 | 粗砂粒 | 1～0.5 |
| 细砂粒 | 0.2～0.02 | 中砂粒 | 0.5～0.25 | 中砂粒 | 0.5～0.25 |
| | | 细砂粒 | 0.25～0.05 | 细砂粒 | 0.25～0.1 |
| | | | | 极细砂粒 | 0.1～0.05 |
| 粉(砂)粒 | 0.02～0.002 | 粗粉(砂)粒 | 0.05～0.01 | 粉(砂)粒 | 0.05～0.002 |
| | | 中粉(砂)粒 | 0.01～0.005 | | |
| | | 细粉(砂)粒 | 0.005～0.001 | | |
| 黏粒 | <0.002 | 粗黏粒 | 0.001～0.0005 | 黏粒 | <0.002 |
| | | 细黏粒 | 0.0005～0.0001 | | |
| | | 胶质黏粒 | <0.0001 | | |

从表 1-4 可见，三种分级标准中，粒级基本均为四个，即黏粒、粉（砂）粒、砂粒及石砾，在此之上，多数还划出了石块一级。四种分级标准的不同点主要有两个方面，一是各粒级的划分界线不一致。例如卡庆斯基制是以 0.001mm 作为黏粒的界线，其他两个分级标准均将 0.002mm 作为黏粒的界线；二是四个级别之下，进一步细分的程度和侧重点不同。例如美国农部制对砂粒划分得比较详细，而对粉粒及黏粒没有进一步细分，相比之下，卡庆斯基制对粉粒及黏粒划分得较细，并将 1mm 以下的颗粒分为两组，一组为 1～0.01mm 的颗粒，称为物理性砂粒，另一组为<0.01mm 的颗粒，称为物理性黏粒，两者合称为细土。

我国土壤工作者，根据土壤颗粒分布特点，在卡庆斯基制的基础上提出了中国土壤颗粒分级标准（表 1-5）。其特点是把黏粒的上限定为 0.002mm，并把黏粒细分为粗黏粒（0.002～0.001mm）和细黏粒（<0.001mm）。

表 1-5 中国土壤颗粒分级标准

| 粒级名称 | | 颗粒直径/mm |
|---|---|---|
| 石块 | | >3 |
| 石砾 | | 1～3 |
| 砂粒 | 粗砂粒 | 1～0.25 |
| | 细砂粒 | 0.25～0.05 |
| 粉粒 | 粗粉粒 | 0.05～0.01 |
| | 中粉粒 | 0.01～0.005 |
| | 细粉粒 | 0.005～0.002 |
| 黏粒 | 粗黏粒 | 0.002～0.001 |
| | 细黏粒 | <0.001 |

资料来源：《中国土壤》（第二版），1987。

## （二）土壤颗粒的物质组成及理化性质

### 1. 土壤颗粒的矿物组成

不同粒径级别的土壤颗粒，其矿物组成也不同，颗粒大小与矿物种类的关系见图 1-12。土壤中的石块及石砾主要由母岩碎片和粗粒矿物碎块组成。砂粒的矿物组成主要以石英为主，此外还含有长石、云母及角闪石等原生矿物。粉粒的矿物组成中，既有原生矿物，又有

各种次生矿物。其中粒径较粗的部分（如粗粉粒）中石英含量明显减少，相反次生矿物含量相对增加。也有研究发现在砂粒及粉粒中，含有三水铝矿、赤铁矿及褐铁矿等，但多以胶膜形式出现在颗粒表面。在黏粒的矿物组成中，基本以次生矿物为主，主要有高岭石、伊利石及蒙脱石等，石英及长石等原生矿物的含量较少。在不同类型的土壤中，由于颗粒组成不同，各种矿物所占的比例可能差异很大。

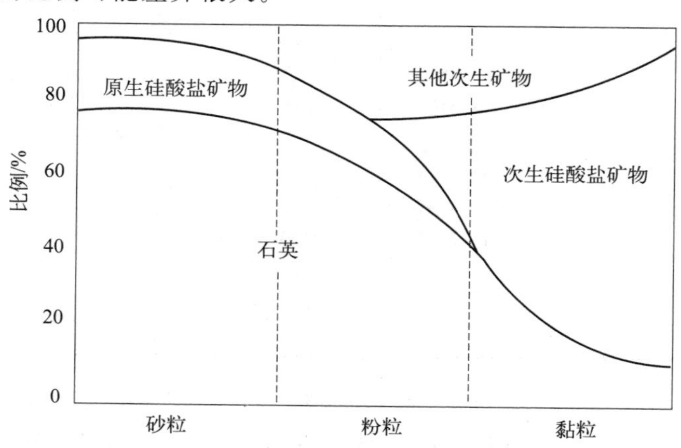


图 1-12 颗粒大小与矿物种类的关系（Brady，1960）

### 2. 矿质土粒的元素组成及硅铝（铁）率

矿质土粒的元素组成比较复杂，但含量较多的主要有 O、Si、Al、Fe、Ca、Mg、Ti、K、Na、P、S 等十几种。此外还有一些微量元素，如 Mn、Zn、B、Mo 等等。从含量上来看，O、Si、Al、Fe 四者占的比例最大，如以氧化物的形式表示，$SiO_2$、$Al_2O_3$、$Fe_2O_3$ 三者合占 75%以上，它们是矿质土粒的主要成分。

由于不同粒级的矿物组成差异很大，所以，不同粒级的元素组成也不大相同。一般而言，土粒越细，$SiO_2$ 的含量越少，但 $Al_2O_3$、$Fe_2O_3$、CaO、MgO、$P_2O_5$、$K_2O$ 等养料元素的含量变化则有相反的趋势。例如砂粒和粉粒是以石英为主，化学成分主要为 $SiO_2$；黏粒组分中，若以蒙脱石和伊利石为主，除含有较多的 $Al_2O_3$ 及 $Fe_2O_3$ 外，往往还含有较多的钾、镁、钙等营养元素。故砂粒和粉粒往往对土壤养分的贡献较小，而黏粒组分的贡献较大。

在粒级的化学组成中，比较重要的参数是土壤或黏粒部分的 $SiO_2$ 与 $Al_2O_3$ 或 $R_2O_3$（$R_2O_3$ 代表 $Al_2O_3$ 和 $Fe_2O_3$）的物质的量的比，前者被称为硅铝率（$Sa$），后者被称为硅铝铁率（$Saf$）。这两个比值与其他指标结合起来具有一定的应用价值。具体来说：①可用来判断黏粒矿物的大体类型，因为不同种类的黏粒矿物，$Sa$ 和 $Saf$ 不同；②可根据土体的 $Saf$ 值在同一剖面中的分异，说明黏粒在剖面中的富集情况，如果某土层剖面中，全土的 $Saf$ 降低，则该土层中往往黏粒相对富集；③与母质（或母岩）对照，说明成土过程的特征。如 $Sa$ 或 $Saf$ 增大，说明有脱铝现象（酸性淋溶），反之，则有富铝化作用（如红壤的形成过程）。$Sa$ 和 $Saf$ 计算方法如下：

$$Sa=\frac{n(SiO_2)}{n(Al_2O_3)} \qquad Saf=\frac{n(SiO_2)}{n(Al_2O_3)+n(Fe_2O_3)}$$

### 3. 土壤颗粒的理化性质

一般来说，随着土壤颗粒变细，土粒中的石英等原生矿物逐渐减少，而次生黏土矿物逐渐增多，土粒的比表面增大，表面电荷数量增多，表面活性增强，对离子的表面吸附及离子交换等作用也增强，使颗粒的阳离子交换量增加；在物理性质方面，随颗粒粒径的减小，土粒的吸湿系数、总吸水量等增加，而容重及浸水容重随之降低；从化学组成上看，随颗粒粒径减小，氧化硅的含量也随之降低，氧化铁、氧化铝含量增加；颗粒间贴合得更加密切，通气透水性减弱，保水保肥能力增强；一些力学性质如黏结性、黏着性、可塑性、膨胀性也随着颗粒的变细而增加。土壤不同颗粒的理化性质见表 1-6。

**表 1-6　土壤不同颗粒的理化性质**

| 粒级 | 粒径/mm | 容重/($g \cdot cm^{-3}$) | 浸水容重/($g \cdot cm^{-3}$) | 吸湿系数/% | 总吸水量/($mL \cdot g^{-1}$) | 阳离子交换量/($cmol \cdot kg^{-1}$) |
|---|---|---|---|---|---|---|
| 全土 | <1 | 1.25 | 0.66 | 9.74 | 0.52 | 12.40 |
| 砂粒 | 1～0.25 | 1.52 | 1.33 | 0.34 | 0.28 | 0.73 |
|  | 0.25～0.05 | 1.46 | 1.25 | 0.59 | 0.31 | 0.47 |
| 粉粒 | 0.05～0.01 | 1.30 | 1.31 | 0.14 | 0.36 | 0.29 |
|  | 0.01～0.005 | 1.20 | 1.49 | 0.20 | 0.40 | 0.50 |
|  | 0.005～0.002 | 1.22 | 1.37 | 0.65 | 0.43 | 1.70 |
| 黏粒 | 0.002～0.001 | 1.10 | 1.17 | 2.13 | 0.61 | 5.75 |
|  | <0.001 | 0.97 | 0.46 | 18.70 | 0.92 | 28.28 |

资料来源：邓时琴，1990。

在农业生产实践中，对土壤的要求是既要保水又能通气，既能吸水，又能供水，既容易耕作，又不能散成单粒或结成大块。因此，必须考虑各种颗粒的合理搭配，理想的土壤应该是砂粒、粉粒及黏粒的一种混合体系，各种颗粒的特性兼而有之。

### （三）我国土壤颗粒的分布特点

我国土壤的颗粒有从西到东、从北到南逐渐变细的趋势。在北方地区，主要受黄土及黄土状母质等风成堆积物的影响，土壤中的砾质颗粒、砂粒、粗粉粒较多，而粗黏粒和细黏粒含量较少。内蒙古、新疆地区的栗钙土、淡栗钙土、棕钙土及漠土中，石砾质量分数在10%以上，有的甚至超过 50%，砂粒质量分数在 40%～70%之间，有的甚至超过 80%。东北、西北、华北及长江中下游的土壤，例如黑土、黄绵土、黑垆土、黄潮土、褐土和黄褐土等，其颗粒组成中，粗粉粒质量分数在 30%～50%之间，黏粒质量分数在 13%～29%之间；南方地区的红壤系列中，黏粒含量相对较多，如有些发育于玄武岩的砖红壤中黏粒质量分数可高达 60%。这种颗粒变化规律，在西北黄土地区是受风积和生物气候因素交错影响的结果；华北地区主要是受河流沉积分选的影响；在长江以南除受生物气候影响外，母质对颗粒分布的影响也很大。

## 二、土壤颗粒组成与土壤质地分类

### （一）土壤颗粒组成和土壤质地的概念

各粒级土粒所占土壤总质量的百分数被称为土壤颗粒组成，也被称为土壤机械组成。有人主张“土壤机械组成又叫土壤质地”，这是把两个既有联系又有区别的概念相混淆了。根据土壤颗粒组成人为划分的土壤物理性状类别称之为土壤质地。颗粒组成较为相似的土壤归为同一质地。土壤质地是土壤的一种较为稳定的自然属性，自然状态下短时间内不会发生改变，是区分土壤种类的依据之一，也是土壤改良、施肥和田间管理时必须考虑的基本属性，被普遍用来作为土壤物理性质的特征指标。

### （二）土壤质地分类

自然界中的任何土壤，大都是由大小不同的土壤颗粒所组成的，所以土壤质地也各不相同。为了比较不同土壤的质地情况，通常按照土壤颗粒组成的比例特点，把土壤划分为若干个质地类别，这就是土壤质地分类。

目前国际上常用的土壤质地分类标准主要有国际制、美国农部制及前苏联卡庆斯基制等，我国学者常用卡庆斯基制，下面分别简要介绍。

**1. 国际制（ISSS）**

国际制指 1930 年第二届国际土壤学会上通过的土壤质地分类。它采用三级分类法，即按砂粒、粉粒及黏粒三者含量的百分率，将土壤划分为砂土、壤土、黏壤土及黏土共四类 12 级。其要点如下：

① 当黏粒含量＞25％时，称之为黏土类，15％～25％称为黏壤土类，＜15％为壤土或砂土类。

② 当粉粒含量＞45％时，在各质地名称前均增加“粉质”。

③ 当砂粒含量＞90％时，称之为砂土类，＞85％称为壤质砂土，55％～85％时，在各质地名称前均增加“砂质”。

国际制土壤质地分类多以三角坐标图来表示［图 1-13(a)］。图中等边三角形的三个顶点分别代表 100％的黏粒（＜0.002mm）、粉粒（0.02～0.002mm）及砂粒（2～0.02mm），而与其相对应的底边作为其含量的起点线，分别代表 0％的黏粒、粉粒及砂粒。每种质地在三角坐标中都有一定的范围（粗线条所包围的范围），如知道各粒级的百分数后，就可查对，看其落在哪种质地的范围内，从而确定质地名称。例如土壤 S 的砂粒含 40％，粉粒含 25％，黏粒含 35％，则该土壤的质地名称为壤质黏土。

**2. 美国农部制（USDA，1952）**

美国农部制同国际制相近似，也是分为 12 级，但各粒级的划分标准与国际制不同。土壤质地分类的表示方法也常用三角坐标图［图 1-13(b)］，其意义及使用方法同国际制。

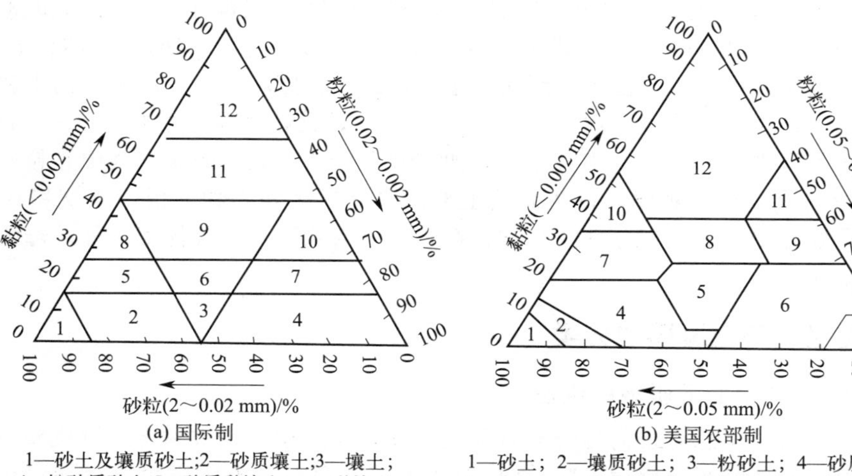


(a) 国际制

1—砂土及壤质砂土;2—砂质壤土;3—壤土;4—粉砂质砂土;5—砂质黏壤土;6—黏壤土;7—粉砂质黏壤土;8—砂质黏土;9—壤质黏土;10—粉砂质黏土;11—黏土;12—重黏土

(b) 美国农部制

1—砂土;2—壤质砂土;3—粉砂土;4—砂质壤土;5—壤土;6—粉砂壤土;7—砂质黏壤土;8—黏壤土;9—粉砂质黏壤土;10—砂质黏土;11—粉砂质黏土;12—黏土

图 1-13 土壤质地分类三角坐标图

**3. 前苏联制（卡庆斯基，1965）**

土壤质地的基本分类是按照土壤中物理性砂粒（1～0.01mm）及物理性黏粒（＜0.01mm）两者的含量来确定基本质地名称的（表 1-7）。对于含有石砾（3～1mm）的土壤，则将石砾含量并入物理性砂粒中。

**表 1-7　土壤质地基本分类**

| 质地分类 | | 物理性黏粒（＜0.01mm）含量/% | | | 物理性砂粒（1～0.01mm）含量/% | | |
|---|---|---|---|---|---|---|---|
| | | 土壤类型 | | | 土壤类型 | | |
| 质地组 | 质地名称 | 灰化土类 | 草原土壤及红黄壤类 | 碱性及强碱化土类 | 灰化土类 | 草原土壤及红黄壤类 | 碱性及强碱化土类 |
| 砂土 | 松砂土 | 0～5 | 0～5 | 0～5 | 100～95 | 100～95 | 100～95 |
| | 紧砂土 | 5～10 | 5～10 | 5～10 | 95～90 | 95～90 | 95～90 |
| 壤土 | 砂壤土 | 10～20 | 10～20 | 10～20 | 90～80 | 90～80 | 90～80 |
| | 轻壤土 | 20～30 | 20～30 | 20～30 | 80～70 | 80～70 | 80～70 |
| | 中壤土 | 30～40 | 30～40 | 30～40 | 70～60 | 70～60 | 70～60 |
| | 重壤土 | 40～50 | 40～50 | 40～50 | 60～50 | 60～50 | 60～50 |
| 黏土 | 轻黏土 | 50～65 | 60～75 | 40～50 | 50～35 | 40～25 | 60～50 |
| | 中黏土 | 65～80 | 75～85 | 50～65 | 35～20 | 25～15 | 50～35 |
| | 重黏土 | ＞80 | ＞85 | ＞65 | ＜20 | ＜15 | ＜35 |

如要进行详细分类，则将土粒分为六组，即石砾、砂粒、粗粉粒、中粉粒、细粉粒及黏粒，将其中含量最多及次多者放于基本质地名称之前。对砂质土壤进一步划分粗、中、细砂三级，并把含量多者放在前面。例如，某一草原土壤的黏粒含量为 45%，中粉粒和细粉粒含量为 25%，粗粉粒占 15%，砂粒占 15%，则该土壤的物理性黏粒总量为 70%。占优势的粒级为黏粒，占第二位的是粉粒。因此，该土壤的详细名称为黏质-粉质轻黏土。

**4. 我国的土壤质地分类**

《中国土壤》（第二版）中，研究者根据我国气候条件对土壤颗粒分布有较大影响及我国山地、丘陵较多，砾质土壤分布广泛等特点，综合国内研究成果，提出了适合我国土壤的质地分类制，由表 1-8 可见，我国土壤质地可分为三大类，共 12 种质地名称。

**表 1-8　中国土壤质地分类**

| 质地名称 | | 颗粒组成/% | | |
|---|---|---|---|---|
| | | 砂粒（1～0.05mm） | 粗粉粒（0.05～0.01mm） | 细黏粒（＜0.001mm） |
| 砂土 | 极重砂土 | ＞80 | — | ＜30 |
| | 重砂土 | 70～80 | | |
| | 中砂土 | 60～70 | | |
| | 轻砂土 | 50～60 | | |
| 壤土 | 砂粉土 | ≥20 | ≥40 | |
| | 粉土 | ＜20 | | |
| | 砂壤 | ≥20 | ＜40 | |
| | 壤土 | ＜20 | | |
| 黏土 | 轻黏土 | — | — | 30～35 |
| | 中黏土 | | | 35～40 |
| | 重黏土 | | | 40～60 |
| | 极重黏土 | | | ＞60 |

资料来源：邓时琴，1986。

## （三）土壤质地与土壤的肥力关系及改良方法

### 1. 土壤质地与土壤肥力关系

（1）砂质土

砂质土颗粒组成中砂粒含量占绝对优势，黏粒含量很少。土壤结构性弱，土粒间多为大孔隙，通透性好，接纳降水容易，但排水快，蓄水量少，保水能力弱，蒸发失水快；毛管水上升高度小，地下水难以通过毛管上升作用湿润地表，抗旱能力较弱。

砂质土的矿物组成主要以石英和长石类原生矿物为主，次生矿物含量很少。加之通透性好，好气微生物活性强，土壤有机质分解较快，有机质含量一般较低，故土壤养分均较缺乏，生产上常出现“发小苗，不发老苗”的现象。

砂质土胶体含量低，土壤的保肥能力和缓冲性能均较弱，在施肥上要少施、勤施，要注重多施有机肥，增加有机质含量，提高土壤的保肥性能。

砂质土含水量较低，热容量小，接受太阳辐射后增温快，但夜间散热降温也快，故昼夜温差较大；春季增温快，作物苗期发苗较快。

砂质土黏结性和黏着性均较弱，旱田利用时耕性较好，但水田泡水耕耙后易出现闭砂结板现象。

（2）黏质土

黏质土颗粒组成中黏粒含量较高。土壤结构性好，团粒结构发达，土粒间多为小孔隙，总空隙量较大，故蓄水量也较大，保水能力强。同时毛管水的上升高度大，地下水可通过毛管上升作用润湿地表，抗旱能力较强。

黏质土的矿物组成主要以次生黏粒矿物为主。加之通透性较差，好气微生物活性较弱，土壤有机质分解较慢，有机质含量一般均较高，土壤养分均较丰富，生产上常出现“发老苗，不发小苗”现象。

黏质土胶体含量高，土壤的保肥能力和缓冲性能均较强，在施肥上一次性较大量投入，一般不会发生严重的烧苗现象。东北黑土部分旱作农区目前盛行的“一炮轰”施肥制（将作物一生所需肥料一次性作基肥施用）之所以没有发生大的烧苗问题，主要原因就与黑土的阳离子交换量较大，保肥性能较强有关。

由于黏质土含水量一般较高，所以热容量也较大，接受太阳辐射后增温一般较慢，夜间散热降温也慢，故昼夜温差较小；春季增温慢，作物苗期发苗较缓。另外，黏质土黏结性和黏着性均较强，旱田利用时耕作阻力大，适耕期短，耕性较差。

（3）壤质土

其肥力特性介于砂质土和黏质土之间，它兼具二者的优点，既不过黏，也不过砂，耕性优良，适种作物广泛，管理容易，作物产量较高，是农业生产中的较为理想的土壤。

**2. 土壤剖面的质地排列与土壤肥力关系**

土壤剖面各层次的质地不仅影响土壤的潜在肥力，而且还影响土壤水分的运行，进而影响土壤中可溶性养分及盐分在剖面中的移动，从而对作物生长产生相应的影响。土壤剖面的质地排列一般比较复杂，往往是砂、壤、黏土层相互交错，如砂夹黏、黏夹砂、砂盖黏、黏盖砂等。这种质地的层次性产生原因主要有两个方面，一是自然因素的作用造成的，例如冲积性母质的层次性的形成及土壤中黏化层的形成等就属于自然因素作用下的结果；二是人为耕作的作用，例如水田土壤中耕层下部与犁底层之上的砂质层的形成。

对旱田的土壤来说，中位或深位黏土夹层的存在可增加土壤抗旱防涝的保水保肥的能力，有利于作物根系的发育，也便于耕作、施肥、灌排措施的调节，是一种良好的土壤质地剖面类型，群众称之为“蒙金地”。

对水稻土来说，土壤剖面的质地偏砂时，土壤的保水保肥能力降低；而剖面的质地过黏时，耕作困难，渗透作用很弱，虽有较强的保水保肥能力，但易造成还原态有毒物质的积累，也不利于水稻的生长发育。土壤剖面的质地为不砂不黏的壤土类并有一个合适的犁底层时，既有一定的渗透作用，又能保水保肥，有利于水稻根系的发育，也便于人为调节，是一种良好的土壤质地剖面类型，群众称之为“爽水田”。

**3. 我国土壤质地的分布规律**

对于地带性土壤而言，我国土壤从北到南、从东到西，土壤的质地逐渐变细；对于相对高差较大的山地，山下的土壤质地通常比山顶的土壤要黏重。当然，这只是一般规律，不是绝对的，因为土壤的质地不仅取决于气候条件，还与母质、地形、发育时间有很大的关系。

**4. 土壤质地的调节**

据统计，我国目前存在大量因耕作层土壤质地过砂、过黏而需要采取措施加以改良的土壤。我国在对这些低、湿、黏、低产土壤进行改良的过程中，积累了丰富的经验，主要的改良措施有：

（1）客土法

客土法，就是将质地过砂或过黏的土壤（客土）搬运并掺和到过黏或过砂的土壤（本土）里，以改变本土质地的方法。

客土法的实施原则应该是因地制宜，就地取材，实行逐年客土，逐年改善颗粒组成，逐步达到质地改良目标。除一般客土外，北方还普遍施用土粪及有机肥，南方习惯施用潮泥、河泥、塘泥、湖泥、草皮泥等泥肥，这对于加厚耕作层，改善土壤的物理、化学和生物学性质都有相当大的作用。

客土的具体方法主要有：

① 搬运客土法。将客土搬运到本土中，以调节本土质地。该法需要消耗大量的劳力或动力，很不经济。

② 流水客土法。利用自然地形或设置临时沟渠，依靠天然雨水或人工引水，把客土就地搅成泥浆，然后随水流入本土田块里，使它沉积下来，该法可大大节约劳力或动力。

③ 翻淤压砂或翻砂压淤法。淤土是比较黏重的土壤，当某一土壤的底层和耕层的质地差异较大时，可通过耕翻把底土作为客土，翻上来与表土混合，以达到调节耕层质地目的。

④ 引洪漫淤法。又称淤灌客土法，与流水客土法类似，不同的是，该法利用的是自然洪水中携带的淤泥作为客土材料。

（2）深翻、耕松

若土壤上下层质地差异很大，可通过深翻、耕松等措施改善土壤的结构，调和土壤质地，增加土壤的透气性和保水能力。深松可以改善土壤的通气状况，促进植物根系发育。

（3）增施有机肥

添加有机肥料能够改善土壤质地，增加土壤的肥力和保水能力。常用的有机肥料包括农家肥、畜禽粪便、腐熟堆肥等。通过施用这些有机肥料，能够提高土壤的腐殖质含量，改善土壤结构。

# 任务三　土壤有机质

土壤有机质是土壤的重要组成物质，虽然只占土壤固相干重的5%以下，但确是土壤固相中较为活跃的部分，可以说没有有机质的土壤并不是真正意义上的土壤。土壤有机质是土壤具有结构和生物学性质的基本物质，它既是生命活动的条件，也是生命活动的产物。土壤犹如地球的皮肤，有机质就犹如构成皮肤的蛋白质。土壤有机质的来源、它们在土壤中的形成转化规律、各种有机化合物的组成和性质，以及它们在土壤肥力和环境中的作用和调节控制措施是土壤有机质研究的重要内容。

## 一、土壤有机质的来源及其构成

### （一）土壤有机质的来源

土壤有机质存在广义和狭义定义，广义上指以各种形态和状态存在于土壤中的所有含碳有机化合物，包括土壤中的动植物残体、微生物及其分解合成的各种有机物质。狭义上讲土壤有机质是指有机残体经微生物作用形成的一类特殊的、复杂的、性质比较稳定的高分子有机化合物，即土壤腐殖质。

土壤有机质主要来源于动、植物及微生物残体，其中高等植物为主要来源。在不同的生物气候条件下，土壤有机质累积的数量有很大的差异，不同植被条件下进入土壤的有机物质数量见表 1-9。在耕地土壤中自然植被已不存在，有机质主要来自人们每年施入的有机肥料（秸秆、绿肥、堆肥、沤肥和厩肥等），以及残留的根茬和根的分泌物。据研究，紫云英的根质量可达到它地上部分质量的 15%，水稻为 25%，小麦的根分泌物占它地上部分质量的 18%～25%。我国耕地土壤耕层有机质的含量一般为 $50g \cdot kg^{-1}$ 以下。东北地区大多在 $20\sim30g \cdot kg^{-1}$，华北、西北地区大部分低于 $10g \cdot kg^{-1}$，华中、华南一带的水田耕层有机质含量为 $15\sim35g \cdot kg^{-1}$。

表 1-9 不同植被条件下进入土壤的有机物质数量

| 来源 | 数量/[t/(a·hm$^2$)] | 注 |
|---|---|---|
| 森林植被 | 4～5 | 以枯枝落叶为主 |
| 草原植被 | 10～25 | 以根为主 |
| 一年生栽培作物 | 3～4 | 以根为主 |
| 小动物、微生物 | — | — |
| 有机肥料 | — | 耕地 |

进入土壤中的有机残体，尽管来源不同，但是从化学角度来看，主要有碳水化合物（包括一些简单的糖类及淀粉、纤维素和半纤维素等多糖类）、含氮化合物（主要为蛋白质）、木质素等物质。此外，还有一些脂溶性物质（如树脂、蜡质等）。就元素组成而言，它们除含有 C、H、O、N 外，还有 P、K、Ca、Mg、Si、Fe、Zn、Cu、B、Mo、Mn 等灰分元素。上述各有机组分在有机残体中的含量随植物的种类、器官和年龄而异。

### （二）土壤有机质的构成

土壤有机质可以分成两大类：一类是与有机残体的有机组分相似的普通有机化合物，例如，糖、蛋白质和木质素等；另一类是普遍存在于土壤和江湖河海底部淤泥中的特殊有机化合物，例如，胡敏酸（HA）、富里酸（FA）等。为了区别起见，习惯上称前一类化合物为非腐殖物质，后一类为腐殖物质。

按照有机质在土壤中存在的形态，土壤有机质可分成三种类型：

① 未分解的有机物质。指那些刚进入土壤不久，仅受到机械破碎，没有受到微生物分解，仍然保持原来生物体解剖学特征的动植物残体。

② 半分解的有机物质。指或多或少受到微生物分解，原形态结构遭到破坏，已失去解剖学特征的有机质。

未分解和半分解的有机物质多以分散的碎屑状存在，与矿物颗粒机械混合，稳定性差，比较活跃，通常占土壤有机质总量的 10%以下。

③ 腐殖质。腐殖质是土壤有机质的主体，一般占 90%以上，由非腐殖物质（普通有机化合物）和腐殖物质（特殊有机化合物）组成。

## 二、土壤生物和有机质的分解、周转

进入土壤中的各种有机残体，在微生物的作用下进行着复杂深刻的转化过程，这些过程可以概括为两个方面的过程，即矿质化过程和腐殖化过程。二者在土壤中同时同地彼此互相渗透着进行。在不同的条件下其特点和强度均有不同。

### （一）土壤生物

土壤生物就是土壤中的生命体，包括土壤微生物、土壤动物、植物根系。

#### 1. 土壤微生物

土壤微生物有多细胞的后生动物，单细胞的原生动物，真核细胞的真菌（酵母、霉菌）和藻类，原核细胞的细菌、放线菌和蓝细菌及没有细胞结构的分子生物（如病毒）等。土壤微生物是土壤中最活跃的部分，它们参与土壤有机质分解、腐殖质合成、养分转化并推动土壤的发育和形成。1kg 土壤可含 5 亿个细菌，100 亿个放线菌和近 10 亿个真菌，5 亿个微小动物。这些微小的地下生命组成全球生物量的很大一部分。土壤微生物种群不同，有能分解有机质的细菌和真菌，有以微小微生物为食的原生动物以及能进行有效光合作用的藻类等。土壤是微生物生活的大本营，目前已知的微生物绝大多数都是从土壤中分离、驯化、选育出来的，但只占土壤微生物实际总数的百分之十左右，而在工、农、医诸方面有用的微生物只有数百种。因此挖掘土壤微生物资源有极大的潜力。

（1）土壤微生物的种类

① 原核微生物

细菌。细菌占土壤微生物总数的 70%～90%，能分解各种有机质。其数量很大，但生物量并不高。据分析，10g 肥沃土壤中的细菌总数相当于全球人口的总数。细菌个体小、代谢强、繁殖快、与土壤接触的表面积大，是土壤中最活跃的因素。土壤细菌常见的主要属有：节杆菌属（*Arthrobacter spp.*）、芽孢杆菌属（*Bacillus spp.*）、假单胞菌属（*Pseudomonas spp.*）、土壤杆菌属（*Agrobacterium spp.*）、产碱杆菌属（*Alcaligenes spp.*）、黄杆菌属（*Flavobacterium spp.*）等。土壤中存在着各种细菌生理群，其中，纤维分解细菌、固氮细菌、硝化细菌、亚硝化细菌、硫化细菌、氨化细菌等在土壤碳、氮、磷、硫循环中担当重要的角色。

放线菌。放线菌广泛分布在土壤、堆肥、淤泥、淡水水体等各种自然生境中，其中土壤中数量及种类最多。一般肥土比瘦土多，农田土壤比森林土壤多，春季、秋季比夏季、冬季多。放线菌以孢子或菌丝片段存在于土壤中，1g 土壤中的细菌数在 $10^4$～$10^6$ 之间。土壤中的放线菌种类很多，用常规方法检测时，大部分为链霉菌属，占 70%～90%，其次为诺卡氏菌属，占 10%～30%，小单胞菌属仅占 1%～15%，其大部分属好氧腐生菌。放线菌最适宜生长在中性、偏碱性、通气良好的土壤中，能转化土壤有机质，产生抗生素，对其他有害菌能起到拮抗作用。高温型的放线菌在堆肥中对其养分转化起着重要作用。

② 真核微生物

真菌。真菌是常见的土壤微生物之一。尤其在森林土壤和酸性土壤中，往往是真菌占优势或起主要作用。我国土壤中真菌种类繁多、资源丰富，分布最广的是青霉属（*Penicillium*）、曲霉属（*Aspergillus spp.*）、镰刀菌属（*Fusarium spp.*）、木霉属（*Trichoderma spp.*）、毛霉属（*Mucor spp.*）、根霉属（*Rhizopus spp.*）。

藻类。藻类为单细胞或多细胞的真核原生生物。土壤中藻类的数量多，是构成土壤生物群落的重要成分，土壤藻类主要由硅藻、绿藻、黄藻组成。藻类是土壤生物的先行者，对土壤的形成和熟化起重要作用，它们凭借光能自养的能力，成为了土壤有机质的最先制造者。肥沃土壤中，藻类生长旺盛，土表常出现黄褐色或黄绿色的薄藻层，硅藻多是土壤营养丰富的表现。

地衣。地衣是真菌和藻类形成的不可分离的共生体。地衣广泛分布在荒凉的岩石、土壤和其他物体表面，地衣通常是裸露岩石和土壤母质的最早定居者。因此，地衣在土壤发生的早期起重要作用。

（2）土壤微生物的营养类型

根据微生物对营养和能量的要求，土壤微生物一般可分为 4 大类型。

① 化能有机营养型

化能有机营养型又称化能异养型，需要有机化合物作为碳源，并从氧化有机化合物的过程中获得能量。土壤中该类微生物的数量或种类是最多的，包括绝大多数细菌和几乎全部真菌和原生动物，是土壤中起重要作用的微生物。

化能异养微生物又可分为腐生和寄生两类。前者利用无生命的有机物，包括死亡的动、植物残体。后者寄生于其他生物，从寄主中吸收营养物质，离开寄主便不能生长繁殖。此外，还有一种中间类型，既能腐生又能寄生，称之为兼性腐生微生物或兼性寄生微生物。

② 化能无机营养型

化能无机营养型又称化能自养型，以 $CO_2$ 作为碳源，从氧化无机化合物中取得能量。这种类型微生物数量、种类不多，但在土壤物质转化中起重要作用。根据化能自养菌氧化不同底物的能力，可将其分为 5 种主要类群（表 1-10）。

**表 1-10 好氧化能自养菌**

| 菌群 | 氧化底物 | 氧化产物 | 最终电子受体 |
|---|---|---|---|
| 亚硝酸细菌 | $NH_3$ | $NO_2^-$ | $O_2$ |
| 硝酸细菌 | $NO_2^-$ | $NO_3^-$ | $O_2$ |
| 硫氧化细菌 | $H_2S$、$S$、$S_2O_3^{2-}$ | $SO_4^{2-}$ | $O_2$ 或 $NO_3^-$ |
| 铁细菌 | $Fe^{2+}$ | $Fe^{3+}$ | $O_2$ |
| 氢细菌 | $H_2$ | $H_2O$ | $O_2$ 或 $NO_3^-$ |

③ 光能有机营养型

光能有机营养型又称光能异养型，其能源来自光，但需要有机化合物作为供氢体以还原 $CO_2$，并合成细胞物质。如紫色非硫细菌中的深红红螺菌（*Rhodospirillum rubrum*）可利用简单的有机物，如甲基乙醇，作为供氢体。

$$CO_2+CH_2CHOHCH_2 \xrightarrow{\text{光能}} CH_2O+CH_3COCH_3$$

④ 光能无机营养型

光能无机营养型又称光能自养型，利用光能进行光合作用，以无机物作供氢体以还原 $CO_2$ 合成细胞物质。藻类和大多数光合细菌都属光能自养微生物。藻类和高等绿色植物一样，以水作为供氢体，光合细菌如绿硫细菌、紫硫细菌都是以 $H_2S$ 作为供氢体。

上述营养型的划分是相对的。在异养型和自养型之间，光能型和化能型之间都有中间类型存在，均可在土壤中找到，土壤具有适宜各类型微生物生长繁殖的环境条件。

（3）土壤微生物的呼吸类型

微生物的呼吸作用，由于对氧的要求不同，可分为有氧呼吸（也称需氧呼吸）和无氧呼吸（也称发酵）。进行有氧呼吸的称之为好氧性微生物，进行无氧呼吸的称之为厌氧性微生物，既能进行有氧呼吸又能进行无氧呼吸的称之为兼性厌氧微生物。

① 好氧性微生物的有氧呼吸

土壤中大多数细菌如芽孢杆菌、假单胞菌、根瘤菌、固氮菌、硝酸化细菌、硫化细菌等以及霉菌、放线菌、藻类和原生动物等属好氧性微生物。它们以氧气为呼吸基质氧化时的受氢体。因为来自空气中的氧能不断供应，所以基质能够彻底被氧化，释放出全部能量。

在通气良好的土壤中，或有氧的土壤微环境里（如大孔隙中，团粒体外等），好氧微生物进行的有氧呼吸共同担负、转化着土壤中的有机质，获得能量，构建细胞物质，各自行使其生理功能，如固氮菌的固氮作用。好氧性化能自养型细菌，以还原态无机化合物为呼吸基质，依赖它特殊的氧化酶系，活化分子态氧去氧化相应的无机物质而获得能量。如亚硝酸细菌以 $NH_4^+$ 为呼吸基质将其氧化成 $NO_2^-$（亚硝化作用），硝酸细菌以 $NO_2^-$ 为基质将其氧化成 $NO_3^-$（硝化作用），氧化硫杆菌以 S 为基质将其氧化成 $SO_4^{2-}$（硫化作用）。

② 厌氧性微生物的无氧呼吸

厌氧性微生物如梭菌、产甲烷细菌和脱硫弧菌等，在缺氧的环境中生长发育，进行不需氧的呼吸过程，基质的氧化不彻底，产生一些比基质更为还原的终产物，释放的能量也少。

长期淹水的水稻土、沼泽地或人工沼气池等环境中，产甲烷细菌进行沼气发酵产生甲烷。脱硫弧菌可使硫酸盐还原产生 $H_2S$。

③ 兼性厌氧微生物的兼性呼吸

兼性厌氧微生物能在有氧和无氧环境中生长发育，但在两种环境中呼吸产物不同。典型的例子就是酵母菌和大肠杆菌。

土壤中存在的反硝化假单胞菌、某些硝酸还原细菌、硫酸还原细菌是一类特殊类型的兼性厌氧细菌。在有氧环境中，它们与其他好氧性细菌一样进行有氧呼吸。在缺氧环境中，它们能将呼吸基质彻底还原，以硝酸或硫酸作为受氢体，使硝酸还原为亚硝酸或分子氮，使硫酸还原为硫或硫化氢。

#### 2. 土壤动物

（1）土壤动物的分类

土壤动物按照形态大小可分为微型土壤动物、中型土壤动物及大型土壤动物。微型土壤动物主要有鞭毛虫、变形虫、纤毛虫等原生动物和线虫；中型土壤动物主要有螨类等；大型土壤动物有蚯蚓、蚂蚁等。

（2）土壤动物的分布特征

土壤动物中微型动物的数量相对较多，体型小，通常被看作土壤微生物的一部分，中型和大型的土壤动物数量少，活动能力强（容易迁出土体）。体型较大的土壤动物能够软化破碎有机物，也能够在土壤中穿孔打洞，把土壤微生物传播到土壤的各个角落。

#### 3. 植物根系

植物根系也是土壤生物的一部分，但人们往往把它们归于植物学范畴加以考虑。与根系密切相关的微生物-根系结合体为菌根与根瘤。

### （二）土壤有机质的矿质化过程

土壤有机质的矿质化过程是指复杂的有机物质，在微生物的作用下，分解为简单的化合物，同时释放出矿质养料和能量的过程。土壤有机质的矿质化作用，主要是靠微生物的酶来完成。整个过程往往是分阶段进行的，在分解过程中，可以产生各种类型的中间产物。

如果环境条件适宜，微生物活动旺盛，分解作用可进行得较快，最终大部分有机物就变成了 $CO_2$ 和 $H_2O$，N、P、S 等则以矿质盐类形式释放出来，为微生物提供较多的能量。如果环境条件不适宜，微生物活动受到阻碍，分解作用就会进行得既慢又不彻底，因此有机质消失得也慢，有时还有中间产物累积，释放出的养料和能量也少。

因此，环境条件和有机质的组成不同，微生物的分解能力和最终产物及其能提供的养分和能量也不同。下面以植物残体为例，介绍各有机成分的一般分解速率和分解产物。

**1. 糖类的分解**

糖类包括单糖类（六碳糖 $C_6H_{12}O_6$、五碳糖 $C_5H_{10}O_5$、葡萄糖 $C_6H_{12}O_6$）和淀粉、纤维素、半纤维素等多糖类化合物。多糖首先在微生物分泌的水解酶的作用下，水解成单糖，由单糖进一步再分解成简单的物质。

在好气条件下分解迅速，最终产物为 $CO_2$ 和 $H_2O$，并放出大量的能量。反应式如下：

$$\underset{\text{纤维素}}{(C_6H_{10}O_5)_n} + nH_2O \xrightarrow{\text{水解酶}} \underset{\text{葡萄糖}}{C_6H_{12}O_6}$$

$$C_6H_{12}O_6 + 5O_2 \longrightarrow 2C_2H_2O_4 + 2CO_2 + 4H_2O + 2822J$$

在氧气充足的条件下，最终产物为 $CO_2$ 和水。

$$2C_2H_2O_4 + O_2 \longrightarrow 4CO_2 + 2H_2O$$

在通气不良条件下，糖类的分解是在嫌气微生物的作用下进行的，其分解的速度很慢，释放出的能量也少，并形成一些有机酸和还原性气体，如 $H_2$、$CH_4$。其反应式如下：

$$C_6H_{12}O_6 \longrightarrow C_4H_8O_2 + 2CO_2 + 2H_2 + 75J$$

$$4H_2 + CO_2 \longrightarrow CH_4 + 2H_2O$$

**2. 脂肪、树脂、蜡质、单宁等的分解**

这类物质的分解除脂肪族稍快些外，其他均很缓慢，不易彻底分解，在好气条件下除生成 $CO_2$ 和 $H_2O$ 并放出能量外，还常常产生有机酸。在嫌气条件下，则可产生多元酚类化合物（形成腐殖物质的材料）。

**3. 木质素的分解**

植物种类不同，木质素的化学组成和结构亦不相同，但其共同点是都含有芳香核，并以多聚体的形式存在于组织中，是最不易分解的有机成分。在好气条件下，受真菌和放线菌的作用，木质素先进行氧化脱水，再缓慢降解，使其原来分子中的甲氧基显著减少，酚基增加，出现烃基并有酸化的趋势。木质素降解的中间产物可参与腐殖质的形成。在厌氧嫌气条件下木质素分解极慢，所以沼泽泥炭地中木质素含量特别高。

**4. 含氮有机化合物的分解**

土壤中含氮有机化合物，主要是蛋白质、缩氨酸等一类化合物。这类化合物较易分解。现以蛋白质为例，其分解转化过程如下：

（1）水解过程

蛋白质在微生物分泌的蛋白水解酶的作用下，逐步分解成各种氨基酸。其过程是：蛋白质→水解蛋白质→消化蛋白质→多氨酸→氨基酸。这类物质一般不能被作物吸收利用，只为进一步转化提供原料。

（2）氨化过程

氨基酸在微生物分泌的酶的作用下，进一步分解产生氨。氨化过程只要温度、湿度适宜，在好气或嫌气条件下均能进行。

氨化过程一般可分为两步：第一步是含氮有机化合物（蛋白质、核酸等）降解为多肽、氨基酸、氨基糖等简单含氮化合物；第二步是降解产生的简单含氮化合物在脱氨基过程中转变为 $NH_3$。参与氨化作用的微生物种类较多，其中以细菌为主。据测定，在条件适宜时每克土壤中氨化细菌可达 $10^5 \sim 10^7$ 个。氨化过程所生成的氨，与土壤溶液中各种酸类物质化合成铵盐后，可被作物直接利用。

在通气良好的条件下，氨态氮通过亚硝化细菌和硝化细菌的相继作用进一步转化为亚硝态氮和硝态氮，这是植物可利用的氮素养分。如果是在通气不良的条件下，硝态氮经反硝化细菌的作用，进行还原过程，形成 $N_2$，造成土壤中氮的损失。在生产上应采取措施，例如加强中耕、调节土壤的通气性等来减少氮的损失。

有的蛋白质除含氮外，还含有磷、硫等营养元素。在好气条件下通过微生物的作用，含磷和硫的化合物可分别被氧化为磷酸盐（$H_2PO_4^-$、$PO_4^{3-}$）和硫酸盐（$HSO_4^-$、$SO_4^{2-}$）。在嫌气条件下，含硫蛋白质分解为硫醇类（含—SH 的化合物）和硫化氢（$H_2S$）等有毒物质。其他非蛋白质类含氮、硫、磷有机化合物的矿化过程和速率，虽与蛋白质有所不同，但其最终产物仍是 $NH_4^+$、$PO_4^{3-}$、$HPO_4^-$、$SO_4^{2-}$、$HSO_4^-$。

综上，有机物质矿化的结果，不仅给植物提供了营养物质，也给微生物提供了营养物质和能量，而且在矿化过程中同时也改变了一些有机物的结构特征和组成，为腐殖质的形成提供原料。

### （三）土壤有机质的腐殖化过程

进入土壤中的有机残体，在微生物的作用下，进行矿质化的同时，还进行一系列复杂的腐殖化过程。即有机质在微生物的作用下，形成复杂的腐殖质的过程。一般认为腐殖质的形成过程可分为以下两个阶段：

第一阶段：产生构成腐殖质主要成分的原始材料阶段。进入土壤中的有机残体在微生物的作用下，有些成分被矿化了，而有些成分由于结构稳定，只能部分降解，保留原来结构单元中的某些特征。如木质素的降解产物中，仍保留其原来芳香结构及其所连接的某些取代基（如—$OCH_3$、—OH、—COOH 等）特征。

另一方面微生物在分解有机质（包括链状及环状化合物等）时会产生多元酚类物质（带有多个酚羟基的芳香族化合物）。酚类化合物在微生物分泌氧化酶的作用下，氧化成醌型化合物。例如对位二元酚，在碱性条件下容易被氧化为对位醌（邻位酚也可同样被氧化），见图 1-14。

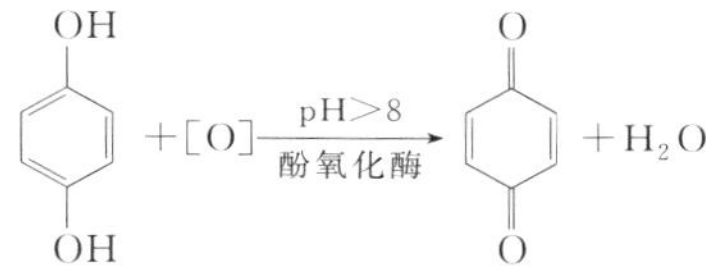

OH　　　　　　　　　　O
+[O] —pH>8 / 酚氧化酶→ 　+$H_2O$
OH　　　　　　　　　　O

图 1-14　对位二元酚被氧化为对位醌

在这一阶段里还产生了由蛋白质降解而形成的各种肽类、氨基酸等含氮化合物，以及由微生物本身的生命活动所产生的再合成产物和代谢产物（多元酚、氨基酸或肽类等）。目前多数研究者认为，多元酚和醌类化合物、由木质素降解所产生的芳核结构单位、由蛋白质降解及微生物代谢产物形成的氨基酸或肽等化合物都是构成腐殖质的原始材料。

第二阶段：合成阶段。上述原始材料通过某种合成机制（包括缩合等多种酶促反应和可能产生的纯化学反应）合成腐殖质的单分子。如以最简单的醌类（或酚类）化合物和氨基酸（或肽）为例，其缩合的最简单模式如图 1-15。

O　+　$2NH_2RCOOH$ → OH H / N—R—COOH / N—R—COOH / OH H
O
对醌型化合物的最简单模式　　氨基酸的最简单模式　　腐殖质(酸)单体分子的最简单模式

图 1-15　醌类化合物和氨基酸缩合的最简单模式

上述模式只能说明形成腐殖质单分子的可能途径。而实际上腐殖质单分子的形成及其组成结构要复杂得多。同一土壤中形成原始腐殖质的单分子不完全相等，它们通过缩合作用，连接多肽和糖类等有机化合物分子，形成不同分子量的复杂环状化合物。其中胡敏酸的分子就是主要的代表。

关于腐殖质形成的学说普遍认为木质素和蛋白质是构成腐殖质核心的两大组成成分。而现代的大量研究工作表明，木质素的作用可能在于通过降解和氧化提供醌型化合物，蛋白质在于提供氨基酸。它们只是通过各自的降解产物（醌型化合物和氨基酸）参与了腐殖质的合成。实验还证明，只要微生物繁育旺盛，并有产生氨基酸、多元酚及醌类化合物的物质基础和土壤条件，即使没有木质素的存在，也可以形成腐殖质。

有机残体的矿质化作用与腐殖化作用是同时发生的两个过程。生物残体的矿质化过程是土壤中进行腐殖化过程的前提，腐殖化过程是生物残体矿质化过程的部分结果。

## 三、影响土壤有机质分解、周转的因素

土壤有机质转化受有机质的组成与状态及微生物的影响。土壤有机质无论是矿质化过程还是腐殖化过程，都是在微生物直接参与下进行的。因此，有机质的分解和周转都必须受微生物的制约。凡能影响微生物生命活动及其生理作用的一切因素都会影响有机质的分解和周转。这些因素可概括为以下两个方面：

### （一）有机残体的物理状态和化学组成

有机残体本身的物理状态直接影响转化的速率。一般情况下，半纤维素降解速率快于纤维素，纤维素快于木质素。土壤中有机残体的新鲜程度、破碎程度、紧实程度和放置方式不同，导致其矿化速率也不同，从而影响有机质的含量。多汁、幼嫩的植物残体比干枯老化的易分解，而且还能活化已衰弱的微生物。粉碎或切细的植物残体比大块的易分解。

有机残体组成中的C/N（指有机质中碳素总量和氮素总量的比值）是影响转化速率的根本原因。同一类植物的C/N亦随植物的组织老嫩而不同。一般禾本科植物的根茬、茎秆的C/N可高达100∶1，而豆科植物为15∶1～30∶1。凡多汁、幼嫩和C/N小的植物残体，矿质化和腐殖化都比较容易进行，分解得快，形成腐殖质的数量少，释放出的氮素多。反之干枯老化和C/N大的植物残体，转化较慢，释放的氮素量少。这是因为微生物在分解有机质时，需要同化一定数量的碳和氮来构成本身组织，同时还要分解一定数量的有机碳化合物作为能量的来源。研究资料表明，一般认为微生物组成自身的体细胞要吸收5份碳和1份氮，同时还要20份碳作为其生命活动的能源。也就是说微生物在生命活动过程中，需要有机质的C/N约为25∶1较适宜。

如果有机物质的C/N小于25∶1，由于含氮多，它不仅分解得快，而且还能使多余的有机态氮转化为无机态氮留在土壤中为植物利用。如果有机质的C/N大于25∶1，由于碳多氮少，微生物会缺乏氮素营养，其生命活动能力减弱，有机物质分解缓慢，有时微生物还会从土壤中吸取无机有效态氮素营养，造成微生物与作物争夺氮素养分，使作物暂时缺氮，出现黄萎现象。

因此，在生产中如施用C/N过高的有机残体时，应适当补充些有效态的氮素（如人粪尿、硫铵等），以加速有机残体的分解，并防止植物缺氮。各种有机残体，无论C/N的大小如何，当它们进入土壤后，在微生物的反复作用下，它们的C/N迟早会稳定在一定的范围内。我国一般耕地土壤这个数值范围为7∶1～13∶1。

此外，有机质灰分元素含量的高低对有机质的转化也有很大影响。灰分元素含量高，说明营养元素丰富，也易于中和有机质分解时所产生的酸类，从而更有利于有机质的转化。

### （二）土壤环境条件

凡能影响微生物生命活动的环境条件，都会影响有机质的转化。这些因素主要有：

### 1. 土壤湿度和通气状况

微生物活动需要一定的湿度和通气条件。在适度的湿润而又有良好通气条件的土壤中，好气微生物活动十分活跃。这时有机质进行好气分解，其特点为速度快，分解较完全，矿化率高，中间产物很少累积，所释放的矿质养料多，并以氧化物状态存在，有利于植物吸收利用，无毒害作用，但不利于土壤有机质累积。反之，如果土壤的湿度过大，水分充塞了绝大部分土壤孔隙，使通气受阻，这时有机质的分解只能在嫌气条件下进行。其特点是分解速度慢，分解不完全，矿化率低，容易积累中间产物。如在高度嫌气条件下往往会产生一系列的有机酸，其中最常见的有乙酸、丙酸和丁酸等，同时还会产生某些还原性气体如 $H_2$、$H_2S$、$CH_4$ 等，对作物有害。但在嫌气条件下，矿化率低，有利于土壤有机质积累和保存。一般土壤含水量为土壤田间持水量的60%～80%时有利于有机质的转化。

### 2. 温度

在 0～35℃的温度范围内，增高温度能促进有机质的分解，一般土壤微生物最适宜的土壤温度为 25～35℃。当温度高于 45℃时，一般的微生物活动受到明显的抑制，有些有机物质可能发生纯化学的氧化分解作用或挥发。

### 3. 土壤的酸碱反应

不同的微生物都有适宜活动的 pH 值范围。如大多数细菌最适 pH 值一般在中性附近（pH 6.5～7.5）；而放线菌活动的最适宜 pH 值比细菌略大；真菌最适于在酸性（pH 3～6）条件下活动。因此，土壤的酸碱反应不同，土壤中各类微生物总量、相对比例及活动性等都不一样，而有机质转化的速率、产物也不相同。在农业生产中，中和过酸或过碱的土壤，对促进有机质转化有显著作用。

## 四、土壤有机质的重要组分及其特征

进入土壤中的动、植物残体，经历了各种物理、化学、生物因素的共同作用，绝大部分较快地分解掉，只有一小部分转变为土壤有机质，其化学组成和结构也都发生了一定的变化。成熟植物组织与土壤有机质的部分组成见表 1-11。

**表 1-11　成熟植物组织与土壤有机质的部分组成**

| 成分 | 植物组织各成分质量分数/($g \cdot kg^{-1}$) | 土壤有机质各成分质量分数/($g \cdot kg^{-1}$) |
|---|---|---|
| 纤维素 | 200～500 | 20～100 |
| 半纤维素 | 100～300 | 0～20 |
| 木质素 | 100～300 | 350～500 |
| 粗蛋白质 | 10～150 | 280～350 |
| 油脂、蜡质等 | 10～80 | 10～80 |

如表 1-11 所示，土壤有机质中木质素和蛋白质含量要比植物组织中多，而纤维素和半纤维素含量则明显减少。土壤有机质中化合物的种类繁多、性质各异，可粗略地将其分为非腐殖物质和腐殖物质两大类。

### （一）非腐殖物质

非腐殖物质为有特定物理化学性质、结构已知的有机化合物，来源于经微生物改造的植物有机物或微生物新合成的有机物，主要包括碳水化合物和含氮化合物，其他化合物的含量很少，甚至极微量。如表土中蜡质的质量一般只占有机碳总量的 2%～6%，某些芳酸的质量分数不到 $0.001mg \cdot kg^{-1}$。但它们在土壤形成过程中和土壤肥力上都有不可忽视的作用。

### 1. 碳水化合物

土壤中碳水化合物主要来源于植物残体，进入土壤后，大多为微生物利用。同时微生物在分解有机质的过程中，又产生许多比较简单的单糖类，并合成一些多糖类化合物。

土壤中碳水化合物的组成，主要有多糖、糖醛酸和氨基糖等。其含量因土壤类型的不同差异较大。我国主要土壤表土中碳水化合物的质量占有机质总量的 17%～30%，多糖类是碳水化合物的主体，其质量约占有机质总量的 9%～22%。它们在土壤中与黏粒矿物、腐殖质、金属离子等相结合存在。这就增加了碳水化合物的稳定性，使它在土壤有机质中占有一定的比例。

碳水化合物除了作为微生物的能源和营养外，本身含有大量羟基，在糖醛酸和氨基糖的分子中还含有羧基和氨基，这些官能团使碳水化合物具有化学活性，对土壤的物理化学性质有重要作用。多糖具有胶结作用，对土壤结构的形成有重要意义。

#### 2. 含氮化合物

土壤中氮的含量随土壤类型、土壤层次而异，其含量的高低及其变化规律大体上与土壤有机质的含量、变化规律相一致。土壤中 95%以上的氮素是以有机态氮存在的，无机氮的含量是很低的。

土壤中有机态氮可以分为水解性氮和非水解性氮两大类。根据对我国主要土壤的水解液的研究可知，水解性氮约占土壤总氮量的 65.5%～90.4%，它们由 $NH_4^+$-N、$\alpha$-氨基糖氮、氨基酸及未知氮所构成，分别占土壤总氮量的 23.8%～50.5%、1.8%～8.2%、19.5%～44.7%和 3.3%～34.8%。

随着分析技术的发展，已能从土壤水解液中分离和鉴定出约 20 种氨基酸，证明土壤有机氮是属于蛋白质属性的。Sowdon（1967）也证明了土壤中有蛋白质和多肽的独立形式存在。Mayaudon（1967）和 Blederbeck（1973）分别以酚为溶剂从胡敏酸中分出“腐殖质蛋白”。对于非水解性氮素的属性，目前已知其中有部分氮素是以 *N*-苯氧基氨基酸的形式存在的。

土壤中的水解性氮素和非水解性氮素均有一定的降解性。例如荒地在开垦后土壤总氮量明显减少。提纯的水解性氮在各种质地土壤中也都有不同程度的降解，其降解顺序是砂土＞壤土＞黏土。但是，由于土壤氮素有效性不是取决于它们的化学形态，而是取决于它们的存在状态，所以一般研究土壤氮素形态分布变化，并不能反映土壤的供氮能力。据研究，土壤中各种状态的含氮有机物质稳定性的大小是不同的，通常状况下，它们的分解速率的大小顺序是新鲜植物残体＞生物体＞吸附在胶体上的微生物代谢产物和细胞壁的成分＞成熟的极其稳定的腐殖质。

#### 3. 土壤中的有机酸

土壤中的有机酸来源于植物残体的分解和微生物合成。在植物根分泌物中也含有一定量的有机酸。

旱地土壤中分布最多的脂肪族酸是乙酸和甲酸。前者可高达 3mg·kg$^{-1}$，后者在 1～2mg·kg$^{-1}$ 之间。数量较少的有乳酸、苹果酸、丙酸等，它们是有机质分解过程的产物，在大量施用有机肥料的土壤中有较多的累积。在渍水土壤中，由于嫌气条件下有利于形成有机酸，有机酸的积累量较多，主要是甲酸、乙酸、丙酸、丁酸、乳酸、草酸等。

有机酸除了对植物根部的生理过程和植物生长有影响外，还可通过它的官能团如羧基、羟基、酮基、氨基、甲氧基等对矿物产生螯合作用和溶解作用，从而破坏硅酸盐矿物的晶格构造，使一些被束缚的养分如磷、钾等释放出来，增加养分的有效性。有机酸是土壤中酸的重要来源。

### （二）腐殖物质

腐殖物质是有机残体进入土壤后，经微生物的作用在土壤中新形成的黄色或黑色的一大类特殊的结果未知的高分子有机化合物。它不同于动植物残体组织和微生物的代谢产物中的有机化合物，是土壤中特有的有机化合物，占有机质总量的 85%～95%。

### 1. 腐殖物质的形成与种类

以往的研究已经确定腐殖物质是多分散（不同分子大小分布）的酚类羧酸混合物，普遍存在于陆地和水生环境中，是生物化学降解、植物和动物残留物转化以及自由基缩合反应的结果。植物衍生物，如木质素、多糖、黑色素、角质层和蛋白质，是腐殖质化过程中的重要组成部分，腐殖物质具有高活性，但难以生物降解。

（1）土壤腐殖物质的合成

来自死亡植物和微生物的土壤有机残留物被部分降解为更小的分子，如酚类、苯丙烯单元、氨基酸、肽、氨基糖和糖。这些较小的分子进一步反应、聚合和缩聚，部分在土壤氧化还原酶或矿物表面的帮助下，部分在土壤微生物的支持下形成中高分子量的有机物质。不同质量的腐殖质分子形成超分子键，形成腐殖质网络。

（2）土壤腐殖物质的种类

根据溶解性的不同，腐殖质可分为 3 类：腐殖酸（又称胡敏酸，只溶于碱不溶于酸）、富里酸（既溶于酸又溶于碱）和胡敏素（HM，又称腐殖素、腐黑物，酸碱都不溶）。

胡敏酸由芳香核和脂肪族侧链组成，含有羧基、羟基、酮基、醌基等活性官能团，具有较大的吸附表面积，是存在于土壤环境中的一类重要的非均质有机物。HA 容易与有机污染物发生相互作用，影响环境中有机污染物的毒性、生物降解、迁移转化。提取土壤中的 HA，对分析 HA 的理化性质和明确 HA 的环境作用具有重要的意义。

富里酸属于腐殖酸的一种，是土壤腐殖质的组成成分之一。颜色较浅，多呈黄色；主要由碳、氢、氧和氮等元素构成，碳氢比值较小；溶解能力强，移动性大，对某些土壤的淋溶和沉积起很大作用，可以改善土壤环境；特性为低分子量和高生物活性。由于低分子量的特性，它能很好地粘贴及融合矿物质和元素到它的分子结构中，拥有很好的溶解性和流动性。

胡敏素是一种不溶于水、酸、碱的成分，通常构成土壤有机质（SOM）的很大一部分。

### 2. 腐殖物质组分的分离和提取

为了研究腐殖物质的组成、性质，必须把它从土壤中分离出来。从土壤中分离腐殖物质一直是一项十分困难的工作，原因如下：第一，腐殖酸在土壤中与土壤矿物质部分结合成有机无机复合体，不易分开；第二，腐殖酸与非腐殖物质共存，很难用溶液区分开来，也不易用物理的方法完全分开；第三，一般用缓和的溶剂提取不完全，用剧烈的方法分离时又可能引起腐殖酸性质、结构特征的变异。

随着现代科学技术的进展，近年来对腐殖物质的分离方法也有一定的改进。目前常用的方法是采用相对密度为 2.0 的重液，把土壤中未分解的、半分解的及非腐殖质部分分离掉，得到腐殖物质土样，再利用腐殖酸溶于碱的特性，用稀碱提取出腐殖酸的碱溶液。然后利用胡敏酸溶于碱而不溶于酸的特性，将胡敏酸和富里酸分离。残留在土壤中不能被碱提取出来的腐殖物质为胡敏素。腐殖物质组分的分离和提取具体步骤见图 1-16。

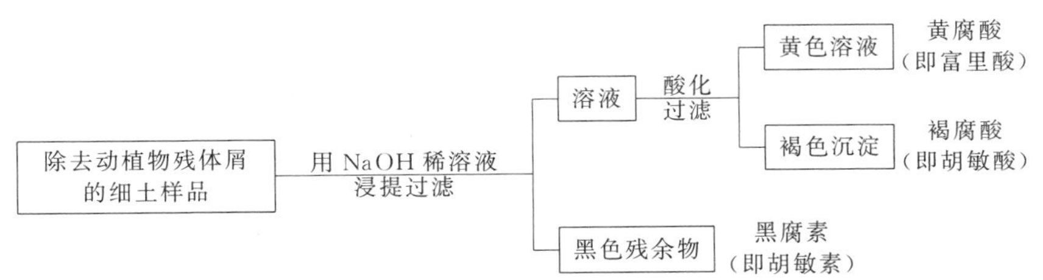


图 1-16　腐殖物质组分的分离和提取

从腐殖质的分离提取中可以看出，胡敏素是和土壤矿物质部分结合牢固的胡敏酸，用碱液提取不出来。胡敏素在性质上基本上与胡敏酸相同。因此，腐殖质的组成为两组腐殖酸，即胡敏酸和富里酸。由于浸提和分离不可能完全，所以无论是胡敏酸组或是富里酸组都可能混有一些杂物。

### 3. 腐殖物质的组成

腐殖质的组成成分胡敏酸和富里酸，是基本结构相似的同一类物质，并且具有相同的含氧官能团、脂肪族组分、含氮化合物和碳水化合物等。因此，它们之间既有共同的特征，又有许多不同之处。

（1）腐殖物质的元素组成

腐殖质是由 C、H、O、N、P、S 等主要元素及其少量的灰分元素如 K、Mg、Fe、Si 等组成。其中 C 的含量为 550～600g・$kg^{-1}$，平均为 580g・$kg^{-1}$；氮的含量为 30～60g・$kg^{-1}$，平均为 56g・$kg^{-1}$。其中 C/N 平均为 10∶1～12∶1。

胡敏酸 C/N 值高于富里酸，O 和 S 的含量较富里酸低。在同一土壤中两种物质对比时更为明显。我国主要土壤中腐殖物质的元素组成见表 1-12。

**表 1-12 我国主要土壤中腐殖物质的元素组成（无灰干基）**

| 腐殖物质 | 项目 | C/% | H/% | O+S/% | N/% | C/H |
|---|---|---|---|---|---|---|
| 胡敏酸 | 范围 | 43.9～59.6 | 3.1～7.0 | 31.3～41.8 | 2.8～5.9 | 7.2～19.2 |
| ($n$=48) | 平均 | 54.7 | 4.8 | 36.1 | 4.2 | 11.6 |
| 富里酸 | 范围 | 43.4～52.6 | 4.0～5.8 | 40.1～49.8 | 1.6～4.3 | 8.0～12.6 |
| ($n$=12) | 平均 | 46.5 | 4.8 | 45.9 | 2.8 | 9.8 |

（2）腐殖物质的分子量和分子结构

据研究资料，胡敏酸和富里酸的分子可能均为短棒形，其分子量迄今还没有一致的结论。同一样品用不同方法测得的数值差异很大，但共同的趋势是，不同土壤的胡敏酸和富里酸的分子量均各有差异，而且，同一土壤中胡敏酸的分子量均大于富里酸。

大量研究资料认为胡敏酸和富里酸是分子结构基本相似的同一类型物质。它们都有一个芳香族聚合物或以芳族为主的缩聚物为核，核的外表有酚羟基和羟基，并连接有多肽和糖类。说明腐殖物质为一高聚物体系，它们的分子大小以及芳核所占比例各不相同。富里酸只是其中分子较小，芳化度（芳核结构和酚羟基所占的比例）较低，说明腐殖物质的缩合程度低，其羧基含量较高而且离解度较大，因而是不易为酸沉淀的一组腐殖物质。实际上任何土壤中的胡敏酸或富里酸只是分子量大小、芳化度等不同的多级分的混合物。

常用胡敏酸和富里酸的比值（HA/FA）来说明腐殖物质在不同的形成条件下的复杂程度。其比值越大分子量越大，芳化度越高，复杂程度越大，胡敏酸的相对含量也越高。在不同地区各土类间 HA/FA 有相当大的差异。

腐殖物质所含芳环的缩合程度、在芳核上的碳与脂肪或脂环侧链上的碳的比例、分子量等与腐殖物质对光的吸收密切相关。常用在波长 465nm 和 665nm 处的光密度（$E_4$、$E_6$）比值（$E_4/E_6$）来说明胡敏酸的芳化程度。通常 $E_4/E_6$ 低说明腐殖化程度和缩合程度高。Campbell 等发现 $E_4/E_6$ 与腐殖物料的平均存留时间呈相反的关系。平均存留时间最短的腐殖物料其 $E_4/E_6$ 较高，也就是说，腐殖化和缩合程度最低的物质，其形成年代最近。

在波长为 465nm 处的吸收是芳核 C=C 和官能团中不成对 π 电子跃迁的反映。因此，光密度 $E_4$ 可表征腐殖质的芳化度。相关分析表明，$E_4$ 既与 C/H、醌基及酚羟基中的含氧量极显著相关，又与平均分子量显著相关。所以光密度 $E_4$ 可以粗略地综合反映腐殖物质的芳化度和分子大小。

(3) 腐殖质的含氧官能团和电性

腐殖酸的组分中有许多种含氧官能团，重要的有羧基（—COOH）、酚羟基（—$C_6H_6OH$）、羰基（>C=O）、甲氧基（—$OCH_3$）、氨基（—$NH_2$），此外还可能有醌基（—$C_6H_6O$）和醇羟基（—OH）等。腐殖质各组分的酸度、阳离子交换量的大小、对金属离子的络合能力等都与官能团的含量和官能团中氢离子的解离有关。胡敏酸的羟基和醇羟基（—OH）的含量以及羧基（—COOH）的解离度均较富里酸低，醌基较富里酸高，酮基和甲氧基的含量二者没有明显不同。我国主要土壤表土中腐殖质的官能团含量见表 1-13。

**表 1-13 腐殖质的官能团含量**

| 项目 | | 总酸度 | 含量/($mol\cdot kg^{-1}$) | | | | | | |
|---|---|---|---|---|---|---|---|---|---|
| | | | 羧基 | 酚羟基 | 醇羟基 | 醌基 | 酮基 | 甲氧基 | 羰基 |
| 胡敏酸 | 范围 | 5.6～8.9 | 1.5～5.7 | 2.1～5.7 | 0.2～4.9 | 1.4～2.6 | 0.3～1.7 | 0.3～0.8 | 2.1～5.0 |
| | 平均 | 6.7 | 3.6 | 3.9 | 3.9 | — | — | 0.6 | 2.9 |
| 富里酸 | 范围 | 6.4～14.2 | 5.2～11.2 | 1.2～5.7 | 2.6～9.5 | 0.3～1.2 | 1.6～2.7 | 0.3～1.2 | 0.3～3.1 |
| | 平均 | 10.3 | 8.2 | 3.0 | 6.1 | — | — | 0.8 | 2.7 |

腐殖物质具有两性胶体的特征，在它的表面上既带有正电荷，又带负电荷，通常以带负电荷为主。电性的来源主要是分子表面的羧基和酚羟基的氢离子解离以及氨基的质子化。由于羧基、酚羟基上氢离子的解离和氨基质子化的程度是随溶液中 $H^+$ 的浓度而变化的，所以这些电荷的数量也随着溶液 pH 的变化而不同，属可变电荷。

带有电荷的腐殖质胶体从土壤溶液中吸附相反电荷离子，并以阳离子为主。通常腐殖物质吸附阳离子的数量在 150～450$cmol\cdot kg^{-1}$ 之间。

### 4. 腐殖物质的性质

(1) 腐殖物质的溶解度和凝聚性

胡敏酸不溶于水、呈酸性，它与 $K^+$、$Na^+$、$NH_4^+$ 等一价离子形成的盐溶于水，而与 $Ca^{2+}$、$Mg^{2+}$、$Fe^{3+}$、$Al^{3+}$ 等多价离子形成的盐溶解度就大为降低。富里酸有相当大的水溶性，其溶液的酸性很强，它和一价及二价金属离子形成的盐类均能溶于水。

腐殖物质的凝聚与分散主要取决于分子的大小。如红壤中胡敏酸的分子较小，分散性大，难以被电解质絮凝，对土壤结构形成作用不大。黑土的胡敏酸分子较大，只要少量电解质就可以完全絮凝，可促进土壤团粒结构的形成。

(2) 腐殖物质的颜色

腐殖物质的整体呈黑色，不同组分腐殖酸的颜色略有不同，这是由于各自的分子量大小和发色基团组成比例不同而引起的。用不同波长的光源来测定各组分的光密度，表明它和腐殖酸分子的大小和芳化程度大体上呈正相关。

(3) 腐殖物质的吸水性

腐殖物质是一种亲水胶体，有强大的吸水能力，最大吸水量可超过 500%，从饱和大气中的吸水量可达到本身质量的 1 倍以上。其吸水量比一般矿物质胶体要大得多。

（4）腐殖物质的稳定性

腐殖物质不同于土壤中动、植物残体的有机成分，它对微生物分解的抵抗力较大，要使它彻底分解，少则需要近百年，多则几百年至几千年。这说明在自然土壤中腐殖质的矿化率是很低的。但一经开垦有机质的矿化率就大大增加。如我国东北的黑土，经开垦种植后，腐殖质含量迅速下降。

二维码 1-2 腐殖物质的地带性变异

**5. 腐殖物质的地带性变异**

具体内容见二维码 1-2。

# 任务四 土壤有机质在肥力调控中的作用

## 一、土壤有机质在土壤肥力上的作用

土壤有机质被认为是土壤的“生命线”，因为它起到缓冲、金属螯合剂的来源和水分调节剂的作用，有助于保持土壤健康。同时土壤有机质对土壤肥力起着多方面的作用，主要概括为以下几个方面：

### （一）提供作物养分

土壤有机质含有作物生长所需要的各种营养成分。随着土壤有机质的逐步矿化，养分转化为简单的无机态形式被作物和微生物吸收利用，同时释放出微生物生命活动所必需的能量。有机质在分解和转化过程中，还可产生各种低分子有机酸和腐殖酸，对土壤矿物质部分都有一定的溶解作用，促进风化，有利于养分的有效化。此外，有机质还能和一些多价金属离子络合形成络合物进入到土壤溶液中，增加了养分的有效性。

### （二）保水、保肥和缓冲作用

土壤腐殖质疏松多孔，又是亲水胶体，能吸附大量水分。据研究资料，腐殖质的吸水率为 $5000\sim6000g\cdot kg^{-1}$，而黏粒的吸水率只有 $500\sim600g\cdot kg^{-1}$，腐殖质的吸水率比黏粒大 9 倍，能极大地提高土壤的保水能力。

土壤有机胶体有巨大的表面能，并带有正、负电荷，且以带负电荷为主，所以它吸附的主要是阳离子。其中作为养料离子的主要有 $K^+$、$NH_4^+$、$Ca^{2+}$、$Mg^{2+}$ 等。这些离子一旦被吸附后，就可避免随水流失，而且随时能被根系附近的 $H^+$ 或其他阳离子交换出来，供作物吸收，仍不失其有效性。腐殖质保存阳离子养料的能力，要比矿物质胶体大几十倍。因此，保肥力很弱的砂土增施有机肥料后，不仅增加了土壤中养分的含量，改善了土壤的物理性质，还可提高其保肥能力。

腐殖酸是一种含有许多官能团的弱酸，又有很高的阳离子交换量，因此它能增加土壤对酸碱变化的缓冲性，土壤有机质含量高的土壤缓冲能力强。

### （三）促进团粒结构的形成、改善土壤物理性质

腐殖质在土壤中主要是以胶膜的形式包被在矿物质土粒的表面上。腐殖质胶体的黏结力比砂粒强，因此，施入砂土后可增加砂土的黏性，有利于团粒结构的形成。另一方面由于它松软、絮状多孔，而黏结力又比黏土弱，所以黏粒被它包被后，就变得松软，易使硬块散碎成团粒。说明有机质能使砂土变紧，黏土变松，改善土壤的通气性、透水性和保水性。

腐殖质胶体本身是一种暗褐色的物质，含腐殖质多的土壤颜色深暗，有利于吸收太阳辐射，有机质在分解时还能释放热量。因此，有机质含量高的土壤升温快、热容量大。这在北

方有利于种子发芽和幼苗的生长。

### （四）促进微生物和植物的生理活性

土壤有机质是土壤微生物生命活动所需养分和能量的主要来源。腐殖酸是一类植物生理活性物质，腐殖酸分子中含有酮基、酚基、羧基等各种官能团，因而它们会对植物的生理过程产生多方面的影响，能提高作物的抗旱能力，提高过氧化酶的活性。例如对胡敏酸的研究表明土壤有机质的作用如下：

第一，能改变植物体内糖代谢，促进还原糖的累积，提高细胞渗透压，从而提高植物的抗旱能力。

第二，提高酶系统的活性，加速种子发芽和养分的吸收，从而提高植物生长速度。

第三，能增强植物的呼吸作用，提高细胞膜的通透性，从而提高植物对养分的吸收能力，并加速细胞分裂，增强根的发育。

### （五）减少土壤中农药的残毒和重金属污染

土壤腐殖质胶体具有络合和吸附作用，能减轻或消除农药的残毒和重金属的污染。研究资料表明，胡敏酸能吸收和溶解三氯杂苯除草剂和某些农药。腐殖质能与重金属离子络合，从而有助于消除土壤溶液中过量的重金属离子对作物的毒害作用。

### （六）影响全球碳平衡

土壤有机质是全球碳平衡过程中重要的碳库。腐殖质作为土壤有机质重要的组分影响着全球碳平衡。

## 二、耕地土壤有机质的保持与提升

土壤有机质是土壤肥力的物质基础，其含量的高低是评价土壤肥力的重要标志。现在大量资料表明，在其他条件基本相同的情况下，土壤肥力水平与有机质含量密切相关。因此，如何保持与提高耕地土壤有机质含量是农业生产上的重要环节。

### （一）耕地土壤有机质的保持

土壤有机质累积的数量和存在状态取决于土壤形成的各种自然因素（气候、母质、生物、地形和时间等）的综合作用，每个地带的土壤中有机质的数量大体上保持稳定的平衡。当自然植被被开垦为耕地时，打破了原有的平衡，耕作土壤与栽培作物进入了生态系统。由于耕地土壤的栽培作物每年残留下来的有机物形成土壤有机质，不足以补偿因矿化而消耗掉的有机质，开垦初期多数土壤有机质的数量迅速下降，之后下降速度变慢，逐渐达到稳定。因此，各种耕地土壤在一定的生物气候和耕作制度下，有各自与其相适应的土壤有机质含量。或者说，土壤有机质含量在一定的生态条件下是一个有限量的平衡值，这就是土壤有机质生态理论。

影响土壤有机质数量平衡点的因素很多，但最关键的机制是土壤有机质只有与矿质黏粒结合成为有机无机复合体才能得以较长时间地保存。如果加入有机物料的数量超过黏粒所能保持的有机质数量（黏粒被饱和），有机物料的分解速度会受水热条件和微生物活动等因素支配，这就是有机质所谓的“大气控制阶段”。如果有机物料用量小于黏粒所能保持的有机质数量，它会与黏粒结合形成有机无机复合体。黏粒保持的有机质数量主要取决于黏粒矿物的种类和性质，2∶1型矿物一般比1∶1型矿物能保持更多的有机质。与黏粒结合的有机质一般以较慢的矿化率（3%左右）分解，这就是所谓的“黏粒控制阶段”。

如果基于生态平衡的原理，当土壤有机质含量超过这个生态平衡所能保持的稳定范围时，随着有机质的增多矿化（分解）过程加快，即碳从土壤中流失的速度加快，要想使土壤有机质的含量超过这个范围且保持高水平的有机质含量，不仅难度很大而且要付出很高的代价，在经济上是不划算的。土壤有机质的含量取决于年生成量和矿化量的相对大小。当二者相等时，有机质含量保持不变，当生成量大于矿化量时有机质含量将逐渐增加，反之将逐渐下降。

土壤有机质的年生成量取决于每年进入土壤的有机物质的数量及单位有机物质所能转化成土壤有机质的多少，一般常用腐殖化系数（单位质量的有机物质碳在土壤中分解一年后的残留碳量）作为有机物质转化为土壤有机质的换算系数。因为无论是在自然植被下的土壤还是耕地土壤中，有机物均以一年为周期不断地进入土壤中，而且有机物进入土壤后，大多是在第一到第三月内分解最快，以后逐渐变慢，一年以后分解速度趋稳定。腐殖化系数的大小说明土壤有机质形成数量的多少。

土壤有机质的年矿化量，一般用土壤有机质的矿化率（每年因矿化而消耗的有机质的质量占土壤有机质总量的百分数）来计算，土壤有机质矿化率的大小说明有机物质分解的快慢。例如：土壤有机质原含量为 $20g \cdot kg^{-1}$，有机质矿化率为 4%，则每年土壤有机质的矿化量为 150000kg（每亩[1]耕层土重）$\times 20g \cdot kg^{-1} \times 4\% = 120kg$。只有每年向每亩耕地中补充各种有机物质能转化为 120kg 及以上的有机质时，才能保持土壤有机质的平衡或提高其含量水平。

### （二）耕地土壤有机质的提升

土壤有机质地力提升的实用技术较多，而且技术比较成熟，但受农业比较效益低、机械化水平不高、农忙季节争时矛盾突出等因素制约，许多有机质的农业技术措施推广面积小，技术操作不到位，培肥地力的作用发挥不够充分。所以，必须采取经济、行政、技术等综合措施，加大土壤有机质地力提升的技术推广力度。在农业生产中，要充分利用各种有机物来保持并提高土壤有机质的含量。在生产实践中常从以下几个方面来增加土壤有机质的含量。

#### 1. 秸秆还田技术

随着人们生活水平的提高，农物秸秆已不再成为大多数农户的主要燃料。每年夏秋收获季节后，大量秸秆被就地焚烧，不仅造成资源的极大浪费和大气环境污染，而且土壤有机质被烧掉，团粒结构遭到破坏。研究表明，焚烧秸秆的田块土壤持水性下降，有机质被破坏，土壤养分损失，直接破坏耕地地力。秸秆还田是提升土壤有机质、充分利用资源、降低农产品生产成本的最佳技术措施。近年来随着联合收割机加装还田设备的使用，收割机在收割作物的同时，把秸秆直接粉碎还田，作为肥料进行利用，既解决了秸秆清运的麻烦，不会出现焚烧秸秆现象，又可增加土壤有机质，农民也不用多支出费用，既省时又省力，可谓一举多得。

#### 2. 测土配方施肥技术

测土配方施肥技术是国际上普遍采用的科学施肥技术之一，它以土壤测试和肥料田间试验为基础，根据作物的需肥特性、土壤的供肥能力和肥料效应，在合理施用有机肥的基础上，确定氮磷钾以及其他中、微量元素的合理施肥量及施用方法，以满足作物均衡吸收各种营养的需求，维持土壤肥力水平，减少养分流失对环境的污染，达到优质、高效、高产的目的。测土配方施肥可以提高肥料利用率。我国目前肥料利用率平均在 30%～35%之间，而发达国家在 50%以上，相对而言，有一半的肥料被浪费掉了。已有研究表明该技术的实施大大提高了土壤有机质的含量，培肥了地力，提高了耕地质量。

---

[1] 1 亩＝666.67$m^2$。

### 3. 施用作物专用肥或掺混肥（BB肥）技术

复混肥相对于单质肥，肥效好、流失少、利用率高，虽然价格高于单质肥，但化肥利用率提高后，平均化肥支出费用反倒会降低。复混肥已被相当一部分农民所接受，施用面积逐年扩大。复混肥包括各种作物专用肥、BB肥，是便于农民操作的配方肥。通过工厂化生产，把各种作物所需要的氮、磷、钾素和微量元素按特定比例混合在一起，方便农民群众施用。复混肥比复合肥更有针对性、肥效更高、效果更好。特别是小麦、玉米、西瓜、辣椒、烤烟、油菜等各种作物专用肥，使肥料利用率大幅度提高，不但增产效果更加明显，而且农产品的色泽、口味等内外在品质都有很大改善，是生产有机农产品的重要投入品。

### 4. 增施商品有机肥技术

有机肥不仅营养全面，养分释放均匀持久，可以培肥地力，解除土壤板结，改善土壤状况，使土壤活性变好，增强土壤保肥保水能力，而且还会刺激农作物生产，提高农作物的抗逆性，长期使用有机肥，还可有效缓解重茬作物带来的危害。有机肥成本低廉，是减少化肥、农药投入，增加农民收入的有效途径。

### 5. 推广土壤改良技术

土壤改良技术主要包括土壤结构改良、盐碱地改良、酸碱地改良、土壤科学耕作和治理土壤污染。土壤结构改良通过施用天然土壤改良剂（如腐殖酸类、纤维素类、沼渣等）和人工土壤改良剂（如聚乙烯醇、聚丙烯腈等），可以明显提高土壤的保水保肥能力，协调土壤的养分比例，改良剂施用方便，拌干土撒施、喷施、随水浇施均可。如施用有机肥改良土壤，土壤施用有机肥后，不仅增加了许多胶体，而且同时借助微生物的作用把许多有机物分解转化成有机胶体，大大增加了土壤吸附表面，并且产生许多胶黏物质，使土壤颗粒胶结起来变成稳定的团粒结构，提高了土壤保水、保肥和透气性能，以及调节土壤温度的能力，达到了改良土壤的作用。增施有机肥，还可使微生物大量繁殖，特别是许多有益的微生物，如固氮菌、氨化菌、硝化菌等，以及许多活性菌，增强土壤活性，达到改良土壤的目的。盐碱地改良，主要是通过脱盐剂技术、盐碱区旱田井灌技术、生物改良技术进行土壤改良。土壤改良的方法很多，但也要因地制宜，针对不同类型的土壤使用不同的改良方法，这样才能达到土壤改良的目的。

# 项目二　土壤性状认知技能

## 任务一　土壤的化学性质

### 一、土壤胶体的构造及性质

#### （一）胶体的构造及组成

**1. 胶体及土壤胶体的概念**

一种或几种物质分散到另一种物质中所形成的体系，被称为分散体系（例如把食盐等分散溶解在水中形成溶液）。被分散的物质叫作分散相（或分散质），分散相所处的介质叫作分散介质（或分散剂）。分散体系按分散相粒子的大小进行分类，包括分子分散体系、胶体分散体系和粗分散体系。在胶体化学中，把直径在1～100nm范围内的粒子称为胶体粒子，由胶体粒子构成的分散体系叫作胶体体系。分散相粒子比胶体粒子大的分散体系被称为粗分散体系。分散相粒子比胶体粒子小的分散体系被称为分子分散体系。事实上，分散体系的上述分类是相对的，有些粗分散体系往往也具有胶体体系的性质。在土壤学中，粒径在1～100nm的颗粒都被称为胶体粒子，而粒径大于100nm的黏粒，在长、宽、高三个方向上，至少有一个方向的尺寸在胶体粒子大小范围内，并具有胶体的性质，也视之为土壤胶体粒子。

**2. 土壤胶体的组成**

土壤胶体按其成分和来源可分为无机胶体、有机胶体和有机无机复合胶体三类，此外，土壤中的微生物按其大小一般也可算作胶体。

（1）无机胶体

无机胶体又叫矿质胶体，它是岩石风化和成土过程的产物。土壤中的无机胶体包括各种次生层状铝硅酸盐矿物（如高岭石、蒙脱石、蛭石和伊利石等），也包括土壤中的各种含水氧化物胶体，如含水氧化硅（$SiO_2 \cdot H_2O$及$SiO_2 \cdot nH_2O$）、含水氧化铝（$Al_2O_3 \cdot H_2O$、$Al_2O_3 \cdot 3H_2O$、$Al_2O_3 \cdot nH_2O$）及含水氧化铁（$Fe_2O_3 \cdot H_2O$、$2Fe_2O_3 \cdot 3H_2O$）等。这些含水氧化物，有些呈非晶质状态包被于土粒表面形成胶膜，有些则呈晶质状态存在。在热带、亚热带土壤中，这类矿物占优势，对这些地区的土壤胶体性质影响很大。

此外，在一些火山灰母质发育的土壤中，往往还含有水铝英石及伊毛缟石等无机胶体，石英和长石等原生矿物的微细颗粒也是无机胶体。

（2）有机胶体

土壤中的有机胶体主要指土壤中腐殖质以及各种高分子有机化合物，如蛋白质、纤维素、木质素、脂肪及多糖类物质等。腐殖质所含的官能团多，解离后所带电量大，一般带负电荷，对土壤保肥供肥性能影响很大，但容易被微生物分解，稳定性较低，需通过施用有机肥、作物秸秆、绿肥等补充。

(3) 有机无机 (矿质) 复合胶体

土壤中的有机胶体很少单独存在，有 50%～90%与无机胶体通过多种机制紧密结合在一起，大多数是通过二价、三价阳离子（如 $Ca^{2+}$、$Mg^{2+}$、$Fe^{3+}$、$Al^{3+}$ 等）或官能团（如羧基和醇羟基等）将带负电荷的黏土矿物和腐殖质连接起来，形成有机无机复合体，从而大大减慢了微生物对有机胶体的分解。有机胶体主要以薄膜状紧密覆盖于黏土矿物表面，或进入黏土矿物的晶层之间，通过这样的结合，可形成良好的团粒结构，改善土壤保肥供肥性能以及水、气、热状况。

### 3. 土壤胶体的构造

土壤胶体的构造包括以下几个部分，其结构见图 2-1。

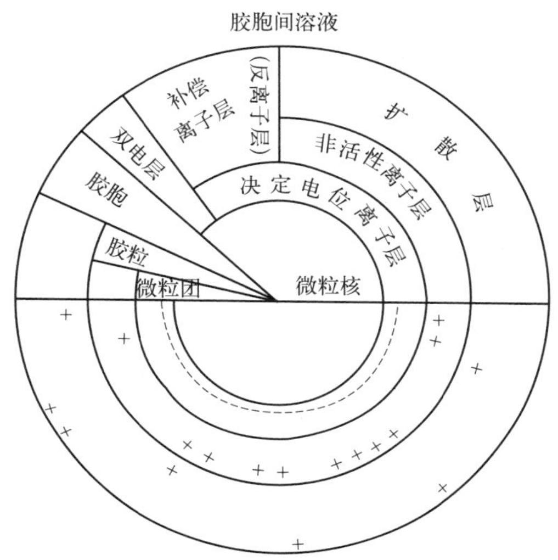

图 2-1　土壤胶体结构示意图

(1) 胶核 (微粒核)

胶核为土壤胶体的核心部分，主要由上述的有机、无机和有机无机复合体组成。

(2) 双电层

双电层可分为内层（决定电位离子层）和外层（补偿离子层或反离子层）。内层是胶核表面带有的电荷，这层带电的离子层中电荷数量的多少决定了胶粒的电位大小，故也称之为决定电位离子层。以负电胶体为例，双电层的内层为负电层。

由于决定电位离子层的存在，胶体必然会从土壤溶液中吸引与决定电位离子层电荷符号相反的离子（如负电胶体可吸附阳离子），这层电荷符号相反的离子层被称为补偿离子层或反离子层。根据离子所受引力大小及距胶核表面远近不同，补偿离子层又分为两部分，即非活性离子层和扩散层。非活性离子层也被称为不活动层，靠近决定电位离子层的部分，受静电引力较大，离子的活动性小，只能随胶核运动；而其外面的补偿离子层，因距决定电位离子层较远，静电引力较小，离子的活动性大，胶体运动时不能随之运动，这部分补偿离子层被称为扩散层。

扩散层以内的部分，即从胶核到不活动层，被称为胶粒；连同扩散层的全部构造，被称为胶胞。在胶粒的双电层中，两层电荷符号相反，电量相等，因此，整个胶胞是电中性的，通常所说的胶体带电，是指不包括扩散层部分的胶粒带电。

(3) 胶胞间溶液

指胶体体系中的分散介质，即胶胞间的土壤溶液。

## (二) 土壤胶体的特性

分散相物质的数量与分散介质之间的总表面、物质的分散度（细碎程度）有关，分散度越大，粒子越细，粒子数越多，表面也相应越扩展。通常采用比表面的概念来表示土壤胶体的表面情况，它是指单位质量土壤（或土壤胶体）的表面积，单位为 $m^2 \cdot kg^{-1}$ 或 $m^2 \cdot g^{-1}$。土壤胶体的颗粒越细，其比表面也就越大。

从物理学可知，由于分子与分子之间存在着吸引力的作用，处在相表面的分子与相内部分子所受的引力是各不相同的。通常相内部分子受到周围分子的吸引力平均各方向是相等的，所以分子受力是平衡的，但相表面层的分子受周围分子的吸引在不同方向上力的大小是不同的，导致分子受力不平衡，从而使表面产生一定的剩余自由能。由于这种能量是由物质的表面产生的，因此称之为表面能。表面能与表面积成正比，表面积越大，表面能也越大。

由于土壤胶体颗粒细小，故比表面一般很大。土壤胶体的表面可分为内表面和外表面。有些土壤胶体，例如 2∶1 型的层状铝硅酸盐胶体除具有较大的外表面以外，还具有丰富的内表面，所以土壤胶体在土壤中可表现出很多表面化学性质，主要是表面带电性及由此产生的分散与凝聚和各种吸收性能等，下面将分别介绍。

**1. 土壤胶体的带电性**

土壤胶体表面通常都带有一定数量的正电荷或负电荷，根据表面电荷的起因和性质可将电荷分为两大类：一类是永久电荷，另一类为可变电荷。

(1) 永久电荷

项目一中介绍到，2∶1 型的黏粒矿物普遍存在同晶代换作用。该电荷起源于矿物晶格内部离子的同晶代换。当同晶代换作用发生时，如果是以低价离子代高价离子，则产生剩余负电荷，这种电荷一旦产生，就不能改变，且不受溶液 pH 值的影响，即不随溶液 pH 值的变化而改变。由同晶代换作用产生的电荷被称为永久电荷。以 2∶1 型黏粒矿物为主的土壤，通常带有较多的永久负电荷，而以 1∶1 型的高岭石及含水氧化物为主的土壤，则缺乏永久电荷。

(2) 可变电荷

土壤胶体表面所带电荷中，有一部分电荷不是产生于同晶代换，其数量和符号随介质（土壤溶液）pH 值的变化而改变，这种电荷被称为可变电荷或 pH 可变电荷。

可变电荷的产生是由土壤固相表面从介质中吸附离子或向介质中释出离子所引起的，其中最常涉及的离子是 $H^+$ 和 $OH^-$，因为它们是土壤固相和溶液所共有的。土壤中以带可变电荷为主的胶体，主要有各种含水氧化物（包括不同结晶水的氧化铁及氧化铝、水铝英石、伊毛缟石等）、土壤有机质及其各组分以及 1∶1 型黏粒矿物（如高岭石）等。据研究，以高岭石及埃洛石为主的土壤，其可变电荷数量可占电荷总量的 50%～70%；以无定形的水铝石、针铁矿石及水铝英石为主的土壤，其可变电荷数量占电荷总量的 80%以上；有机土的电荷总量中 80%以上也为可变电荷。

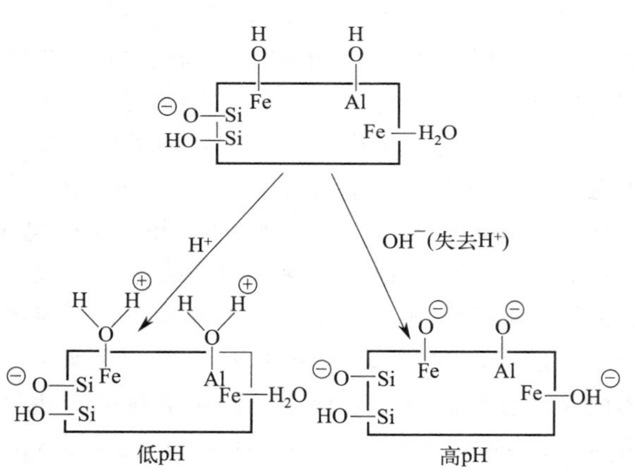

图 2-2 土粒表面可变电荷的产生
(R. L. Parfitt, 1981)

土壤中各种氧化物胶体的可变电荷产生机理可用图 2-2 简示。由图可知，在低 pH 条件下，Fe—OH 或 Al—OH 接受 $H^+$，因而产生正电荷。与 Fe 配位结合的 $H_2O$ 分子，也可以失去 $H^+$ 离子而带负电荷。与 Si 结合的—OH 在高 pH 时，也可失去 $H^+$ 离子而带负电荷。

1∶1 型黏粒矿物（如高岭石）的表面在不同的 pH 条件下也可产生可变电荷，其机理如图 2-3。

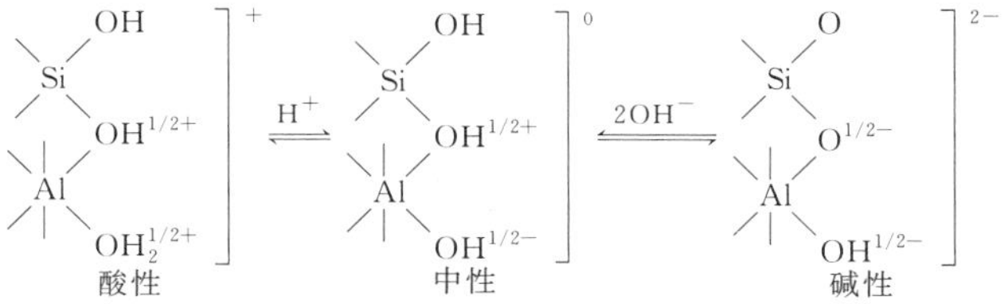

图 2-3 1∶1 型黏粒矿物产生可变电荷的机理

在中性条件下，高岭石边面上净电荷为零；在碱性条件下，带两个净负电荷；在酸性条件下，带一个净正电荷。土壤腐殖质分子中，含有多种官能团，如羧基、酚羟基、氨基、醇羟基、烯醇基和亚氨基等，这些官能团可通过氢离子解离及质子化作用产生可变电荷，其带电机理如图 2-4。

一般土壤 pH 条件下，腐殖质以带负电为主，主要来自羧基和酚羟基的 $H^+$ 解离；带正电的腐殖质数量不多，只有氨基比较容易质子化而产生正电荷。此外，也有学者认为，黏粒矿物晶格上的断键也可产生可变电荷。

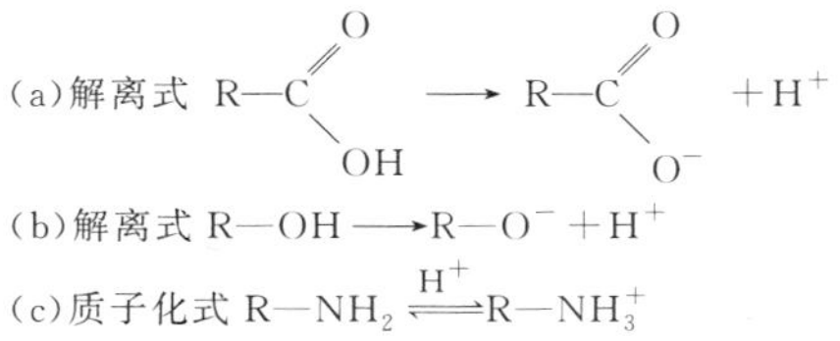

(a)解离式 $R—COOH \longrightarrow R—COO^- + H^+$

(b)解离式 $R—OH \longrightarrow R—O^- + H^+$

(c)质子化式 $R—NH_2 \xrightleftharpoons{H^+} R—NH_3^+$

图 2-4 土壤腐殖质分子中官能团带电机理

（3）土壤胶体电荷的数量表示及其影响因素

土壤胶体电荷的数量一般用每千克物质吸附离子的物质的量（$cmol \cdot kg^{-1}$）来表示。电荷数量的多少直接影响土壤吸附离子的数量，进而影响土壤的保肥性和供肥性，同时影响土壤的物理化学性质。因此，了解影响土壤胶体电荷数量的因素是十分必要的。

① 土壤胶体的组成与电荷数量。土壤胶体的组成不同，其所带电荷的数量也有很大差异。项目一中曾提到，在无机胶体中，高岭石所带负电荷为 3～15$cmol \cdot kg^{-1}$，伊利石为 20～40$cmol \cdot kg^{-1}$，绿泥石为 10～40$cmol \cdot kg^{-1}$，蒙脱石为 80～100$cmol \cdot kg^{-1}$，蛭石为 100～150$cmol \cdot kg^{-1}$。游离氧化铁在酸性条件下带有正电荷，这种正电荷随 pH 值的降低而增加。据研究，我国砖红壤胶体中游离氧化铁（$Fe_2O_3$）在 pH＝3 时对正电荷的贡献约为 220$cmol \cdot kg^{-1}$。

由于土壤类型不同，土壤黏粒矿物组成及有机质的含量也不同，所以，土壤电荷的数量和性质差异也很大。在一般的土壤中，关于有机与无机两类胶体对土壤电荷的贡献究竟谁占主导地位的问题，据粗略统计，一般矿质土壤的表层，由有机胶体提供的负电荷约占土壤负电荷总量的 20%，其余均为无机胶体提供，说明矿质胶体占主要地位。

② 颗粒组成与电荷数量。不同粒径的颗粒，其负电荷数量差别较大。土壤电荷总量的 80%以上都集中在粒径小于 2μm 的黏粒组分中。有些土壤的负电荷几乎全部是由粒径小于 2μm 的颗粒所引起的，而粒径大于 2μm 的部分仅带有很少量或痕量的负电荷。水稻土不同粒径组分的负电荷数量及对土壤负电荷的贡献见表 2-1。

**表 2-1 水稻土不同粒径组分的负电荷数量及对土壤负电荷的贡献**

| 地点 | 成土母质 | 负电荷数量/($cmol \cdot kg^{-1}$) | | | | 占土壤负电荷比例/% | | | |
|---|---|---|---|---|---|---|---|---|---|
| | | <2μm | 2～10μm | 10～20μm | 20～100μm | <2μm | 2～10μm | 10～20μm | 20～100μm |
| 广西南宁 | 红色黏土 | 18.4 | 2.4 | 1.3 | 1.4 | 82.6 | 13.3 | 1.4 | 2.7 |
| 湖南长沙 | 红色黏土 | 18.3 | 痕量 | 痕量 | 痕量 | 100 | 0 | 0 | 0 |
| 云南曲靖 | 紫色土 | 23.2 | 5.6 | 5.4 | 4.5 | 80.8 | 12.2 | 3.2 | 3.8 |
| 福建漳州 | 冲积土 | 26.6 | 3.2 | 3.2 | 4.1 | 87.1 | 8.1 | 2.6 | 2.2 |

③ 土壤胶体组分间的相互作用对电荷数量的影响。土壤中的有机胶体和无机胶体除一部分是以机械混合的方式存在外，大部分是通过范德华力、氢键、离子键、配位键和共价键等结合在一起，形成有机无机复合胶体。一般而言，所形成的有机无机复合胶体的负电荷小于有机胶体和无机胶体结合前各自负电荷的总和，这种现象为土壤胶体负电荷的非加和性。造成非加和性的原因主要有：第一，有机负电胶体与无机正电胶体（如铁、铝氧化物）发生键合作用，消耗了部分有机胶体的负电荷；第二，有机胶体被多价阳离子絮凝而沉淀在无机胶体上，掩盖了无机胶体一部分负交换点（非化学结合），从而减少了负电荷总量。据张效年等（1964）的研究，我国红壤负电胶体的非加和性表现尤为明显。此外，也有研究表明，游离氧化铁、磷酸根、硫酸根和硅酸根对土壤胶体负电荷的增减均有影响，土壤吸附磷酸盐及硅酸盐后，均使负电荷增加。

④ pH 值对电荷数量的影响。土壤 pH 值的高低直接影响胶核表面分子或原子团的解离，进而影响可变电荷的数量。一般而言，pH 值提高，有利于 $H^+$ 的解离，使土壤可变负电荷增加；反之，pH 值降低，土壤胶体的可变正电荷增加。

**2. 土壤胶体的分散与凝聚**

土壤胶体的分散与凝聚，取决于土壤胶粒之间的排斥作用能和吸引作用能的净能量。排斥作用能与表面电荷和表面电位有关；吸引作用能则主要取决于范德华力，且不随反离子浓度和价数的改变而改变。所以，决定土壤胶体分散与凝聚的因素主要是排斥作用能，因其大小与胶体表面电位有关，因此应首先讨论胶体的动电电位及其影响因素。

（1）土壤胶体的动电电位

如前所述，胶体构造中各层次之间的交接面存在着电位。通常把决定电位离子层与土壤溶液之间的电位差称为全电位，又称为热力学电位，用 $\varepsilon$ 表示。胶体运动时，不活动层受引力的作用，随胶粒一起运动，在不活动层与土壤溶液间产生电位，称之为动电电位，用 $\zeta$ 表示。$\zeta$ 的大小直接影响胶体的分散与凝聚，并与胶体的电泳、电渗等动电现象密切相关，因此，它是胶体双电层特征的重要参数。影响 $\zeta$ 大小的因素主要有以下两点：

① 电解质的浓度。电解质对动电电位 $\zeta$ 的影响见图 2-5。液相中简单电解质的浓度越高，反离子的浓度就越高。溶液中离子数量增多时，双电层的不活动层中反离子数量也相应增多，从而更加有效地补偿了胶体表面的电荷，使电位降低更快。当扩散层被压缩到与不活动层重叠时，$\zeta$ 降低到零。农业生产上常用烤田、晒垡、冻垡等措施增加土壤溶液中电解质浓度，以促进胶体的凝聚，改善土壤的结构和一些不良的物理性质。

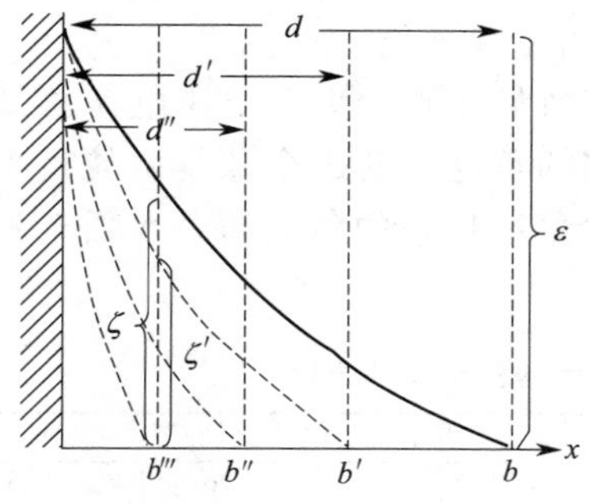

图 2-5 电解质对动电电位 $\zeta$ 的影响

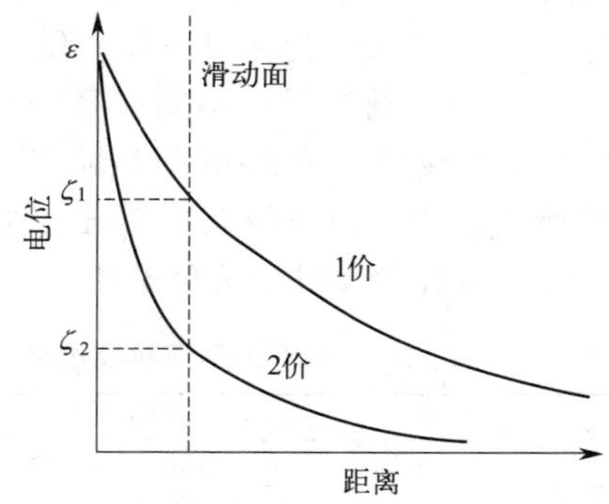


图 2-6 离子价数对动电电位 $\zeta$ 的影响（于天仁，1976）

② 离子价数。离子价数对动电电位 $\zeta$ 的影响见图 2-6。浓度一定时，反离子的价数越高，降 $\zeta$ 的作用就越大，一般是三价＞二价＞一价。例如，当反离子价数由原来的一价变为

二价时，由于带电胶粒对单个离子的吸引力增大一倍，所以离子更易于接近胶粒表面，致使双电层的厚度减小，$\zeta$ 降低幅度更大。同价离子中，半径越大，其水化后半径越小，降低 $\zeta$ 的作用就越大。对负电胶体而言，电解质阳离子降低 $\zeta$ 作用的大小顺序为 $Fe^{3+}>Al^{3+}>Ca^{2+}>Mg^{2+}>H^{+}>K^{+}>NH_4^{+}>Na^{+}$。

（2）土壤胶体的分散与凝聚

土壤胶体可有两种状态，一种是溶胶，即胶粒互相排斥分散在溶液中；另一种是凝胶，即呈絮状无定形沉淀状态的胶体，胶粒互相凝聚在一起形成较大的颗粒，这是土壤团粒结构形成的基础。土壤胶体由于多数带有负电荷，具有负电位而相互排斥，不易凝聚。动电电位越大，排斥力越大，溶胶状态越稳定，反之则凝胶状态稳定。要想使分散的胶体凝聚，必须减小动电电位，使胶粒间的斥力小于或等于引力。实验证明，当动电电位降低到一定程度时，由于引力的存在，胶体便开始发生凝聚。溶胶开始凝聚的最大动电电位，被称为临界电位。大于临界电位，溶胶呈稳定状态；等于或小于临界电位溶胶则发生聚沉。

影响胶体分散与凝聚的因素与影响 $\zeta$ 大小的因素是一致的。另外，溶液中氢离子与氢氧根离子的数量（pH 值）对电解质的凝聚力也有很大影响。对负电胶体来说，氢离子存在时，电解质的聚沉能力显著提高；反之，氢氧根离子存在时电解质的聚沉能力降低。强碱性土壤胶体高度分散，物理性质恶化，也与上述原因有关。

胶体的凝聚作用有可逆与不可逆之分。一般来讲，一价阳离子如 $K^{+}$、$Na^{+}$、$NH_4^{+}$ 等引起的凝聚是可逆的，由这类物质形成的团聚体是不稳定的。由 $Ca^{2+}$、$Fe^{3+}$ 等二价及三价离子引起的凝聚往往是不可逆的，可形成稳定性强的团聚体。二价或三价阳离子的凝聚力强，它们具有两个以上的价键，可同时联结两个胶粒，使胶粒联系得非常紧密，水分子不易渗入粒间孔隙使胶粒分散。而一价 $Na^{+}$ 不能同时联结两个胶粒，并且水化能力大，一旦遇水即可充满水膜而使胶粒分散开来。阳离子的这种凝聚作用的可逆与不可逆性，直接决定了土壤团聚体的稳定性。富含腐殖质的钙质土壤中，土壤团聚体具有较强的水稳性，钙盐的凝聚力较强，又是重要的植物营养元素，且价格低廉易获取，在农业中常用它作为凝聚剂，例如我国南方一些烂泥田，土粒分散呈溶胶态，施用石膏或石灰后会使稀泥下沉，促使秧苗扎根返青。而钠离子含量较高的盐碱土中，土壤团聚体则不具水稳性，道理就在于此。

**3. 土壤的吸收性能**

土壤吸收性能就是土壤吸收各种固态、液态和气态物质或使它们在胶体表面浓度增加的性质。它的产生及强弱与土壤的颗粒组成，特别是土壤胶体的含量、种类及表面性质密切相关。它是土壤肥力的重要内涵，直接关系到土壤的保肥与供肥性能，并与土壤的各项理化性质紧密相关。因此，了解土壤的吸收性能对农业生产中土壤的改良、利用及培肥具有十分重要的意义。

苏联学者盖德罗依茨在土壤吸收性能方面进行了重要研究，他根据不同的吸收性能所产生的原因，建议把土壤的吸收性能分为以下五种类型。

（1）机械吸收性能

机械吸收也被称为截留作用，是指土壤孔隙拦阻（截留）其他小颗粒物质的能力。由于土壤是一个多孔体系，当悬浮物质通过土壤孔隙时，土壤不但能截留大于孔径的颗粒，而且还能把小于孔径的颗粒阻留或封闭在弯曲的孔道中。机械吸收虽然不能促进可溶性养分的集中，但对有机肥料的渣滓等粗物质有一定的保蓄作用。土壤剖面中的淀积层、紧实层的形成往往与此有关。一般来讲，土壤黏粒胶体含量越高，质地越黏重，机械吸收性能越强。

（2）物理化学吸收性能

物理化学吸收也被称为离子交换吸收。土壤胶粒带有电荷，可以吸附溶液中带相反电荷的离子，同时，把胶体上等当量、同电荷的其他离子置换到土壤溶液中从而达到平衡状态。如果是带负电的胶体吸附阳离子，称之为阳离子吸收；如果带正电的胶体吸附阴离子，则称之为阴离子吸收。物理化学吸收是最重要的吸收类型，关于它的作用、特点及影响因素等需读者进一步详细了解。

(3) 化学吸收性能

化学吸收是指土壤由于化学作用产生不溶性或难溶性的物质而被保留在土壤中的一种现象。由于它对养分具有固定作用，也称之为化学固定作用。例如，石灰性土壤中施用过磷酸钙后，可溶性磷常与铝、铁、钙等离子发生化学反应，生成溶解度很低的各种磷的铝、铁、钙化合物，不易被植物吸收，从而保存在土壤中，降低了磷的有效性，一般把这种情况叫作磷的化学固定。

(4) 物理吸收性能

物理吸收又被称为分子吸收，主要指土壤中胶体与溶液交界面上溶质分子增减的一种作用。它是由界面上表面能所引起的。表面能是表面积和表面张力的乘积，土壤颗粒的表面积在一定时期内是固定的，但土壤溶液的表面张力常有变化，所以土壤的物理吸收作用常随表面张力的增减而变化。土壤溶液中的有机酸、醇、醚、碱等物质增多时，会引起土壤溶液表面张力降低，结果使这些物质多集中在土粒表面，这种现象被称为正吸附；反之，土壤中无机酸、无机盐和糖类增多时，土壤溶液表面张力增大，结果使这类物质多离开土粒表面，进入溶液中，这种现象被称为负吸附。此外，土壤还可吸收气态分子，这也属于物理吸收的内容。例如，圈肥、人粪被施到大田与土壤混合后，就闻不到臭味了，这是由于土粒表面吸附了臭味的氨分子，这样可减少氨的挥发损失。土壤中细土粒越多，吸收作用越强。生产上常用细土垫圈，就是运用土壤的物理吸收原理。

土壤的物理吸收作用会使得土壤溶液的浓度在各处不均一，有利于作物根系的选择性吸收。此外，对一些可以发生正吸附作用的物质来说可免于随水流失；同时，对一些气态养分(如氨气)也有一定的保蓄作用。一般来讲，土壤质地越黏重、腐殖质含量越高，物理吸收作用也越强。

(5) 生物吸收性能

生物吸收指土壤中的微生物、植物从土壤溶液中吸收各种营养物质的过程。生物吸收的特点是有选择性和创造性，能为土壤富集养分。它可使分散的养分集中固定在植物体内，避免流失，当生物死亡分解后，又把养分重新释放出来，再供植物吸收利用。生物吸收作用可使植物营养元素在土壤表层积累，还可固定大气中的氮素，使土壤中有有机质，促进了土壤的形成和发育。人们常用这种作用改良土壤，养地培肥，如种植绿肥、施用菌肥和轮作倒茬等。

## 二、土壤阳离子交换作用

### (一) 阳离子交换作用及其特点

土壤中带负电荷的胶体，其表面靠静电作用力可吸附多种带正电荷的阳离子，这些被吸附的阳离子，在一定条件下又可以与土壤溶液中的其他阳离子交换，二者处在动态平衡之中。土壤学中，把能够相互交换的阳离子称为交换性阳离子，把土壤胶体表面吸附的阳离子与土壤溶液中阳离子相互代换的作用，称为阳离子交换作用。可用下式表示：

$$\boxed{土壤胶体}-Ca+2NH_4Cl \rightleftharpoons \boxed{土壤胶体}-2NH_4+CaCl_2$$

从这个反应可以看出，阳离子交换作用有如下特点：

**1. 阳离子交换是一个可逆反应**

上述反应既可以从左向右进行，又可以从右向左进行。溶液中的离子与胶体上吸附的离子保持动态平衡。离子从溶液中转移到胶体上的过程被称为吸附过程；离子从胶体上置换到溶液中的过程被称为解吸过程。这一原理，在农业化学中有重要的实践意义。如植物根系土壤溶液中吸收某阳离子养分后，降低了溶液中该阳离子的浓度，土壤胶体表面的离子就被解吸、迁移到溶液中，被植物根系吸收利用。另外，可通过施肥、施用土壤改良剂和其他土壤管理措施恢复以及提高土壤肥力。

**2. 阳离子交换遵循等价离子交换的原则**

各种离子之间的交换是以离子价为根据的等量交换。例如，用一个二价的钙离子去交换两个一价的铵离子，在上述反应中，2mol 的铵离子可交换 1mol 的钙离子，即 36g 铵离子可与 40g 钙离子交换。

**3. 阳离子交换作用受质量作用定律支配**

在阳离子交换反应过程中，交换性阳离子的浓度对反应速度有影响，如果浓度足够大，价数较低的阳离子也可将价数较高的阳离子交换下来。根据这一原理，对于离子价数较低、交换能力较弱的离子，如果提高其浓度，也可以交换出离子价数较高、吸附力较强的离子。这对施肥实践以及土壤阳离子养分的保持等具有重要的意义。在土壤碱化过程中，中性钠盐的钠离子能交换土壤吸附性钙离子，也是这个原因。

## （二）土壤阳离子交换量

在一定的 pH 条件下，单位质量的土壤所能保持的交换性阳离子总量，被称为阳离子交换量（CEC）。用每千克土壤的一价离子的物质的量表示，即 $cmol \cdot kg^{-1}$。因为 pH 值影响可变电荷的数量，故在 CEC 的测定方法中，对 pH 值都有具体规定，一般都将 pH 指定为中性（pH=7）。

CEC 的大小是衡量土壤肥力的主要指标，它直接决定了土壤的保肥耐肥性能和缓冲能力。一般 CEC 大的土壤，保肥性能强，一次性大量施肥往往也不会引起“烧苗”，这类土壤的后劲都很足，作物不易早衰。反之，CEC 较小的土壤，保肥耐肥性能都较弱，施肥量不宜过大，以免被雨水淋失或发生“烧苗”，因此，在施肥上要秉持少施勤施的原则。

一般认为，CEC$>20cmol \cdot kg^{-1}$ 为保肥性强的土壤；CEC 在 $10\sim20cmol \cdot kg^{-1}$ 之间为保肥性中等的土壤；CEC$<10cmol \cdot kg^{-1}$ 为保肥性弱的土壤。

CEC 有很多用途，除作为土壤保肥性能的指标外，还可以用来计算土壤中各种交换性养分离子的含量，为合理施肥提供依据。例如，某土壤耕层的 CEC 为 $15cmol \cdot kg^{-1}$，其中交换性 $Ca^{2+}$ 占 80%，$Mg^{2+}$ 占 15%，$K^+$ 占 5%，试计算每公顷耕层土壤（以 $2400000g \cdot hm^{-2}$ 计）中三种交换性阳离子养分的质量（kg）。

（1）交换性钙的质量

每千克土中 $Ca^{2+}$ 的质量：$15/100\times80\%\times40\times1/2=2.4(g)$。其中，除以 100 是将 cmol 换算成 mol；40 为钙的相对原子质量；$Ca^{2+}$ 为二价阳离子，故应该乘 1/2。

每公顷耕层土壤中 $Ca^{2+}$ 的质量：$2.4\times2400000/1000=5760(g)$。

（2）交换性镁的质量

每千克土中 $Mg^{2+}$ 的质量：$15/100\times15\%\times24.3\times1/2=0.27(g)$。

每公顷耕层土壤中 $Mg^{2+}$ 的质量：$0.27\times2400000/1000=648(g)$。

（3）交换性钾的质量

每千克土中 $K^+$ 的质量：$15/100\times5\%\times39=0.29(g)$。

每公顷耕层土壤中 $K^+$ 的质量：0.29×2400000/1000=696(g)。

影响土壤阳离子交换量的因素主要有以下 3 个：

（1）土壤胶体的数量

胶体的数量与土壤的质地有关，质地越细，胶体物质含量越多，CEC 的数值就越大，一般而言，不同质地土壤 CEC 的大小顺序为黏土＞壤土＞砂土。

（2）土壤胶体的质量（类型）

不同类型的土壤胶体所带的负电荷量差异很大，其 CEC 的大小也明显不同。如前所述，有机胶体的 CEC 值大于无机胶体；在无机胶体中，蛭石和蒙脱石的 CEC 较大，而高岭石、含水氧化铁、含水氧化铝的 CEC 较小。我国土壤的 CEC 由南向北、由东向西呈逐渐增加的趋势。南北的差异主要是黏土矿物的组成不同所致，东西的差异与土壤质地有关。我国东北地区的黑土、黑钙土中，有机质含量较高，黏粒矿物组成以 2∶1 型的蒙脱石和伊利石为主，故土壤的 CEC 较高；而南方的红壤类土壤中，有机质含量较低，黏粒矿物组成以高岭石、氧化铁、氧化铝为主，故 CEC 较低。

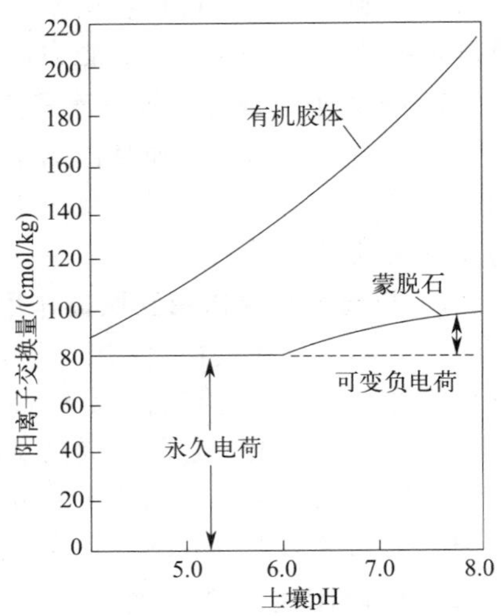


图 2-7 pH 值对蒙脱石和腐殖质的阳离子交换量的影响（Brady，1988）

（3）土壤的 pH 值

pH 值影响土壤中可变电荷的数量，进而影响 CEC 的大小。pH 值对蒙脱石和腐殖质的阳离子交换量的影响见图 2-7。随着土壤 pH 值的升高，土壤可变负电荷增加，土壤 CEC 增大。对于同一土壤来说，CEC 在碱性条件下比在中性及酸性条件下高，并且不同的土壤组分，CEC 提高的幅度也各不相同，pH 值对土壤阳离子交换量的影响见表 2-2。这主要是由于在碱性条件下，胶体表面的—OH、—COOH 等原子团中的 $H^+$ 解离，使胶体表面带有较多的可变电荷，致使 CEC 提高。不同类型的土壤，因黏粒矿物组成及有机质的含量不同，CEC 随 pH 值的提高而增加的幅度也不同。

**表 2-2 pH 值对土壤阳离子交换量的影响**

| pH 值 | CEC/$(cmol \cdot kg^{-1})$ | | |
|---|---|---|---|
| | 有机质部分 | 黏土矿物部分 | 全土壤 |
| 2.5 | 36 | 38 | 5.8 |
| 3.5 | 73 | 46 | 7.5 |
| 5.0 | 127 | 54 | 9.7 |
| 6.0 | 131 | 56 | 10.8 |
| 7.0 | 163 | 60 | 12.3 |
| 8.0 | 213 | 64 | 14.8 |

资料来源：Helling et. al，1964。

## （三）交换性阳离子的种类及盐基饱和度

土壤中存在的交换性阳离子主要有 $Ca^{2+}$、$Mg^{2+}$、$K^+$、$Na^+$、$NH_4^+$、$H^+$ 和 $Al^{3+}$ 等，根据其对土壤 pH 值的影响不同，通常可将其分为两大类：一类是 $H^+$ 和 $Al^{3+}$，它们通过离子交换作用进入土壤溶液可直接或间接提高土壤溶液中 $H^+$ 浓度，使 pH 值下降，土壤酸化，故称之为致酸离子；另一类离子可与酸根形成盐，可使土壤向碱性一侧移动，主要包括 $Ca^{2+}$、$Mg^{2+}$、$K^+$、$Na^+$、$NH_4^+$ 等，称之为盐基离子。

当土壤胶体上吸附的阳离子全部为盐基离子时，土壤胶体呈盐基饱和状态，该土壤为盐基饱和土壤；当土壤胶体所吸附的阳离子仅部分为盐基离子，其余一部分为交换性 $H^+$ 及 $Al^{3+}$ 时，土壤胶体呈盐基不饱和状态，称之为盐基不饱和土壤。通常采用盐基饱和度这一指标来表示土壤盐基饱和的程度，它是指交换性盐基离子总量占阳离子交换量的百分数，即

盐基饱和度＝交换性盐基离子总量/阳离子交换量

也有采用盐基不饱和度这一指标的。它是指交换性 $H^+$ 及 $Al^{3+}$ 含量占土壤阳离子交换量的百分数，即

盐基不饱和度＝交换性 $H^+$ 及 $Al^{3+}$ 总量/阳离子交换量

从以上概念可以看出，盐基饱和度是与土壤的 pH 值密切相关的。盐基饱和度大的土壤，其 pH 值也较高；盐基饱和度较小的土壤，其 pH 值较低。另外，盐基饱和度与土壤的成土条件，特别是土壤的水分条件有很大关系。一般情况下，降水较少、蒸发较强、淋溶作用较弱的土壤，其盐基离子总量均较高，盐基高度饱和，土壤呈碱性反应；而降水较多，淋溶较强的土壤，往往盐基高度不饱和，土壤呈强酸性反应。

我国的土壤以北纬35°为界，可大致划分为两个区，35°以南的土壤大多为盐基不饱和土壤，35°以北大多为盐基饱和度较高的土壤，并且在盐基离子组成中，交换性 $Ca^{2+}$ 占比较大，有的土壤中交换性 $Na^+$ 含量较高，土壤呈强碱性反应。

盐基饱和度也是判断土壤肥力水平的重要指标，盐基饱和度≥80%的土壤，一般认为是很肥沃的土壤，盐基饱和度为50%～80%的土壤为中等肥力水平，而盐基饱和度低于50%的土壤肥力较低。

### （四）阳离子的交换力

阳离子的交换力是指一种阳离子将其他阳离子从胶粒上交换下来的能力。它的大小取决于阳离子本身的性质及土壤胶体的种类。一般情况下，阳离子的价数越高，其交换力就越大。对于同价离子来说，交换力的大小取决于离子的半径及其水化程度，凡离子半径小者，水化能力强，水化后半径较大，不易和胶体表面接近，故交换力较弱；反之，半径大者，水化能力弱，水化后半径较小，容易和胶体表面接近，故交换力较强。离子半径及水化程度与交换力的关系见表2-3。

**表2-3 离子半径及水化程度与交换力的关系**

| 离子 | $Li^+$ | $Na^+$ | $K^+$ | $NH_4^+$ | $Rb^+$ |
|---|---|---|---|---|---|
| 未水化时半径/nm | 0.078 | 0.098 | 0.133 | 0.143 | 0.149 |
| 水化时半径/nm | 1.008 | 0.790 | 0.537 | 0.532 | 0.509 |
| 交换力大小顺序 | 5 | 4 | 3 | 2 | 1 |

在一价阳离子中，氢离子比较特殊，它的水化度很小，常常在水中形成水合氢离子 $H_3O^+$，其直径与钾离子的直径差不多，但它的淌度却很大；同时，其往往与某些土粒表面有较强的亲和力，故有时氢离子的交换力可排在二价离子的前面，但当氢离子不与土粒表面有专性反应时，其交换力将与钾和钠差不多。土壤中主要阳离子的交换力大小顺序为：$Fe^{3+}$、$Al^{3+}>H^+>Ba^{2+}>Ca^{2+}>Mg^{2+}>Cs^+>Rb^+>NH_4^+>K^+>Na^+$。

这个顺序不是固定不变的，往往也因所采用的实验材料（如吸附剂的种类）的不同而异。例如，当以2∶1型黏粒矿物作为吸附剂时，由于其对 $K^+$ 和 $NH_4^+$ 有特殊的晶格固定作用，所以，$K^+$ 和 $NH_4^+$ 在2∶1型黏粒胶体表面上的交换力比 $Ca^{2+}$ 还强。

### （五）交换性阳离子的有效性

土壤胶体上吸附的阳离子能否被植物吸收利用，即对植物是否有效，除与植物本身的吸

肥能力有关外，主要取决于养分离子与土壤胶体的吸附强度，吸附强度越大，有效性越低。为了从能量角度考察土壤对离子的吸附强度，C. E. Marshall（1964）提出了平均结合自由能（简称结合能）的概念。其计算公式为

$$\Delta G = RT\ln(C/a) = RT\ln(1/f)$$

式中，$\Delta G$ 为摩尔平均结合自由能；$C$ 为阳离子在胶体体系中的总浓度；$a$ 为阳离子在胶体体系中的活度；$R$ 为气体常数；$T$ 为绝对温度；$f$ 为离子的活性分数（相当于活度系数）。

这个公式可根据热力学的概念推导出来，例如，当将 1mol 吸附性钾离解为游离态时，需要对体系做功从而克服离子与胶体之间的结合能，如果 $a=C$，则结合能 $\Delta G$ 为 0，即离子全部离解。因此，可根据 $C$ 与 $a$ 的比值，计算结合自由能。结合能的大小可以反映离子的吸附强度及其对植物的有效性，结合能越大，胶体对离子的吸附强度就越大，离子的有效性也就越低。影响离子吸附结合能大小的因素也是影响交换性阳离子有效性的因素，主要有以下几个方面：

### 1. 离子种类及胶体种类

一般而言，离子价数高者，其结合能也大。二价或三价离子，在理想条件下的结合能约为一价离子的 2 倍或 3 倍，例如蒙脱石在相同条件下对钾的结合能为 2.97kJ/mol，而对钙的结合能为 5.85kJ/mol。在同价离子中，其结合能的大小视离子水化半径及其他吸附条件而定。一般离子半径较大者即水合半径较小者（如 $Rb^+$、$Cs^+$）的吸附结合能比水合半径大者（如 $Li^+$、$Na^+$）大。

不同黏粒矿物对离子吸附结合能也不同，这主要与黏粒矿物的表面特征及电荷性质有关。据 Marshall 等的资料，阳离子结合能在各种黏粒矿物上的次序并不完全相同。例如，二价阳离子结合能的次序在高岭石上是 $Mg^{2+}>Ca^{2+}>Ba^{2+}$，而在伊利石上是 $Ba^{2+}>Ca^{2+}>Mg^{2+}$。

### 2. 阳离子的饱和度

土壤胶体上吸附的某种阳离子数量占整个阳离子交换量的百分数，被称为该离子的饱和度。一般是阳离子的吸附结合能随着这一离子饱和度的增加而降低。但结合能的降低与饱和度的增加，在数量上并无明显的比例关系。多是在阳离子某一中间饱和度时结合能最大，在此基础上，随饱和度的增加，结合能明显下降。因此，在调节吸附性养分离子的有效度时，必须使这些养分离子的饱和度超过一定范围，才有可能增加这些养分离子的有效性。农业生产上，化肥的施用常采用穴施或条施等集中施肥法，其根据之一就是提高根系附近养分离子的饱和度，使肥料有效性提高。砂土施肥比黏土见效快，也与前者阳离子交换量比后者小，养分离子的饱和度易于提高有关。

### 3. 陪补离子的种类

土壤胶体上吸附了各种阳离子，对某一离子来说，其他离子都是该离子的陪补离子。如胶体上同时吸附有 $K^+$、$Na^+$、$Ca^{2+}$、$Mg^{2+}$、$NH_4^+$ 等离子，对 $K^+$ 来说，$Na^+$、$Ca^{2+}$、$Mg^{2+}$、$NH_4^+$ 都是陪补离子。

土壤胶体上并存的各种阳离子之间，由于存在竞争吸附的现象，陪补离子本身与土壤胶体结合能的大小将直接影响某一阳离子与土壤胶体结合能的大小，进而影响到该离子的有效性。一般而言，陪补离子与胶体的结合能越大，竞争力越强，越可降低某一阳离子的结合能。各种阳离子降低某一阳离子结合能作用的大小顺序一般为：$Al^{3+}>H^+>Ca^{2+}>Mg^{2+}>K^+>Na^+$。这个顺序和阳离子的交换力是一致的，但也常因土壤胶体种类的不同而发生

顺序上的变化。

据研究，高岭石对 $H^+$ 的结合能比蒙脱石大，而蒙脱石对 $Ca^{2+}$ 的结合能比高岭石大，如以 $H^+$ 和 $Ca^{2+}$ 作为 $K^+$ 的陪补离子时，在高岭石胶体上 $H^+$ 比 $Ca^{2+}$ 更能提高 $K^+$ 的有效性，而在蒙脱石上，$Ca^{2+}$ 比 $H^+$ 更能提高 $K^+$ 的有效性。在生产实践中，有的土壤施用石灰可明显提高 $K^+$ 的有效性，而有的土壤则效果不明显，往往与上述原因有关。

### （六）离子的选择吸附和专性吸附

土壤胶体因静电引力而发生对离子的吸附，在容量或强度上一般是三价＞二价＞一价，在同价离子中则按水化离子的半径而递减。但这种规律不是固定的，常因胶体的种类而改变。例如：1∶1 型的黏粒矿物对阳离子的吸附主要依靠表面上的 OH，因此，吸附强度就与 OH 对阳离子的亲和力有关，亲和力大的发生偏好吸附。再如 2∶1 型黏粒矿物表面的官能团主要为硅氧烷，硅氧烷的六个氧离子组成一个六边形孔穴，钾离子和铵离子的半径与该空穴半径相近，所以黏粒矿物对这两种离子的固定作用较为明显。此外，土壤中的有机胶体，也可因表面官能团的解离或螯合作用而产生对某些阳离子的偏好吸附。上述因胶体的种类和特性的不同而引起的对离子的偏好吸附，被称为选择吸附。据 Russell（1972）的研究，对于离子浓度相同的 $Ca^{2+}$-$NH_4^+$ 配对离子，几种胶体对 $Ca^{2+}$ 的选择吸附能力是腐殖质≫蒙脱石＞高岭石≫白云母，对 $NH_4^+$ 的吸附则相反。

为了定量讨论离子交换过程中两种离子在固相和液相之间的关系，研究人员曾提出了各种离子交换方程式。其中，应用最广的是基于质量作用定律的方程式。Kerr 认为，对于同价离子之间（一价之间或二价之间）的交换反应，方程式如下：

$$A^+(c)+B^+(s)=\!=\!=B^+(c)+A^+(s)$$

反应平衡时：

$$K_A^B=\frac{[B^+c][A^+s]}{[A^+c][B^+s]}$$

式中，$A^+$、$B^+$ 分别代表一价阳离子；c 代表黏土矿物；s 代表溶液；[ ] 代表活度，但反应中活度几乎与浓度相等，故可用浓度表示；$K_A^B$ 被称为反应的选择性常数（也被称为相对亲和系数、表现平衡常数等）。

$K_A^B$ 值的大小可反映 $A^+$ 与 $B^+$ 对胶体的亲和力或交换力的大小。当 $K_A^B>1$ 时，亲和力或交换力的大小为 $B^+>A^+$，当 $K_A^B<1$ 时，$A^+>B^+$，当 $K_A^B=1$ 时，$A^+=B^+$。

据研究，碱金属及碱土金属相互间的选择性常数较小，约为 0.3～66，而一些重金属离子相对于碱土金属的选择性常数却很大，例如，$Cu^{2+}$ 和 $Pb^{2+}$ 对 $Ca^{2+}$ 的选择性常数可达 1000～10000，说明土壤胶体对 $Cu^{2+}$ 和 $Pb^{2+}$ 有十分显著的选择性吸附。此种情况下，即使提高 $Ca^{2+}$ 的浓度，被吸附的重金属离子（如 $Cu^{2+}$、$Pb^{2+}$）也很难发生解吸、交换。一般把这种吸附后呈不可逆现象的吸附称为专性吸附，以区别于普通阳离子的吸附。

产生专性吸附的原因很多，除与离子本身的特点有关外，还与胶体的种类及其表面官能团的性质有关。例如，$Cu^{2+}$、$Pb^{2+}$、$Zn^{2+}$ 等重金属离子的专性吸附，主要与土壤中黏粒矿物表面的羟基及腐殖质分子中的羧基有关，$Cu^{2+}$、$Pb^{2+}$、$Zn^{2+}$ 等可与—OH 及—COOH 通过配位键形成螯合物。

## 三、土壤阴离子吸附与交换

具体内容见二维码 2-1。

二维码 2-1　土壤阴离子吸附与交换

## 四、土壤的酸碱性反应

酸碱性反应是土壤的重要属性，也是土壤基本化学性质之一，其一方面可以反映土壤许多化学性质，特别是盐基组成状况，另一方面也制约着土壤中许多物理、化学及生物学的过程与性质。对耕作土壤来说，酸碱性反应易受耕作、施肥和灌排等一系列人为因素的影响，对自然土壤来说，它主要受成土条件和环境因素的制约。因此，认识土壤酸碱性本质、成因及其变化规律，是对过酸、过碱土壤采取相应措施加以改良的必要前提。

### （一）土壤的酸性

#### 1. 土壤酸性的本质

自从化学上认识到溶液的酸性与氢离子的关系并提出 pH 值的概念后不久，这种概念就被引用到土壤学中来，所以在过去很长的一段时间里，学者们传统地认为土壤酸度仅与氢离子有关，这就是所谓"交换性氢学说"的实质。在"交换性氢学说"占统治地位之前，就有一些学者，例如美国的 Veitch、日本的大工原及德国的 Kappen 等提出"交换性铝学说"，他们认为土壤酸度的产生与交换性铝有关。这一学说经许多学者验证并得到了进一步的完善和发展，该学说直到二十世纪五六十年代才被广泛接受。现在关于土壤酸度的学说，是以氢和铝离子共同存在为基础的。

根据现代的研究，土壤酸度的形成和发展与降水及其土壤的淋溶作用有密切关系。土壤胶体表面最初吸附由岩石和矿物风化产生的各种盐基离子，当土壤溶液中因某些原因产生了大量氢离子时，它便可与胶体上的盐基离子相交换。而被交换下来的盐基离子，可不断地被雨水所淋失，结果造成土壤胶体上的盐基离子不断减少，而交换性氢离子不断增加。当胶体表面上氢离子的饱和度达到一定程度后，氢离子可以侵入八面体片层内，使八面体晶格破裂释放出铝离子。铝离子可优先吸附于黏粒矿物表面，使氢饱和的胶体迅速变成氢、铝质胶体。

胶体上吸附的交换性铝离子，还可通过交换作用进入土壤溶液，并按下式解离出氢离子，使土壤进一步变酸：

$$Al^{3+} + H_2O \longrightarrow Al(OH)^{2+} + H^+$$

$$Al(OH)^{2+} + H_2O \longrightarrow Al(OH)_2{}^+ + H^+$$

$$Al(OH)_2{}^+ + H_2O \longrightarrow Al(OH)_3 + H^+$$

所以说，氢离子是土壤酸的直接表现形式，而铝离子则是酸的间接表现形式。

#### 2. 土壤酸化的原因

（1）降水作用

降水使土壤酸化主要通过以下两个途径：

① 雨水的淋洗作用使土壤酸化。纯水自动解离时所产生 $H^+$ 的数量很少（$10^{-7}$ mol・$L^{-1}$），但雨水并非纯水，雨水在降落的过程中，可溶解大气中的 $CO_2$ 生成 $H_2CO_3$，$H_2CO_3$ 解离出 $H^+$ 离子，可使雨水的 pH 达 6 左右，呈微酸性：

$$H_2CO_3 \longrightarrow H^+ + HCO_3^-$$

$$HCO_3^- \longrightarrow H^+ + CO_3^{2-}$$

另外，土壤中有机物分解和植物根系、生物的呼吸作用产生的 $CO_2$ 溶于土壤水后也可产生 $H_2CO_3$，并按上式解离出 $H^+$ 离子。

虽然上述作用所产生的 $H^+$ 数量不是很大，酸性不是很强，但在长期及多雨条件下，$H^+$ 可逐渐把胶体吸附的 $Ca^{2+}$、$Mg^{2+}$、$K^+$、$Na^+$ 等交换性盐基离子交换至土壤溶液中从而使其被淋出土体，与此同时，土壤胶体上的交换性氢增加，进而出现交换性铝，使土壤呈酸性或强酸性。我国长江以南的土壤多为酸性，其主要原因即源于此。

② 酸雨使土壤酸化。近些年随着工业的发展，大气中的酸性物质增加，使雨水 pH 降低。据报道，pH 为 3～4 的酸雨已非属罕见，低的 pH 可达 2.8。酸雨直接危害植物的生长，使土壤酸化，越来越引起人们的注意。

(2) 施肥与灌溉

硫酸钾（$K_2SO_4$）、硫酸铵［$(NH_4)_2SO_4$］、氯化钾（KCl）、氯化铵（$NH_4Cl$）等都是生理酸性肥料，施用后其阳离子 $K^+$ 和 $NH_4^+$ 被作物吸收利用，留下 $Cl^-$ 和 $SO_4^{2-}$ 于土壤之中，长期施用会增加土壤酸度。此外，使用一些工矿废渣、废料等作为肥料施用时，往往可将一些致酸物质带入土壤中，使土壤酸化。例如明矾［$Al_2(SO_4)_3 \cdot K_2SO_4 \cdot 24H_2O$］、黄铁矿粉（FeS）、硫黄（S）等，将其施入土壤后最终都可形成硫酸。

酸水灌溉也是土壤酸化的原因。如用流经硫矿的河水或含硫的泉水以及酸性的山坡径流水灌溉土壤时，都可以使土壤发生不同程度的酸化。

(3) 有机酸的作用

在冷凉湿润的条件下，土壤中的有机残体处于嫌气分解或半嫌气分解，可生成各种有机酸或高分子的腐殖酸（包括富里酸、胡敏酸），使土壤酸化，这在有机质丰富的森林土壤中是酸性的主要来源，例如灰化土酸性的产生与此有关。此外，水田土壤中施用稻草或绿肥等新鲜有机物质后，在淹水初的低温时期，也可产生有机酸，使土壤的 pH 值下降。

### 3. 土壤中酸的存在及其表达方式

土壤的酸度是以 $H^+$ 和 $Al^{3+}$ 为基础的，它们在土壤中的存在形式有两种。一种是存在于土壤溶液中，即自由扩散于土壤溶液中的 $H^+$，称之为活性酸；另一种是被吸附于土壤胶体表面的 $H^+$ 和 $Al^{3+}$，它们只有通过交换作用进入土壤溶液中时产生 $H^+$，才显酸性，故称之为潜性酸。

(1) 活性酸的强度及分级

通常用 pH 值来表示活性酸的强度。根据定义，pH 值是指氢离子活度（$a_{H^+}$）的负对数，即：$pH=-\lg a_{H^+}$。溶液很稀时，活度与浓度相近似，上式可写成：$pH=-\lg[H^+]$。

pH 每差一个单位，氢离子的浓度就差十倍。当 pH 等于 7 时，溶液中 $H^+$ 和 $OH^-$ 的浓度相等，溶液为中性；pH 大于 7 时，溶液为碱性；pH 小于 7 时，溶液为酸性。

值得注意的是，土壤的 pH 值与溶液的 pH 值是有不同意义的。因为一般所说的溶液中，氢离子的分布是均匀的，而在土壤悬液中，氢离子的分布是不均匀的。对于不均匀的土壤体系来说，距土粒表面不同部位的 $H^+$ 浓度是难以准确测定的。因此，实际上用电极所测得的土壤的 pH 值只是一个表现值或平均值。

通常都是根据活性酸的强度即 pH 值的高低，将土壤的酸碱度分为若干级别。在这方面，不同学者，其分级标准往往不太一致。《中国土壤》一书中，将土壤的酸碱度分为五级：

| pH | <5.0 | 5.0～6.5 | 6.5～7.5 | 7.5～8.5 | >8.5 |
|---|---|---|---|---|---|
| 级别 | 强酸 | 酸性 | 中性 | 碱性 | 强碱 |

这种分法虽然看起来较粗，但根据土壤 pH 值最难测准的道理，这种分级法是实用而且合理的。

我国土壤的酸碱性反应（pH 值）大都在 4.5～8.5 范围内，在地理分布上有东南酸、西北碱的规律，即以长江为界（北纬 33°），长江以南的土壤多为酸性或强酸性，pH 大多在 4.5～5.5 之间，如华南、西南地区广泛分布的红、黄壤；华中、华东地区的红壤的 pH 值在 5.5～6.5 之间。长江以北的土壤多为中性或碱性，pH 值一般在 7.5～8.5 之间，少数碱土 pH>8.5，属强碱性。

（2）潜性酸量

土壤胶体上吸附的交换性 $H^+$ 和 $Al^{3+}$ 的多少，反映了潜性酸量的大小。通常可用 $1mol \cdot L^{-1}$ 的 KCl 溶液提取土壤，将土壤胶体上吸附的交换性 $H^+$ 和 $Al^{3+}$ 通过钾离子代换下来，使之进入土壤溶液，然后用 $0.01mol \cdot L^{-1}$ 的 NaOH 溶液滴定溶液中的总酸量。这个总酸量为交换性酸量，显然它包括了 $H^+$ 和 $Al^{3+}$ 的总量，是土壤酸度的容量指标。

如果想要知道交换性 $H^+$ 和 $Al^{3+}$ 各自对土壤酸度的贡献，可以取一部分溶液，加入 NaF，使溶液中的 $Al^{3+}$ 与 $F^-$ 形成络合物而不再进行水解产生氢离子。即：

$$AlCl_3 + 6NaF \xlongequal{} Na_3AlF_6 + 3NaCl$$

用碱滴定的交换性酸量减去此值，即交换性 $Al^{3+}$ 的量。一般说来，土壤酸主要是由交换性 $Al^{3+}$ 引起的，交换性 $H^+$ 占交换性酸的 5%以下。以高岭石为主的土壤情况可能有些特殊。

土壤的交换性酸除了可用上述的容量指标表示外，还可用强度指标表示。所谓强度指标，就是用 $1mol \cdot L^{-1}$ 的 KCl 溶液浸提土壤，直接用 pH 计所测得的 pH 值。为了与用水作浸提剂所测得的活性酸的 pH 值相区别，通常写作“$pH_{(KCl)}$”，而活性酸的 pH 值写作 $pH_{(H_2O)}$。由于 $pH_{(KCl)}$ 是活性酸强度和交换性酸强度之和，所以，一般 $pH_{(KCl)}$ 较 $pH_{(H_2O)}$ 低 0.5～1.5 个 pH 值。几种土壤的 $pH_{(H_2O)}$ 与 $pH_{(KCl)}$ 的比较见表 2-4。

**表 2-4 几种土壤的 $pH_{(H_2O)}$ 与 $pH_{(KCl)}$ 的比较**

| 土壤 | 层次 | $pH_{(H_2O)}$ | $pH_{(KCl)}$ | $pH_{(H_2O)}$-$pH_{(KCl)}$ |
|---|---|---|---|---|
| 长白山火山灰土壤 | A | 5.6 | 4.5 | 1.1 |
| | Bw | 6.0 | 4.9 | 1.1 |
| | C | 6.1 | 5.0 | 1.1 |
| 浙江红壤 | A | 5.1 | 4.2 | 0.9 |
| | B | 5.2 | 4.0 | 1.2 |
| | BC | 5.1 | 4.1 | 1.0 |
| 浙江黄壤 | A | 5.4 | 4.3 | 1.1 |
| | B | 5.2 | 4.1 | 1.1 |
| | BC | 5.2 | 4.3 | 0.9 |

应当指出，应用 KCl 作为浸提剂所测得的交换性酸量，不是潜性酸的全部，而是其一部分或大部分。这是因为阳离子交换反应是一个可逆的交换平衡系统，反应不可能向一个方向进行到底，同时 $Al^{3+}$ 与土壤胶体结合得非常牢固，有些层间铝几乎不能用中性盐提取。所以，用 KCl 溶液提取的交换性铝量，具有相当大的条件性。尽管如此，交换性酸量仍然是酸性土壤施用石灰改良时计算石灰需用量的主要参数。通常根据土壤类型的不同，通过将一定条件下用 KCl 溶液提取的酸量乘以一个经验系数，来计算土壤的石灰需用量。

#### 4. 影响土壤 pH 值的因素

影响土壤 pH 值的因素很多，这里主要从以下三个方面进行介绍。

（1）盐基饱和度对 pH 值的影响

土壤学中常把 $H^+$、$Al^{3+}$ 饱和的土壤看作一种弱酸。根据弱酸的酸碱平衡原理，当用碱滴定时可发生中和反应形成盐，其 pH 的变化取决于弱酸及其盐的相对比例。$pH = pK + \lg([盐]/[酸])$，式中 $pK$ 值为酸解离常数的负对数。具体可从以下三种特殊情况加以讨论：

① 盐基完全不饱和时的 pH 值。将土壤不含盐基离子，完全为氢、铝离子所饱和时的 pH 值称为极限 pH 值，此时土壤的 pH 值达最低。不同种类的土壤或胶体，其所带负电量不同，吸附 $H^+$ 和 $Al^{3+}$ 的量也不同，故其极限 pH 值也各有差异。表 2-5 为我国几种土壤胶体和黏土矿物的极限 pH 值，可以看出，虽然其制备方法不同，不能严格相互比较，但仍有一定规律性。砖红壤的极限 pH 值最高，红壤次之，黄棕壤最低，这与前二者以高岭石为主、后者以蒙脱石和伊利石为主的矿物组成情况相吻合。砖红壤去掉有机质后，极限 pH 升高，说明有机质可使极限 pH 降低。在极限 pH 附近，少量碱的加入即可引起 pH 的剧烈变化。

**表 2-5　土壤胶体和黏土矿物的极限 pH 值**

| 标本 | 制备方法 | 质量浓度/($kg \cdot m^{-3}$) | 极限 pH 值 |
|---|---|---|---|
| 砖红壤 | 电渗析 | 75.6 | 4.94 |
| | 酸洗 | 30.0 | 4.66 |
| | 酸洗(去铁和有机质) | 30.0 | 5.50 |
| 红壤 | 电渗析 | 77.8 | 4.51 |
| | 酸洗 | 29.0 | 4.61 |
| 黄棕壤 | 电渗析 | 73.7 | 3.86 |
| | 电渗析 | 30.0 | 4.10 |
| 蒙脱石 | 电渗析 | 14.8 | 3.68 |
| 高岭石 | 电渗析 | 42.9 | 4.82 |
| 蛭石 | 离子交换树脂 | 5.40 | 3.0 |

资料来源：于天仁等，1976。

② 盐基饱和度为 50%时的 pH 值。用碱滴定 $H^+$、$Al^{3+}$ 饱和的土壤，使盐基饱和度达 50%，即酸被中和一半（盐/酸的比例为 1）时的 pH，称之为半中和 pH。此时酸和碱的加入对 pH 的影响较小，土壤的 $pH=pK$，相当于弱酸的 $pK$ 值。

据研究，我国南方一些水稻土的半中和 pH 为 5.3 左右。但不同地区、不同母质发育的水稻土，其半中和 pH 也有明显的差异，表现出由南向北逐渐变低的地带性特征。据统计，由赤红壤（云南、广东）发育的水稻土的半中和 pH 平均为 5.49，由紫色土（江西、云南）发育的水稻土的半中和 pH 值平均为 5.52，由第四纪红色黏土（江西、湖南、浙江）发育的水稻土的半中和 pH 值平均为 5.06，由中性冲积物（湖北、浙江）发育的水稻土的半中和 pH 值平均为 4.51。这与各土壤的黏粒矿物组成情况相吻合。

③ 盐基饱和度为 100%时的 pH 值。土壤所含的酸基全部被碱中和，即盐基饱和度达 100%时的 pH，称之为中和点 pH。此时土壤的 $pH=pK+2$，因为此时土壤已不含交换性 $H^+$、$Al^{3+}$，其 pH 由交换性钠离子的水解所决定，所以酸或碱的加入对 pH 的影响最为剧烈。由于自然条件下土壤主要为钙离子所饱和，故其中和点 pH 一般在 7 左右。

（2）盐基离子的种类对 pH 值的影响

各种交换性盐基离子在水中的离解情况不同，对 pH 的影响也不同。离解度大者，溶液的 pH 也高，反之则低。一般而言，碱金属离子的离解度大于碱土金属离子。对于同价的离子，半径较小的离子离解度较大。所以，土壤中常见的交换性盐基离子的离解度顺序一般为 $Na^+>K^+>Mg^{2+}>Ca^{2+}$。土壤分别为这些离子饱和时，在相同的饱和度下，其 pH 的大小差别也是这个顺序。据试验，$Na^+$ 和 $K^+$ 饱和度分别为 30%、65%和 85%的黄棕壤，其 pH 分别为 6.4、6.6、7.1 和 5.9、6.1、6.3，即被 $K^+$ 饱和的 pH 比其相应的 $Na^+$ 饱和的 pH 低 0.5～0.8 个 pH 单位。

(3) 土壤含水量对 pH 值的影响

水分影响各种离子在固液相之间的分配和某些盐类（如碳酸钙）的溶解，因此当土壤的水分含量不同时，pH 值也不相同。水分含量对 pH 值的影响程度随土壤种类而异。土壤水分越多，pH 值越高，其中弱酸性土及碱土的差异可达 1 个 pH 单位以上。其原因主要是水分增多使胶体的浓度降低，吸附性 $H^+$ 与电极表面接触机会减少；此外，还可能因电解质稀释后，阳离子更多地解离进入溶液，使溶液的 pH 值升高。因此测定土壤 pH 值时，应注意水土比。土水比越大，所测得的 pH 值越大。

在田间情况下，土壤含水量一般仅为 $100\sim300g\cdot kg^{-1}$，加之 $CO_2$ 含量较高，所以 pH 值比实验室测定的结果低得多。为了使测得的土壤 pH 值代表田间的实际情况，水分含量应接近田间含水量为宜，但一般不易做到。国内分析方法多建议 1∶2.5 或 1∶5 的水土比。随着坚固玻璃电极的出现，国外已有采用 1∶1 土水比的，甚至有人建议加水至泥糊状为止，这样便使室内测定结果更接近于田间情况。

## （二）土壤的碱性

### 1. 土壤碱性的起因

当土壤溶液中 $OH^-$ 的浓度大于 $H^+$ 的浓度（即 pH>7）时，土壤为碱性，土壤的碱性主要由以下两种原因引起。

(1) 土壤中碱式盐的水解

土壤中碱式盐的种类很多，主要是碱金属及碱土金属的碳酸盐、碳酸氢盐，即 $Na_2CO_3$、$NaHCO_3$、$CaCO_3$、$Ca(HCO_3)_2$。这些盐类中的碳酸是很弱的酸，解离常数很小，因此碳酸盐的水解常数较大。$CO_3^{2-}$ 能和 $H^+$ 结合，促进 $H_2O$ 解离，使溶液中 $OH^-$ 浓度增加，土壤呈碱性反应：

$$CO_3^{2-}+H_2O = HCO_3^-+OH^-$$

$$HCO_3^-+H_2O = H_2CO_3+OH^-$$

上述反应所造成的土壤碱度的大小与 $CO_3^{2-}$ 及 $HCO_3^-$ 的浓度有关。碳酸盐的种类不同其溶解度不同，在碱度方面所起的作用也不同。例如含 $CaCO_3$ 较多的石灰性土壤中，由于 $CaCO_3$ 溶解度不大，所以溶液中 $CO_3^{2-}$ 的浓度不可能很高，故土壤的 pH 值一般<8.5；而含 $Na_2CO_3$、$NaHCO_3$ 较高的土壤中，由于盐的溶解度很大，溶液中 $CO_3^{2-}$ 和 $HCO_3^-$ 的浓度很高，故土壤的 pH 值也相当高（pH 9～10）。此外，土壤是一个多相体系，溶液的 pH 值还和空气中的 $CO_2$ 的分压（浓度）有关。在石灰性土壤中，土壤的 pH 值随溶液中 $Ca^{2+}$ 浓度及土壤空气中 $CO_2$ 分压的增加而降低。其关系式如下：

$$pH+1/2\lg[Ca^{2+}]+1/2\lg P_{CO_2}=4.92$$

此式是根据 $CaCO_3$ 的溶解度、水中的 $CO_2$ 量及 $H_2CO_3$ 的解离常数推导而来的。各种碱式盐在土壤中的存在是与土壤的成土条件密切相关的，其中气候干旱及含盐基丰富的母质为主要原因。在干旱和半干旱气候条件下，大气降水很少，富含盐基的母质风化释放出的 $Na^+$、$K^+$、$Mg^{2+}$、$Ca^{2+}$ 等盐基离子不能被淋洗出土体，大量积累于土壤及地下水中，并与空气中的 $CO_2$ 作用生成各种碳酸盐。也有学者认为，高等植物的选择吸收（特别是一些喜盐植被），使土壤根层的盐基离子增加，对土壤碱度的发展有积极影响。

(2) 土壤胶体吸附钠离子的水解

在可溶性钠盐含量较高的盐渍土中，当积盐和脱盐过程频繁交替发生时，会促进钠离子进入土壤胶体，使胶体表面有较多的交换性钠离子，待脱盐过程达到一定程度，胶体表面的钠离子发生水解作用，产生 NaOH，使土壤呈碱性反应。由于土壤中 $CO_2$ 的存在，所以，生成的 NaOH 实际上与 $CO_2$ 作用可形成 $Na_2CO_3$ 和 $NaHCO_3$。

我国北方平原地区，年降雨量分布不均，主要集中在 7～9 月内，每降一次雨，就淋洗一次盐分，雨过天晴，地表又因蒸发而重新积盐。在这样盐分反复上下移动过程中，交换性 $Na^+$ 不断进入土壤胶体而逐渐发生碱化。此外，如果在盐渍土地区发展灌溉的同时，不注意培肥及合理耕作，土壤也会碱化。土壤碱化更主要的原因是母质或地下水中含有碱性钠盐，如硅酸钠、碳酸钠及碳酸氢钠，当土壤中一出现这些盐类，土壤胶体会很快吸附其中的钠离子而碱化。

**2. 土壤碱度的衡量指标**

土壤碱性的强弱除用 pH 表示外，也常用以下指标表示。

(1) $CO_3^{2-}$ 和 $HCO_3^-$ 的含量

$CO_3^{2-}$ 和 $HCO_3^-$ 的含量一方面可作为土壤溶液的碱度指标，另一方面也是盐渍土分类的重要参数。

(2) 碱化度

碱化度又称交换性钠百分率（ESP），指土壤吸附的钠离子占阳离子交换量的百分数，即土壤的钠饱和程度。它是了解盐渍土是否发生碱化及碱化程度，并用以进行碱土分类的重要参数。可用下式计算：

$$碱化度(ESP)=交换性钠含量\div阳离子交换量$$

土壤的碱化度越高，土壤的碱性就越强。通常按以下标准对碱土进行分类：

| ESP | 碱土类型 |
|---|---|
| ＜5％ | 非碱化土 |
| 5％～10％ | 弱碱化土 |
| 10％～20％ | 碱化土 |
| ＞20％ | 碱土 |

## （三）土壤的缓冲性能

向纯水中加入微量的强酸或强碱时，就会引起 pH 值的明显变化。可是向土壤中加入一定量的强酸或强碱时，其 pH 值变化却不大，说明土壤具有保持 pH 值相对稳定的性能。通常把土壤中加入酸或碱性物质时阻止 pH 变化的能力，叫作土壤的缓冲性能，其大小可用缓冲量来表示，是指土壤溶液改变一个 pH 单位所需的酸或碱的量。土壤的缓冲量可用酸或碱滴定土壤溶液而求得。

**1. 土壤具有缓冲作用的原因**

(1) 土壤溶液中存在着弱酸-弱酸盐缓冲体系

有些土壤的溶液中往往含有多种可溶性弱酸，如碳酸、硅酸、磷酸、腐殖酸和其他有机酸及盐类，这样就组成了一些缓冲体系，对酸或碱具有缓冲作用，例如碳酸及碳酸盐的缓冲作用如下：

$$加入酸时：\quad Na_2CO_3+2HCl \longrightarrow H_2CO_3+2NaCl$$

$$加入碱时：\quad H_2CO_3+2NaOH \longrightarrow NaCO_3+2H_2O$$

(2) 阳离子交换作用

对于大多数不含可溶性弱酸及其盐类的土壤，缓冲作用主要源于阳离子交换作用。如果有少量的强酸（如 HCl）加入土壤，$H^+$ 就迅速与胶体所吸附的金属离子发生交换作用，$H^+$ 被吸附，金属离子进入溶液，生成中性或近于中性的盐类，从而使土壤溶液中氢离子的浓度不再有明显的增加，如下式：

$$\boxed{\text{土壤胶体}}{=}Ca + 2HCl \xlongequal{} \boxed{\text{土壤胶体}}\begin{matrix}-H\\-H\end{matrix} + CaCl_2$$

反之，如果有少许强碱（如 NaOH）加入土壤，$Na^+$ 就与胶体所吸附的 $H^+$ 或铝离子相交换，交换出来的 $H^+$ 或铝离子与 $OH^-$ 相结合生成 $H_2O$ 或 $Al(OH)^{2+}$、$Al(OH)_3$。所以，溶液中的 $H^+$ 浓度基本上保持不变。如下式：

$$H-\boxed{\text{土壤胶体}}{\equiv}Al + 4NaOH \xlongequal{} \begin{matrix}Na-\\Na-\end{matrix}\boxed{\text{土壤胶体}}\begin{matrix}-Na\\-Na\end{matrix} + H_2O + Al(OH)_3$$

此外，在 pH<5 的酸性土壤中，由于交换作用进入或自由扩散于土壤溶液中的铝离子，往往被六个 $H_2O$ 分子围绕，形成带有三个正电荷的离子团。当碱性物质加入时，$OH^-$ 可被铝离子周围的 $H_2O$ 分子解离出的 $H^+$ 所中和，起到了对碱的缓冲作用。如下式：

$$2Al(H_2O)_6^{3+} + 2OH^- \xlongequal{} [Al_2(OH)_2(H_2O)_8]^{4+} + 4H_2O$$

当 $OH^-$ 继续增加时，上述反应会继续进行，以致形成更大的羟基铝离子团。

一般胶体数量多、阳离子交换量大的土壤，缓冲性强，所以黏质土及有机质含量高的土壤，比砂质土及有机质含量低的土壤缓冲性强。

（3）两性胶体的缓冲作用

土壤中有很多两性胶体，如蛋白质、氨基酸、腐殖质及无机氧化物胶体等。这些胶体表面的羧基（—COOH）、羟基（—OH）、氨基（$—NH_2$）等，在一定条件下可起缓冲作用。例如氧化铁或氧化铝表面的—OH 既可接受质子，又可释出质子，在表面电荷变化的同时，起到了对酸或碱的缓冲作用。即：

$$M-OH + H^+ \xlongequal{} M-OH_2^+$$

$$M-OH + OH^- \xlongequal{} M-O^- + H_2O$$

再如蛋白质及腐殖质分子中，往往同时含有羟基及氨基，可分别与加入的 $H^+$ 或 $OH^-$ 反应，起到缓冲作用，如图 2-8。

**2. 影响土壤缓冲性能的因素**

（1）土壤胶体的类型及含量

不同类型的土壤胶体，所带电荷数量及性质也不同，因此对酸或碱的缓冲能力也不同。一般而言，阳离子交换量越大的胶体，其缓冲能力也就越强。各种土壤胶体缓冲能力的大小顺序为：腐殖质>蒙脱石>伊利石>高岭石>含水氧化铁、铝。黏粒的含量越高，土壤的缓冲性越大。因此，不同质地土壤的缓冲力大小顺序为：黏土>壤土>砂土。有机质含量越高，土壤的缓冲性能也越强。例如，有机质含量分别为 15.6%、4.1%和 1.3%的一个红壤剖面的三个土层，其缓冲能力依次减小。

（2）土壤的盐基饱和度

在阳离子交换量相同的条件下，盐基饱和度越高，对酸的缓冲能力越大，对碱的缓冲能力越小；反之，盐基饱和度越小，对碱的缓冲能力越大，对酸的缓冲能力越小；当盐基完全不饱和时（即完全为氢、铝离子饱和），就失去了对酸的缓冲能力。

**3. 土壤的缓冲曲线（滴定曲线）**

为了了解土壤对酸或碱的缓冲能力及缓冲范围，可用酸或碱滴定土壤溶液。以 pH 值为纵坐标，以酸或碱的加入量为横坐标，绘制成滴定曲线，即缓冲曲线（图 2-9）。缓冲曲线的陡度越大（斜率越大），表明缓冲能力越小；反之，曲线的陡度越小（斜率越小），表明缓冲能力越高。例如图 2-9 中，B 土壤的缓冲能力大于 A 土壤，土壤 A 和 B 的缓冲能力都大于水的缓冲能力。

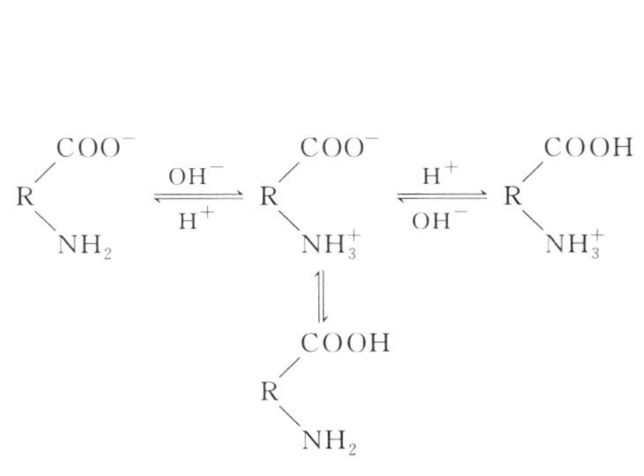


图 2-8　蛋白质与腐殖质分子的缓冲作用

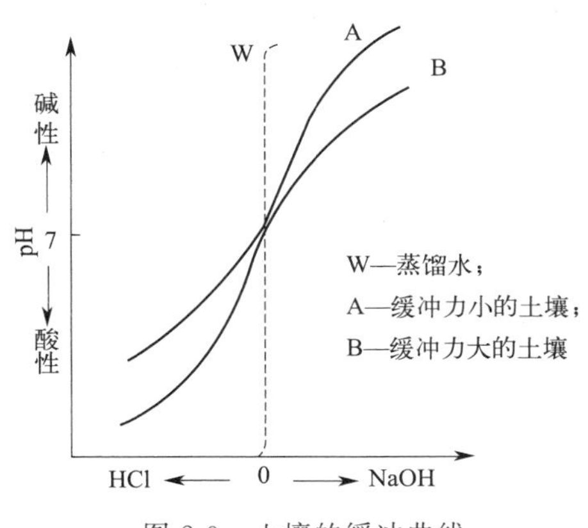


图 2-9　土壤的缓冲曲线

#### 4. 土壤缓冲性能在土壤酸度调控中的应用

水稻和一些花卉植物等，在幼苗或整个生长期间，需要在酸性土壤条件下才能生长发育良好和预防病害，因此，需将土壤 pH 值调节到适宜某种植物生长的酸度范围。吉林农业大学尚庆昌教授从 1982 年开始进行水稻育苗床土调酸的研究工作，生产实践证明，在水稻育苗的技术中，将床土酸度调节到 pH 4.0～4.5，对于培育壮秧和防治立枯病，是一个关键性的技术环节。在床土调酸过程中，床土选择、调酸标准的确定、调酸剂的用量和调酸后 pH 的回升，都取决于土壤对酸的缓冲性能的强弱和缓冲容量。特别是在苏打盐碱土和碱性土壤条件下，土壤调酸的难易程度往往和土壤 pH 高低不显著相关（图 2-10），而与土壤缓冲容量呈极显著相关（图 2-11）。因此，研究土壤对酸的缓冲性能的强弱，是制定好调酸技术方案的基础。

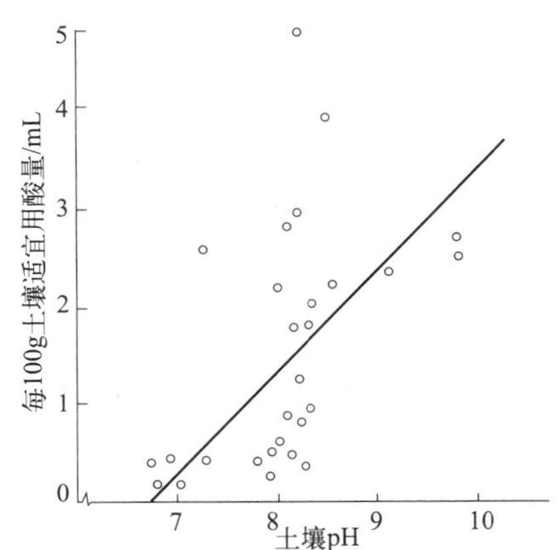


图 2-10　土壤 pH 和适宜用酸量的关系

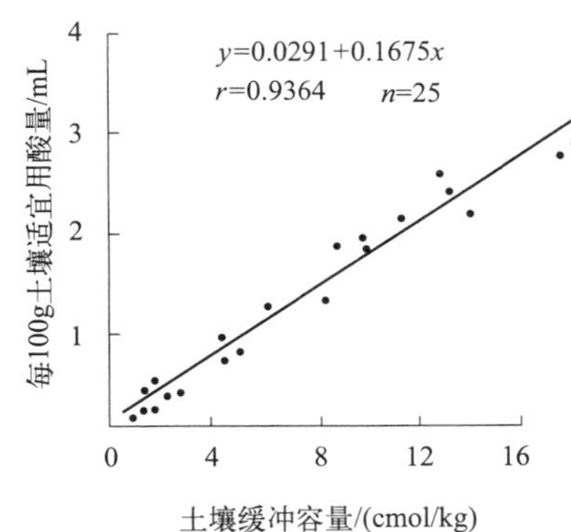


图 2-11　土壤缓冲容量和适宜用酸量的关系

## 五、土壤的氧化还原性质

土壤中存在着一系列参与氧化还原反应的物质，构成了一个包括无机和有机成分在内多种氧化还原过程的复杂体系。因此，土壤中所发生的氧化还原过程十分复杂。它既受土壤物理、化学性质的影响，反过来也影响土壤的一系列其他性质。例如，适宜的氧化还原条件是土壤有机质的积累和不断更新的前提，并有利于有机态氮、磷等养分的矿化及其有效性的提高；土壤中无机态氮的转化和脱氮损失主要受氧化还原条件的控制；过强的氧化条件可以导致某些有效态养分（包括微量元素）的缺乏，而过强的还原条件可引起一些有机和无机有毒物质的积累和作物对某些营养元素吸收量的降低；铁、锰等元素的形态和迁移也深受氧化还原条件的影响。因此，控制土壤的氧化还原条件，是培育肥沃土壤，达到作物高产的一项重要措施。

### （一）土壤中的氧化剂与还原剂

电子在物质之间的传递引起氧化还原反应。一个原子或离子失去电子时被氧化，接受电子时被还原。对于同一物质而言，以能吸收电子的状态存在时，称为氧化剂，以能放出电子的状态存在时，称为还原剂。氧化过程与还原过程可分开讨论，但实际上二者是同时发生的。例如 $Fe^{3+}$ 被还原、$S^{2-}$ 被氧化的反应为：

$$Fe^{3+} + e^- \longrightarrow Fe^{2+}$$

$$1/2S^{2-} \longrightarrow S + e^-$$

实际上全反应为： $Fe^{3+} + 1/2S^{2-} \longrightarrow Fe^{2+} + S$。

#### 1. 土壤中的氧化剂

土壤有机质的分解过程是在微生物参与下进行的，如果是在氧气充足的好气条件下进行，则 $O_2$ 为电子的接受体，即氧化剂，反应后 $O_2$ 被还原成 $H_2O$：

$$O_2 + 4H^+ + 4e^- \rightleftharpoons 2H_2O$$

当嫌气状态时，其他氧化态较高的离子或分子（指接受电子能力较强的物质）成为电子的接受体，即氧化剂。土壤中这类氧化剂主要有 $NO_3^-$、$Mn^{4+}$、$Fe^{3+}$、$SO_4^{2-}$ 等。它们接受电子被还原的反应如下：

$$NO_3^- + 5e^- + 6H^+ = 1/2N_2 + 3H_2O$$

$$NO_3^- + 2e^- + 2H^+ = NO_2^- + H_2O$$

$$Fe(OH)_3(\text{无定形}) + 3H^+ + e^- = Fe^{2+} + 3H_2O$$

$$2MnO_{1.75} + 3e^- + 7H^+ = 2Mn^{2+} + 3.5H_2O(\text{MnO 为三价和四价的混合体系})$$

$$SO_4^{2-} + 8e^- + 8H^+ = S^{2-} + 4H_2O$$

$$H^+ + e^- = 1/2H_2$$

上述氧化物被还原后的产物，有的具有毒性，有的会造成不利于作物生长的后果，例如 $N_2$ 的损失过程。当土壤中 $O_2$ 及上述氧化态较高的离子均不存在时，微生物从有机质的嫌气发酵中获得能量，同时形成还原性物质，如 $CH_4$、$CO_2$ 等。

#### 2. 土壤中的还原剂

土壤有机质是土壤中最重要的电子的供给者，即还原剂。新鲜而未分解的有机质在适宜的温度、水分及 pH 条件下，还原力最强，对 $O_2$ 的需求最大。有机质的主要成分是有机碳，平均占有机质的 58%，而植物残体的组成成分中，碳的含量约为 61%～64%。所以，有机质的氧化反应，可用如下最简单的方法表示：

$$C + O_2 = CO_2 + \text{能量}$$

如写成电子得失的形式，则为：$C - 4e^- = C^{4+}$，$2O + 4e^- = 2O^{2-}$。

### （二）土壤的氧化还原电位

对于某一氧化还原体系来说，当处在氧化还原平衡状态时，可用下式表示：

$$\text{氧化剂} + ne^- = \text{还原剂}$$

该体系的氧化还原电位（$Eh$）与物质的活度的关系可用能斯特（Nernst）方程来表示：

$$Eh = E^{\circ} + \frac{RT}{nF}\ln\frac{[\text{氧化剂}]}{[\text{还原剂}]}$$

式中，$E^{\circ}$为标准电极电位，指氧化剂和还原剂的活度比为 1 时的 $Eh$ 值；$R$ 为气体常数；$T$ 为绝对温度；$F$ 为法拉第常数；$n$ 为参加反应的电子个数；括号表示两种物质的活度，如为稀薄溶液时，可用浓度代替。

若把各常数项代入上式，则在 25℃时，上式变成：

$$Eh = E^{\circ} + \frac{0.059}{n}\lg\frac{[\text{氧化剂}]}{[\text{还原剂}]}$$

由上式可见，对于一个给定的氧化还原体系，由于 $E^{\circ}$和 $n$ 为常数，所以氧化还原电位由氧化剂和还原剂的活度（或浓度）比所决定。二者比值越大，即氧化剂所占的比例越大，该体系的氧化强度就越大，$Eh$ 也就越高，反之，$Eh$ 越低。所以，$Eh$ 是该体系氧化强度的一个指标。

土壤中的氧化还原反应比较复杂，除上述只有氧化剂和还原剂参与的反应外，大多数反应中还有 $H^+$ 参加。这些反应的氧化还原电位 $Eh$ 不仅与氧化剂和还原剂的活度有关，还与溶液的 pH 值有关。如以下式表示有 $H^+$ 参加的氧化还原反应：

$$\text{氧化剂} + ne^- + mH^+ = \!= \!= \text{还原剂} + xH_2O$$

在 25℃时，则有：

$$Eh = E^{\circ} + \frac{0.059}{n}\lg\frac{[\text{氧化剂}]}{[\text{还原剂}]} - 0.059\frac{m}{n}\text{pH}$$

此式表明 $Eh$ 不但受氧化剂和还原剂的活度（或浓度）比的影响，而且还与 pH 有关。pH 对 $Eh$ 影响的大小，由 $n$ 或 $m$ 值决定，如果氧化剂和还原剂的活度（或浓度）比值恒定，则 $Eh$ 随 pH 而变化。如 $m/n$ 比值为 1，温度为 25℃时，$\Delta Eh/\Delta \text{pH}$ 为 $-59$mV。说明在此条件下，pH 值每升高一个单位，$Eh$ 下降 59mV。实际上，土壤中存在着多种氧化还原体系，其 $m/n$ 各不相同，以致整个土壤的 $\Delta Eh/\Delta \text{pH}$ 有相当大的变异范围。

### （三） *Eh* 与土壤中物质的数量及转化的关系

具体内容见二维码 2-2。

### （四）土壤的氧化还原状况及其与土壤性质的关系

具体内容见二维码 2-3。

二维码 2-2　*Eh* 与土壤中物质的数量及转化的关系

二维码 2-3　土壤的氧化还原状况及其与土壤性质的关系

# 任务二　土壤孔性、结构性和耕性

土壤之所以具备供应植物生长所需的水分和养分的能力，最重要的原因是它具有复杂结构的多孔体，成为植物生长的多孔介质。土壤的多孔性至少为植物生长创造三个必要条件：使根系得以穿插而牢固地支撑植物的地上部分、保持和运输植物所需的水分和养分以及使根际周围的气体和大气进行交换。由此可见，土壤中孔隙的大小、形状、连续性和稳定性是最为重要的特征，而土壤颗粒和团聚体的不同排列，在很大程度上是影响土壤多孔特点的决定因素，此外，土壤结构也影响着耕性及微生物活性等。因此，人们通常会采取一系列措施来促进良好的土壤结构及松紧状况，使之具有适宜的孔隙和良好的耕性，为植物生长创造适宜的环境条件。

## 一、土壤密度、孔性

土壤固相的土粒或土团之间的空隙，被称为土壤孔隙。它是容纳水分和空气的空间，是物质和能量交换的场所，也是植物根系伸展以及土壤中微生物和动物栖息生活和繁衍的地方。土壤孔隙不仅与土壤水、气、热的流通和贮存及对植物供应的充分与协调有较大的关系，还会对土壤养分产生多方面的影响。不同的土壤或同一土壤不同时期，其孔隙状况都不一样，而且同一土层的不同部位，孔隙状况也存在差异。土壤孔性反映的是土壤的孔度、大小孔隙的分配及其在各土层中的分布状况。

土壤的孔性是土壤的一项重要物理性质，它对土壤肥力有多方面的影响，孔性良好的土壤能够同时满足作物对水和空气的要求，有利于养分状况的调节和植物根系的伸展。所以，一方面要求土壤中孔隙的容积较多，另一方面要求大小孔隙的搭配和分布较为适当。由于土壤孔隙度复杂多样，通常不是直接测定的，而是根据土壤的密度或相对密度和容重来计算，所以必须先了解它们的性质。

### （一）土壤的密度、相对密度和容重

#### 1. 土壤密度和相对密度

单位容积固体土粒（不包括粒间孔隙）的质量，被称为土壤密度，单位是 $g \cdot cm^{-3}$。土壤密度用于计算土壤孔度、三相比例和各级土粒的沉降速度，可用于估计土壤的矿物组成。土壤密度与水密度（4℃时）之比，叫作土壤相对密度，无量纲。由于4℃时水的密度为 $1g \cdot cm^{-3}$，所以土壤密度和土壤相对密度的数值相等，只是密度有单位，而相对密度无单位。在许多《土壤学》教材中，习惯将两者混用，但事实上采用土壤密度的概念更为确切。

土壤密度的大小主要取决于土粒矿物成分和腐殖质含量，土壤中常见组分的密度见表2-6。土壤中多数矿物的密度在 $2.6 \sim 2.7g \cdot cm^{-3}$ 之间，含铁矿物的密度一般大于 $3g \cdot cm^{-3}$。土壤中腐殖质密度最小，由于土壤腐殖质含量仅有百分之几，所以，土壤密度取决于矿物质组成。一般土壤表层有机质含量较高，土壤密度略低，在土壤剖面一定深度范围内，随土层深度的增加有机质含量降低、土壤密度增大。由于土壤密度测定过程比较烦琐，加之土壤密度变化相对恒定，所以常取 $2.65g \cdot cm^{-3}$。

#### 2. 土壤容重

土壤容重是指单位容积土壤（包括孔隙）的烘干重，通常以 $g \cdot cm^{-3}$ 或 $t \cdot m^{-3}$ 为单位。假设土壤是个实心体，内部没有孔隙，那么其容量值和密度值就一样。然而，土壤中总是有孔隙的，所以土壤容重值总是比密度值要小。

表2-6 土壤中常见组分的密度

| 土壤组分 | 密度/($g \cdot cm^{-3}$) | 土壤组分 | 密度/($g \cdot cm^{-3}$) |
|---|---|---|---|
| 蒙脱石 | 2.00～2.20 | 白云母 | 2.76～3.00 |
| 高岭石 | 2.60～2.65 | 黑云母 | 2.76～3.10 |
| 正常石 | 2.54～2.58 | 角闪石、辉石 | 3.00～3.40 |
| 石英 | 2.65～2.66 | 褐铁矿 | 3.50～4.00 |
| 斜长石 | 2.67～2.74 | 腐殖质 | 1.20～1.80 |

影响土壤孔隙的因素很多，导致孔隙体积的变化范围很大，因此，土壤容重的变化也比较大，一般处于 0.9～1.7g・$cm^{-3}$ 的范围。

土壤容重的大小受土壤质地、结构、松紧度及有机质含量的影响。疏松多孔的土壤，单位体积的质量（容重）低于那些较紧实的土壤；砂质土颗粒接触紧密，尽管孔隙较粗，但数目少，总的孔隙容积较小，容重较大，有机质含量低的砂质土更是如此；相反，黏质表土颗粒排列不那么紧密，这是由于表土土粒团聚较好，其中有机质是土粒团聚的重要条件之一，团聚化作用有助于创造一个松软多孔的土壤条件，一般容重值偏低。

表层黏质土容重通常在 1.00～1.60g・$cm^{-3}$ 之间变化，其变化依条件而定，砂质土容重可在 1.20～1.80g・$cm^{-3}$ 变化。土壤耕作层的容重变化较为明显，一般表土以下随剖面深度增加，容重有明显增加趋势，这是由于随着深度增加，有机质含量减少，团聚作用降低，根的穿透力减弱以及因覆盖层重量增加使得土壤紧实度相应增加。

土壤容重在实际工作中用处较多，第一，根据土壤容重和密度可计算土壤孔隙度；第二，根据土壤容重大小可推算土壤松紧及孔隙状况；第三，可计算单位面积及深度下土壤的质量，进而算出其水分、养分等含量，作为灌水、施肥的依据。

（1）反映土壤的松紧度

土壤松紧度是指土壤疏松和紧实、松软和板硬的状况。土壤松紧度也是孔隙性质的具体表现形式之一。土壤容重过大，表明土壤紧实，结构不良，不利于透水、通气、植物扎根，并会造成氧化还原电位（$Eh$）值下降，会出现各种有毒物质危害根系，并对养分的释放产生不利影响。土壤容重小，表明土壤疏松多孔，结构性良好，但如果土壤容重太小，大孔隙数量多、气体通畅又会促使有机质加速分解，也会使植物根系扎不牢，易倒伏。

各种作物对土壤松紧度有一定的要求，一般而言，旱田耕层土壤容重在 1.1～1.3g・$cm^{-3}$ 的范围内能适应多种作物生长发育的要求，对于砂质土壤来说，适宜的容重数值可高些，而对于富含腐殖质的黑土来说则可适当低些。

（2）计算土壤质量

每亩或每公顷的耕层土壤质量，是经常用到的一个参数，可先根据面积和耕层深度决定土壤体积，再根据土壤平均容重来计算；同样，要计算在一定面积土地上挖土或填土质量的多少，也要根据土壤容重来求得，例如：计算每亩耕层（0.2m 厚）的土壤质量，假设土壤容重为 1.15t・$m^{-3}$。

每亩土壤质量＝面积×深度×容重＝667×0.2×1.15≈153(t)。

所以，通常按每亩耕层土重 153t 计。

（3）计算土壤中各组分的数量

通过室内分析，可以得到某一土壤耕层的含水量、有机质含量、养分含量及盐分含量等，为了灌溉排水、养分和盐分平衡以及施肥设计的需要，常常将上述某一成分的数据（占土重的百分数或 mg・$kg^{-1}$）换算成一定面积土壤中该组分的质量，例如：

某一土壤耕层，土壤含水量为 8%，要求灌水后达到 28%，则每亩应灌多少体积水？

$$153t\times(28\%-8\%)=30.6t=30.6m^3$$

某一土壤耕层，有机质含量为 1.5%，问每亩耕层中所含有机质总量是多少？

$$153t\times1.5\%=2295kg$$

如果获取了土体各层次的容重和组分含量，可计算出一定土体深度和一定面积下某一组分的总量，作为土壤该组分潜在供给的度量。

### （二）土壤孔性

土壤孔性包括土壤孔隙度的多少、孔径的大小以及其在各土层中的分布状况，良好的土壤孔性可协调土壤通气、透水、蓄水、供水的能力，满足作物生长的要求。

#### 1. 土壤孔隙度和孔隙比

（1）土壤孔隙度及其计算

土壤孔隙度或总孔度是衡量土壤孔隙数量的一个指标，它是指所有土壤孔隙体积总和占整个土壤体积的百分数。

$$孔隙度=\frac{土壤孔隙体积}{土壤体积}=\frac{土壤体积-土粒体积}{土壤体积}=1-\frac{土粒体积}{土壤体积}$$

土粒体积/土壤体积被称作土壤固相率，是土壤容重与土壤密度的比值，所以上式为

$$孔隙度=1-固相率=1-\frac{容重}{密度}$$

由上式可见，土壤的孔隙度与容重呈负相关，容重越小则孔隙度越大，反之亦然。通常条件下土壤容重易测定，土壤密度常采用 $2.65g\cdot cm^{-3}$。

（2）土壤孔隙比

土壤孔隙数量的另一个指标是用土壤孔隙比来表示的，它是土壤孔隙体积与土粒体积的比值。其值为 1 或稍大于 1 为好。

$$孔隙比=\frac{孔隙体积}{土粒体积}$$

若土壤孔隙度为 60%，即土粒占 40%，则孔隙比为 60÷40=1.50。

土壤孔隙度大，则表明土壤比较疏松，能容纳水分和空气的容积就大，土壤孔隙度一般在 40%～70%之间变动。孔隙度的大小与土壤质地、结构、有机质含量有关。质地越黏重，土粒越细，单个孔隙虽细小，但孔隙数目多，故孔隙度大。一般而言，砂土孔隙度为 30%～45%，壤土为 40%～50%，黏土为 45%～60%。结构良好的土壤，孔隙度一般为 55%～60%，甚至达到 70%，而紧实的底土可低至 25%～30%，富含有机质的泥炭土的孔隙度可超过 80%。

#### 2. 土壤孔隙的分级

孔隙度只是说明土壤孔隙量的问题，即空气和水能在土壤中存在的总量，但不能说明孔隙质的差别，如土壤保水和通气的性质如何等。即使是两种土壤的孔隙度和孔隙比相同，如果大小孔隙的数量不同，它们的保水、透水、通气以及其他性质也会有显著差异。因此单凭孔隙度仅能对土壤肥力状况作出粗略估计，正确评价土壤肥力状况必须进一步了解孔隙的粗细以及它们的比例关系。

目前，对土壤孔隙的分级尚无一致的看法，关于土壤孔隙分级的标准应按照土壤基质对孔隙中水分的吸附和保持能力的大小来划分，这样较为恰当。

（1）当量孔径

土壤中的孔隙形状及连通情况极为复杂，孔径的大小有着较大变化，它们并不是圆管状或念珠状等有规则的形状。因此，在表述土壤孔径时无法按其真实孔径来描述。因此，土壤学中所谓的孔隙直径，是指与一定的土壤水吸力相当的孔径，叫做当量孔径或有（实）效孔径，其与孔隙的形状及其均匀性无关。

土壤水吸力与当量孔径的关系可按下式计算，此式是从毛管水运动公式引申来的，对于较细的孔隙来说会有一定偏差。

$$d=0.3/T$$

式中，$d$ 为孔隙的当量孔径，mm；$T$ 是土壤水所承受的吸力（土壤水吸力），kPa。

当量直径与土壤水吸力成反比，孔隙越小土壤水吸力越大。每一当量孔径与一定的土壤水吸力相对应。

（2）土壤孔隙的分级

关于土壤孔隙的分级有许多种，根据孔隙所容纳水分的活动能力以及该孔隙中水分对植物的有效性来划分可把孔隙分为三级：非活性孔隙、毛管孔隙和通气孔隙。

① 非活性孔隙。这是土壤中孔隙最微细的部分，大体上以土壤水吸力1500kPa（15bar）为界，孔径约为0.0002mm以下，这样细小的孔隙，几十个水分子就可以把它充塞，几乎成为土粒的吸附水，水分移动极慢且极难为植物利用。所以，这种土壤孔隙也叫非活性孔隙或无效孔隙，不但植物的细根和根毛不能伸入，而且微生物也难以侵入，使得孔隙内部的腐殖质的分解非常缓慢，因而可以长期保存。

在无结构的黏质土壤中，非活性孔隙多，而在砂质土壤以及结构性良好的黏质土壤中则缺少这种极细孔隙。土壤的质地越黏重，土粒的分散程度越高，排列越紧实，非活性孔隙越多。非活性孔隙丰富的土壤增加了土壤中的无效水分，相应地就减少了植物所需的有效水分，通气、透水性极差，植物根系伸展困难，耕作阻力大，尤其是小于$10^{-5}$mm的孔隙的大量存在，使得土壤的可塑性、黏结性和黏着性都很强，耕性极为恶劣。土壤中非活性孔隙体积占土壤总体积的百分数，叫非活性孔度。

② 毛管孔隙。是指土壤中毛管水所占据的孔隙，这种孔隙具有毛管作用，而且孔隙中水的毛管传导率大，易被植物吸收利用。植物细根、原生动物和真菌等也难进入毛管孔隙中，但植物根毛和一些细菌可在其中活动，其中保存的水分可被植物吸收利用。实验证明，土壤当量孔径小于0.06mm时，毛管现象已相当明显。在土壤当量孔径为0.002～0.02mm的孔隙中，毛管水活动强烈，这部分孔隙是真正的土壤毛管孔隙。毛管孔隙中的土壤水吸力为15～150kPa，在0.0002～0.002mm的孔隙中，其容纳的水分移动性很差，但也属于毛管孔隙的范畴。毛管孔隙的数量用毛管孔度来表示，是毛管孔隙体积占土壤体积的百分数。毛管孔度与非活性孔度之和是土壤保水性的指标，其值的大小可表征土壤蓄水性能的强弱。

曾有文献将非活性孔隙包括在毛管孔隙中，所以在查阅文献资料时，必须注意毛管孔隙新、旧概念的转换。

③ 通气孔隙（非毛管孔隙）。指粗于毛管孔径的孔隙，其当量孔径大于0.02mm，相应的土壤水吸力小于15kPa。这种孔隙不具有毛管作用，其中所存在的水分，可在重力作用下排出，因而成为空气流动的通道，所以叫作通气孔隙或非毛管孔隙。通气孔隙的数量用通气孔度来表示，即通气孔隙体积占土壤体积的百分数。

通气孔隙的大小是决定土壤通气性好坏的内在因素之一（另一因素是土壤的含水量，特别是有无重力水占据通气孔隙）。

土壤总孔度是上述三种孔度之和，即

土壤总孔度(%)=非活性孔度(%)+毛管孔度(%)+通气孔度(%)

土壤各级孔度的直接测定非常困难，一般借助测定土壤含水量来近似地估算。在土壤吸足毛管水、排除重力水的条件下（即“田间持水量”时），非活性孔度、毛管孔度和通气孔度分别代表土壤中无效水、有效水（毛管水）和空气的容量。关于它们之间的关系见项目二任务三。

3. 土壤孔隙状况的评价

对土壤孔隙状况的了解和评价，不仅要看土壤的总孔度，而且还要看毛管孔度和通气孔度的比例情况。毛管孔度过大，表明土壤透水、通气性差。反之，通气孔度过大，表明土壤蓄水保水性差。板结的土壤，毛管孔度接近总孔度，大孔隙极少，因而透水、通气性差，实行中耕松土作业，破坏一部分毛细管，可使大孔隙增加，透水、通气性得到改善。

对旱地土壤而言，一般以耕层总孔度为50%～60%，毛管孔度与通气孔度之比为2∶1～4∶1比较适宜。在多数情况下，水分都不能将毛管全部充满，因此毛管中往往贮有空气。所以，空气孔度往往要比通气孔度大。空气孔度是指总孔度减去土壤水分体积百分数。空气孔隙度又可称为土壤容气量。

土壤的通气性、保水性、透水性以及根系的伸展，不仅受大小孔隙搭配的影响，还与孔隙在土体中的垂直分布即孔隙的层次性有密切关系。例如，犁底层的土壤处于黏闭状态，非活性孔隙较多而通气孔隙甚少，影响通气和透水，妨碍根系的下扎。剖面下部有厚砂层的，由于该层通气孔隙偏多，在一定的条件下，容易造成漏水漏肥。所谓“蒙金土”，指的是上层土壤质地稍轻，其有适当数量通气孔隙，有利于通气、透水，下层质地较黏，毛管孔隙占优势，利于保水保肥，是比较理想的土体孔隙分布类型。

4. 影响土壤孔性的因素

在田间自然状况下，决定土壤孔度和孔径分配的基本因素是土粒的粗细、排列以及土壤的松紧状况，一旦改变上述因素，也就改变了孔隙状况，所以土壤孔隙状况取决于下列因素。

（1）质地

质地轻的土壤，一般都排列松散，但因土粒粗，单位容积土壤中土粒所占的容积较大，而孔隙所占容积较小。所以砂质土壤孔隙度不高（30%～45%左右），通气孔隙度却较高；无结构的黏质土或紧实的黏重土壤恰好相反，土粒细，排列得也比较紧密，但土粒所占容积不太高，所以孔隙度较高（45%～60%），而且毛管孔隙度与非活性孔隙度之和也较高。质地越黏，非活性孔度的数量也越大。壤质土壤孔隙度则居于中间情况（45%～52%），各种孔隙有较适当的配合。由此可见，砂质土壤保水力弱而通气和透水性良好，土温易于升高；黏质土壤保水力强，但通气和透水性不良，土温也不易于升高。

（2）结构

相同质地土壤，有了团粒结构后，土壤的松紧和孔隙状况将发生根本性改变。砂质土壤结构性很差或无结构，能形成团粒结构的主要是壤质和黏质土壤的表层，它们具有较高的腐殖质含量，而且相对疏松，所以容重降低了很多（可在1.0以下），相应孔隙度也得以增加（可在70%以上），孔隙度的数量随团聚程度的加深而增高。图2-12为土粒团聚模式，当土粒没有团聚成为最紧排列时，土壤孔隙度为26%，土球（将土粒视为大小相等的刚性光滑球体）所占容积为74%；当土粒团成很小土团后，出现了两部分孔隙，土团内和土团间，土粒在土团内以及土团间仍为最紧排列，这时土

(a) 土粒

(b) 一级团聚

(c) 二级团聚

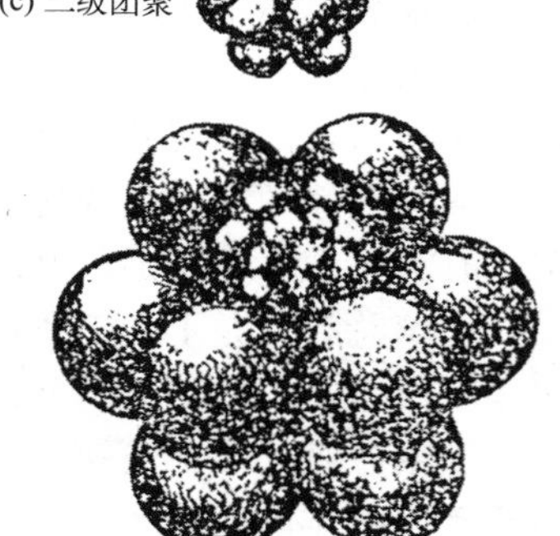

(d) 三级团聚

图2-12 土粒团聚模式

粒所占的容积是 74%×74%=(74%)$^2$=55%，于是孔隙度增加到 45%，上述的初步团聚为一级团聚［图 2-12(b)］；一级团聚的土团再进一步团聚则成为二级团聚［图 2-12(c)］，仍为最紧排列时，土粒的容积就是 (74%)$^3$=41%，孔隙度增加到 59%；到了三级团聚［图 2-12(d)］，孔隙度就成为 70%。依此类推，团聚程度越高，孔隙度越大，但增加的幅度却越来越小，在紧密排列的模式下，土粒由不团聚到三级团聚，孔隙度依次是 26%、45%、59%、70%。

在团聚过程中容重也相应降低，仍以上述模式土壤的紧排列情况为例，若不团聚时土壤的密度为 2.65g・cm$^{-3}$，则其容重为 1.96g・cm$^{-3}$；到二级团聚容重降低为 1.46g・cm$^{-3}$；三级团聚时容重为 1.09g・cm$^{-3}$；四级团聚时容重为 0.80g・cm$^{-3}$。

真实的土壤与上述模式有所区别，但孔隙度增加和容重降低的趋势是相似的。有结构的土壤不仅疏松且有较大的孔隙，在团粒内部，土粒直接接触，因而孔隙较小，大部分为毛管孔隙，孔隙直径在 1μm 以上，但其中也有部分为非活性孔隙。在团粒之间的孔隙，若团粒大于 1.0mm，则大多为通气孔隙，小于此范围，尤其是大于 0.5mm 的团粒，即使是团粒间的孔隙，也以毛管孔隙为主。其他结构大多是土块、土片而不是土团，土粒排列紧密，缺乏有机质，土粒呈分散状态，只是干后土壤缩裂成块状、柱状或片状。

(3) 松紧性

土壤松紧性不仅影响到土壤的总孔度，也会对大小孔隙比例有较大影响。压实对土壤孔径分布的影响见图 2-13。一般来说，压实对土壤的影响是降低其孔隙度，特别是减少团粒间大孔隙的容积。此外，当土壤压实后，中间孔隙的容积却有所增加，因为原有大孔隙的一部分受压实而被挤压成中间孔隙，而团粒间的小孔隙未受显著影响。因此，压实和未压实土壤的曲线在当量孔径很小的范围内近乎相似。

### 5. 土壤孔性与作物生长

一般而言，适于作物生长的土壤孔性指标如下：耕层的总孔度为 50%～56%，通气孔度在 10%以上，毛管孔度与通气孔度之比为 2∶1～4∶1 比较好。在多数情况下，水分都没有将毛管全部充满，因而在毛管中也往往贮有空气，所以，空气孔度往往要比通气孔度大。

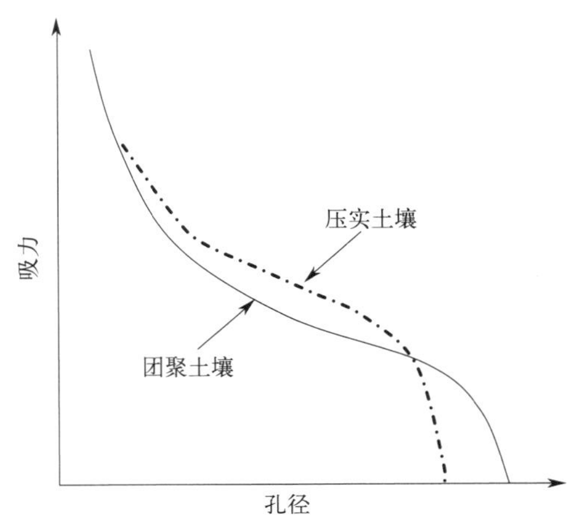


图 2-13 压实对土壤孔径分布的影响

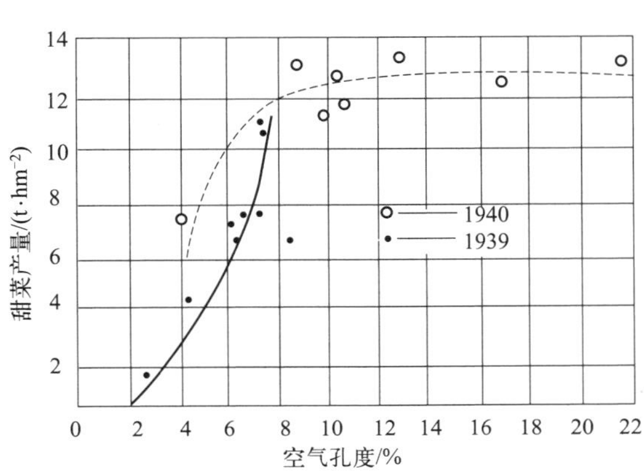


图 2-14 土壤的空气孔度和甜菜产量的关系

各种作物要求有一定的空气孔度。如土壤的空气孔度和甜菜产量的关系见图 2-14，甜菜产量随空气孔度的增长而增加，空气孔度低于 8%，产量锐减。低于 3%时，甜菜几乎全部死亡。对多数作物来说，空气孔隙度以10%为界限，低于此值，就会使作物减产。当空气孔度在3%时，土壤已处于嫌气状态。

土壤中各级孔隙的分布受易变因素紧实度影响很大，并且紧实度改变着土壤的穿透阻力。如小麦、玉米等根系穿透能力较强，可耐较紧实的土壤条件；蔬菜等大多数根系穿透能力弱，适于低容重、高孔度土壤；块根茎类作物，在紧实土壤中根系不易下扎，块根、块茎不易膨大，故在紧实土壤的黏土地上，产量低而品质差。孔度过大也不利于作物生长，除水分易散失外，可能由于植物根系不能与土壤紧密接触，阻碍了水分和养分向根部传导，作物幼苗往往因下层土壤深陷将根拉断，出现“吊死”现象。有时由于土质过松，植物扎根不稳，容易倒伏。

## 二、土壤结构的概念、类型和作用

### （一）土壤结构性的概念

关于土壤结构性的概念，最早是指原生土粒的团聚化，但后期的研究者却认为，土壤结构性不只是土壤结构体、团聚体的类型和数量的问题，还应考虑它们的稳定性（水稳性、力稳性、生物稳定性）、团聚体内外的孔隙分配以及其在农业生产中的作用等。

卡庆斯基（1965）认为，土壤结构性是对各种土壤的特征、大小、形状、孔隙度、力稳性和水稳性团聚体等的综合概括。他认为，良好的结构体应指直径约为0.25～10mm的小团块和团粒，具有多孔性、机械弹性和水稳性。

贝费尔对土壤结构的定义是原生土粒和次生土粒排列为一定结构模型。根据这一定义，所谓无结构土壤或单粒土壤，如砂土，也是有结构的。

在自然土壤和农业土壤中，除纯砂土外，各级土粒或其中一部分总是因不同的原因相互团聚成大小、形状和性质不同的土团、土块或土片，称之为土壤的结构体，或团聚体。土壤的部分或全部土粒团聚成为结构体，它们的存在和排列松紧，必然改变土壤的孔性。孔性的变化，自然会引起土壤的水、气、热和养分状况及耕性的改变。

综上，土壤结构性是一项重要的土壤物理性质，是指土壤中单粒和复粒（包括结构体）的数量、大小、形状、性质及其相互排列和相应孔隙状况等的综合特性。土壤结构性的好坏，往往反映在土壤孔性（孔隙的数量和质量）方面，结构性也是孔性好坏的基础之一。

### （二）土壤结构的类型及特性

#### 1. 土壤结构体的类型

土壤结构可按结构体的形态、大小或性质进行分类，也可按不同结构体所引起的某些理化性质的差异进行分类，还可按不同起源的土壤进行分类。按结构体形态分类是目前在野外进行土壤剖面观察时应用最广的分类系统，美国农田土壤调查局的土壤结构分类表（1951）见表2-7。

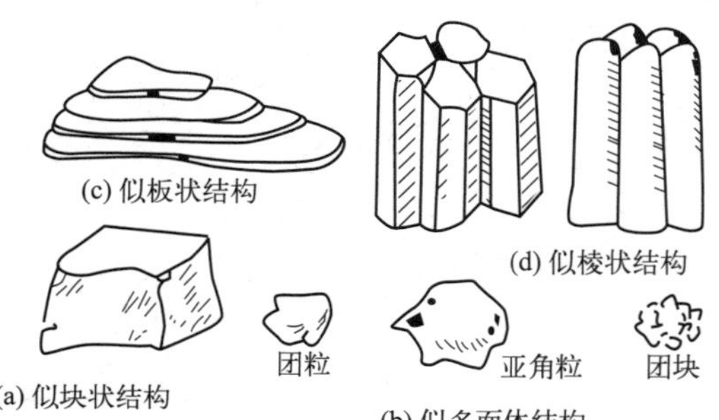

图2-15 土壤结构体的类型

土壤结构体的类型见图2-15。

类型中按界面特征分类，似棱状中结构体上部有圆头的称为柱状，无圆头的称为棱柱状。似块状类型中，结构界面较平的称为块状，较圆的称为亚角块状。球状类型中结构体表面呈多孔的称为团块，孔隙较少的称为团粒。

**表 2-7 美国农田土壤调查局的土壤结构分类表（1951）**

| 类型：结构体的形状和排列 | 似板状，水平轴比垂直轴长，沿水平面排列 | 似棱状，水平轴比垂直轴短，沿垂直线排列，有棱角 | | 似块状-多面体状-球状，沿一点的三轴大致相等 | | | |
|---|---|---|---|---|---|---|---|
| | | | | 似块状-多面体状，结构体表面平滑或弯曲，与周围结构体界面可吻合 | | 球状-多面体状。结构体表面平滑或弯曲，与周围结构体界面不能吻合 | |
| | | 无圆头 | 有圆头 | 平界面，棱角明显 | 平界面夹圆界面，有许多圆角棱 | 结构体孔隙较少 | 结构体孔隙多 |
| 级：结构体大小 | 板状 | 棱柱状 | 柱状 | 块状 | 亚角块状 | 团粒 | 团块 |
| 1. 很细或很薄 | ＜1mm | ＜10mm | ＜10mm | ＜5mm | ＜5mm | ＜1mm | 1mm |
| 2. 细或薄 | 1～2mm | 10～20mm | 10～20mm | 5～10mm | 5～10mm | 1～2mm | 1～2mm |
| 3. 中等 | 2～5mm | 20～50mm | 20～50mm | 10～20mm | 10～20mm | 2～5mm | 2～5mm |
| 4. 粗或厚 | 5～10mm | 50～100mm | 50～100mm | 20～50mm | 20～50mm | 5～10mm | |
| 5. 很粗或很厚 | ＞10mm | ＞100mm | ＞100mm | ＞50mm | ＞50mm | ＞10mm | |
| 度：结构体的稳定度 | 0 无结构 | 无结构性或无定向的排列； | | | | | |
| | 1 弱 | 结构体发育差，不稳定，界面不清，破碎后只有少量完整的小结构体，大都为破碎的小结构体和非团聚的物质； | | | | | |
| | 2 中等 | 结构体发育好，中等稳定，原状土界面不显，破碎后多为完整的结构体和一些破碎的结构体，非团聚的物质少； | | | | | |
| | 3 强 | 结构体发育好，稳定，界面清，彼此间联结弱，破碎后几乎是完整的小结构体 | | | | | |

每一种结构体，按大小分为 5 级，命名为很细或很薄、细或薄、中等、粗或厚、很粗或很厚等。

按结构体本身及结构体之间的黏结力大小分成度。松动或轻轻加压于结构体后视其团聚物质的数量将其分为无结构、弱度、中度和强度四等。无结构即在不同水分条件下均呈大块状或单粒结构。

### 2. 各类型土壤结构体的特性

（1）似块状结构

似块状结构体沿三轴方向近于平均发展。边面一般不明显，但也不呈球形的称为亚角块状。平界面棱角明显的称为块状。似块状结构内部孔隙少，水分、空气不流通，微生物活动弱，养分不易分解释放，植物根系穿扎困难。而结构体之间，多大孔隙，跑墒，漏风。该结构体轴长 30～50mm 或以上，农民称为坷垃，影响整地与播种，此类结构体多出现在有机质缺乏且耕性不良的黏质土壤中。但 2～4cm 的坷垃在盐碱土中有减缓返盐作用。

（2）团粒结构

团粒结构包括粒状和团粒状结构。团粒结构是指土粒胶结成 0.25～10mm 的圆球形疏松多孔的小土团。直径小于 0.25mm 的称为微团聚体，其在调节土壤肥力的作用中有着重要意义。首先，它们是形成大的团粒结构的基础，团粒结构是经过多次团聚胶结而成的，其中棱角明显的称为粒状结构，腐殖质含量较高的表层土壤中多具这种结构。其次，微团聚体在改善旱地土性方面的作用虽不如团粒，但对于长期水淹条件下的水稻土，难以形成较大的团粒，微团聚体在水稻土的耕层中大量存在。我国南方农民俗称的蚕砂土，泡水不散、松软、土肥相融，对水稻发棵很有利。因此，微团聚体结构是衡量水稻土肥力和熟化程度的重要标志之一。团粒结构一般在耕层较多，俗称“蚂蚁蛋”“米糁子”。团粒结构数量多少和质量好坏在一定程度上反映了土壤肥力水平。

（3）似板状结构

似板状结构也可称为片状结构，该结构体的水平轴特别发达，呈板（片）状，常见于灰化层、白浆层、耕作历史较长的水稻土和长期耕深不变的旱地土壤中，由于长期耕作受压，使土粒粘结成坚实紧密的薄土片，成层排列，这就是通常所说的犁底层。含粉砂粒较多的土壤，雨后或灌水后，在土壤表层可产生板（片）状结构。冲积土也具有明显的板（片）状结构。板（片）状结构不利于水分上下运行和根系向下伸展，地表结皮影响种子发芽、幼苗出土及生长。所以雨后要注意及时松土，破坏结皮层。旱地犁底层的板层结构不利于根系下扎和上下层水、气、肥的移动和释放，因而必须深耕深松，消除犁底层的不良影响。水稻土有一个具有一定透水率的犁底层很有必要，它可起减少水分渗漏和起到托水托肥的作用。

（4）似柱状结构

似柱状结构体沿垂直轴，即上下方向发展，在土体中直立，棱角明显，结构体内部紧实。其中，顶面呈圆顶状，称为柱状结构，柱状结构常出现于半干旱地带的心土层和底土层中，以碱土的碱化层最为典型。顶面呈平顶状，称为棱柱状结构。这种结构常见于黏重而又干湿交替的心土层或底土层中（如水稻土）。干湿交替较少的柱状体较大，干湿交替频繁的则结构体较小。这种结构体大小不一，坚硬紧实，内部无效孔隙占优势，外表常有铁铝胶膜包被，根系难以伸入，通气不良，微生物活动微弱。结构体之间常出现大裂缝，造成漏水漏肥。

### （三）土壤结构的评价

在评价土壤结构时，需从两方面考虑：一是结构的类型、数量和总孔度等；二是结构体的稳定性及孔性等，特别是团粒结构的数量和孔性，它是土壤结构好坏的评价指标。

良好的土壤结构，表现在结构体内外的孔隙分配，既有较多的孔隙容量，又有适当的大小孔隙分配，有利通气蓄水。此外，良好的结构应有一定的稳定性，保持良好的孔隙状况，避免因降雨、灌溉和耕作等破坏而使孔隙状况恶化。

#### 1. 土壤结构体与孔性

孔性是土壤结构体的重要指标，包括结构体之间及结构体内部的孔隙分布状况。结构体内部的孔隙多为小孔隙（非活性孔隙＋毛管孔隙），结构体之间是大孔隙（通气孔隙）。出现在底土的柱状、棱柱状、板（片）状结构体都很致密，只有这些结构体间的裂隙才有可能是大孔隙，但往往过大，虽然可通气，但也成为了漏水漏肥的通道。这些结构体内部有时压得很紧，几乎成为非活性孔隙，植物细根很难穿扎，有效水分少，空气也难以流通。总之，这些结构的孔性不良，由于没有适当的大小孔隙比率，表土出现的块状、片状结构体，其体间的裂隙宽大，不但漏风跑墒，有时干裂还会扯断幼根。团粒结构则与上述情况不同，团粒内部有大量的小孔隙可蓄水。由于每个团粒近于球形，团粒间的接触面积小而且排列得较为疏松，在团粒之间多为大孔隙，而且团粒越大，团粒间的大孔隙也越大，空气的流通也越快。

#### 2. 结构体的稳定性

土壤结构体的稳定性包括力稳性、生物学稳定性和水稳性。力稳性也称机械稳定性，指土壤结构体抵抗机械压碎的能力。机械稳定性越大，耕作时农机具对它的破坏就越小。结构体的生物学稳定性是指结构体抵抗微生物分解破坏的能力。结构体中的有机质有胶结矿质颗粒的作用，随着有机质被微生物分解，结构体便逐渐解体，因而不同结构体抵抗微生物破坏的能力有差异。结构体的水稳定性是指结构体抵抗水的破坏能力。浸水后极易分散的结构体被称为非水稳性结构体。浸水后不易分散，具有相当程度的稳定性的结构体被称为水稳性结构体，它不因降雨或灌溉而遭破坏。

团粒结构是农业生产中较为理想的结构，它不但具有水稳性，而且也具有生物稳定性和机械稳定性。

## （四）土壤结构体的形成

土壤颗粒的排列和孔隙状况的变化依赖于土壤中团聚体的大小、形成及其稳定性。因此，一般认为，土壤结构体的发生就是指土壤中各种团聚体的形成原因和途径。

土壤中团聚体的形成可通过两个途径实现。一是土壤单粒经过各种作用凝聚成复粒（或微团聚体）。复粒又经各种作用形成团聚体。这是一般认为的土壤团聚体的多级形成观点（图 2-16）。二是大块状的土体经过各种力的作用崩解成团聚体。在田间，这两个途径往往是同时进行的，互相促进，难以分开。

### 1. 土壤的团聚

多级形成观点认为原生土壤颗粒在不同电荷相互吸引、阳离子“桥”以及范德华分子引力等的作用下发生凝聚而形成次生颗粒（或微团聚体），次生颗粒（包括黏团）通过胶结物质或其他作用力而形成团聚体。因此，土粒团聚通常包括凝聚和胶结两个过程。

（1）凝聚作用

土壤既是一个多孔介质，又是一个多分散体，其中含有大量粒径小于 0.001mm 的有机、无机或有机无机胶粒。胶粒在稀溶液中的凝聚被认为是土壤结构形成的重要基础。土壤颗粒等电凝聚见图 2-17。凝聚的机制复杂，主要有下列过程。

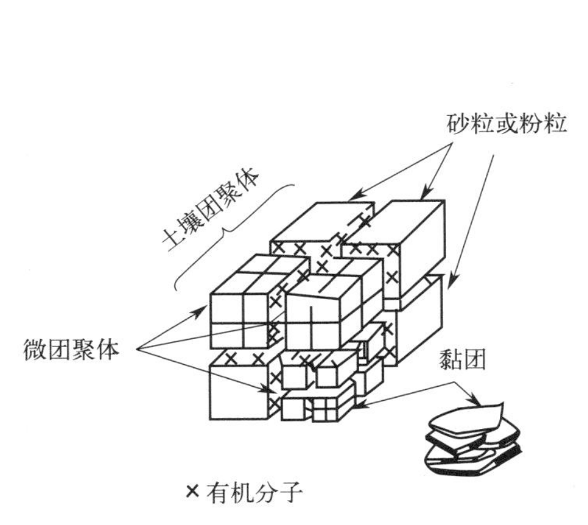

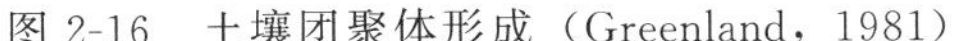


图 2-16 土壤团聚体形成（Greenland，1981）

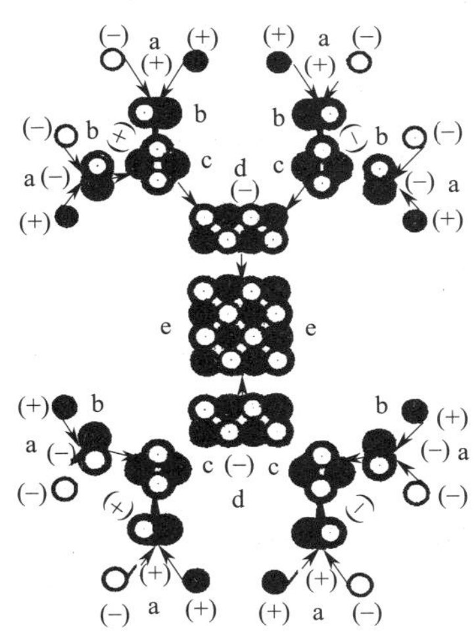


图 2-17 土壤颗粒等电凝聚

① 胶体的沉淀。土壤颗粒在溶液中都带有电荷。电荷相同，颗粒相斥，悬液呈稳态。但因土壤是多分散相，含有不同电荷的胶粒，如有机胶体、硅胶和层状硅酸盐一般都带负电荷，酸性介质中的铁、铝氧化物带正电荷。有的胶体如高岭石等在高 pH 值时，板面带负电荷，在低 pH 值时，板面带正电荷。这种带有不同电荷的胶体相互中和就发生凝聚。另外，在分散悬液中胶粒进行布朗运动时能量消失会使颗粒发生凝聚。当颗粒表

面的水膜被压缩到一定程度时，颗粒间的范德华力和其他分子引力也会对凝聚产生作用。

② 胶粒在电解质作用下的凝聚。电解质解离的阳离子所引起的土壤胶体的凝聚过程，较胶体的相互沉淀过程要复杂得多。关于胶体在电解质作用下的凝聚机理参看项目二任务一。

一般而言，由一价离子凝聚的土壤颗粒，它们的结合力是较弱的，易受振荡等机械作用而分散。但由三价离子凝聚的土壤颗粒，结合得较紧，即使强烈振荡或煮沸悬液也不易使其分散。二价离子结合的土壤颗粒介于其间。

钙对碱土的改善建立在胶体上的钠离子被钙离子所置换的基础之上，钙离子的凝聚能力强于钠离子，置换出的钠离子通过下行水被淋移出土体。

(2) 胶结作用

胶结作用是指土壤颗粒或团聚体间因胶结物质物理状态的改变或化学组成的变化而相互团聚在一起。土壤中的胶结物质可分为：黏粒、无机胶体和有机物质。

① 黏粒。黏粒本身粒径小，具有巨大的比表面和吸附能，因此，在其脱水而颗粒相互接触时，通过范德华等引力可使其粘结在一起。砂土中缺乏黏粒，就难以形成团聚体。大多数土壤中直径＜0.005mm的颗粒含量与直径＞0.05mm的团聚体含量间具有很高的相关性。但在有机质含量较高的土壤中，黏粒的黏结作用下降。黏粒起着胶结剂的作用，可通过Russell (1934) 提出的“颗粒—定向排列水分子—阳离子—定向排列水分子—颗粒”的联结键来说明，随着土壤脱水，粒间键的数目增加，并且粒间距变短，胶结力表现很强。不同种类的黏粒矿物，胶结力也不一样，如蒙脱石的胶结能力比高岭石和水化云母强。

② 无机胶体。无机胶体主要指存在于土壤颗粒间的无定形铁、铝、硅等的氧化物。当它们脱水由溶胶变成凝胶时使土壤颗粒胶结在一起，其稳定程度与其脱水后的老化程度有关。热带、亚热带砖红壤和红壤中大量团聚体的形成都与无定形铁、铝氧化物的胶结作用有关。砖红壤中铁、铝氧化物的脱水程度较高，所形成的微团聚体比较稳固，但亚热带红壤，由于其铁、铝氧化物的脱水程度相对较弱，微团聚体的稳固性较差。

水稻土经常处于渍水还原和干燥氧化的交替状态，氧化铁形态的改变就成为这种土壤中团聚体不断形成和破坏的重要原因之一。

土壤中含有碳酸钙，能胶结土壤颗粒形成团聚体。如溶液中的酸式碳酸钙在干燥后能形成碳酸钙，将土粒粘结在一起。

$$Ca(HCO_3)_2 \xrightarrow{\text{干燥}} CaCO_3 + CO_2 + H_2O$$

我国南方红黄壤地区历来有施用石灰的经验，这不仅可提高土壤的酸碱度和改善土壤的某些化学性质，而且也可改善土壤的结构。但是长期施用石灰，导致$CaCO_3$不仅胶结土壤颗粒，而且进一步填充土壤孔隙时，土壤就会变硬呈石灰性板结田，耕性反而会变劣。

大量施用过磷酸钙，由于磷酸一钙转化为磷酸三钙也能粘结土壤颗粒，因而可形成团聚体。

③ 有机物质。有机物质包括腐殖质和其他有机质。腐殖质是形成水稳性团粒结构最重要的胶结物质。在腐殖质中，胡敏酸与团粒形成的关系更加密切。因为胡敏酸比富里酸缩合程度高，分子量大，因而具有更强的黏结力。腐殖质与钙结合成凝聚状态，具有良好的胶结作用，但具有不可逆性。因此，团粒经过机械破碎之后，已经起过胶结作用的腐殖质就不再

有胶结特性，只有新形成的腐殖质才具有较强的胶结能力。另外，土壤腐殖质也因不断分解而减少，所以必须经常施入大量有机肥料，如堆沤肥、圈肥、绿肥、人类尿、草炭等，才能形成大量新的腐殖质，从而促进土壤团粒结构的更新和形成。

腐殖质不但是重要的胶结剂，而且还可通过多价阳离子（如 $Ca^{2+}$、$Fe^{3+}$、$Al^{3+}$ 等）与矿物质土粒形成有机-矿质复合体。有机-矿质复合体的形成机制尚未完全明晰，据研究，可能是通过阳离子桥结合，如图 2-18 所示。

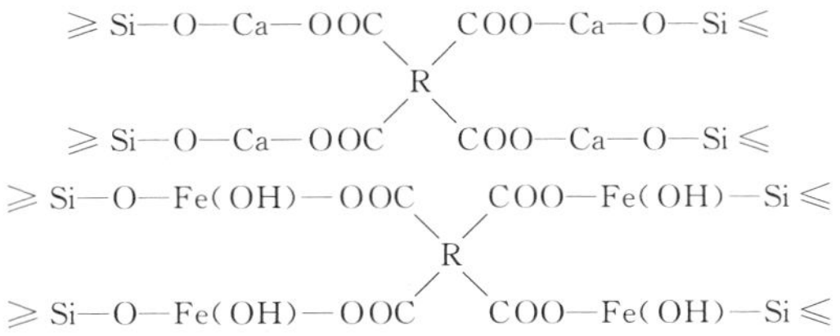

```
≥Si—O—Ca—OOC      COO—Ca—O—Si≤
               \  /
                R
               /  \
≥Si—O—Ca—OOC      COO—Ca—O—Si≤
≥Si—O—Fe(OH)—OOC      COO—Fe(OH)—Si≤
                   \  /
                    R
                   /  \
≥Si—O—Fe(OH)—OOC      COO—Fe(OH)—Si≤
```

图 2-18　有机-矿质复合体的形成机制

其他有机质包括多糖类、蛋白质、木质素、微生物的分泌物和菌丝、根系分泌物、蚯蚓肠道黏液等，均具有黏结作用，可把分散的土粒粘结成稳定的团粒。

关于多糖类对土壤结构形成的作用，文献研究表明，尽管多糖类对土壤团聚作用的机制尚不清楚。但实验结果证明，在粉砂壤土中，加入 0.02%的多糖，直径大于 0.1mm 的团聚体数量约增加 50%，因此认为在有机质含量少的土壤中，多糖对团聚体稳定性的作用似乎比较重要。

（3）干燥作用

湿润的颗粒在干燥粘结时也能团聚在一起形成团聚体。两个颗粒间黏结力大小为：

$$F=4\pi\frac{r_1 r_2}{r_1+r_2}\sigma$$

式中，$F$ 为两个颗粒间的黏结力；$r_1$ 和 $r_2$ 为两个颗粒的半径；$\sigma$为颗粒和介质界面上的表面张力。

如果两个颗粒的直径相同则根据上式可以换算成每平方厘米土壤表面上的黏结力。表 2-8 为土粒的细度和黏结力，其表明土粒间的黏结力取决于颗粒的细度，细度大，黏结力大。粒间黏结力一般在粒径<0.01mm 的颗粒间出现，大于此粒径，颗粒本身重量超过黏结力而不能粘结。

**表 2-8　土粒的细度和黏结力**

| 颗粒半径/mm | 黏结力/$10^{-5}$N | 颗粒的投影面积/$cm^2$ | $1cm^2$ 的颗粒数 | $1cm^2$ 的黏结力 | | $1cm^2$ 覆盖的颗粒质量/kg |
|---|---|---|---|---|---|---|
| | | | | $10^{-5}$N | kg | |
| $5\times10^{-1}$ | 22.9 | $7.9\times10^{-3}$ | $1.3\times10^{2}$ | $1.5\times10^{2}$ | $1.5\times10^{-3}$ | $1.85\times10^{-1}$ |
| $1\times10^{-1}$ | 4.6 | $3.1\times10^{-4}$ | $3\times10^{2}$ | $7\times10^{2}$ | $7\times10^{-3}$ | $3.4\times10^{-2}$ |
| $5\times10^{-2}$ | 2.3 | $7.9\times10^{-5}$ | $1.3\times10^{4}$ | $1.5\times10^{4}$ | $1.5\times10^{-2}$ | $1.8\times10^{-2}$ |
| $1\times10^{-2}$ | $4.6\times10^{-1}$ | $3.1\times10^{-6}$ | $3\times10^{4}$ | $7\times10^{4}$ | $7\times10^{-2}$ | $3.4\times10^{-3}$ |
| $1\times10^{-3}$ | $4.6\times10^{-2}$ | $3.1\times10^{-8}$ | $3\times10^{5}$ | $7\times10^{5}$ | $7\times10^{-1}$ | $3.4\times10^{-4}$ |
| $1\times10^{-4}$ | $4.6\times10^{-3}$ | $3.1\times10^{-10}$ | $3\times10^{6}$ | $7\times10^{6}$ | 7.0 | $3.4\times10^{-5}$ |
| $1\times10^{-5}$ | $4.6\times10^{-4}$ | $3.1\times10^{-12}$ | $3\times10^{7}$ | $7\times10^{7}$ | 70.0 | $3.4\times10^{-6}$ |
| $1\times10^{-6}$ | $4.6\times10^{-5}$ | $3.1\times10^{-14}$ | $3\times10^{8}$ | $7\times10^{8}$ | 700.0 | $3.4\times10^{-7}$ |

2. 土块崩解

致密土体在各种外力作用下崩解成不同大小和形状的团聚体，这也是团聚体形成的一个重要途径。其主要外力作用如下：

（1）干湿交替

土壤胶体具有湿胀干缩的特性，当潮湿的大土块变干时，因胶体各部分的脱水程度和脱水速率的差异，土块在不同的点和面上产生不等的胶结力，大土块就会从胶结最薄弱的地方裂开，形成小土团。干燥土块遇水膨胀时，由于土块各部分的吸水程度和速率的不同，膨胀程度也不一样，又造成不均衡的挤压和崩裂，使土块形成土团。另外，当水分迅速进入毛管时，毛管中存在的空气受到压缩，当空气的压力大于毛管壁土粒之间的黏结力时，空气就挤破毛管逸出，使土块崩裂，形成小土团。土壤越干，闭蓄在毛管内的空气越多，灌水后的碎土效果越好，因此，晒垡一定要晒透。

干湿交替作用的大小取决于很多条件，首先取决于土壤本身的特性，如土壤质地、有机质含量、阳离子组成等。凡有机质含量多，质地不太黏重，阳离子组成主要为二价的钙、镁时，土壤经过干湿交替之后，可散碎成较多的团粒。相反，有机质含量少，质地黏重，阳离子组成主要为一价的钠、钾土壤，经干湿交替作用后，易形成坚硬的块状、核状结构。其次干湿交替的效果与土壤含水量的多少及变干变湿的速度有关。干燥土壤，骤然遇湿，大土块即散碎成较小的土块，否则，大土块不易破碎。农民采用熏土晒垡、灌水泡田来改良黏重土壤，使大土块散碎，其道理就在于此。

（2）冻融交替

土壤孔隙中的水分因结冰而体积增大（约增大9%），会对周围土壤产生机械的挤压力而使土块崩裂，也有助于团粒结构的形成。所以经过冬季冻结的土壤，春季常呈酥软的粒状。

冻融交替效果的好坏主要取决于土壤含水量多少，其次取决于温度变化的快慢。若冬季土壤较为干燥，缺乏雨雪并无灌水条件，春季土块很少碎裂。土壤水分适宜，冬季结冰时，温度下降缓慢，此时土壤较大孔隙中产生少量小冰核，附近较小孔隙中的水分慢慢向冰核移动，使冰核逐渐增大，对周围土壤产生很大的压力，结果是四周土壤脱水干燥，土体崩解成团。若土壤含水量太多，又骤然冻结，许多孔隙中水分同时结冰，冰核在很短时间形成，这样形成的冰核小，产生的挤压力也小，土块碎裂小，不利于团粒的形成和孔隙状况的改善。

我国北方农民采用灌冬水创造团粒结构，就是根据冻融交替的道理。但也要注意，土壤干湿交替、冻融交替过于频繁，也有破坏团粒结构的可能。

（3）根系及掘土动物的作用

植物有巨大的根群，在根系生长的过程中，从四面八方穿入土体，对土壤产生一定的挤压力和穿插分割作用，能够促进土块的碎裂。同时，根系的分泌物及其死亡分解后形成的多糖和腐殖质又能团聚土粒，形成稳定的团粒。植物根系团粒结构形成作用的大小主要取决于根系发育的强弱与多少。一般禾本科作物根系发达，不仅穿插分割作用强，而且遗留到土壤中的有机质也多，豆科作物根系吸收的钙较多，遗留在土壤中，有良好的胶结作用。所以禾本科与豆科作物进行混作，对促进团粒结构的形成有良好的作用。此外，根系在土壤中强烈的吸水作用，使根系周围的土粒经常产生暂时不均匀的脱水现象，从而引起脱水部位的收缩形成破裂面，也有助于团粒结构的形成。因此，根系对团粒结构的形成起着重要作用。

土壤中的各种掘土动物，如蚯蚓、昆虫、蚁类等小动物能搅混和松动土壤，促进团粒结构的形成。这当中蚯蚓的作用更大，它以植物残体为食料，同时吞进大量泥土，通过肠道消化，而后把它们排出体外，蚯蚓的粪便是一种很好的团粒。根据资料记载，每公顷通过蚯蚓吞食排出体外的土壤可达数吨至数十吨。一般比较肥沃的土壤，特别是老菜园地，蚯蚓数量极大增加，因而团粒结构含量也较多。

（4）耕作

土壤耕作在促进团粒结构形成上的作用是多方面的。首先，在土壤适耕期进行耕翻，可破碎大土块，再经耙、压即可形成适宜的大小土团。如有适量的有机胶结物质，可形成水稳性的团粒结构，否则，只能形成非水稳性的团粒结构。其次是通过耕作，把施入到土壤中的胶结物质（有机肥料等）混匀并与土粒充分接触，使土肥相融，有利于发挥有机胶结剂的作用，形成团粒结构。此外，中耕也有破碎地表板结层的作用，利于非水稳性结构的形成。

上述各种作用对土壤团粒结构的影响并不是孤立的，而是共同作用和互相推动的，其中生物作用和人类的生产活动是形成团粒结构的主要因素。

## 三、团粒结构与土壤肥力的关系

团粒结构是一种良好的土壤结构，对土壤肥力影响很大，在有大量团粒结构的土壤中，水、肥、气、热四大肥力因素比较协调，因而能同时满足作物生长发育的要求，从而达到高产稳产。所以，威廉斯把团粒结构看成土壤肥力的基础。

### （一）团粒结构与土壤孔隙的关系

团粒结构之所以能协调土壤中的水、肥、气、热肥力因素，其原因是团粒结构使土壤具备了适当比例的毛管孔隙（小孔隙）与非毛管孔隙（大孔隙），从根本上改变了土壤的孔隙状况。在团粒内部，土粒排列紧密，存在着毛管孔隙，是水分与养料的贮藏所和供应站。而在团粒之间，接触疏松，构成大孔隙，是空气的走廊与水分的通道。由此可见，具有团粒结构的土壤所具备的孔隙状况既有利于水分和空气共存，又有利于水分和养分的供应与保持。团粒结构与土壤孔隙的关系见图2-19。

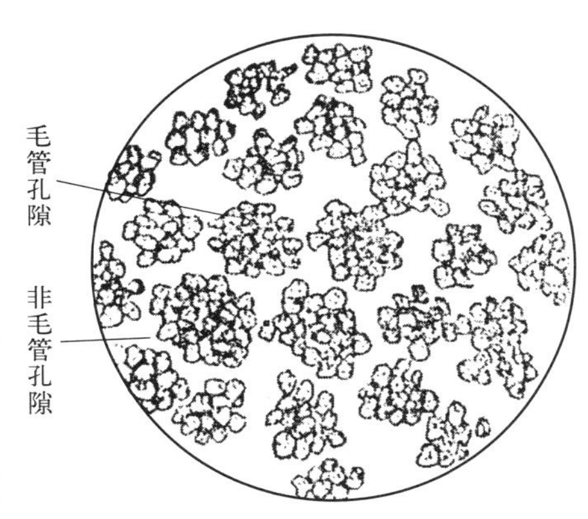

图2-19　团粒结构与土壤孔隙的关系

### （二）团粒结构与土壤水分的关系

具有团粒结构的土壤，由于大小孔隙分配适当，所以当降雨或灌溉时，水分通过通气孔隙很快进入土壤，当水分经过团粒结构附近时，首先被毛管引力吸入到团粒内部的毛管孔隙中并得以保蓄，待团粒内部的毛管孔隙都充满水分后，多余的水分顺着团粒间的大孔隙下渗进入地下水。因此，团粒结构土壤可以保持较多的水分，并很少发生径流，减少了表土的流失。当干旱时，土壤表层水分被蒸发，表层团粒结构因干燥而收缩，与其下层结构脱离，形成了疏松的保护层，切断了上下层毛管联系，大大降低了水分蒸发。所以，团粒结构土壤能起一个“小水库”的作用，蓄水抗旱的能力强。

### （三）团粒结构与土壤空气及土壤养分的关系

具有团粒结构的土壤，团粒间为非毛管孔隙，充满空气，好气性微生物活动旺盛，有机质进行好气分解，养分易于矿质化，形成了植物可给态的养分，供给植物利用。而在团粒内部充满水分，空气缺乏，又适合嫌气微生物活动。嫌气分解的结果，使有机质转化为腐殖质积累起来，成为植物养料的重要来源。

由上述可知，具有团粒结构的土壤，水分与空气得到了调节，好气分解和嫌气分解又可同时进行，使养料的生产与消耗不断地达到平衡，能及时又充分地供给作物需要，为作物丰产创造了良好的条件。所以，每个团粒起到了一个“小肥料库”的作用，既像一个供应站，又像一个贮藏库，同时起着保存、调节和供应水分、养分的作用。因此，土壤团粒结构是土壤肥力的发展基础，是获得稳产高产的重要条件。

### （四）团粒结构与土壤温度及耕性的关系

团粒结构除具上述作用外，在调节土壤温度、土壤耕性等方面也起着重要作用。由于团粒结构可使土壤水、气协调，所以土壤温度稳定。有团粒结构的土壤，团粒内部小孔隙、毛管孔隙数量多，保持的水分较多，因为水的比热容大，不易升温或降温，所以土温变幅减小、土温变化平稳，有利于植物根系的生长和微生物的活动。团粒结构单位体积内土粒接触面积较小，故能大大减弱土壤的黏结性与黏着性，可大大减少耕作阻力，从而改善土壤的耕性，提高耕作质量与效率。

## 四、土壤结构性的改善

团粒结构是旱田土壤最理想的结构，但无论团粒结构有多稳定，在自然因素和农业措施的作用下，不可避免会遭到破坏，不能经久保持，团粒结构被破坏的因素主要有：①水的作用，如雨滴的冲击、淹灌的泡散，黏粒的水合以及闭蓄空气的爆破等作用，使团粒分散。由大的团粒变成很小的微团聚体，有的甚至形成单粒，造成通气孔隙减少，毛管孔隙和非活性孔隙增多；②耕作机具的压碎作用和压实作用，后者可使土壤容重提高，根的穿透阻力增加，土壤通气、透水性降低；③铵、钠等一价阳离子代换胶体所吸附的多价阳离子而分散土粒；④微生物分解有机质对有机-矿质复合体的破坏。为此，必须经常采取措施使这些破坏作用减至最小并促进新的团粒形成。另外，表土或表土下经常出现的坷垃（大土块），板结层的片状结构和碱土的柱状结构也需设法改良。一些重要的农艺措施如下：

### （一）耕作制度

稳定团粒的恢复是一个较缓慢的过程，通常需要很多年才能达到未垦情况下的良好的稳定团粒。结构恢复在很大程度上有赖于草本植物和作物，它们发达的根系有强烈的团聚作用。一般说来，不论禾本科或豆科作物，一年生作物或多年生牧草，只要生长健壮，根系发达，都能促进土壤团粒形成，只是它们的具体作用效果有区别。例如，多年生牧草每年供给土壤蛋白质、碳水化合物及其他胶结物质比一年生作物多，作用大。一年生作物耕作得比较频繁，土壤有机质消耗快，不利于团粒的保持。根据植物根系对土壤团粒化作用的差异，可以采用禾本科和豆科作物轮作、粮豆和牧草轮作的方式促进土壤团粒形成。

### （二）增施有机肥、合理施用化肥

施有机肥不但可给作物提供广泛的营养物质，而且对土壤结构有重大影响。有机物分解产生的多糖及腐殖质是土壤颗粒良好的团聚剂，能明显改善土壤结构。在作物种植期间，耕地土壤施用沤制好的有机肥，既对土壤结构恢复起到良好的作用，又可保证作物增产。但如果将未腐熟的有机物料（秸秆等）直接还田，可能会对作物生长产生不利的影响。

目前关于化肥对土壤结构的影响了解有限。在理论上，大量施用铵盐会引起土壤团聚体分散。但这种情况在一般农业措施条件下不大可能发生。由于施用化肥促进了叶和根的生长，特别是根系生长量增加，归还土壤的根茬多，这对维持有机质平衡、恢复土壤结构具有重大影响。磷肥能够改善土壤耕性，使土壤阻力减小、持水量增加。这一作用可归于磷酸离子对黏粒边缘上 $OH^-$ 的置换，这种置换引起了土壤颗粒的团聚。

### （三）注意灌水方法

大水漫灌和畦灌都易引起团粒破坏，使土壤板结龟裂。在这种情况下，团粒间会闭蓄较多的空气，当这些闭蓄空气在水压的作用下发生“爆破”时，团粒易散碎，散碎后的细土粒具有较强的黏结性和胀缩性，淹水后再干燥会产生板结，龟裂现象。

细流沟灌可以通过毛管作用逐渐驱逐垡土团粒内的空气，可以减少闭蓄空气的“爆破”发生。地下灌溉对于团粒结构的破坏作用最小。进行喷灌也要注意控制水滴大小和喷水强度，尽量减轻对团粒结构的破坏。有条件的地方可采用滴灌方法。

### （四）播种绿肥或牧草

豆科绿肥作物对创造土壤团粒结构、提高土壤肥力有重要意义。豆科绿肥作物的 C/N 小，残体易分解，分解后能释放出较多的钙离子。而且其根系入土较深，也能产生一定的挤压作用，对促进团粒结构的形成非常有利。

### （五）合理耕作

合理耕作是创造适宜农作物生长的土壤结构条件的重要措施之一。其中极为重要的是确定耕作时的最佳土壤含水量。因为不同含水量既影响土壤颗粒间的黏结力，也影响土壤颗粒与机具界面间的黏着力。一般认为耕作时的最佳含水量（田间持水量）应为 70%～80%。此时，既有利于土粒间相互粘结和团聚，也不会发生土壤粘附农具现象，翻转时土垡的碎土效果好，土壤耕作阻力小，可以减少耕作时机械的耗损。

近年来，国内外试行少耕、免耕和幂耕。少耕又称最少耕作，其特点是缩小耕作面积（只在耕作时进行整地作业）和减少耕作次数。免耕是免除播种前和播种后的耕作，完全利用除草剂控制杂草，不再进行中耕。该耕作方法适合土壤结构好或轻质地土壤。幂耕也称留茬幂，指用松土器松土而不搅动表面的残茬，但要特别注意病虫害的发生。

### （六）人工结构改良剂的应用

增加团聚体稳定性的关键是土壤中必须有能够胶结土粒的不可逆或弱度可逆的胶结物质，特别是诸如腐殖物质和多糖等的聚合物质。它们在自然界主要通过根系的活动而获得。因此，自然界稳定性团聚体的形成一般需 3～4 年，如果植被生长得不好，这个过程还更长，施用有机肥料，固然也能改善结构，但来源有限。自然有机肥料的增长量是很慢的。因此，人们期望能像合成化学肥料那样合成有机聚合物。

20 世纪 50 年代初期，美国孟山多化学公司第一次生产了类似自然多糖的链状高分子有机聚合物，其商品名为克利乌姆。克利乌姆主要由三类有机酸组合而成：丙烯酸（$CH_2=CH-COOH$）、甲基丙烯酸（$CH_2=C(CH_3)-COOH$）和顺丁烯二酸（$COOH-CH=CH-COOH$）。三种酸中都有一对乙烯基键，它在接触剂影响下可以断裂。单体由于双键断裂可以产生两个可与其他分子相连的共价键，彼此呈链状联结成聚合态。

在聚合物的链上还有很多衍生出的官能团如羧基（$-COOH$）、氰基（$-CN$），酰氨基（$-CO-NH_2$）和氨基（$-NH_2$）等。聚合物和土壤颗粒的相互作用中，活性功能团与颗粒表面的氢键联结起着重要作用。氢键联结的强度取决于聚合物官能团的性质，如羟基官能团的联结强度为 1.0，酰氨基为 1.6，而磺基只有 0.8。合成结构改良剂的活性还取决于聚合物活性官能团的质量比值，当比值大于最佳值后，其作用就下降。

目前，一般认为较有希望的，施用少量就有改土效果的聚合物至少有下列几种：

① 非离子型的聚乙烯醇（PVA）；

② 聚阴离子型的聚乙酸乙烯酯（PVAC）、部分水解聚丙烯腈、水解聚丙烯腈

(HPAN)，聚丙烯酸（PAA）、醋酸乙烯酯-顺丁烯二酸酐共聚物（VAMA）；

其中以聚丙烯酸胺较为经济且改土性能良好。目前西欧诸国已小规模应用。

沥青乳剂因成本较低，也可作为土壤结构改良剂，广泛应用于防止表土结壳、水土流失和防渗等工程，并发挥了较好的效果。

我国自20世纪50年代末期以来，对高分子聚合物的增产改土作用也曾做过不少研究，研究人员在华北平原不同质地褐土、浅色草甸土及盐渍草甸土上施用0.01%～0.25%（质量）聚丙烯酸钠盐，使大于0.25mm的水稳性团聚体增加了10%～60%，玉米出苗率提高了10%～20%，小麦出苗率提高了60%，增产效果异常明显；朱永绥等（1965）于砂壤土中施用不同量的水解聚丙烯腈钠盐，使直径大于0.25mm的团聚体由8.4%增至95.4%，土壤容重降低，总孔度增加，土壤水分和温度状况明显改善，春小麦增产了20.4%。

## 五、土壤结持性和耕性

### （一）土壤结持性

土壤结持性是在不同含水量（湿、润、干）条件下，土壤内聚力（黏结性）、附着力（黏着性）和可塑性的综合表现。不同土壤由于质地组成的差异，其结持性表现也不相同，同一土壤由于含水量多少不同，其结持状态表现也不一致。影响土壤结持状态的各因素如下。

#### 1. 土壤黏结性

在土壤中，土粒通过各种引力作用而粘结起来，就是黏结性。土壤的黏结性主要是由两种力促成的。其一是颗粒间的分子引力，在干燥条件下占主导作用；其二是土粒间水膜的引力，在湿润状态下占主要地位。土壤黏结性的强弱，可用单位面积上的黏结力（$g \cdot cm^{-2}$或$kg \cdot cm^{-2}$）来表示。土壤黏结力又称内聚力或凝聚力。

形成土壤黏结力的动力，主要来源于微小土粒的表面能，以及与土粒分散度紧密相关的一系列土壤胶体的物理化学作用。也就是说，土粒间的物理、化学以及物理化学机制，是土粒相互粘结、形成黏结力的动力。这些力包括静电引力、范德华力、离子桥、气-液界面上的表面张力等等。

（1）土壤颗粒间的静电引力

根据物理学内容，在一定介质中，两个带电质点间静电力的大小，与它们之间距离的平方成反比，与正、负两个质点带电量的乘积成正比：

$$F=\frac{e_a e_c}{Dr^2}$$

式中，$F$为两个带电质点间的静电力；$D$为介质的介电常数；$r$为两个质点间的距离；$e_a$、$e_c$为正、负两个质点的带电量，同号则$F$为斥力，异号则为吸力。

土壤胶体表面若带负电荷，可吸附阳离子，在土壤颗粒间形成的“化学键”，起到“桥”的作用，从而使土壤产生黏结力。有人假设这一土壤黏结力为土粒—定向水分子—阳离子—定向水分子—土粒，这样把两个分散的土粒有机地连接起来，土壤就产生了黏结力。

（2）范德华力

土壤颗粒间的引力，除了颗粒表面电荷相互吸引的力之外，还有由于分子间的作用产生的吸引力——范德华力。范德华力包括极性力、诱导力和色散力三种。

极性力。由于分子中电子分布不对称，因而形成极性力。一个偶极子在一个离子点电荷的电场作用下或者两个偶极子当它们相互靠近时，电子发生定向移动，因而有一种静电吸力。极性力又称定向力。

氢键对土壤黏结力有一定的影响，但氢键是两个偶极子相互作用的一种特例。由于氢原子只有一个1s电子，氢原子核正电荷附近电子云密度较小，其质子又能和另一个电负性较强的原子（如F、O、N等）相互作用，从而形成氢键。

诱导力。前述的偶极子都是指它们的正负电荷分离，是自然形成的永久偶极子。有些分子（如$CO_2$）虽不具有偶极矩，但一旦靠近离子或极性分子时，在它们的电场作用下会引起正负电荷的分离从而产生诱导偶极矩。

色散力。对于不具有永久偶极矩的分子来说，尽管分子不具有偶极矩，但这只是指在测量时间之内的平均表现。实际上由于瞬间电荷分布的不均匀，分子仍具有一个极小的、方向迅速变化的瞬时偶极矩，当相互靠近时，会产生一种吸引力。由瞬时偶极矩产生的相互作用力称为色散力。色散力对于所有分子间的结合都起作用，是一种普遍存在的相互吸引力。

（3）水膜的黏结力

土壤黏结力除上述静电引力、范德华力外，还有水膜所产生的水膜引力。干燥的砂粒不具有黏结力，但在有一定含水量时，砂粒也会相互靠近，形成一定的黏结力。黏性土壤的强度，也随含水量的不同而改变，这些都同土壤孔隙中液-气界面的水膜张力有关。

半径为$r$的两个球形土壤颗粒，在一定的含水量下，球形颗粒的接触点会形成一个具有两种曲率的双镜形环状水环（如图2-20所示），把这两个颗粒紧紧牵引在一起，从而形成水膜引力。水膜引力的大小，既取决于土粒半径$r$的大小，又取决于所有接触点各个水膜张力的总和。弯月面内侧的负压力为

$$P=\sigma\left(\frac{1}{r_1}+\frac{1}{r_2}\right)$$

式中，$P$为弯月面内侧的负压力；$\sigma$为液体的表面张力；$r_1$、$r_2$分别为接触点水环凹形和凸形的曲率半径；$1/r_1+1/r_2$为两个互成直角的曲率之和。

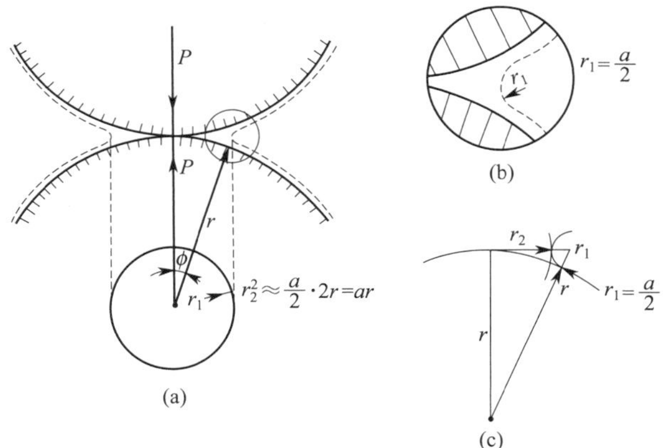


图2-20　球形土粒间的水膜引力示意图（a）、$r_1$放大图（b）和$r$、$r_1$、$r_2$的关系（c）

尼科尔斯（Nichols，1931）应用板与板之间水膜作用的性质为基础，提出板状颗粒的水膜力为

$$F=\frac{K4\pi r\sigma\cos\theta}{d}$$

式中，$K$为常数；$r$是颗粒半径；$\sigma$是表面张力；$\theta$是水与土壤颗粒之间的接触角，又称湿润角，通常为零；$d$为两板状颗粒间的距离，即水膜厚度。

可以看出，板状颗粒间的水膜力随两板之间水膜厚度 $d$ 的增加而递减。

影响土壤黏结性的因素主要有两方面：土壤活性表面积大小和含水量。

① 土壤比表面及其影响因素。土壤黏结性发生于土粒的表面，属于表面现象。所以土壤黏结性的强弱取决于它们比表面的大小。土壤颗粒越小，比表面越大，黏结性越强。因此，土壤质地、黏粒矿物种类都会影响黏结性。黏粒含量越多，黏结性越强，由此可知，砂土的黏结性很小。

土壤所含黏土矿物的种类不同，其黏结性也不同，2∶1 型的蒙脱土黏结力最大，1∶1 型的高岭土黏结力最小，伊利石居中。

交换性阳离子组成直接影响土粒的分散度和土粒之间的接触面，$Na^+$、$K^+$ 等一价阳离子促使土粒分散，$Ca^{2+}$、$Mg^{2+}$ 等二价阳离子促使土粒团聚，所以交换性 $Na^+$ 饱和度较高的碱土黏结力很大。反之，土粒团聚化强，表面积降低，则黏结性减弱。因此，有团粒结构的土壤黏结性较弱。土壤结构性对黏结力的影响见表 2-9。

**表 2-9　土壤结构性对黏结力的影响**

| 土壤含水量/($g \cdot kg^{-1}$) | 不同土壤团粒的黏结力/($g \cdot cm^{-2}$) | | 无结构土壤的黏结力/($g \cdot cm^{-2}$) | |
|---|---|---|---|---|
| | 1～2mm | 0.5～1mm | 自然状态 | 压紧状态 |
| 35 | 670 | 1115 | 2400 | 12000 |
| 15 | 700 | 1880 | 2450 | 44000 |

腐殖质的黏结力比黏粒小，当腐殖质成胶膜包被黏粒时，改变了黏粒接触面的性质从而使黏粒的黏结力减弱。同时，腐殖质还能促进团粒结构的形成，也使黏质土壤的黏结性减弱。但是，腐殖质的黏结力比砂粒大，故可增加砂土的黏结性。

② 土壤含水量。土壤含水量的多少，对黏结性的强弱影响很大，适度的含水量时土壤黏结性最强。

土壤吸水和脱水两个过程其黏结性变化是不一样的，下面就干土逐渐湿润和湿土逐渐变干的两种情况进行讨论。

湿土变干的情况。把土壤加水并调匀，使土粒间的水膜均匀地分布。当加水使土粒间的水膜厚到一定程度时，土壤的黏结力极弱以至消失。然后让土壤逐渐变干，随着土粒间水膜不断变薄，黏结力逐渐增大。土壤水分含量与黏结力之间的关系见图 2-21。含水量超过转折点（图 2-21 中 A 曲线）时，黏结力主要是水膜的引力，低于此点时黏结力主要是由范德华力所造成的颗粒之间的引力。黏质土壤的水分含量在转折点以下，随着干燥过程，其黏结力急剧增加，但在砂质土壤中，由于黏粒含量低，土粒比表面积小，所以黏结力很弱（图 2-21 中 B 曲线）。

干土变湿的情况有两种过程，一种是完全干燥的分散土粒，彼此间在常压下无黏结力，当加入少量水后开始出现黏结性，这是由于水膜的黏结作用。当水膜分布均匀并在所有土粒接触点上出现触点水的弯月面时，黏结力达最大值（图 2-21 中 C 曲线），此时的土壤含水量在 15%左右。随着含水量的增加，水膜不断加厚，土粒之间的距离不断增大，黏结力迅速下降。另一种过程是完全干燥的黏质土块，此时土粒彼此间的黏结力最强，随着含水量的增加，其黏结力下降很快。

### 2. 土壤黏着性

土壤在湿润状态下粘着外物的性能被称为土壤的黏着性，它是由土粒表面的水膜与外物的联系而产生的，即土粒-水膜-外物之间的黏着性。

土壤黏着力的大小用 $g \cdot cm^{-2}$ 表示，它取决于土粒与外物间的接触面积。影响土壤黏着性大小的因素，主要是活性表面的大小和含水量的多少。关于前一方面的影响因素，与土壤的黏结性相同。下面就土壤含水量的不同引发土壤黏着性的变化予以讨论。

黏性土只有在一定的含水量条件下，才会表现出黏着性。土壤水分含量很低时，水分子完全被土粒所吸收，此时主要产生土粒间的水膜拉力，即黏结力，而没有粘着外物的性能，所以风干土粒没有黏着性。当水分含量继续增加时，超过土粒水化的要求并在土粒表面与其所触的外物之间建立连接的水膜层时，便产生了土壤的黏着性。随着水分含量的继续增加，土粒表面的水膜与外物完全密接，土壤的黏着性达到最大。当水分继续增加时，水膜过厚，黏着性又开始降低了。土壤黏着力、黏结力与含水量的关系见图 2-22。

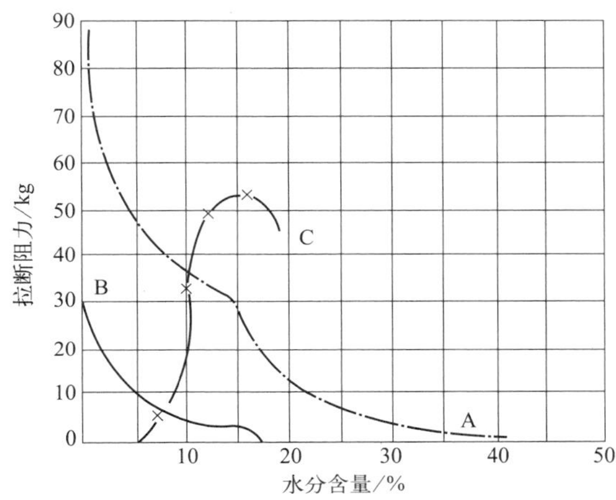


图 2-21　土壤水分含量与黏结力之间的关系
曲线 C 的黏结力单位为 g/in（1in=0.0254m）

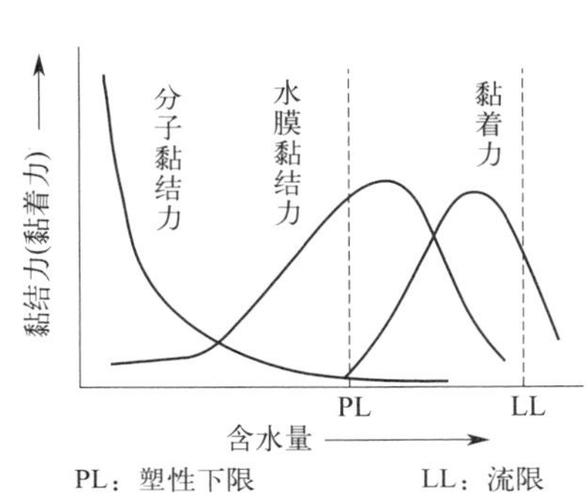


图 2-22　土壤黏着力、黏结力与含水量的关系

土壤开始呈现黏着性时的土壤含水量，被称为该土壤的黏着限，土壤因含水量的增加而失去黏着性时的土壤含水量，被称为该土壤的脱黏点。

### 3. 土壤可塑性

土壤在湿润状态下，由于外力的作用可任意改变其形状而不致断裂，并在外力作用消失后仍能继续保持其所获得的新形状的性能，被称为土壤可塑性。土壤的可塑性必须在一定的水分条件下才能出现。水分过多，土壤变为流体，外力虽能改变其形状但不致断裂。但在外力停止后，这种新形状不能继续保持。反之，如土壤水分过少，在外力作用下，土壤常会断裂，不能获得任意的新形状。故在这两种情况下，土壤皆不具有可塑性。

土壤的可塑性和黏粒的片状结构有关，由于片状结构之间有很大的接触面，在一定的水分条件下，薄片状的黏粒表面包上一层水膜，此时增加外力，薄片黏粒之间的水膜起润滑作用，黏粒沿着力的方向滑动，改变原来杂乱无章的状态，成互相平行的排列，并被水膜的拉力固定在新的位置上，保持已改变的形状。在水分失去后，由于黏粒本身的黏结力，仍能保持其新形状，这就是土壤可塑性产生的原因（图 2-23）。只有片状黏粒才具有塑性，所以土壤可塑性的强弱与黏粒种类及含量有关，2∶1 型的蒙脱石类黏粒可塑性强，而氧化铁（铝）胶粒几乎无可塑性。换言之，凡黏结性强的土壤可塑性也强，黏结性弱的土壤不会有明显的可塑性。因此，土壤可塑性除了必须在一定含水量范围才表现外，土壤还必须具有一定的黏结性。凡是影响土壤黏结性的因素都可以影响其可塑性。

土壤呈现可塑性的含水量范围被叫作塑性范围。当土壤开始表现可塑性时的最小含水

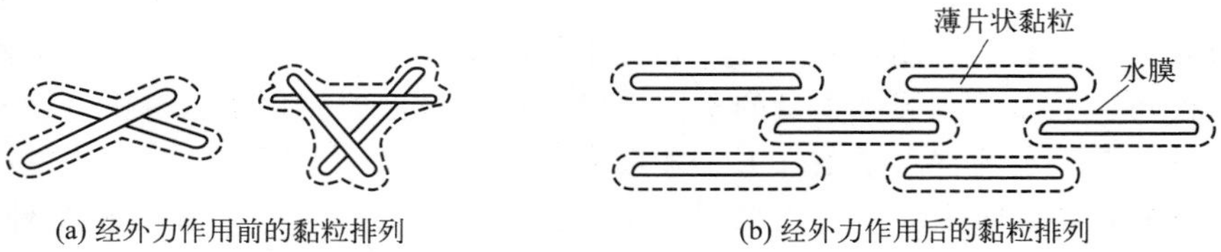

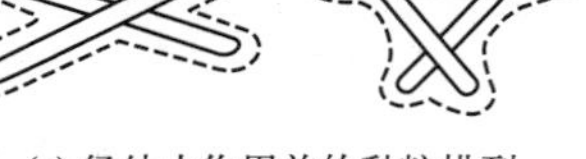

薄片状黏粒
水膜
(a) 经外力作用前的黏粒排列
(b) 经外力作用后的黏粒排列

图 2-23 土壤产生可塑性的示意图

量，被称为土壤的下塑限或塑性下限。使土壤失去可塑性变成流体的最大含水量，被称为土壤的上塑限或塑性上限。上、下塑限之间的差值为塑性值或塑性指数。塑性值越大，说明可塑性越强。反之，则可塑性弱或无可塑性。

土壤塑性值的大小与土壤黏粒含量呈正相关的趋势。黏粒含量增加，塑性值增大（图 2-24 和表 2-10）。土壤质地不同，其塑性值也不同（表 2-11）。土壤质地越黏重，黏粒数量越多，土壤可塑性越强。黏粒矿物中，蒙脱石类分散度高，吸水性强，可塑性大；高岭石土颗粒大，分散度低，吸水性弱，可塑性也小。

上塑限
含水量
下塑限
黏粒含量

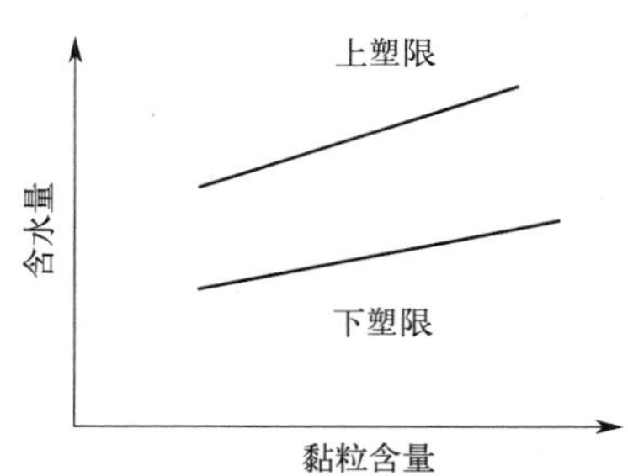

图 2-24 土壤塑性值与黏粒含量的关系

**表 2-10 土壤黏粒的含量与塑性值的关系**

| 黏粒含量/% | 下塑限/(g·kg$^{-1}$) | 上塑限/(g·kg$^{-1}$) | 塑性值/(g·kg$^{-1}$) |
|---|---|---|---|
| 37 | 230 | 300 | 70 |
| 56 | 250 | 440 | 190 |
| 70 | 270 | 590 | 320 |
| 80 | 300 | 710 | 410 |

**表 2-11 各种质地土壤的塑性值**

| 土壤质地 | 物理性黏粒质量分数/% | 下塑限/(g·kg$^{-1}$) | 上塑限/(g·kg$^{-1}$) | 塑性值/(g·kg$^{-1}$) |
|---|---|---|---|---|
| 重壤、黏土 | ＞40 | 160～190 | 340～400 | 180～210 |
| 中壤 | 28～40 | 180～200 | 320～340 | 120～160 |
| 轻壤偏中 | 24～30 | 约 210 | 约 310 | 100 |
| 轻壤偏砂 | 20～25 | 约 220 | 约 300 | 80 |
| 沙壤、砂土 | ＜20 | 约 230 | 约 280 | 50 |

资料来源：北京农业大学。

土壤有机质疏松多孔，吸水力较强，本身并无可塑性。在质地相同的情况下，有机质含量高的土壤达到可塑状态时，尽管由于土壤水分含量增加其上、下塑限提高，但并不改变其塑性值（表 2-12）。

表 2-12　各种质地土壤的塑性值

| 有机质状况 | | 下塑限/(g·kg$^{-1}$) | 上塑限/(g·kg$^{-1}$) | 塑性值/(g·kg$^{-1}$) |
|---|---|---|---|---|
| 甲土 | 含有机质 35g·kg$^{-1}$ | 365 | 415 | 50 |
| | 去掉有机质 | 198 | 251 | 53 |
| 乙土 | 含有机质 70g·kg$^{-1}$ | 522 | 630 | 108 |
| | 去掉有机质 | 277 | 368 | 91 |

资料来源：Baver。

交换性阳离子对黏粒的可塑性强度影响很大。交换性钠离子比钙离子更能加强土壤的可塑性，增大土壤的上、下塑限范围。特别是 2∶1 型的蒙脱土的影响更为显著。

### （二）土壤耕性

土壤耕性是指土壤在耕作过程中反映出来的特性，它是土壤物理机械性的综合表现及在耕作后土壤外在形态的表现。土壤耕性的好坏，一般表现在以下三方面：①耕作难易。指土壤在耕作时对农机具产生阻力的大小，不同土壤的耕作阻力大小不同，砂土耕作阻力小、省力省油、费力少，而黏土则相反；②耕作质量的好坏。指耕作后土壤表现的状态及其对作物生长发育产生的影响。耕作不良的土壤，不但耕作费力，而且耕后形成大坷垃、大土垡，对种子发芽、出土及幼苗生长很不利。耕性良好的土壤，耕作阻力小，耕后疏松、细碎、平整，利于出苗、扎根、保墒、通气和养分转化等。③适耕期的长短。土壤适耕期是指最适宜耕作时土壤含水量范围的宽窄，或适宜耕作时间的长短，即耕作时对土壤水分要求的严格程度。砂土和有团粒结构的壤质土在雨后或灌水后适耕的时间长，对土壤墒情要求不太严格，表现为干好耕，湿好耕，不干不湿更好耕。耕性不良的土壤宜耕期短，黏重的土壤湿时黏，干时硬，只有在一定的含水量范围内才适于耕作，宜耕时间只有 1～2d 或更短，一旦错过宜耕时间耕作就很困难，耕作阻力增大并且耕后质量差。群众称这种耕期短的土壤为“时辰土”，表现为早上软，中午硬，晚上耕不动。根据土壤的结持性状态，可以判断土壤耕性的好坏。耕作时对土壤的要求有如下三点：①耕作阻力尽可能小，以便作业和节约能源；②耕作质量好，耕翻的土壤要松散，便于根系的穿插和有利于保水、通气、养分的转化；③适耕期尽可能长。

土壤耕性至少包括两方面的土壤特征：①含水量不同时土壤所表现的性质，特别是它的结持状态；②在耕作时，对农具所表现的机械能力——土壤阻力。

具体内容见二维码 2-4。

### （三）土壤宜耕期的选择

具体内容见二维码 2-5。

二维码 2-4　土壤耕性

二维码 2-5　土壤宜耕期的选择

## 任务三　土壤水分、空气和热量状况

土壤水、气是土壤的重要组成成分，土壤水、气、热是肥力因素和作物正常生长发育的必需条件。它们经常处在相互联系、相互矛盾的统一体中，任何一个因素的变动均会引起其他因素的相应变化。土壤中水、气、热状况的好坏，不仅取决于其存在的数量是否适当，还取决于这些因素在一定条件下是否协调供应，其中水是引起土壤气、热变化的主导因素。所以要在了解土壤水、气、热运动变化规律的基础上，研究以水调气、以水调温的生产技术措施，为农业高产、优质、高效创造良好的土壤条件。

## 一、土壤水分

土壤水分是土壤的液相组成部分，是作物生长发育所需水分的主要供给源。土壤水分的丰缺状况，直接影响作物的生长发育和产量，水多涝、水少旱，有收无收在于水，可见水在农业生产中的重要性。水分在土壤形成过程中起着极其重要的作用，因为形成土壤剖面的土层内各种物质的运移，主要是以溶液形式进行的，也就是说，这些物质同液态土壤水一起运移。土壤水在很大程度上参与了土壤的物理、化学和生物化学过程，如矿物的风化、有机质的分解与合成，大多数成土作用的发生等等。土壤水并非纯水，而是稀薄的溶液，不仅溶有各种溶质，又有溶解的气体，而且还有胶体颗粒悬浮或分散于其中。

### （一）土壤水分的保持和类型

#### 1. 土壤水的保持

土壤水，是指存在于土粒表面和土粒间孔隙中的水，也就是在105～110℃下从土壤中驱逐出来的水分，不包括化合水和结晶水。这些水分在不同的温度条件下，可以是固态（冰）、液态、气态（水汽）。水分进入土壤后，由于受三种不同力的作用被保持在土壤中：一是土粒和水界面上的吸附力；二是水和空气界面上的弯月面力；三是地心引力（重力）。

土粒和水界面上的吸附力由两种力所组成：一种是水分子与土粒间的分子吸力，包括固相表面剩余表面能对邻近水分子的作用，极性分子间的相互吸引力——范德华力（包括水分子与土粒表面的氧原子形成的氢键）；另一种是胶体表面对极性水分子的静电引力。两种力作用的结果，使水分子被牢固地吸附在土壤颗粒的表面上。

水气界面上的弯月面力是指水分子在土粒间很细的毛细管中，由于土粒对水分子的吸力超过水分子之间的吸力，发生水分对土壤的浸润，从而在土粒、水和空气的交界面上形成凹形弯月面，其曲率半径为$R$。弯月面使液面产生压力差，形成弯月面力（$T$）。弯月面力的大小与曲率半径（$R$）、水的表面张力（$\delta$）及湿润角（$\alpha$）的关系是$T=\frac{2\delta}{R}=\frac{2\delta}{r}\cos\alpha$。湿润角（除有机质土粒外）对矿质土粒-水-空气体系来说，近似于0，所以$T=\frac{2\delta}{r}$。这表明，弯月面力与水的表面张力成正比，与毛管半径成反比。该力是土壤能够保蓄植物必需的有效水分的根本原因。毛管现象和毛管半径与上升高度的关系见图2-25。

#### 2. 土壤水的类型和性质

大气降水或灌水进入土壤后，水分受土粒吸附力、弯月面力和重力的作用，或保持在土壤中，或发生渗透流出土体。土壤水分受到不同类型和大小的力的作用，反映出不同的水分性质，依据土壤水分的形态可将其分为吸湿水、膜状水、毛管水和重力水（图2-26）。

（1）吸湿水

由干燥土粒（风干土）从空气中吸附气态水分子保持在土粒表面的水分被称为吸湿水。吸湿水受土粒的吸力很大，最内层可达$10^9$Pa，具有固态水性质，不能移动，最外层受土粒的吸力约为$3\times10^6$Pa，移动性很差。只有在105～110℃条件下烘干7～8h，才能把吸湿水从土粒表面分离出来。

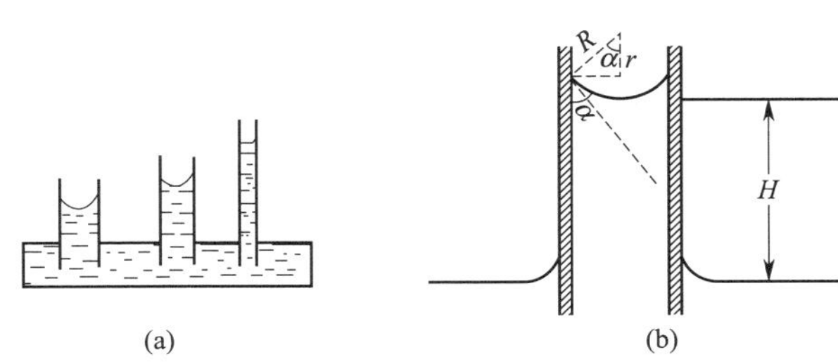


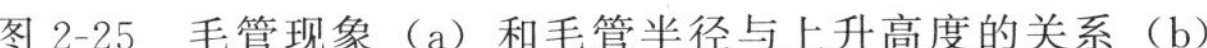

图 2-25　毛管现象（a）和毛管半径与上升高度的关系（b）

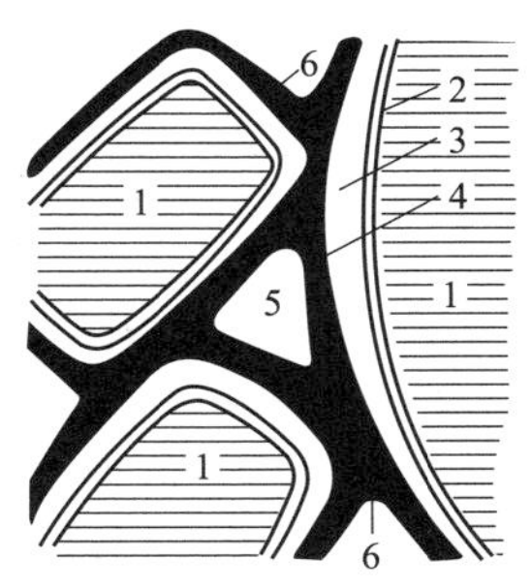


图 2-26　土壤水分的形态

1—土粒；2—吸湿水；3—膜状水；4—毛管水；5—无水处；6—毛管弯月面

吸湿水的密度为 1.2～2.4$g \cdot cm^{-3}$，平均达 1.5$g \cdot cm^{-3}$，没有溶解能力。由于植物根的吸水力在 $1\times10^6$～$2\times10^6$Pa 之间（平均为 $1.5\times10^6$Pa），所以，吸湿水是作物不能被利用的无效水。

吸湿水量与土粒比表面积、土壤质地、有机质含量、空气的湿度和气温有关。土壤质地越细，有机质含量越高，空气湿度越大，吸湿水数量越多。在饱和水汽中，干燥土粒吸附的水分子达最大量时，叫最大吸湿量或吸湿系数。此时，吸湿水有 4～5nm 厚，约 15～20 层水分子。对于每一种土壤来说，最大吸湿量为一相对稳定的常数。各种土壤的最大吸湿量大致范围如下：

砂土　　0.5～10$g \cdot kg^{-1}$

壤土　　20～50$g \cdot kg^{-1}$

黏土　　50～65$g \cdot kg^{-1}$

腐殖土　　120～200$g \cdot kg^{-1}$

吸湿水对作物来说虽属无效水，但由于大气的相对湿度大于 0，因而风干土中含有一定量的吸湿水，所以在土壤分析计算时，要测定风干土的吸湿水量。

（2）膜状水

膜状水是在土粒与液态水相接触的情况下，被吸附在吸湿水膜之外的水分（图 2-26）。土粒保持膜状水的力也属于分子引力，为土粒吸附最大吸湿量后所剩余的分子引力，它不能吸附吸湿水层外动能较大的水汽分子，但能吸附动能较小的液态水分子。因此水分子所受吸力比吸湿水小，一般在 $3\times10^6$～$6\times10^5$Pa 左右。

膜状水的性质基本上同液态水相似，只是黏滞性较高（密度为 1.25$g \cdot cm^{-3}$），溶解能力较小，而且移动速度很慢，一般在 0.2～0.4$mm \cdot h^{-1}$，只能以湿润方式从一个土粒水膜厚处向另一个土粒水膜较薄处移动，只有作物根毛与它接触时才能被吸收，远不能满足作物根系大量吸水的需要。膜状水移动示意图见图 2-27。

膜状水达到最大量时的土壤含水量被称为最大分子持水量。最大分子持水量一般由最大吸湿量的 2～4 倍来估算。

膜状水中土粒吸力小于 $1.5\times10^6$Pa 的那部分水，可被作物利用，属有效水，而吸力大于 $1.5\times10^6$Pa 的那部分水，作物便不能利用，为无效水。膜状水可被作物利用的那部分水，由于移动很慢，只有与植物根毛相接触的很小范围内的水分才能被利用，常补充不及，在可利用水还未消耗完前，作物就会因膜状水补给不及而萎蔫。作物因缺水而开始呈现永久萎蔫

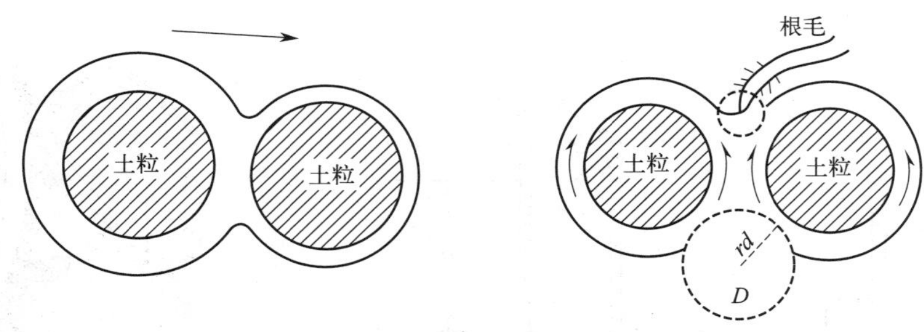


图 2-27 膜状水移动示意图

时的土壤含水量被称为萎蔫系数（凋萎系数、永久萎蔫点或临界水分）。每种作物的萎蔫系数可以通过实际测定求得（生物法）或用土壤最大吸湿量的 1.5～2 倍换算求得，其值约等于田间持水量的 30%，此时的吸力为 $1.5\times10^{6}$ Pa，这被认为是土壤有效水的下限。不同作物根细胞渗透压不同，萎蔫系数不同。同一作物的萎蔫系数因土壤质地不同而不同，一般土壤质地越黏，萎蔫系数越大。各种稻田作物的土壤萎蔫系数见表 2-13。同一作物在不同生长发育阶段，其萎蔫系数也不同，玉米不同生育期的土壤萎蔫系数见表 2-14。

**表 2-13 各种稻田作物的土壤萎蔫系数**

| 作物 | 土壤含水量/($g\cdot kg^{-1}$) | | | | |
|---|---|---|---|---|---|
| | 粗砂土 | 细砂土 | 砂质壤土 | 壤土 | 黏壤土 |
| 水稻 | 9.6 | 27 | 59 | 101 | 130 |
| 小麦 | 8.8 | 33 | 63 | 103 | 145 |
| 玉米 | 10.7 | 31 | 65 | 99 | 155 |
| 高粱 | 9.4 | 36 | 59 | 100 | 144 |
| 豌豆 | 10.2 | 33 | 59 | 124 | 166 |
| 番茄 | 11.1 | 33 | 69 | 117 | 153 |

**表 2-14 玉米不同生育期的土壤萎蔫系数**

| 生育期 | 土层/cm | 质地 | 萎蔫系数/($g\cdot kg^{-1}$) |
|---|---|---|---|
| 苗期 | 0～20 | 轻壤—中壤 | 40～70 |
| 拔节期 | 0～50 | 轻壤—中壤 | 50～100 |
| 抽雄期 | 0～50 | 轻壤—中壤 | 50～90 |

(3) 毛管水

当土壤含水量超过最大分子持水量后，在毛管力作用下保持在毛管孔隙里的水，被称为毛管水。即当水分增加超过土粒对膜状水的最大吸附力时，水在重力作用下可以自由水的形式向下移动，当它与土粒组成的细小毛管接触时，便靠毛管吸引力（弯月面力）的作用保持在曲折微细孔隙之中，形成毛管水（图 2-28）。毛管水实质上是由毛管弯月面的压力差（毛管力）所引起的。

毛管水是土壤中最宝贵的水分。第一，它是土壤中既能被土壤保持又能被作物利用的有效水分。它本身所受的引力为 $7.9\times10^{2}\sim6\times10^{5}$ Pa，比作物根的吸水力（$1.5\times10^{6}$ Pa）小；第二，它有溶解各种养分的能力，且在毛管力作用下，能在土壤中向上下左右方向移动，速度快（$10\sim30\mathrm{mm}\cdot h^{-1}$），具有输送养分到作物根部的作用。

毛管水根据其所处部位和水分来源，可分为毛管上升水（与地下水相连，由地下水补给）和毛管悬着水（在土壤表层，与地下水无关，由灌水或降水补给，借毛管力“悬挂”在土壤中（图 2-28）。毛管水上升高度（$H$）服从茹林公式（$H=\frac{0.15}{r}$），可以看出，毛管水上升高度和毛管半径（$r$）成反比。孔径越小，水分上升越高，孔径越大，水分上升越低。砂性土的孔隙半径大，毛管水上升高度低，但速度较快。壤质土和黏质土的孔径小，毛管水上升高度高，但速度较慢。过分黏重的土壤，由于孔径太小，被膜状水充满，所以毛管水上升速度极慢，高度较低。实际情况往往是轻壤和中壤土中毛管水上升高度最高。例如：当孔径为 2mm 时，$r=1\text{mm}=0.1\text{cm}$，$H=0.15/0.1\text{cm}=1.5\text{cm}$；当孔径为 0.003mm 时，$r=0.00015\text{cm}$，$H=0.15/0.00015\text{cm}=1000\text{cm}=10\text{m}$。但实际上，由于极细孔隙中水分以吸湿水和膜状水为主，移动缓慢，土壤中的毛管水不能达到理论高度。毛管水上升的高度在农业生产中有重要的意义，它与地下水能否供给作物利用和土壤盐渍化有关。当表土水分被蒸发或蒸腾之后，地下水可沿毛管上升，使地表水不断得到补充，在地下水位在 1～3m 的情况下，毛管上升水是供给植物的主要水分。但当地下水位达到临界深度（引起土壤表层开始盐渍化的地下水埋藏深度）时，在干旱和半干旱的地区可能有土壤盐渍化的危险，在生产上必须高度重视，加以防止。毛管上升水达到最大量时的土壤含水量被称毛管持水量或持水当量。

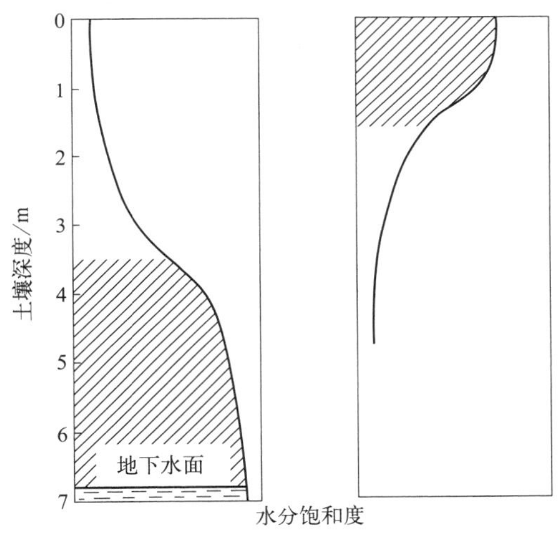


图 2-28　毛管上升水（左）和毛管悬着水（右）

当地下水位较深时，适宜的灌溉或降水形成的毛管水可以悬在土体上层，这是由于毛管水的上下两端弯月面的曲率半径不同造成的，即上端的曲率半径小于下端，所以上端的毛管力大于下端，使水分能够保持在毛管中。毛管悬着水达到最大量时的土壤含水量被称为田间持水量，一般略低于毛管持水量。田间持水量是土壤在田间条件下所能保持的最大水量，直接关系到作物的生长发育，是农业生产上一个比较重要的水分常数。它与土壤自然含水量不同，后者是指土壤中实际的含水量，它随时在变化之中，不是一个常数。不同土壤由于质地和结构不同，反映在毛管孔隙量、毛管持水量和田间持水量上也不同，但对于同一种土壤来说，它们又是一个相对稳定的常数。不同质地和结构土壤的田间持水量见表 2-19。田间持水量常作为旱地灌水定额的上限指标，用简式表示：灌水定额＝田间持水量－灌水前的土壤实际含水量＋灌水期间水分的蒸发量和渠道渗漏损失量。当土壤含水量达到田间持水量时，如继续灌溉和降雨，超过的水分就会受重力作用而下渗，只能增加渗水深度不再增加上层土壤含水量。

表 2-15 不同质地和结构土壤的田间持水量

| 土壤 | 田间持水量/($g \cdot kg^{-1}$) | 土壤 | 田间持水量/($g \cdot kg^{-1}$) |
|---|---|---|---|
| 砂土 | 30～60 | 黏土 | 250～450 |
| 砂壤土 | 60～120 | 结构良好的壤土或黏土 | 200～550 |
| 壤土 | 120～300 | | |

在地下水位较低的土壤中，毛管悬着水是作物利用的主要类型。如果因作物吸收或土表蒸发，土壤含水量降低到一定程度时，毛管悬着水水量减少，直到连续状态的毛管水断裂为止，此时的土壤含水量为毛管断裂含水量，土壤吸力值在 $4\times10^4\sim8\times10^4$Pa，水分运动缓慢，作物根系虽能吸收水分，但补充困难，作物生长受阻，所以又被称为生长阻碍含水量。

(4) 重力水

当进入土壤中的水分超过毛管力保持的田间持水量时，多余的水分就会受重力作用沿非毛管孔隙向下移动，这种受重力下移能够从土壤中排除出去的水分叫重力水。

重力水由于不受土粒分子引力的影响，可以被植物根系吸收利用。在水田区，由于水稻是淹水栽培，水稻茎秆又有特殊的输氧组织，能供给水稻根系对氧的部分需要，因此重力水是水稻的有效水分，但也需经常排水换气。对旱田作物来说，重力水虽然也可被作物吸收利用，但长期滞留在土壤中会妨碍通气，迅速渗漏又易造成可溶性养分的流失，所以重力水在旱地中是多余的水分。重力水充满土壤全部孔隙后的土壤含水量被称为饱和含水量或全蓄水量。饱和含水量一般可作为判断土壤容纳水分能力大小或降水渗透量的标准，在水田泡水种稻时，饱和含水量又是计算灌水量的依据。

重力水沿土壤下移无任何阻碍，一直到达地下水，成为地下水的补给来源，叫自由重力水。它只经过土壤层，而不存留其中，当重力水下移遇到不透水层，停留在不透水层之上，叫支持重力水或潜水。支持重力水遇有坡度时，易侧向流动成为泉水，从低处溢出。

## （二）土壤水分的含量和有效性

### 1. 土壤含水量的表示方法

衡量土壤中水分数量的多少常用土壤含水量表示，它是研究和了解土壤水分运动变化及其在各方面作用的基础。土壤含水量的表示方法很多，不同用处表示方法不同，具体表示方法如下。

(1) 质量含水量

质量含水量指单位质量的土壤中（kg）水分质量（g）的多少，单位为 $g \cdot kg^{-1}$（过去用%表示，即水分质量占土壤质量的百分数），常用符号 $\theta_m$ 表示。质量含水量是一种最常用的表示方法，它是指土壤中水分的绝对含量。这里要注意，含水量的基数要用烘干土进行计算。

$$\text{土壤质量含水量}\ \theta_m(g \cdot kg^{-1})=\frac{\text{水分质量(g)}}{\text{烘干土质量(kg)}}$$

例如，某耕地耕层湿土重 0.12kg，烘干土重 0.10kg，水重 20g，则质量含水量＝20/0.1＝200($g \cdot kg^{-1}$)，用百分数表示为 20%。

(2) 容积含水量

容积含水量指单位容积的土壤中，水分容积所占的百分数，无量纲，常用符号 $\theta_v$ 表示。它表明土壤中水分占据孔隙的程度，从而可以推算出土壤的三相比。

$$土壤容积含水量\ \theta_v=\frac{水分容积}{土壤容积}=\frac{\dfrac{水分质量(g)}{1(g\cdot cm^{-3})}}{\dfrac{烘干土质量(kg)}{容重(g\cdot cm^{-3})}}\times 1/1000$$

$$=质量含水量\ \theta_m(g\cdot kg^{-1})\times 容重(g\cdot cm^{-3})\times 1/1000$$

如果质量含水量用百分数表示，则容积含水量（%）＝质量含水量（%）×容重。

例如，某地耕层含水量为 200g·kg$^{-1}$，土壤容重为 1.2g·cm$^{-3}$，土壤总孔度为 54.35%，则：

土壤容积含水量＝200×1/1000×1.2＝24%

土壤空气容积＝54.35%－24%＝30.35%

土粒容积＝100%－54.35%＝45.65%

固∶液∶气＝45.65∶24∶30.35≈1∶0.53∶0.66

（3）水层厚度

水层厚度（mm）指一定厚度一定面积土壤中所含水量相当于相同面积水层的厚度。为了便于和大气降水、蒸发和作物耗水量进行比较，土壤贮水量常用水层深度表示。水层厚度适宜表示任何面积土壤一定厚度的含水量，便于使土壤的实际含水量与降雨量、蒸发量、灌水量互相比较。

水层厚度(mm)＝土层深度(mm)×土壤容积含水量(%)

＝土层深度(mm)×土壤质量含水量(g·kg$^{-1}$)×1/1000×容重(g·cm$^{-3}$)

例如：某地耕层深 20cm，测得土壤质量含水量为 150g·kg$^{-1}$，土壤容重为 1.2g·cm$^{-3}$，则水层厚度(mm)＝200(mm)×150×1/1000×1.2＝36(mm)

（4）水的体积

水的体积（m$^3$）指一定面积、一定深度土层内所含水的体积。为了和灌水、排水、计算灌水量一致，常用 m$^3$/亩或 t/亩来表示土壤中水的体积，即土壤贮水量。

土壤贮水量(m$^3$/亩)＝水层厚度(mm)×1/1000×2000/3＝2/3 水层厚度(mm)

式中，1/1000 是将 mm 变成 m；2000/3 是 1 亩地的面积（m$^2$）。

（5）相对含水量

相对含水量指土壤的实际含水量占田间持水量或饱和含水量的百分数。

$$相对含水量=\frac{自然含水量}{饱和含水量}$$

$$相对含水量=\frac{自然含水量}{田间持水量}$$

在农业生产中较多用土壤的实际含水量占田间持水量的相对含水量，这是一个比较的量度，用来反映土壤水分含量对作物的有效程度和水、气的比例状况等。单纯用某一含水量难以反映土壤中水分的多寡。例如，土壤自然含水量为 100g·kg$^{-1}$，对砂土来说，超出其田间持水量（30～60g·kg$^{-1}$）的一倍以上，水多成涝。而对黏土来说，还不及其田间持水量（250～400g·kg$^{-1}$）的一半，土壤明显干旱。用相对含水量表示就可避免这种缺点，而且直观性强。一般农作物适宜的相对含水量为田间持水量的 70%～80%。以饱和含水量表示的相对含水量，多用于水利部门，在研究土壤微生物时也能用到。

**2. 土壤含水量的测定方法**

具体内容见二维码 2-6。

### 3. 土壤水分有效性

二维码 2-6 土壤含水量的测定方法

土壤水分有效性是指水分被植物的利用程度，植物通过被动吸收（蒸腾作用引起）和主动吸收（细胞渗透压引起），从土壤中吸取维持其生理活动需要的水分。土壤中持有的水分并不都是对植物有效的，能被植物吸收利用的那一部分被称为有效水，不能被植物吸收利用的部分被称为无效水。通常把萎蔫系数作为土壤有效水的下限，其值约等于田间持水量的1/2～1/3。轻质地土壤有效水的下限比重质地的要低。萎蔫系数实际上是一个土壤湿度范围，植物从发生萎蔫到完全枯死的整个过程中，吸水是逐步减少的。例如黏壤质土上的棉花幼苗，其萎蔫系数在65～107g·kg$^{-1}$之间变动，107g·kg$^{-1}$是萎蔫初期湿度，65g·kg$^{-1}$是枯死湿度，与最大吸湿量相近，其曲线转折点的土壤湿度86g·kg$^{-1}$才是该土壤的萎蔫系数。

通常把田间持水量作为土壤有效水的上限。土壤有效水数量可用下式估算：

土壤最大有效水范围＝田间持水量－萎蔫系数

土壤实际有效水范围＝土壤实际含水量－萎蔫系数

土壤质地和结构不同，其土壤的有效水范围差别较大（图 2-29）。土壤质地的影响主要是由比表面积大小和孔隙性质引起的。从图 2-29 中可以看到，砂土的有效水范围最小，黏土次之，壤土最大。

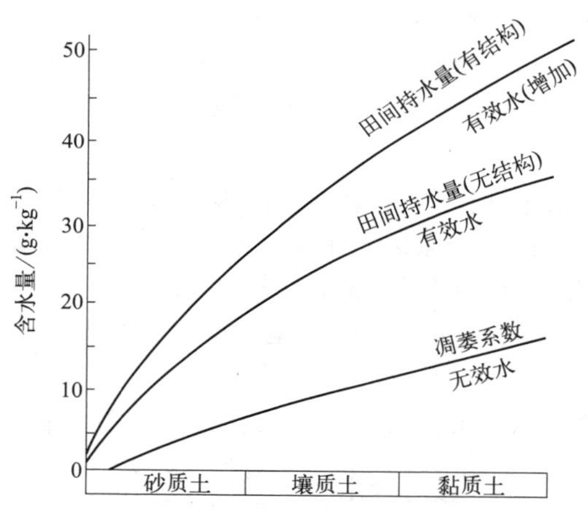


图 2-29 不同质地、结构土壤的有效水量

大量的研究表明，在有效水范围内，可以根据其有效程度分为难效水和易效水两段。田间持水量至毛管断裂量之间的水分，因受土壤吸力小，可沿毛管自由运动，能不断满足植物对水分的需求，故称之为易效水。毛管断裂量至萎蔫系数，其所受的吸力虽小于植物的吸水力，但由于移动缓慢，植物只能吸收这部分水分以维持其蒸腾消耗，不能满足植物生长发育的需要，故称之为难效水。毛管断裂量在壤质土中大体相当于田间持水量的70％左右，低于70％就应灌水，这就是适宜作物生长的相对含水量必须大于70％的原因。

## 二、土壤水的能量概念

以上介绍的土壤水分类型属于形态分类，是历史上的传统分类，至今国际上仍在沿用。

随着科学的发展，特别是近 40 多年来，人们在研究环境生态学中发现，上述分类法在解决土壤-植物-大气连续体（SPAC）内的水分运动状况时存在着某些不足。在自然界，各种类型水分之间往往没有明确的界限，比如在极细小的毛管中，吸附水和毛管水难以区分。同时各种类型水分之间不能或不易用统一的概念和尺度来满意地解释统一体系内的水分运动。

为了正确反映 SPAC 中的水分变化，人们开始运用能量观点来研究土壤水分，因为土壤水和自然界中其他物体一样，含有不同数量和形式的能：动能和势能。由于水在土壤中的运动很慢（$v$ 很小），所以它的动能（$mv^2$）一般可以忽略不计，而势能（由位置和内部条件造成）起着支配作用。最先用“势值”能态研究土壤水的是 Buckingham（1907），自 1950 年起，这方面的研究才有长足进展。

## （一）土水势及其分势

### 1. 土水势的概念

从物理学上可知，物质在承受各种力后，其自由能（可做有用功的那部分能量）将发生变化。土壤水在各种力（如吸附力、毛管力、重力和静水压力等）的作用下，与同样条件（同一温度、高度和压力等）的纯自由水相比（假定其势值为零），其自由能必然不同，这个自由能的差用势能来表示，称之为土水势（用希腊字母 $\psi$ 表示）。所以，土水势不是土壤水分势能的绝对值，而是以纯自由水作参比标准的差值，是一个相对值。

### 2. 土水势的分势

土水势按其力源性质不同，包括若干分势，如基质势、溶质势、压力势和重力势等。

（1）基质势

基质势（$\psi_m$）是由土壤颗粒（基质）的吸附力和毛管力所引起的水势变化。在土壤水不饱和的状态下，水分受吸附力和毛管力的吸持，自由能水平降低，其水势必然低于参比标准（纯自由水）下的水势。由于参比标准的水势为零，所以基质势总是负值。可见基质势与土壤含水量密切相关，同一土壤在不同含水量情况下，基质势是不相等的，土壤水分含量越低，基质势越小，即基质势 $-20\times10^5$ Pa 低于基质势 $-10\times10^5$ Pa。土壤水越是接近饱和，基质势就越高，直至土壤水完全饱和，基质势与参比标准一致，基质势就等于零了。由此可知，只有在水分不饱和的土壤中才存在基质势。

（2）溶质势

溶质势（$\psi_s$）是由土壤水中溶解的溶质所引起的水势变化。土壤水中溶解的溶质越多，溶质势就越低，其绝对值就越大。在盐化土壤中，由于含有大量的可溶盐类，盐类溶解成离子，离子水化使水分子被定向吸引排列在离子周围，失去自由活动能力，与参比标准的纯水相比，自由能降低，所以溶质势为负值。它的大小等于土壤溶液的渗透压，但符号相反，所以又叫渗透势。溶质势只有在土壤水运动过程中存在半透膜时才起作用，土壤中不存在半透膜，所以溶质势对土壤水运动影响不大，但对根系吸水有重要影响。

（3）压力势

压力势（$\psi_p$）是土壤水在饱和状态下呈连续水体，土壤水承受静水压力，其水势与标准之差为压力势。通常以大气压作参比标准（压力为零），由于压力势大于参比标准，故压力势为正值。下部土体越往深层，压力势越大，即正值也越大。如果水中含有悬浮物造成静水压加大，比纯水产生的压力势高，把这部分增加的压力势称为荷载势，也为正值。

对于饱和土壤水位以下深度 $h$ 处，体积为 $V$ 的土壤水压力势（$\psi_p$）为

$$\psi_p=\rho_w ghV$$

式中，$\rho_w$ 为水密度，$g$ 为重力加速度。

（4）重力势

土壤中的水分所处的位置不同，由地心引力所获得的势能也不相等，由此产生的水势被称为重力势（$\psi_g$）。重力势的大小与参比面（参比标准）的位置有关，通常用地下水位为参比面。当水分在参比面以上时，重力势为正值，距参比面越高重力势值越大；当水分在参比面以下时，重力势为负值。因此重力势与土壤性质无关，只取决于研究点与参比点之间的距离。

在土体中选参比平面上一原点，选定垂直坐标 $Z$，土壤中某一点（与参比平面的距离为 $z$）质量为 $m$ 的土壤水分所具有的重力势（$\psi_g$）为

$$\psi_g = \pm mgz$$

该点在参比面以上取正号，在参比面以下取负号。

**3. 土壤总水势**

土壤总水势（$\psi_t$）等于上述各分势之和，它代表土壤水分总的能量水平，用数学式表示，即

$$\psi_t = \psi_m + \psi_s + \psi_p + \psi_g$$

由此可见，土水势的值并不是绝对的势值，而是与上述参比标准的差值。在不同的情况下，影响土水势的分势是不同的，在非盐渍土和土壤不饱和的情况下，$\psi_t = \psi_m + \psi_g$。在土壤饱和的情况下，$\psi_t = \psi_p + \psi_g$。在考虑根系吸水时，在上述各分势中，除重力势和一定条件的压力势是正值外，其余基本都是负值。土壤水自由能水平越低，水势绝对值越大，水分运动越快。土壤水分运动方向总是朝水势降低的方向移动，使土壤水势能逐渐趋于最小。

### （二）土壤水吸力

具体内容见二维码 2-7。

### （三）土水势的优点及定量表示方法

具体内容见二维码 2-8。

### （四）土水势的测定

具体内容见二维码 2-9。

### （五）土壤水分特征曲线

具体内容见二维码 2-10。

二维码 2-7　土壤水吸力

二维码 2-8　土水势的优点及定量表示方法

二维码 2-9　水土势的测定

二维码 2-10　土壤水分特征曲线

## 三、土壤水分运动

具体内容见二维码 2-11。

## 四、土壤水的入渗与土壤水的再分布

具体内容见二维码2-12。

## 五、土壤-植物-大气水分循环系统

具体内容见二维码2-13。

## 六、土壤水分状况与作物生长

具体内容见二维码2-14。

二维码2-11　土壤水分运动

二维码2-12　土壤水的入渗与土壤水的再分布

二维码2-13　土壤-植物-大气水分循环系统

二维码2-14　土壤水分状况与作物生长

## 七、土壤空气

土壤空气是土壤的三相物质组成之一，它和土壤水分共同存在于土壤孔隙之中，是土壤肥力因素的重要成分，对作物养分形态的转化、养分和水分的吸收、热量状况等都有重要影响。

### （一）土壤空气的组成和特点

土壤空气主要来源于大气，部分是土壤中生物化学过程所产生的气体。所以土壤空气和大气不论在数量上或在组成上，既相似又有显著差别，土壤空气与大气组成的比较见表2-16。

**表2-16　土壤空气与大气组成的比较**

| 气体 | 大气组成(体积)/% | | | |
|---|---|---|---|---|
| | $O_2$ | $CO_2$ | $N_2$ | 其他气体 |
| 近地面大气 | 20.94 | 0.03 | 78.08 | Ar、Ne、He、Kr等 |
| 土壤空气 | 18～20.03 | 0.15～0.65 | 78～80.24 | $CH_4$、$H_2S$、$NH_3$等 |

#### 1. 土壤空气中的$CO_2$含量高于大气

大气中$CO_2$的含量约为0.03%，而土壤空气中的$CO_2$含量一般为大气的5至数10倍，高的可达百倍，这是生物和化学作用的结果。因为土壤中植物根系的呼吸和土中微生物（特别是好气微生物）分解有机质，都要产生大量的$CO_2$，所以如果土壤积水、通气不良或大量施入新鲜有机物，都会引起土壤中$CO_2$的聚积，浓度可达1%以上。另外，土壤中含有相当量的碳酸盐（主要是$CaCO_3$），其与有机酸或无机酸作用可产生$CO_2$。据悉，植物光合作用消耗的$CO_2$有接近一半是从土壤中扩散到近地层大气中来的。与$CO_2$情况相反，土壤空气中$O_2$的含量随生物活动的加强而减少，在通气不良的土壤中尤为严重。

#### 2. 土壤空气中水汽含量高于大气

土壤中的水汽几乎经常是饱和的，由于土壤水、气同处于孔隙中，而土壤水分又不断蒸发，所以除表土层和干旱季节外，只要土壤含水量在吸湿系数以上，土壤空气就是水汽饱和状态，这对微生物活动有利。

### 3. 土壤空气中有时含有少量还原气体

土壤在积水或通气不良时，由于微生物嫌气活动，土壤空气中含有一定数量的还原性气体，如 $H_2S$ 和 $CH_4$ 等，危害作物生长。

### 4. 土壤空气成分随时间和空间变化

(1) 吸附和溶水的变化

土壤空气除游离态气体外，由于土壤胶体的吸附（物理吸附）作用，有少量气体也被吸附于胶体表面，如 $CO_2$、$NH_3$，$O_2$ 和 $N_2$。各种气体在水中的溶解度不同，造成气体含量也不同，如常温常压条件下，$O_2$ 在水中的溶解度是 40.8mg・$L^{-1}$（虽数量不多，但对水稻生长供氧很重要），$CO_2$ 的溶解度更大，达 1725mg・$L^{-1}$，对土壤酸碱性及肥力都有较大影响。

(2) 组成数量随时间和空间的变化

土壤空气组成有以下三个特点：

① $CO_2$ 含量随土层深度增加而增加，$O_2$ 含量随土层深度增加而减少。果园砂壤土不同深度、不同时间 $CO_2$ 和 $O_2$ 的含量见表 2-17。

表 2-17 果园砂壤土不同深度、不同时间 $CO_2$ 和 $O_2$ 的含量

| 日期 \ 深度 | 33cm | | 67cm | | 100cm | | 备注 |
|---|---|---|---|---|---|---|---|
| | $CO_2$ 含量/% | $O_2$ 含量/% | $CO_2$ 含量/% | $O_2$ 含量/% | $CO_2$ 含量/% | $O_2$ 含量/% | |
| 3月23日 | 0.15 | 20.15 | 2.1 | — | 5.6 | 9.6 | 3、4月地下水分含量很高，使 $O_2$ 含量不足 |
| 4月21日 | 1.9 | 18.65 | 3.2 | — | 6.85 | — | |
| 5月24日 | 3.7 | 16.20 | 3.95 | 13.95 | 5.6 | 13.35 | |
| 6月21日 | 1.7 | 19.25 | 4.15 | 17.5 | 5.35 | 16.4 | |
| 7月25日 | 2.0 | 19.80 | 3.10 | 19.1 | — | 17.5 | |
| 8月19日 | 2.4 | 19.0 | 3.7 | 17.4 | 5.0 | 16.7 | |

② $CO_2$ 和 $O_2$ 的含量随季节温度变化而变化。夏季 $CO_2$ 含量最高，冬季最低，$O_2$ 则相反。这种变化规律主要与温度变化影响微生物的活性有关。土壤空气组成中 $CO_2$ 和 $O_2$ 的含量见表 2-18。

表 2-18 土壤空气组成中 $CO_2$ 和 $O_2$ 的含量

| 土层深度/cm | 玉米 | | | | 小麦 | | | |
|---|---|---|---|---|---|---|---|---|
| | 7月16日雨前 | | 8月1日雨后 | | 5月2日 | | 12月15日 | |
| | $CO_2$ 含量/% | $O_2$ 含量/% | $CO_2$ 含量/% | $O_2$ 含量/% | $CO_2$ 含量/% | $O_2$ 含量/% | $CO_2$ 含量/% | $O_2$ 含量/% |
| 20～25 | 1.1 | 20.5 | 2.6 | 18.2 | 0.4 | 21.4 | 0.8 | 20.7 |
| 50～55 | 1.6 | 20.1 | 2.2 | 17.4 | 0.8 | 20.6 | 1.2 | 20.4 |
| 90～95 | 1.8 | 20.0 | 2.8 | 16.9 | 0.7 | 20.6 | 2.0 | 19.8 |

③ $CO_2$ 和 $O_2$ 的含量在土壤中是互为消长的，两者总和维持在 19%～22%之间。据布塞果在 15 个不同土壤类型上的测定，$CO_2$ 和 $O_2$ 的含量也在 19.76%～21.2%左右，总的变化不大。人们可利用这一规律，在测定土壤的通气状况时，只要测出其中一项（常测 $CO_2$ 含量），就可大体算出另一气体的相应含量。此外，降雨或灌水后的短时期内，土壤中 $O_2$ 的含量增加，$CO_2$ 含量减少。

## （二）土壤通气性

土壤通气性泛指土壤空气与大气进行交换的性能，其实质是排出土壤中过量的 $CO_2$ 和

有害气体，增加土壤中 $O_2$ 含量的过程，所以又称土壤呼吸。其重要性在于通过和大气的交流，不断更新其组成，并使土体内部各部分的气体组成趋向均一。土壤具有适当的通气性，是保证土壤空气质量、提高土壤肥力不可缺少的条件。如果通气性极差，土壤空气中的 $O_2$ 在很短时间内就可能被全部耗竭，而 $CO_2$ 含量随之增高，作物根系的呼吸就会受到严重抑制。

**1. 土壤通气性的机制**

(1) 气体的整体交换

气体的整体交换是由于土壤空气与大气之间存在的总压力梯度而产生的。它受温度、气压、风力以及降水、灌水等影响。当土温高于气温时，土内空气受热膨胀被排出土壤，大气则下沉进入土中，形成冷热气体对流，使土壤空气获得更新。降水或灌水时，水分进入孔隙排出气体，水分下渗后，大气进入土中进行整体交换。风的流动和气流搅动也推动气体的整体流动，促使土壤空气与大气的交换。另外翻耕或疏松土壤都会使土壤空气增加，而农机具的压实作用会使土壤孔隙度降低，土壤空气减少。

(2) 气体的扩散运动

气体的扩散运动是气体交换的主要形式。根据气体分压定律：几种气体相互混合后的压力，等于各气体单独占此容积的压力之和，各气体的压力就是分压力。各种气体在一起，互不影响，分压可以单独进行计算。由于各气体间的分压梯度不同，各气体按自身分压大小进行运动。例如土壤中由于生物化学作用的结果，使土壤空气中的 $CO_2$ 分压不断升高，$O_2$ 分压不断降低，在整个气体体系内，形成土壤空气与大气之间 $CO_2$ 分压梯度和 $O_2$ 分压梯度的差异。两个梯度的压力方向相反，分别驱使 $CO_2$ 分子向大气中扩散，$O_2$ 分子向土中扩散。土壤气体扩散示意图见图 2-30。

土壤中 $CO_2$ 和 $O_2$ 在扩散中遵守弗克扩散定律，即气体的扩散速率（$dQ/dt$）和该气体的浓度梯度（即分压梯度 $dP_v/dx$）及扩散通道的断面积（$A$）成正比。数学式表示：

$$dQ/dt = DA\,dP_v/dx$$

式中，$D$ 为扩散系数，是单位分压梯度下，单位时间内通过单位面积土体断面的气体流量。$D$ 的大小取决于土壤性质、温度变化和气压状况。例如，在同一土壤中，相同含水量条件下，不同气体的扩散系数不同，$O_2$ 的扩散系数比 $CO_2$ 大 1.25 倍。不同温度和气压下的 $D$ 值也不同，一般 $D$ 值与绝对温度的平方成正比，与气压成反比。

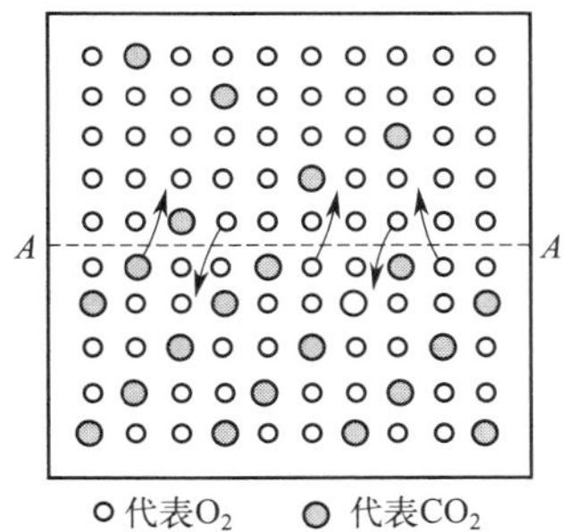

图 2-30 土壤气体扩散示意图

土壤气体扩散的主要通道是通气孔隙。所以，气体扩散不仅与土壤孔隙有关，而且与孔隙的性质（即孔隙大小、曲直）有关。用数学式表示如下：

$$\frac{D}{D_0} = \frac{L}{L_e} \times S$$

式中，$D$ 是气体在土壤中的扩散系数；$D_0$ 是气体在自由空气中的扩散系数（一般大于 $D$）；$D/D_0$ 是相对扩散系数，它和气体在土中的扩散系数与自由空气中的扩散系数的大小有关；$L$ 是土层厚度，即气体扩散时通过孔隙的长度；$L_e$ 是气体扩散的真实途径，它决定孔隙的形状；$S$ 是通气孔隙面积占总断面面积的百分数。$L/L_e$ 和 $S$ 均小于 1，它的具体数值受含水量、结构、质地的影响。一般旱地土壤中的 $S$ 要在 10%以上，才能满足植物生长要求，低于 6%则 $O_2$ 的补给不足。

除上述整体流动和气体扩散运动外，土壤胶体的吸收和解吸作用也能引起土壤空气的交换。在土壤增温时，由于表面能减小，气体（包括水汽分子）动能增大离开土表（解吸），促使土壤空气排出。降温时则相反，促使新鲜空气流入土壤内。

**2. 土壤通气性指标**

气体在土壤中的扩散系数 $D$ 本来是可以用来衡量土壤通气状况的指标，由于测定较为困难，所以在实际工作中应用并不广泛。通常用下列几个指标来表征土壤的通气状况：

（1）土壤呼吸强度

土壤呼吸强度是指单位时间、单位面积的土壤上扩散出来的 $CO_2$ 数量（$mg \cdot m^{-2} \cdot h^{-1}$），测定方法如图 2-31 所示。罩内放入一盛有 NaOH 或 $Ba(OH)_2$ 等碱性溶液的培养皿。碱液和土中放出的 $CO_2$ 气体作用，经一定时间之后，取出培养皿，用酸滴定碱的残留量，计算 $CO_2$ 含量，再算出呼吸强度，它是反映土壤中生物活动、生化过程的良好指标。

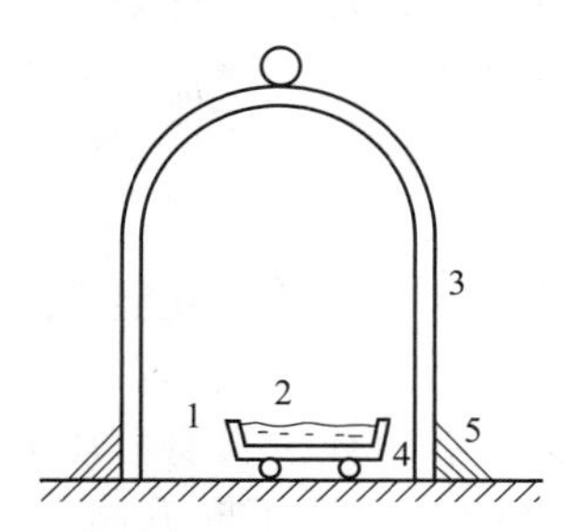

图 2-31 测定土壤呼吸强度的简易装置
1—培养皿；2—碱性溶液；3—玻璃罩；4—支杆支起培养皿；5—用土封闭

呼吸强度也有用呼吸商来表示的。它是指在一定面积、一定时间内产生 $CO_2$ 和消耗 $O_2$ 的容积比。一般情况下接近 1，若超过 1 则说明通气不良。

（2）土壤的氧扩散率

氧气是土壤中重要的气体成分，是植物生存的必要条件之一。了解氧的扩散速度就能掌握土壤空气中氧的补给和更新状况，特别是氧在液相中向根表面的扩散，对调节土壤的通气状况有重要意义。

土壤氧扩散率（ODR）是指每分钟内扩散通过每平方厘米土层的氧的质量，单位为 $g \cdot cm^{-2} \cdot min^{-1}$。氧扩散率通常用氧扩散仪测定，将铂电极和参比甘汞电极插入土壤中，在两电极间加一定电压，使扩散氧在铂电极表面被还原。这种还原氧要产生与氧的分压成正比的电流，从仪器上读出并按公式计算：$ODR=\dfrac{6Mi\times10^{-6}}{nFA}$。

式中，$M$ 为氧气的分子量；$i$ 为电流，mA；$n$ 为分子氧被还原时电子转移数；$F$ 为法拉第常数（查表可得）；$A$ 为已知电极表面积，$cm^2$。

把各常数代入得 ODR 为 $10^{-8}g \cdot cm^{-2} \cdot min^{-1}$。当 ODR 维持在 $30\times10^{-8}g \cdot cm^{-2} \cdot min^{-1}$ 时，植物生长正常，当 ODR 降至 $20\times10^{-8}g \cdot cm^{-2} \cdot min^{-1}$ 时，多数植株停止生长。不同作物根系对 ODR 的要求见表 2-19。一般来讲，豆科作物要求的 ODR 较高。

**表 2-19 土壤氧扩散率与作物生长情况**

| 作物种类 | 土壤质地 | 不同深度土壤层的 ODR/($10^{-8}g \cdot cm^{-2} \cdot min^{-1}$) | | | 生长状况 |
|---|---|---|---|---|---|
| | | 10cm | 20cm | 30cm | |
| 柑桔 | 砂壤土 | 64 | 45 | 30 | 根生长很快 |
| 棉花 | 黏壤土 | 7 | 9 | — | 缺绿症 |
| 甜菜 | 壤土 | 58 | 60 | 16 | 抑制根尖生长 |
| 豆类 | 壤土 | 27 | 27 | 25 | 缺绿症 |

（3）土壤通气量

土壤通气量是指在单位时间内，在一定压力下，进入单位土壤体积中的气体（$CO_2+O_2$）总量，单位为 $mL \cdot cm^{-3} \cdot s^{-1}$。通气量表示土壤空气整体流动的情况，通气量大说明土壤通气性能良好。除上述指标外，土壤通气性还可用 $Eh$ 表示，也可用通气孔隙度来表示，对一般旱田来说，土壤的正常通气孔降度至少要大于 10%，以 15%～20%为好，低于

10%根系生长不良，必须采取中耕、排水等措施，促使土壤通气。

### （三）土壤空气与作物生长

土壤空气对作物生长发育的影响，主要表现在以下几个方面：

#### 1. 影响根系发育

作物根系要发挥作用就必须得到 $O_2$ 的供应。对于大多数作物来说，一过幼苗期，土壤空气就成为根系 $O_2$ 的主要供给源。这些作物（除水稻和沼泽植物外）在通气良好的土壤中，根系生长正常，根系长、颜色浅、根毛多。如果缺 $O_2$，根系短而粗，颜色暗，而且根毛大量减少。当土壤空气中 $O_2$ 的浓度低于 9%～10%时，根系发育就要受到抑制。若 $O_2$ 浓度降到 5%以下，绝大多数作物根系都会停止发育。由于缺乏 $O_2$，作物根细胞中的葡萄糖转化为乙醇，会对植株产生毒害，使生长受阻。水稻由于有第二通气组织输送 $O_2$，可使乙醇转化为苹果酸而无害。北京农大实验站在棉花地上的测定也得出了相似的结果，在土壤空气中 $O_2+CO_2$ 的总量若维持在 21%左右，$O_2$ 占其中 85%以上时，根系发育良好；当 $O_2$ 降至 70%以下，$CO_2$ 增至 30%以上时，根的生长速度就降低一半；如果 $CO_2$ 增至 60%时，根的生长就完全停止了。

缺 $O_2$ 除影响根的生长外，还影响根的呼吸作用和养分的吸收，特别是对 N、K 的吸收。如玉米在缺 $O_2$ 时，吸收养分能力按 K>Ca>Mg>N>P 顺序减弱。当 $O_2$ 充足时，吸收能力按 K>N>Ca>Mg>P 顺序增强。可见，通气良好、$O_2$ 充足可提高作物根系对 N、K 肥的吸收。

#### 2. 影响种子萌发

作物种子萌发时，除需要一定温度、吸收足量水分外，还需要吸收一定量的氧气。因为 $O_2$ 可使种子内的淀粉、蛋白质、脂肪类物质氧化，提供物质转化时所用的能量，如果土壤缺氧，不但能量提供少，而且会导致微生物进行嫌气活动，产生中间还原物（有机酸类和醛类），对种子有毒，抑制种子萌发。土壤空气中氧气浓度与种子发芽率的关系见表 2-20。

**表 2-20 土壤空气中氧气浓度与种子发芽率的关系**

| 土壤空气中氧气浓度/% | | 20.8 | 5.2 | 2.6 | 1.3 | 0.7 | 0.3 | 0.0 |
|---|---|---|---|---|---|---|---|---|
| 种子发芽率/% | 水稻 | 100 | 100 | 100 | 100 | 100 | 95 | 88 |
| | 小麦 | 100 | 87 | 76 | 50 | 27 | 7.5 | 0 |

#### 3. 影响作物抗病性

土壤通气不良、缺 $O_2$ 时，土壤中易产生和积累还原性气体，如 $H_2S$ 和 $CH_4$ 等，对作物生长造成毒害。因 $H_2S$ 是含铁酶（细胞色素氧化酶、过氧化氢酶）的抑制剂，当浓度超过 $9\times10^{-8}$mol 时，就会完全抑制原生质的流动。土壤溶液中 $H_2S$ 含量达到 0.07mg · $kg^{-1}$ 时，水稻枯黄萎蔫、稻根发黑。$CH_4$ 的存在可降低麦根的生长速度，对蔬菜、番茄等植株甚至产生完全的抑制作用。土壤中 $O_2$ 不足、$CO_2$ 过多会导致土壤溶液酸度增加，使致病霉菌繁殖，并使作物生长不良、抗病力降低、易感染病害。

#### 4. 影响土壤微生物活动和养分状况

土壤通气良好、$O_2$ 充足，好气性有益微生物活动旺盛，土壤有机质分解迅速且彻底，能够释放出更多的速效养分，供作物吸收利用。$O_2$ 充足时，氨化过程加快，也有利于硝化过程的进行，故土壤中有效氮丰富。土壤通气不良、缺 $O_2$ 时，不仅根瘤菌、好气性自生固氮菌、硝化细菌等活动受阻，而且反硝化细菌活动频繁，促使反硝化反应进行，使氮素养分损失或导致亚硝态氮积累毒害根系。

## 八、土壤热量状况

土壤热量的基本来源是太阳辐射能。土壤中一切生命活动和化学过程，如有机质的分解、矿物质的风化、养分形态的转化等，都与热量的吸收和释放有关。土壤温度是土壤热量状况的具体指标，它是由热量收入和支出的相互关系决定的。土壤热量的多少具体反映在土壤温度上。所以，土温的高低决定生化过程的方向和速率，了解土壤热量的收支、热性质和土温变化，对调节土壤热状况、提高土壤肥力、满足作物对土壤温度的要求均有着十分重要的意义。

### （一）土壤热量的来源和平衡

#### 1. 土壤热量的来源

（1）太阳辐射能

土壤热量的来源如图 2-32 所示。土壤的热量主要来自太阳的辐射能，地球表面所获得的平均太阳辐射能为 $8.1224\times10^4 J\cdot m^{-2}\cdot min^{-1}$，此值为太阳辐射常数。太阳辐射的强度依气候带、季节和昼夜而不同。我国长江以南地区处在热带和亚热带气候下，太阳辐射强度大于温带的华北平原，更大于寒温带的东北地区。当太阳辐射通过大气层时，一部分热量被大气和云层吸收和散射，损失量约占 10%～30%。投射到地面的辐射能，又有部分被地面再反射，实际被土壤吸收用于土壤增温的太阳辐射能仅占太阳辐射常数的 43%，约 $3.475\times10^4 J\cdot m^{-2}\cdot min^{-1}$。

（2）生物热

土壤微生物在分解有机质过程中常释放一定的热量，其热量的一半用于微生物进行同化作用的能量，另一半用于提高土壤温度。生物热虽然数量较少，但在特定条件下仍可发挥作用，如早春温床育苗时，使用有机肥并添加热性物质，如半腐熟的马粪等，就是利用有机质分解释放出的热量以提高土温，促进植物生长或幼苗早发快长。

（3）地球内热

地球内部温度高约 4000℃，也可向地表传热。但由于地壳导热能力很弱，所以地心热传导到地面的能量很小，每年每平方厘米仅有 226J 的热量用于地面增温，相当于 $0.595 J\cdot m^{-2}\cdot min^{-1}$，是太阳辐射热的十多万分之一，对土壤温度的影响很小。但在一些地热异常区，如温泉附近这一因素则不可忽视。

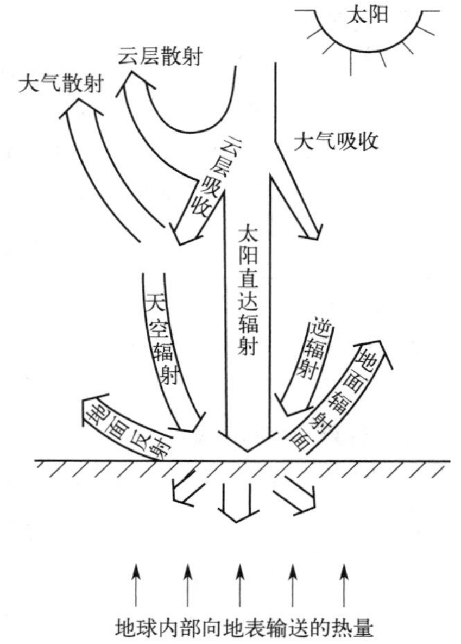

图 2-32 土壤热量的来源

#### 2. 土壤热量平衡

土壤热量平衡是指一年中土壤热量的收支状况。太阳辐射热到达土壤表面后，部分热以长波热辐射形式返回大气，部分热用于土壤表面水蒸发消耗，部分热用于其他方面（如对流传导）损失，实际用于土壤增温的仅是其中的一部分，用公式表示为

$$S=W_1+W_2+W_3+R$$

式中，$S$ 为土壤表面接收的太阳辐射能量；$W_1$ 为地面热辐射损失的热量；$W_2$ 为用于土壤增温的热量；$W_3$ 为土壤表面水分蒸发消耗的热量；$R$ 为其他方面消耗的热量。

在太阳辐射能量为一固定数值的情况下，如果能减少 $W_1$、$W_3$ 和 $R$ 等方面的热量消耗，土壤温度就可以增加，反之，土壤温度就会降低。在农业生产上，常采用中耕松土、地面覆盖、设置风障、塑料大棚等措施来调节土壤的温度状况。

## （二）土壤的热特性

土壤在接受一定的热量后所引起的土温度化，主要是由土壤本身的热性质决定的。土壤的热性质主要包括热容量、导热性、吸热性和散热性等。

### 1. 土壤热容量

土壤热容量是指单位质量或单位容积的土壤，当温度增减1℃时所需要吸收或释放的热量。热容量是影响土温的重要热特性，热容量越小，土壤受热后温度的变化越明显。土壤热容量有两种表示方法：一是土壤质量热容量（也称土壤比热容，用 $C$ 表示），指单位质量的土壤温度升高（或降低）1℃所吸收（或放出）的热量（单位为 $J \cdot g^{-1} \cdot K^{-1}$）；二是容积热容量，指单位体积的土壤温度升高（或降低）1℃所吸收（或放出）的热量（单位为 $J \cdot cm^{-3} \cdot K^{-1}$，用 $C_v$ 表示）。土壤质量热容量便于测定，容积热容量在土壤学中应用广泛，表示土壤增热或冷却时土壤热变化强度，应用比较方便，但测定比较困难，因此，它们之间的关系可用下式进行换算：

$$容积热容量(C_v)=重量热容量(C)\times 土壤容重$$

土壤热容量的大小主要取决于土壤固、液、气三相物质的组成比例，因为三相物质有截然不同的热容量，土壤三相物质组成的热容量见表 2-21。

**表 2-21 土壤三相物质组成的热容量**

| 土壤组成成分 | 质量热容量/($J \cdot g^{-1} \cdot K^{-1}$) | 容积热容量/($J \cdot cm^{-3} \cdot K^{-1}$) |
|---|---|---|
| 粗石英砂 | 0.745 | 2.163 |
| 高岭石 | 0.975 | 2.410 |
| 泥炭 | 1.997 | 2.515 |
| 土壤空气 | 1.004 | $1.255\times10^{-3}$ |
| 土壤水分 | 4.184 | 4.184 |

从土壤三相物质组成的 $C_v$ 来看，水分的 $C_v$ 最大，土壤空气的 $C_v$ 最小，几乎可以忽略。土壤中固体物质（包括矿物和有机物）的 $C_v$ 介于两者之间，大约是水的1/2。而且固体物质在土壤组成中一般变化不大，因此，田间土壤热容量的大小主要取决于土壤含水量。土壤湿度越大，土壤热容量也越大，增温慢，降温也慢，反之，土壤越干燥，土壤热容量也越小，增温快，降温也快。例如，干土的热容量（比热容）如果是 $0.837J \cdot g^{-1} \cdot K^{-1}$，当含水量达到 $200g \cdot kg^{-1}$ 时比热容增至 $1.395J \cdot g^{-1} \cdot K^{-1}$，含水量为 $300g \cdot kg^{-1}$ 的湿土比热容达 $1.61J \cdot g^{-1} \cdot K^{-1}$。

土壤在有相同热量输入的条件下，热容量大的增温少，热容量小的增温多。砂土含水少，热容量小，早春白天增温快，被称为“热性土”，晚间降温也快，温度变化快。黏土含水多，热容量大，所以增温慢，被称为“冷性土”，降温也慢，温度变化也慢。

### 2. 土壤导热性

土壤吸收一定热量后，一部分用于它本身升温，另一部分传给邻近土层，土壤传导热量的这种性质被称为导热性。导热性的大小通常用导热率表示。导热率是指单位厚度土层，两端温差1℃时，每秒通过单位面积的热量，单位为 $J \cdot cm^{-1} \cdot s^{-1} \cdot K^{-1}$。土壤热量的传导总是由土温高处向土温低处进行。可用下式计算出导热率：

$$dQ/ds=-\lambda A\,dT/dx$$

式中，$Q$ 为热量，J；$s$ 为时间，s；$dQ/ds$ 为单位时间内热量的变化，通过实测可以得到；$\lambda$ 为导热率；$A$ 为热量通过的断面积，$cm^2$；$T$ 为土温，K；$x$ 为土层厚度，cm；$dT/dx$ 为土温变化梯度，可以实测；负号“—”表示土壤热的传导向着温度降低的方向进行。将上述各测试值和已知值代入，便可求得导热率 $\lambda$。

土壤导热率的大小，与土壤固、液、气三相物质的组成比例有关。土壤组成成分的导热率见表 2-22。通常土壤固相组成在数量上变化不大，因此土壤导热率主要受含水量和松紧程度影响。空气的导热率最小，固相的导热率最大，约为空气的 100 倍，水的导热率是空气的 25 倍。因此，土壤导热率随含水量增加而增加，并随容重增大而增大（图 2-33）。因为容重小，孔度高，孔隙中空气可视为不传热途径，所以导热率低；容重大，土粒彼此紧密接触，热能易于传导。从图 2-33 中可以看出，干土（含水量为 $0g \cdot kg^{-1}$）导热率随容重增加而平缓增大，不同土壤的导热率随土壤含水量增加曲线出现急陡。由此可知，土壤含水量对土壤导热率增大的影响比容重增加的影响更加显著。

**表 2-22 土壤组成成分的导热率**

| 土壤组成成分 | 导热率/($J \cdot cm^{-1} \cdot s^{-1} \cdot K^{-1}$) | 土壤组成成分 | 导热率/($J \cdot cm^{-1} \cdot s^{-1} \cdot K^{-1}$) |
|---|---|---|---|
| 石英砂 | $4.427\times10^{-2}$ | 泥炭 | $6.276\times10^{-4}$ |
| 湿砂粒 | $1.674\times10^{-2}$ | 土壤空气 | $5.021\times10^{-5}$ |
| 干砂粒 | $1.674\times10^{-3}$ | 土壤水分 | $2.092\times10^{-4}$ |

土壤导热性的强弱，与土壤吸收和散失热量的速率和数量、土壤中热量的分布以及调节土壤温度等关系很大。导热性强的土壤，剖面热量分布较均匀，积蓄的热量较多，但热能散失也快。

为了解导热后土壤温度的变化情况，常用导温率表示。它是指在标准状况下，在土层单位距离内有1℃温度梯度，每秒钟流入单位断面积的热量，从而使单位体积土壤发生温度变化。它与导热率成正比与容积热容量成反比。用数学式表示为

$$\text{导温率}(cm^2 \cdot s^{-1})=\frac{\text{导热率}(J \cdot cm^{-1} \cdot s^{-1} \cdot K^{-1})}{\text{容积热容量}(J \cdot cm^{-3} \cdot K^{-1})}$$

土壤导温率的大小同样取决于土壤的三相物质比例，土壤组成成分的导温率见表 2-23。一般而言，土壤固相物质比较稳定，土壤导温率主要取决于土壤水和空气的比例。干土的温度易上升，湿土的温度不易上升。

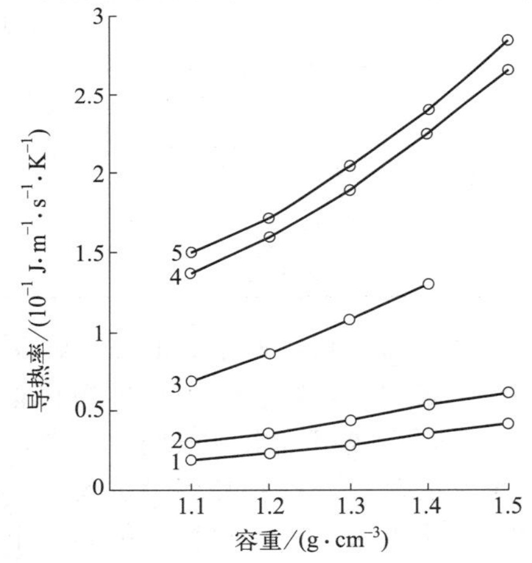

图 2-33 容重、含水量与导热率的关系
曲线 1、2、3、4、5 含水量分别为 0、40、100、200、250$g \cdot kg^{-1}$

**表 2-23 土壤组成成分的导温率**

| 土壤组成成分 | 土壤水分/($cm^2 \cdot s^{-1}$) | 土壤空气/($cm^2 \cdot s^{-1}$) | 土粒/($cm^2 \cdot s^{-1}$) |
|---|---|---|---|
| 导温率 | $1.2\times10^{-3}$ | $1.67\times10^{-1}$ | $(0.5\sim1.0)\times10^{-2}$ |

当土壤的热容量不变时（如某一种土壤的含水量不变），导温率与导热率的增加是一致的。若因含水量变化而影响热容量时，二者的表现就不一致了。例如，当干土开始增加水分，在初期，土壤导温率因导热率的增大而增大，但当水分增至一定数量后由于热容量大量增加，导温率反而降低。土壤导热率和导温率随含水量变化趋势见图 2-34。

3. 土壤的吸热性和散热性

（1）土壤吸热性

土壤吸收太阳辐射能的能力被称为土壤的吸热性。吸热取决于吸收和反射两个因素，凡对太阳辐射能反射力弱的土壤，吸热性就强，反之吸热性就弱。土壤吸热性的大小取决于土壤的颜色、地面状况和覆盖物等。土壤颜色越深，吸热性越强；地面平坦，反射多，吸热性弱；地面垄作吸热多于平作；山地南坡吸热多于北坡；有植被覆盖的土壤吸热比无覆盖的土壤少。一般土壤吸收的热量约占太阳辐射能的65%～90%。

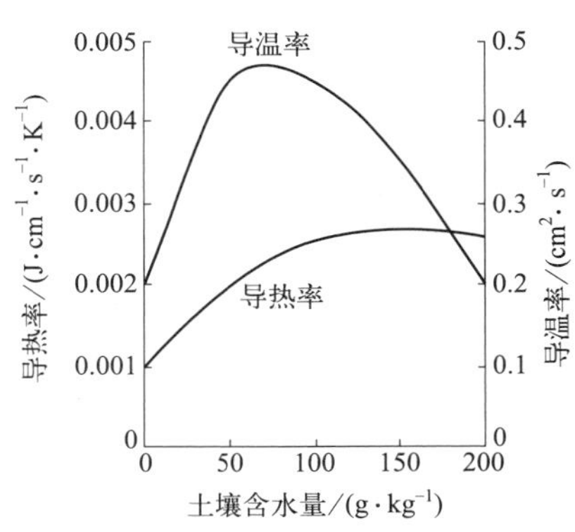


图 2-34 土壤导热率和导温率随含水量变化趋势

（2）土壤散热性

土壤散热性是指土壤向大气散失热量的性质。它主要与土壤水分的蒸发和土壤本身的热辐射有关。

水在汽化时要消耗热量，其20℃的汽化热为$2.43kJ \cdot g^{-1}$。所以，土壤水分蒸发能使土壤热量散失，降低土温。土壤湿度越大，大气相对湿度越低，蒸发作用越强，土壤散热越多，土壤降温就越显著。因此，湿度较大的土壤，如草甸土、沼泽土等，土温常较低。夏季土温过高时，可通过灌溉增加蒸发散热，降低土温，防止“烧苗”。

土壤在白天吸热增温后，成为“热体”，夜间气温降低就向大气放出辐射热能（长波辐射），散失热量。天空晴朗、干燥且地面无覆盖时，散热快。当天空有云层、灰尘、烟雾、水汽或覆盖物时，土壤辐射弱，散热慢。所以在北方深秋时节，为防早霜冻害，有时采用熏烟、盖草、覆塑料膜等措施，减少土壤辐射散热，减少冻害。

## （三）土壤温度的变化

土壤温度的变化，除主要受土壤本身热特性及土壤颜色、平滑粗糙状况的影响外，还与外界环境条件有密切关系。

### 1. 影响土温变化的环境条件

（1）纬度和海拔高度

由于太阳辐射能是土壤热量的主要来源，所以纬度不同获得的太阳辐射能也不同，从而地球表面有寒带、温带和热带之分。海拔高度不同，接受的热量也不同。海拔高处接受阳光辐射较多，但地面对大气的热辐射也强。因此高山气温反比平地气温低，土温也随之降低。一般海拔每升高100m，温度下降0.65～1℃，所以有“山高一丈，土凉三寸”之说。

（2）坡向和坡度

向阳的南坡接受太阳辐射能较背阴的北坡多，所以早春北方地区南坡土温要比北坡高5～8℃以上。坡度和太阳的辐射角有关，以图2-35太阳入射角与地面接受辐射的关系为例，坡面$AB$垂直于太阳光，接受辐射强，所以土温高。$A'B$为平地，太阳光与平地辐射角度为$\theta$。如果坡面与太阳光垂直，太阳的辐射能为1，$AB$上的能量是$I$，则$A'B$上的能量为$I\sin\theta$，比$AB$的能量小。

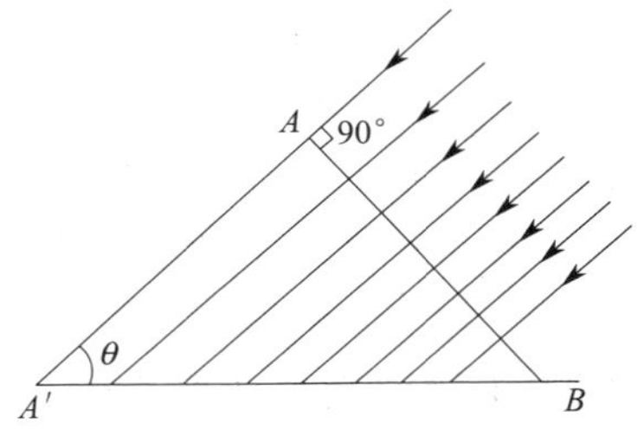


图 2-35 太阳入射角与地面接受辐射的关系

（3）地面覆盖情况

地面覆盖可以阻止太阳直接照射，也可减少地面因蒸发损失热能，因此土温变幅较小。故霜冻前，地面加覆盖物可保土温不致骤降，冬季北方积雪有利于保温，秸秆覆盖也有利于冬季保温、夏季降温，地膜覆盖则是早春增温、保水的重要措施。

### 2. 土温变化的规律

土壤热量主要来自太阳辐射能，所以土温变化随太阳辐射强度、昼夜和季节的变化而相应地变化，与大气温度变化相似，土壤温度有日变化和年变化。

（1）土温的日变化

土壤温度的高低随昼夜发生地周期性变化被称为土温日变化。一般情况下，最低温出现在每天日出前的5～6h，最高温出现在午后1～2h，影响深度为30～40cm左右。从垂直剖面看，表层的温度变辐大，往深处渐缓和趋于稳定（日恒温层）。白天表层土温高于底层，夜间底层土温高于表层。

（2）土温的年变化

土壤温度随一年四季发生周期性变化被称为土温的年变化。土温的年变化曲线见图2-36。土温变化和四季气温变化类似，通常全年表土最高温出现在每年的7～8月，最低温出现在1～2月，随着深度增加，土温的年变化逐渐减小，最高最低温出现的时间逐渐推迟，要达到相当深度才趋于稳定（年恒温层）。低纬度区年恒温层在5～10m. 中纬度为10～20m，高纬度为25m左右。土温的年变化对安排作物播种是比较重要的，例如华北平原春播多在4月中旬，此时土温多在12～13℃以上。长江中、下游的秋播要安排在10月下旬至11月上旬，过晚土温就偏低。

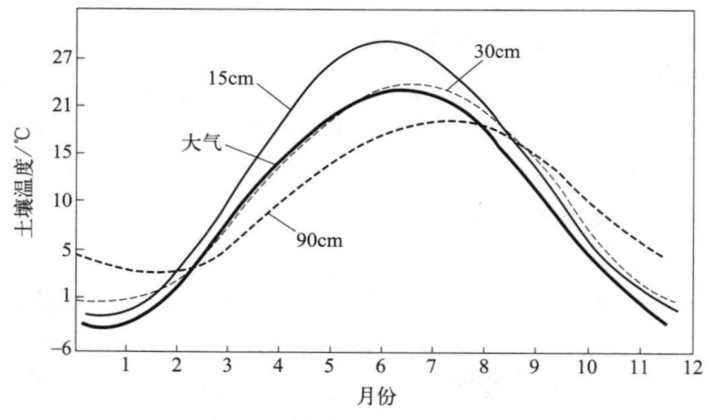


图2-36　土温的年变化曲线

适宜的土温对植物生长和微生物活动均有利，土温过高过低都易造成危害。为了调节适温范围，满足作物生长要求，应在了解土温变化规律的基础上，本着“春提温促播种，夏适温促生长，秋保温促成熟”的原则，从改变土壤的辐射特性、地面蒸发和热对流的方法入手，通过调控土壤水分、增加土色、地膜覆盖、改良结构等措施，改善土壤的温度状况，从而有利于作物生长发育。

## （四）土壤温度与作物生长

植物生长要求一定的温度范围，一般植物生长的最低温度在0～5℃左右，并随着温度的升高生长加快。植物生长最适温度在20～30℃，超过40℃生长迅速下降，以至停止，甚至会引起热害。

### 1. 土温与种子发芽、出苗

任何种子萌发都要求一定的土壤温度范围。在这个范围内，土壤温度越高，发芽出苗越快，反之就越慢。当土温低于这个范围时，种子不萌发。以小麦、大麦种子为例，播种时土温若在1～2℃，需15～20d萌发，土温若在5～6℃，需6～7d萌发，若土温在9～10℃时，2～3d即可萌发。作物不同，种子萌发出苗的土温要求也不一致，不同作物种子发芽出土的平均温度见表2-24。

表2-24　不同作物种子发芽出土的平均温度

| 作物 | 对温度要求 | 能发芽的土温/℃ | 备注 |
|---|---|---|---|
| 向日葵、甜菜、荞麦等 | 不高 | 3～4 | 6～7℃可出苗 |
| 各种麦类、大麻、苜蓿等 | 较低 | 1～2 | 2～5℃可出苗(需15～20d) |
| 大豆、土豆、谷子等 | 较高 | 6～8 | — |
| 玉米 | 高 | 10～12 | — |
| 水稻、高粱、棉花、芝麻等 | 最高 | 12～14 | 低温易烂籽 |

### 2. 土温与根系生长

一般作物的根系在温度为2～4℃开始有微弱的生长，在10℃以上根系生长比较活跃，超过30℃时，对根系生长不利。不同作物适宜的根系生长温度是不同的：冬小麦和春小麦是12～16℃，棉花是25～30℃，豆科作物是22～26℃，玉米是24℃左右。成年果树（苹果树）的根系在土温2℃时即可微弱生长，7℃时生长活跃，21℃时生长最快。

土温过高过低对根系生长均有害，过低产生冻害，例如苹果新根在－3℃时就会被冻死，－15℃时，大根都易被冻坏；土温过高会使根系组织加速成熟，根尖易木质化，根系对水分和养分的吸收能力降低，根系和地上部分都受损害。

### 3. 土温与作物的生理过程

土温在0～35℃之间，植物细胞质的流动随着升温而加速，在20～30℃范围内，营养物质的运输速率随温度升高而提高。温度低，氮、磷转入种子的量少，茎叶中氮、磷浓度偏高，结实不好。一般在0～35℃范围内，呼吸强度随温度升高而加强，但光合作用受温度影响较小，所以低温时，作物体内往往积累较多的碳水化合物。作物根系对养分的吸收也有随温度升高而加速的趋势。不同作物生长要求的适温不同，同一作物不同生育期对温度的要求也不一致。春小麦苗期地上部生长最好的土温是20～24℃，后期以12～16℃为好，8℃以下、32℃以上则很少抽穗。冬小麦生长的最适土温较春小麦低4℃左右，24℃以上虽能抽穗但不易成熟。冬小麦生长最旺盛期的适宜土温是12～16℃，春小麦是16～20℃，棉花是25～35℃。

## 任务四　土壤水、气、热的调节

土壤水、气、热是土壤的三个肥力因素，对农作物的正常生长发育有重要意义。其中水、气同处于土壤孔隙中，互为消长。水、气比例的变化影响着土壤温度的变化，土壤温度的变化反过来又影响水、气的存在和运动。因此，水、气、热三者在土壤中是相互影响、相互联系、相互制约的，其中水是主导因素。在农业生产中，除个别情况外，大多都是通过以水调气、以水调热等措施来改善农作物的生长环境的。我国是水资源比较紧缺的国家之一，人均占有量仅为世界人均占有量的1/4。为了合理利用水利资源，调节气温，达到农业的高产稳产目标，以下几项措施可供参考。

## 一、调节措施

### （一）加速农田基本建设，改善土壤水、气、热状况

农田基本建设主要是改造地形、平整土地、改良土质、治山治水，以水为中心，实行山、水、林、田、路综合治理的措施。在丘陵山区以修梯田、筑坝地、保持水土为主；在平川地区以平整土地、兴修水利渠系配套为主，合理用水，调节气热；在低洼盐碱地区，则以平地改土、灌排配套为主，以便洗盐排水、通气增温。在改良土质方面则需因地制宜地采取客土调剂、精耕细作、合理用肥等措施。加速农田基本建设，就是从根本上调节土壤的水、气、热状况，扩大旱涝保收的稳产高产农田，为农业现代化打下良好的基础。

### （二）合理灌排、控制水分、调节气热

灌溉是增加土壤水分的有效措施。我国北方干旱地区，除十年九春旱外，伏、秋旱也经常发生。当旱象发展，土壤水分不足时，引水灌溉是与干旱作斗争的主要措施。所谓合理灌溉，就是及时地、不间断地满足作物生长发育必需的水分，保持土壤含水量不低于毛管断裂含水量。在这种水分条件下，土壤微生物活动旺盛，养分供应好，土壤相对温差小，作物根系生长和吸收养分能力强，植株生长健壮。灌溉的方式大致有如下几种，可以根据具体情况灵活采用。

#### 1. 地面灌溉

地面灌溉包括淹灌和沟灌两种：①淹灌，多用于畦田栽培的作物和蔬菜，灌水时使畦面形成水层，渗入土中，用水较少。没有畦田的大田淹灌称为漫灌，漫灌用水量大，如果地面不平，还易造成水土流失或水量的浪费。②沟灌，适用于北方宽行作物或垄作作物，如玉米、大豆、棉花等，利用垄沟进行灌水。地面灌溉在农业生产中简便易行，但对土壤结构破坏性大，一般耗水量都较多。

#### 2. 地下灌溉

地下灌溉又叫湿润灌溉，在地表以下一定距离埋设管道，水通过管道向四周渗透。这种灌溉节约用水，能根据作物需水要求及时供给水分。但因铺管成本太高，一时还难以推广使用。

#### 3. 喷灌

水由固定或移动式喷灌器的喷嘴喷出，不占用耕地面积，类似于人工降雨，不破坏土壤结构，节约用水，比较适合坡地和蔬菜使用。

#### 4. 滴灌

用埋入地下或设置于地面的塑料管（直径6～50mm）网，按时定量地向根系附近滴入水分，既可节约用水，又可保持行间相对干燥，抑制杂草生长。滴灌多用于果树和浅根密植的粮食作物。

土壤含水过多，使全部孔隙充水，会造成土壤通气不良，需要排水。土壤的排水量＝土壤的饱和含水量-田间持水量（表层土壤）。如果地下水位高时，土壤的排水量＝土壤的饱和含水量-毛管持水量。不同深度土层持水量和排水量的分配情况见图2-37。可见，排水量的多少和快慢与非毛管孔隙量和地下水位的高低有关。

土壤中的过多水分被排出对改善土壤的通气状况、降低热容量、提高土温有重要作用。排水的方式有明沟排水、暗沟排水和生物排水等，生产上用得较多的是明沟排水。此种排水方便简单，但占地较多，不利于合理利用资源。

## 二、耕作措施

耕作可以改善土壤的垒结状况和孔性。深厚的耕作层既有良好的保水性，又能协调土壤的水、气、热矛盾。生产实践中经常采用的耕作措施如下。

### （一）精耕细作

#### 1. 合理耕翻

正确的耕翻可以创造疏松深厚的耕作层。适宜的耕翻深度一般为：机耕 20～25cm，畜耕 18～20cm。耕翻可以使土壤容重降低 0.1～0.2g·cm$^{-3}$，孔隙度增加 3%～3.8%，持水量增加 20～70g·kg$^{-1}$。耕翻有利于吸收天然降水，减少地表蒸发，提高土壤抗旱抗涝能力。北方地区习惯于秋翻，有利于接纳雨雪、保墒、增加底墒以防春旱。

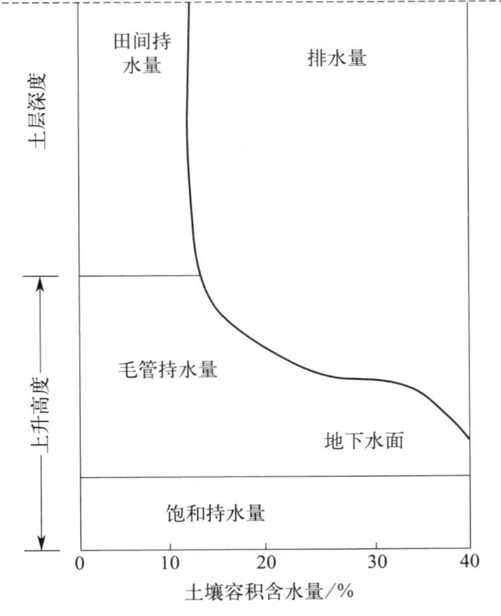


图 2-37 不同深度土层持水量和排水量的分配情况

#### 2. 耙耱整地

耙地和耱地指破碎耕后的土垡块，能起到疏松表层、平整地面、切断毛细管联系、减少水分蒸发的作用。耙耱以后除 0～10cm 表面的松土层水分降低外，整个土体含水量都有提高。

#### 3. 中耕

中耕松土可切断表层毛细管，使表土散墒变干后形成风干土层，既可减少土层内水分的蒸发，又增加了通气性。在雨季或土壤过湿的低洼地进行中耕，可以增加土壤通气性和透水性，减少地面径流，还可以提高土温。中耕可对土壤水、气、热起到协调作用。

#### 4. 镇压

在湿润情况下镇压，可加强毛细管作用，促进水分蒸发。在土壤过于疏松时播种后镇压，可使种子和土壤更好地接触，有利于种子对水分的吸收。

### （二）合理轮作

实行与土壤、气候条件相适应的轮作倒茬，是用养相结合的重要方法。正确的轮作倒茬可使土壤中的水分、养分得到合理的利用。不同的作物吸收养分和水分的深度、利用的营养成分的种类和数量、遗留的根量均有不同。因此，在生产实践中，应利用作物与土壤肥力各因素之间的关系，因地制宜地采取各种轮作、套作、间作。如小麦生长前期需水最多，遇干旱最易受害，应安排在底墒较好的茬口上（如绿肥半休闲地、玉米和马铃薯前茬等）。小麦底墒最差，可用来种植玉米、大豆、马铃薯等中耕作物，这些作物生长前期需水较少，这就可以使土壤中的水分得到充分的利用。

土壤水分、空气和热量状况是土壤肥力中密切相关的三个因素，其中尤以水与空气的动态变化最为活跃。它们同处在土壤孔隙中，在容积上互为消长，由此影响土壤温度和养分状况的变化。当通过耕作等措施造成一定的孔隙状况以后，水往往是控制其他因素的主导因素。因此，在生产实践中可通过灌溉和水分管理，积极地干预土壤温度、通气状况和养分的释放，即以水来调节肥、气、热等肥力因素，使之最大限度地满足作物生长发育的要求。

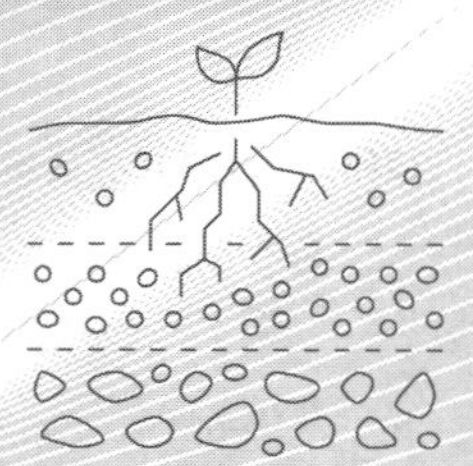

# 项目三　土壤养分及管理技能

土壤养分主要指由土壤提供的植物生活所必需的营养元素，是土壤肥力的重要物质基础，也是评价土壤肥力水平的重要内容之一。生物体内含有的元素有90余种，已发现植物生长所需的元素有22种，它们是碳、氮、氧、氢、磷、钾、钙、镁、硫、铁、锰、钼、锌、铜、硼、氯、镍、钴、钒、钠、硒和硅。其中碳、氢、氧主要来源于大气和水，其余的元素被称为矿质元素，来自于土壤。前17种元素为所有植物所必需的元素（必需元素），后5种元素为一些植物所必需的元素（有益元素）。氮、磷、钾为植物营养三要素或肥料三要素，钙、镁、硫属于中量元素，其余矿质元素为微量元素。每种养分元素在土壤中都有不同的形态和各自的转化过程。

各养分元素每年在土壤中如何变化必然取决于两个方面：①土壤中这一养分元素的含量和组成，它是转化的物质基础；②影响养分转化的土壤条件，主要是土壤的水、热、空气状况和土壤的pH和$Eh$，这些是转化的条件。作物生长发育中对土壤养分的要求有其遗传特征，也取决于其生物学特性，土壤养分状况一般是不能完全满足作物在不同生长时期的需求的。二者间的差距就是利用施肥、排灌、耕作等栽培措施，控制土壤对作物供给养分（或营养条件）的依据。在调节土壤的养分状况上，施肥是重要手段，它是提供养分和养分转化的物质基础，同时，调节土壤的水、热、空气、pH、$Eh$等条件也同样重要，因为它们是土壤养分转化的环境条件，实现作物高产优质和养分资源的高效利用，两方面缺一不可。

## 任务一　土壤中的氮素

### 一、土壤中氮素的含量及形态

氮素是作物必需的三大营养元素之一，氮在植物生长过程中占有重要地位，它是植物蛋白质的主要成分。氮肥对于作物的增产起着重要的作用，对改善产品品质也有明显作用，是目前应用最多的化学肥料。

#### （一）土壤氮素的含量

据估计，地球上约有$1.972\times10^{23}$t氮，其中99.78%存在于大气中和有机体内，成土母质中不含氮。我国土壤全氮含量变化很大，据对全国2000多个耕地土壤的统计，其变幅为$0.4\sim3.8g\cdot kg^{-1}$氮，平均值为$1.3g\cdot kg^{-1}$氮，多数土壤氮含量为$0.5\sim1.0g\cdot kg^{-1}$。不同地区的不同土壤中氮的含量不同，同一地区表层土壤含氮量远比心土和底土的含氮量高。我国不同地区耕层土壤的全氮含量见表3-1。我国一些土壤剖面的含氮量见表3-2。土壤中氮素的含量与气候、地形、植物、成土母质及农业利用的方式、年限等因素有关。

表 3-1 我国不同地区耕层土壤的全氮含量

| 地区 | 利用情况 | 全氮含量/(g·kg$^{-1}$) | 地区 | 利用情况 | 全氮含量/(g·kg$^{-1}$) |
|---|---|---|---|---|---|
| 东北黑土区 | 旱地 | 1.50～3.48 | 长江中下游地区 | 旱地 | 0.50～1.15 |
| | 水田 | 1.50～3.50 | | 茶园 | 0.60～1.08 |
| 蒙新地区 | 旱地 | 0.52～1.95 | | 水田 | 0.80～1.88 |
| 华南、滇南区 | 旱地 | 0.70～1.83 | 华中红壤区 | 旱地 | 0.60～1.19 |
| | 胶园 | 0.60～1.56 | | 茶园、橘园 | 0.67～1.00 |
| | 水田 | 0.80～2.06 | | 水田 | 0.70～1.79 |
| 黄淮海地区 | 旱地 | 0.30～0.99 | 西南地区 | 旱地 | 0.36～1.33 |
| | 水田 | 0.40～0.94 | | 水田 | 0.61～1.92 |
| 黄土高原区 | 旱地 | 0.40～0.97 | 青藏地区 | 旱地 | 0.52～2.66 |

表 3-2 我国一些土壤剖面的含氮量

| 草甸黑土(黑龙江) | | 黄棕壤(南京) | | 黄壤(四川) | | 红壤性水稻土(广东) | |
|---|---|---|---|---|---|---|---|
| 深度/cm | 全氮含量/% | 深度/cm | 全氮含量/% | 深度/cm | 全氮含量/% | 深度/cm | 全氮含量/% |
| 0～12 | 0.69 | 0～5 | 0.14 | 0～6 | 0.25 | 0～15 | 0.159 |
| 12～22 | 0.29 | 10～20 | 0.08 | 6～15 | 0.083 | 15～40 | 0.092 |
| 28～36 | 0.11 | 30～40 | 0.04 | 15～25 | 0.053 | 40～70 | 0.052 |

资料来源:中国科学院南京土壤研究所,1980

## (二)土壤中氮素的形态

土壤中氮素的形态可分为无机态氮、有机态氮两种(图 3-1),土壤空气中存在的氮素一般不计算在土壤氮素之内。

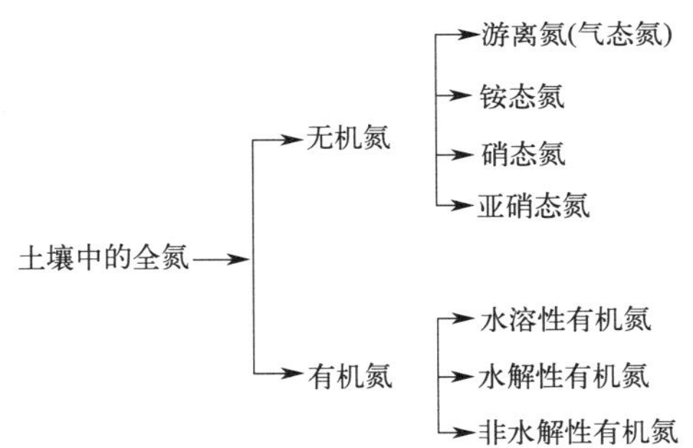


图 3-1 土壤中氮素的主要形态

### 1. 无机氮

无机氮也称矿质氮,土壤中未与有机碳结合的含氮化合物包括铵态氮、硝态氮、亚硝态氮和游离氮。土壤中无机氮一般只占土壤全氮量的 1%～2%,不超过 5%。土壤无机氮是直接施入土壤中的化学肥料或各种有机肥料在土壤微生物的作用下经过矿化作用转变成的,是土壤中氮素的速效部分,易被植物吸收利用,也易挥发和流失,所以其含量变化很大。其中游离氮一般是指存储在土壤水溶液中游离的氨气,以分子态存在;铵态氮是指在土壤中以铵离子($NH_4^+$)形式存在的氮,可分为土壤溶液中的铵,交换性铵和黏土矿物固定态铵;硝态氮是指以硝酸根($NO_3^-$)形式存在的氮;亚硝态氮是指以亚硝酸根($NO_2^-$)形式存在的氮。由此可见,土壤中的无机氮主要是铵态氮和硝态氮两部分。土壤溶液中的铵、交换性铵和硝态氮因能直接被植物根系所吸收,常被总称为速效氮。

### 2. 有机氮

土壤有机质结构中结合的氮被称为土壤有机氮。有机氮是土壤中氮的主要形态,一般占土壤全氮量的98%以上，按其溶解和水解的难易程度可分为水溶性有机氮、水解性有机氮和非水解性有机氮三类。水溶性有机氮主要包括一些结构简单的游离氨基酸、铵盐及酰氨类化合物，一般占全氮量的5%以下，是速效氮源；水解性有机氮用酸、碱或酶处理能水解成简单的易溶性氮化合物，占全氮量的50%～70%，主要包括蛋白质类（占土壤全氮量的30%～50%）、核蛋白类（占全氮量的20%左右）、氨基糖类（占全氮量的7%～18%）以及尚未鉴定的有机氮等，经微生物分解后，均可成为作物氮源；非水解性有机氮是结构极其复杂，不溶于水，用酸碱处理也不能水解的一类含氮有机物质，主要有胡敏酸氮、富里酸氮和杂环氮等，其含量约占土壤全氮量的30%～50%。在作物生长过程中，通过有机态氮矿化作用释放出来的氮是作物重要的氮素来源，因此，土壤有机氮在作物氮素营养中起着很大的作用。

## 二、土壤中氮的来源

耕作土壤氮素的来源主要是施肥、生物固氮、大气尘降、降雨和灌溉等几个方面。

### （一）施入的含氮肥料

持续施用有机肥对提高土壤的氮储量、改善土壤的供氮能力有重要作用，但仅以有机肥形式返还土壤氮素，难以满足作物生长的需要。化肥成为现代农业中氮的重要来源，据统计，2018 年我国化学氮肥的年使用量已超过 $2.0\times10^7$t，占世界氮肥年使用量的 1/4 以上。化学氮肥用量增加对促进我国农业生产的发展发挥了积极作用，但同时也带来面源污染、土壤酸化等环境问题。

### （二）分子氮（$N_2$）的生物固定

生物固氮是大气氮进入土壤的重要途径。据估计，全球生物固氮量每年可达 $1.22\times10^8$t，远远超过人们使用的化肥中的氮量，所以生物固氮作用在自然界氮循环和农业生产中都具有重要的意义。

土壤中生存的一些特定类型的细菌，能够直接利用土壤空气中的分子态氮，同化为自身所需的氮源，这些细菌死亡后，又被其他微生物分解，氮素又被释放出来，在土壤中不断累积。土壤固氮菌可分共生和自生（非共生）两种类型，共生固氮菌固氮数量与作物种类、生长阶段和土壤环境状况有关，豆科作物固氮量约相当于全部生物学产量中含氮量的 2/3，或相当于地上部的含氮量。以紫云英为例，如每公顷产草量为 $1.5\times10^4$～$2.25\times10^4$kg，植物含氮量为0.45%，则根瘤菌每公顷的固氮量为45～67.5kg。好氧自生固氮菌的固氮量一般都不高，在温带耕地土壤中每年的固氮量仅为 7.5～45kg·$hm^{-2}$。热带林地固氮量较多，每年为75～225kg·$hm^{-2}$，草地为45～112.5kg·$hm^{-2}$。厌氧自生固氮菌的固氮能力不如好氧固氮菌强，固氮量不足好氧固氮菌的一半，但它在水田中对土壤氮素的补给有重要意义。

### （三）雨水和灌溉水带入的氮

土壤中的含氮量与大气圈和水圈有密切关系。大气中含氮体积为78.1%，含氮质量为75.5%，每平方厘米土面上覆盖的大气层含氮量达755g。在空中，雨滴形成时可溶解一些氮的氧化物，如 $NO_2$、$N_2O$、NO 和 $NH_3$，它们随降水进入土壤。平均降雨 1000mm，可给每公顷土壤带来氮 1.5～10.5kg。另外，沙尘等干沉降物质中的氮素也可增加土壤氮素含量。

无论是水田还是旱田，灌溉水的补给也是氮素的一个来源。随灌溉水被带入土壤的氮主要是硝态氮，其数量因地区、季节而异。富含氮的地下水上升时，也使土壤的含氮量增加。

此外，动植物、微生物残体及其排泄物也能为土壤提供氮素。

## 三、土壤中氮的转化

土壤氮素转化的途径，主要包括有机态氮矿化作用、矿质态氮的固定与损失。

### (一) 矿化过程

从有机态氮转化为无机态氮的过程被称为有机氮的矿化作用，是氮素形态转化中最基本的环节。矿化过程中最先产生的无机氮，一般以氨（$NH_3$）为主，因此也将矿化作用称为氨化作用，然后再转化为 $NO_2^-$ 和 $NO_3^-$。土壤中的氮素约有 50%以上存在于腐殖质类化合物中，约有 30%以蛋白质存在，腐殖质和蛋白质等含氮化合物都是迟效态养分，需在微生物的作用下，逐步降解产生各种氨基酸。

氨基酸经过氨化作用，分解生成氨，可简单表示如下：

$$R—NH_2+HOH\xrightarrow[\text{水解}]{\text{酶}}R—OH+NH_3+\text{能量}$$

氨溶解于水变成铵盐。铵盐在土壤中氧化，又可转化为硝酸盐，该过程被称为硝化过程。

$$2NH_4^++3O_2\xrightarrow[\text{氧化}]{\text{酶}}2NO_2+2H_2O+4H^++\text{能量}$$

$$2NO_2^-+O_2\xrightarrow[\text{氧化}]{\text{酶}}2NO_3^-+\text{能量}$$

铵盐和硝酸盐是土壤中常见的两种无机氮化合物，也是主要的速效氮素养分。当土壤有机质含量高和施用有机肥多，又处于水分充足、温度较高的条件下时，氨化作用旺盛，土壤中释放的铵态氮数量较多。一般在土温较高、通气良好、水分适宜的情况下，土壤硝化作用旺盛。硝化作用对土壤条件的要求比氨化作用严格得多，当土壤中氧的含量降到 2%以下，或土壤水分增加到田间持水量以上时，硝化作用速度突然下降。硝化作用最适宜温度为 25～35℃，如果温度下降至 10℃，氨化作用的速度为 25℃时的 20%。硝化作用最适宜的土壤酸碱度为微碱至微酸性。当土壤 pH 值小于 5 时，硝化作用受到很大抑制；当 pH 值超过 8.5 时，硝酸细菌的活性受到抑制，亚硝酸盐趋向于累积。

### (二) 氮的固定

在有机氮矿化作用的同时，土壤中还进行着与它相反的另一个转化过程，即氮的固定作用，包括生物固定与化学固定。

#### 1. 生物固定

矿化作用产生的铵态氮、硝态氮和某些简单的氨基态氮通过微生物和植物的吸收同化，成为生物有机体的组成部分，被称为无机氮的生物固定。形成的新的有机态氮化合物，一部分作为产品从农田中输出，而另一部分和微生物的同化产物一样，再一次经过有机氮氨化和硝化作用，进行新一轮的土壤氮循环。从土壤氮素循环的总体来看，微生物对速效氮的吸收同化，有利于土壤氮素的保存和周转。

#### 2. 化学固定

土壤中有机成分和无机成分均可固定铵，使之成为高等植物甚至微生物较难利用的状态。它们的机制是各不相同的。

(1) 黏粒矿物对铵的固定

离子直径大小与 2∶1 型黏土矿物晶架表面孔穴大小接近的铵离子（$NH_4^+$）陷入晶架表

面的孔穴内，暂时失去它的生物有效性，转变为固定态铵的过程，被称为铵离子的矿物固定。这种固定作用在以蛭石、半风化的伊利石和蒙脱石黏粒为主的土壤中尤其多见。矿物固定态铵离子的含量与土壤中其他交换性阳离子的种类及含量有关，尤其与钾离子的含量关系密切。土壤的干湿交替、酸碱度等对铵离子的矿物固定或固定态铵的释放也有直接的影响。

（2）有机质对铵的固定

铵态氮在土壤中与有机质作用，形成抵抗分解的化合物，即铵被有机质所固定。这一固定的机制尚未明晰。有人认为铵与芳香族化合物和醌会发生反应，在有氮存在且 pH 值小时，这一反应进行得极快。

上述两种固氮作用，使土壤速效氮肥避免流失，但是固定态氮重新释放的过程很缓慢，不利于植物的吸收。因此，在农业生产上采用耕耙、晒垡、熏土等措施促进氮的转化，增强土壤氮素的供应。

## （三）氮素的损失

氮素可以通过各种转化和移动过程离开土壤-植物系统，从而带来氮肥施用的经济损失和环境受不良影响的风险。因此采取各种技术手段以减少氮素损失，是农业氮素管理的中心工作之一。

氮素损失程度与土壤性质、作物种类、氮肥种类和施用方法以及施肥前后的气象条件关系密切。对我国农田生态系统的研究表明，化肥氮素损失多在 30%～70%，有机肥氮素的损失一般明显低于化肥氮素的损失。

土壤氮素损失的途径主要有气态氮的散失和硝态氮的淋失，其中气态氮的散失又存在多种途径，它们之间有密切关系。各种途径损失的数量占总损失量的比例受多种因素的影响。在多数情况下，以反硝化和氨挥发为主。

### 1. 气态氮的散失

（1）反硝化作用

反硝化作用是硝态氮还原的一种途径，即 $NO_3^-$ 在嫌气条件下，经生物、化学反硝化被还原为气态氮（$N_2$ 或 $N_2O$）的过程，也称脱氮作用（图 3-2）。反硝化作用包括生物反硝化和化学反硝化。生物反硝化作用分两步进行，先将硝酸盐还原成亚硝酸盐，然后将亚硝酸盐还原成气态氮。参与反应的微生物分别是硝酸盐还原细菌和反硝化细菌。土壤中反硝化作用的强弱，主要取决于土壤通气状况、pH、温度和有机质含量，通气性的影响最为明显。化学反硝化作用指土壤中的亚硝态氮经过一系列纯化学反应，形成气态氮（$N_2$、$N_2O$ 和 NO）的过程。反硝化及其他过程产生的 $N_2O$ 是一种重要的温室效应气体。大量施用 $NH_3$ 或铵态氮肥（如液态氨、碳铵和尿素等）且土壤呈强碱性时，土壤会累积大量的 $NO_2^-$。$NO_2^-$ 的积累会对植物产生毒害，也会通过化学反硝化导致氮素的气体损失。

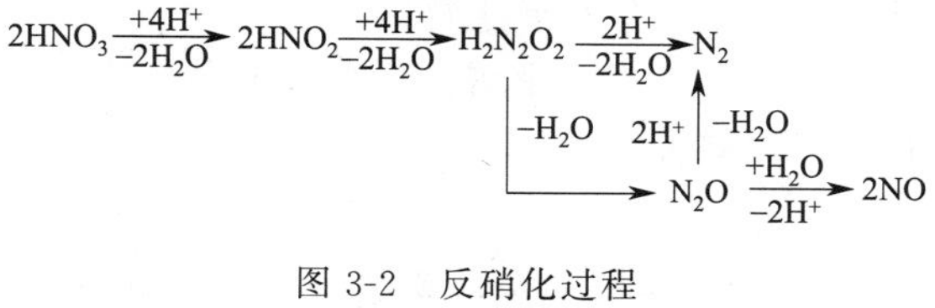

$$2HNO_3 \xrightarrow[-2H_2O]{+4H^+} 2HNO_2 \xrightarrow[-2H_2O]{+4H^+} H_2N_2O_2 \xrightarrow[-2H_2O]{2H^+} N_2$$

$$H_2N_2O_2 \xrightarrow{-H_2O} N_2O \xrightarrow[-H_2O]{2H^+} N_2$$

$$N_2O \xrightarrow[-2H^+]{+H_2O} 2NO$$

图 3-2 反硝化过程

（2）铵盐与土壤碱性物质作用产生气态氮

$$(NH_4)_2SO_4 + CaCO_3 \longrightarrow (NH_4)_2CO_3 + CaSO_4 \longrightarrow 2NH_3\uparrow + H_2O + CO_2\uparrow + CaSO_4$$

(3) 挥发性氮肥的自身分解

气态氮散失的强弱受土壤性质和环境条件的影响。凡土质黏重、腐殖质含量多、水分含量适当、石灰等碱性物质含量少的土壤，氮的挥发较少，反之，挥发氮增多。高温和风能会加速氮的挥发，所以氮肥深施、复土，可以减少损失。有些地方使用氮肥增效剂，如2-氯-6-三氯甲基吡啶、3-氨基-6-氯-4-甲基吡啶、硫脲等，以抑制硝化细菌的活动，降低土壤中的硝化作用，因而反硝化过程受到抑制，对提高氮肥利用率有一定的效果。

2. 硝态氮的淋失

硝态氮是阴离子，不易被土壤胶体吸附，另外硝酸盐溶解度大，易溶于水随水淋失。硝态氮淋失的数量与强度和气候、土壤条件以及耕作栽培措施有关。在多雨地区，尤其是暴雨产生径流，或是灌溉频繁且氮肥用量大的地块（如蔬菜地），淋失极为严重。例如，据施肥水平高的荷兰的统计资料，全国每公顷淋失30多千克氮素，占施肥量的10%以上。其中，砂质土壤的氮淋失量占氮肥用量的15%，黏质土壤的淋失量占肥料氮的4%。

近年来，我国各地由于无机氮肥施用量增加，硝酸盐淋失量也随之增加。有些地方应用氮肥缓效剂，如草酰二氨及乙醛缩氨基脲等包被氮肥，以减少氮肥溶解度，不仅可使氮肥供应缓慢，也能提高其肥效。此外改进施肥措施，如采用制成球肥等办法，也可减少氮素淋失，确保其持续提供肥效。

# 任务二 土壤中的磷素

## 一、土壤中磷素的含量及形态

### （一）土壤中磷的含量

我国土壤磷的含量很低，土壤全磷含量（$P_2O_5$）在$0.3 \sim 3.5g \cdot kg^{-1}$之间，变幅相当大，有明显的地域分布规律。就全国主要土类而言，南岭以南的砖红壤类型的土壤全磷含量最低，其次是华中地区的红壤，东北地区和由黄土性沉淀物发育的土壤含磷量较一般土壤高，耕作土壤的全磷含量变幅更大，除主要受其原来土壤类型的影响外，还受耕作制度和施肥情况的影响。

### （二）土壤中磷的形态

土壤含磷化合物种类繁多，根据其化学结构，分为无机磷和有机磷两种形态。不同土壤中无机磷和有机磷的含量及其所占的比例差异很大，有机磷含量可占土壤全磷含量的20%～80%，大多数土壤无机磷占土壤全磷含量的50%以上，特别是耕作土壤，超过70%的磷为无机磷。

1. 无机磷化合物

土壤中无机态磷种类较多，成分较复杂，大致可分为3种形态，即水溶态、吸附态和矿物态。

(1) 水溶态磷

土壤溶液中磷浓度依土壤pH、磷肥施用量及土壤固相磷的数量和结合状态而定，含量一般在0.003～0.3mg/L之间。在土壤溶液pH范围内，磷酸离子有3种解离方式。

$$H_3PO_4 \rightleftharpoons H^+ + H_2PO_4^-, pK_1 = 2.12$$

$$H_2PO_4^- \rightleftharpoons H^+ + HPO_4^{2-}, pK_2 = 7.20$$

$$HPO_4^{2-} \rightleftharpoons H^+ + PO_4^{3-}, pK_3 = 12.36$$

不同 pH 下，3 种磷酸离子 $H_2PO_4^-$、$HPO_4^{2-}$、$PO_4^{3-}$ 浓度分布的相对比例如图 3-3，在一般土壤 pH 范围内，磷酸根离子以 $H_2PO_4^-$ 和 $HPO_4^{2-}$ 为主，pH 在中性附近（$pK_2 = 7.2$）时，两种磷酸根离子浓度约各占一半。pH<7.2 $H_2PO_4^-$ 为主，pH>7.2 以 $HPO_4^{2-}$ 居多。由于植物根际微域内的土壤 pH 呈酸性较多，故植物对磷素的吸收主要以 $H_2PO_4^-$ 形式。水溶态磷除解离或络合的磷酸盐外，还有部分聚合态磷酸盐以及某些有机磷化合物。各种成分的含量受其稳定常数、pH 值及相应的溶液浓度的支配。

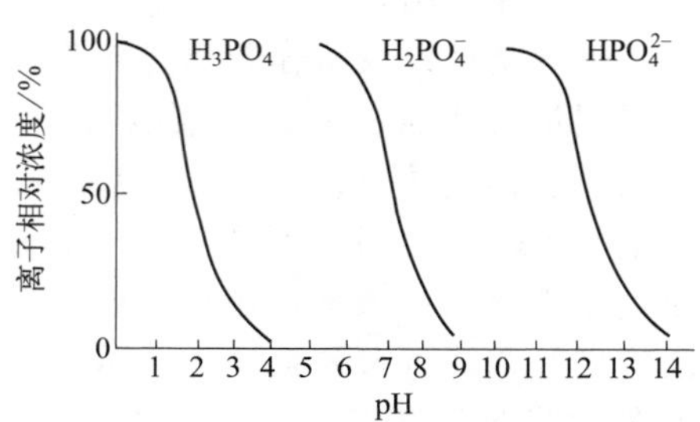


图 3-3 不同 pH 下各种磷酸离子的分布

（2）吸附态磷

吸附态磷指通过各种作用力（库仑力、分子引力、化学键等）被土壤固相表面吸附的磷酸根或磷酸阴离子，其中以离子交换和配位体交换吸附为主。

土壤黏粒矿物对磷酸阴离子的交换吸附是指磷酸阴离子（主要是 $H_2PO_4^-$ 和 $HPO_4^{2-}$）与黏土矿物上吸附的其他阴离子如 $OH^-$、$SO_3^-$、$F^-$ 等的互相交换，例如 Fe、Al 氧化物表面 $OH^-$ 和磷酸阴离子的交换，如图 3-4。

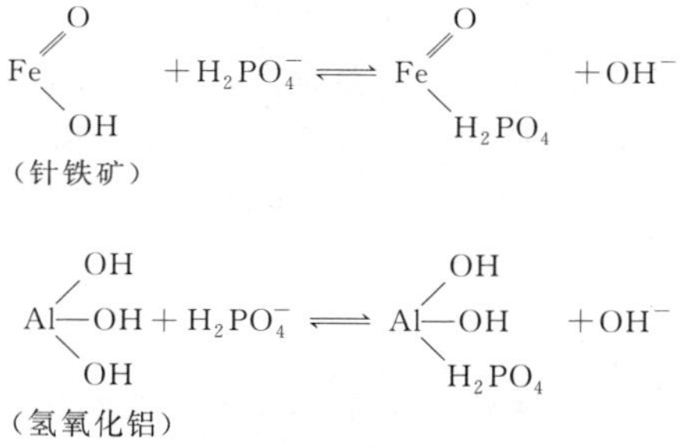

$$Fe(=O)(-OH) + H_2PO_4^- \rightleftharpoons Fe(=O)(-H_2PO_4) + OH^-$$

（针铁矿）

$$Al(-OH)(-OH)(-OH) + H_2PO_4^- \rightleftharpoons Al(-OH)(-OH)(-H_2PO_4) + OH^-$$

（氢氧化铝）

图 3-4 磷酸阴离子的离子交换吸附

根据这一反应可知，磷酸阴离子与黏粒矿物表面羟基交换产生 $OH^-$，从而提高溶液的 pH。以铁、铝氧化物为例，其中 $Fe^{3+}$ 和 $Al^{3+}$ 为电子接受体，配位体为羟基（—OH）或水合基（—$OH_2$），配位体的活性较大，易被磷酸阴离子和其他配位体所取代，反应式如图 3-5。

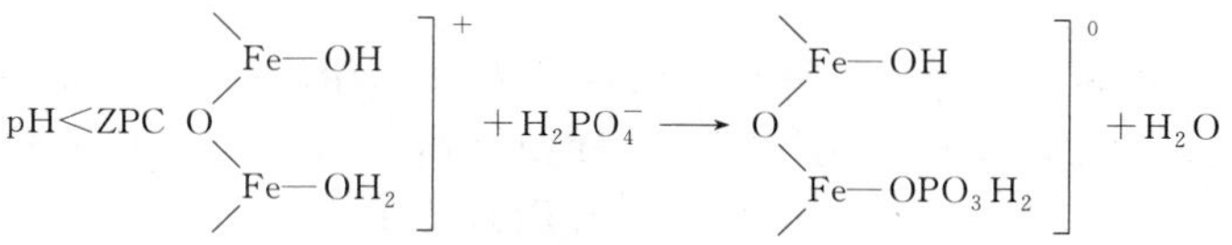

$$\text{pH<ZPC}\quad \left[\begin{matrix} \text{Fe—OH} \\ \text{O} \\ \text{Fe—OH}_2 \end{matrix}\right]^+ + H_2PO_4^- \longrightarrow \left[\begin{matrix} \text{Fe—OH} \\ \text{O} \\ \text{Fe—OPO}_3\text{H}_2 \end{matrix}\right]^0 + H_2O$$

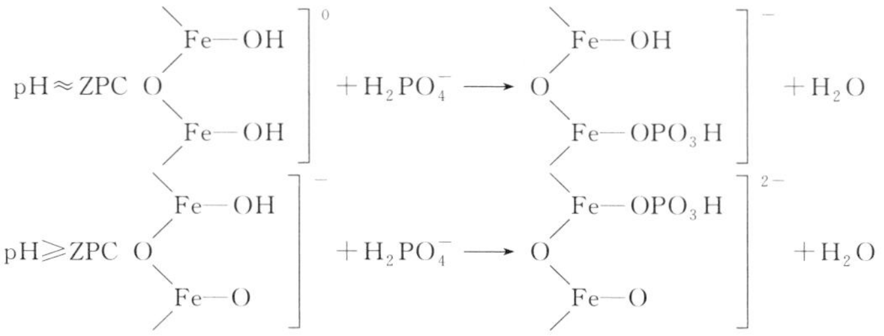

$$pH\approx ZPC\quad \left[ O\begin{matrix} \diagdown Fe-OH \\ \diagup Fe-OH \end{matrix} \right]^{0} + H_2PO_4^- \longrightarrow \left[ O\begin{matrix} \diagdown Fe-OH \\ \diagup Fe-OPO_3H \end{matrix} \right]^{-} + H_2O$$

$$pH\geqslant ZPC\quad \left[ O\begin{matrix} \diagdown Fe-OH \\ \diagup Fe-O \end{matrix} \right]^{-} + H_2PO_4^- \longrightarrow \left[ O\begin{matrix} \diagdown Fe-OPO_3H \\ \diagup Fe-O \end{matrix} \right]^{2-} + H_2O$$

图 3-5 磷酸阴离子的配位体交换吸附

酸性土壤吸附磷最重要的是黏土矿物为铁铝氧化物及其水化氧化物。石灰性土壤的方解石对磷酸阴离子的吸附也常见，即碳酸钙对磷的吸附，如下述方式：

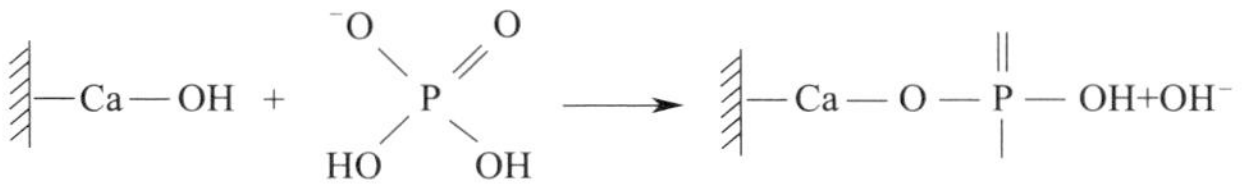

$$\text{—Ca—OH} + {}^{-}O\diagdown P(=O)(HO)(OH) \longrightarrow \text{—Ca—O—}\overset{\|}{\underset{|}{P}}\text{—OH} + OH^-$$

这也是配位交换，其原理与图 3-5 类似。磷酸阴离子先吸附在方解石的表面，然后缓慢地转化为磷酸钙化合物；也可能先在溶液中形成磷酸钙化合物，然后沉积于方解石的表面。

磷酸阴离子与一个羟基交换吸附被称为单键吸附，与 2 个或 2 个以上的羟基交换吸附被称为双键或三键吸附。磷酸阴离子从单键到双键、三键吸附的吸附能越来越大，磷有效性则越来越小。

吸附与解吸处于平衡状态，当溶液中磷被移走（植物吸收）时，吸附态磷释放到溶液中，其释放量多少和难易取决于表面的吸附饱和度、吸附类型、吸附点位吸附结合能的大小。吸附饱和度越大，吸附态磷的有效度越高。

（3）矿物态磷

土壤无机磷几乎 99%以上以矿物态形式存在。石灰性土壤中主要是磷酸钙盐（磷灰石），酸性土壤以磷酸铁盐和磷酸铝盐为主。

磷灰石可写成 $Ca_5X(PO_4)_3$，其中 X 代表阴离子 $F^-$、$Cl^-$ 或 $OH^-$，有时还代表 $CO_3^{2-}$ 和 $O^{2-}$。土壤中的磷灰石主要有：①氟磷灰石 [$Ca_5(PO_4)_3F$]。由原生矿物遗留，稳定性特别大，溶解度小，其他磷灰石可能向氟磷灰石转化。②羟基磷灰石 [$Ca_5(PO_4)_3OH$]。土壤中羟基磷灰石最多，其除了氟磷灰石的同晶置换外，还可以由沉淀的磷酸二钙和磷酸三钙转化而成。③碳酸磷灰石。由于磷灰石中有碳酸根而得名。碳酸磷灰石是否可作为单独的化合物存在还没有定论。土壤中的磷灰石通常以 3 种类型的混合物或中间产物存在，单独存在某一种磷灰石的土壤是很难找到的。除磷灰石外，土壤中还有很多种磷酸钙化合物，如磷酸二钙（$CaHPO_4$）、磷酸三钙 [$Ca_3(PO_4)_2$]、磷酸八钙 [$Ca_8H_2(PO_4)_6$] 及其系列的水化物。

酸性土壤能形成数十种磷酸铁、铝矿，但主要的有磷铝石 [$Al(OH)_2H_2PO_4$] 和粉红磷铁矿 [$Fe(OH)_2H_2PO_4$]。其成分不是很固定，其中 Al 和 Fe 可以互掺，Fe、Al 和 $H_2PO_4$ 的比例随 pH 条件而改变。此外，在酸性土壤中还存在被水化氧化铁所包裹的磷酸矿物，性质与绿磷铁矿 [$Fe_2(OH)_3PO_4$] 相似，铁质化砖红壤中含量较丰富，又称闭蓄态磷。

### 2. 有机磷化合物

我国有机质含量 $20\sim30g\cdot kg^{-1}$ 的耕地土壤中，有机磷占全磷的 25%～50%。受严重侵蚀的南方红壤有机质含量常不足 1%，有机磷占全磷的 10%以下。东北地区的黑土有机质含量高达3%～5%，有机磷可占全磷的2/3。黏质土的有机磷含量要比轻质土多。土壤中有机磷化合物的形态组成主要包括以下3种。

（1）植素类

植素即植酸盐，由植酸（又称环已六醇磷酸）与钙、镁、铁、铝等离子结合而成。普遍存在于植物体中，植物种子中特别丰富。中性或碱性钙质土中，以形成植酸钙、镁居多，酸性土壤中以形成植酸铁、铝为主。它们在植素酶和磷酸酶作用下，分解脱去部分磷酸离子，为植物提供有效磷。植酸钙镁的溶解度较大，可直接被植物吸收。而植酸铁铝的溶解度较小，脱磷困难，生物有效性较低。土壤中的植素类有机磷含量由于分离方法不同，所得结果不一致，一般占有机磷总量的20%～50%。

（2）核酸类

核酸是一类含磷、氮的复杂有机化合物。土壤中的核酸与动植物和微生物中的核酸组成和性质基本类似。多数人认为土壤核酸直接由动植物残体，特别是微生物中的核蛋白分解而来。核酸磷占土壤有机磷的比例尚未统一，多数报道为1%～10%。核蛋白和核酸的分解如图3-6所示。

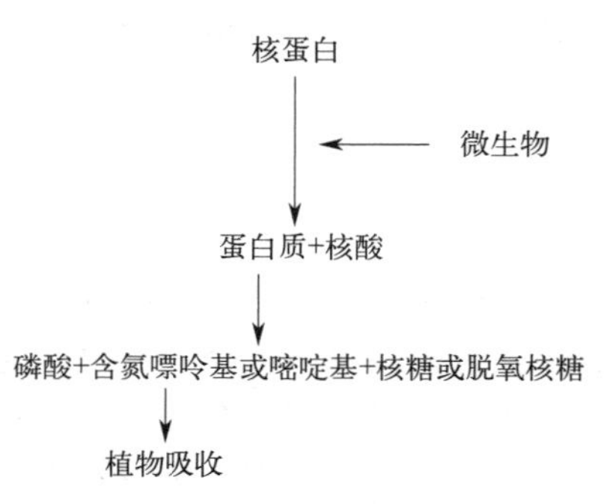

图3-6 核蛋白和核酸分解示意图

（3）磷脂类

磷脂是一类醇、醚溶性的有机磷化合物，普遍存在于动植物及微生物组织中。磷脂在土壤中的含量不高，一般约占有机磷总量的1%。磷脂类化合物容易分解，有的甚至可通过自然纯化学反应分解。简单磷脂类化合物水解后可产生甘油、脂肪酸和磷酸，复杂的如卵磷脂和脑磷脂在微生物作用下酶解产生磷酸、甘油和脂肪酸。

以上几种有机态磷的总量占土壤有机磷总含量的70%左右，土壤中还有30%左右的有机态磷尚不清楚，需要进一步研究。

土壤中有机磷的分解是生物作用过程，取决于土壤微生物的活性。环境适宜时，尤其温度条件适合微生物生长时，有机磷的分解矿化较快。春天土温低时植物的缺磷现象较常见，随天气转暖，植物缺磷消失，这可能是随土温上升，土壤微生物活性加大，有机磷的分解有所提高的原因。与此相反，在土壤的生物转化中无机磷可重新被微生物吸收组成其细胞体，转化为有机磷，称之为无机磷的生物固定。在土壤中这两个过程是同时存在的。

## 二、土壤中磷的转化

土壤中磷的转化包括磷的固定（无效化）和磷的释放，两个过程处于不断的变化之中（图3-7）。

### （一）土壤中磷的固定

#### 1. 化学固定

由化学作用所引起的土壤中磷酸盐的转化有两种类型：

① 中性、石灰性土壤中水溶性磷酸盐和弱酸溶性磷酸盐与土壤中水溶性钙镁盐、吸附性钙镁及碳酸钙镁作用发生化学固定。可用下式表示。

$$\text{磷酸一钙}\xrightarrow{\text{快}}\text{磷酸二钙}\xrightarrow{\text{慢}}\text{磷酸八钙}\xrightarrow{\text{慢}}\text{磷酸十钙}$$

② 在酸性土壤中水溶性磷和弱酸溶性磷酸盐与土壤溶液中活性铁铝或代换性铁铝作用生成难溶性铁、铝沉淀，如磷酸铁铝、磷铝石和磷铁矿等。

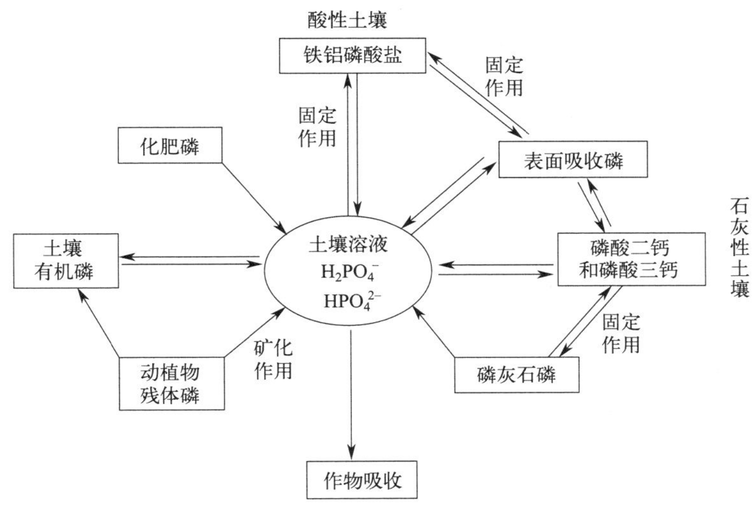


图 3-7　土壤中磷的转化

**2. 吸附固定**

土壤固相对溶液中磷酸离子的吸附作用被称为吸附固定，可分为非专性吸附和专性吸附。非专性吸附主要发生在酸性土壤中，由于酸性土壤 $H^+$ 浓度高，黏粒表面的—OH 质子化，经库仑力的作用，与磷酸离子产生非专性吸附（图 3-8）。

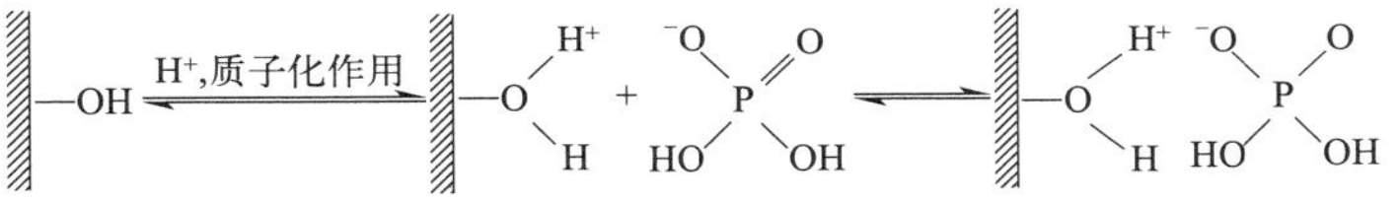

—OH　$H^+$,质子化作用　—O(H)(H$^+$)　+　$^-$O—P(=O)(HO)(OH)　⇌　—O(H)(H$^+$)　$^-$O—P(=O)(HO)(OH)

图 3-8　非专性吸附

铁、铝含量多的土壤易发生磷的专性吸附，磷酸离子与氢氧化铁、氢氧化铝、氧化铁、氧化铝的 Fe—OH 或 Al—OH 发生配位基团交换，称之为专性吸附（图 3-9）。

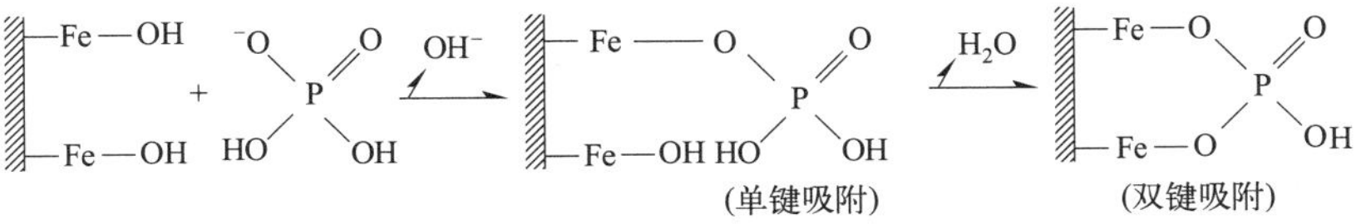

Fe—OH, Fe—OH　+　$^-$O—P(=O)(HO)(OH)　$\xrightarrow{OH^-}$　Fe—O—P(=O)(HO)(OH), Fe—OH（单键吸附）　$\xrightarrow{H_2O}$　Fe—O, Fe—O—P(=O)(OH)（双键吸附）

图 3-9　专性吸附

**3. 闭蓄态固定**

闭蓄态固定是指磷酸盐被溶解度很小的无定形铁、铝、钙等胶膜包蔽的过程或现象。在砖红壤、红壤、黄棕壤和水稻土中闭蓄态磷是无机磷的主要形式，占无机磷总量的 40%以上，这种形态的磷很难被植物利用。

**4. 生物固定**

当土壤有效磷不足时会出现微生物与作物争夺磷素营养的现象，因而发生磷的生物固定。磷的生物固定是暂时的，当生物被分解后，磷又可被释放出来供作物利用。

### （二）土壤中磷的释放

土壤中难溶性无机磷的释放主要依靠 pH、*Eh* 的变化和螯合作用。石灰性土壤中，在作物和微生物呼吸作用及有机肥分解所产生的 $CO_2$ 和有机酸的作用下，难溶性磷酸钙盐逐渐转化为有效性较高的磷酸盐（如磷酸二钙），甚至成为水溶性的磷酸一钙。

$$Ca_3(PO_4)_2 + H_2CO_3 \rightleftharpoons Ca_2(HPO_4)_2 + CaCO_3$$

$$Ca_2(HPO_4)_2 + H_2CO_3 \rightleftharpoons Ca(H_2PO_4)_2 + CaCO_3$$

$$Ca(H_2PO_4)_2 + 2H_2O \rightleftharpoons Ca(OH)_2 + 3H_3PO_4$$

植物、微生物和有机肥料分解时产生的螯合物，促使难溶性磷解体成为有效性磷。

$$CaX_2 \cdot Ca_3(PO_4)_2 + \text{螯合剂} \longrightarrow 2H_2PO_4^- + \text{Ca—螯合化合物}(X=OH\ \text{或}\ F)$$

$$Al(Fe)(H_2O)_3(OH)_2H_2PO_4 + \text{螯合剂} \longrightarrow H_2PO_4^- + \text{Al(Fe)—螯合化合物}$$

农业生产中常通过以下措施来提高土壤中磷的有效性：

**1. 调节土壤酸碱度**

土壤酸碱度是影响土壤固磷作用的重要因子之一，对酸性土壤，适当施用石灰可将其pH值调至中性（以pH6.5～6.8为宜），减少磷素的固定，提高土壤磷的有效性。

**2. 增加土壤有机质**

含有机质多的土壤，其固磷作用往往较弱，其原因除了有机质矿化能提供少量无机磷外，还有：①有机阴离子与磷酸阴离子竞争固相表面专性吸附点，从而减少了土壤对磷的吸附；②有机物分解产生的有机酸和其他螯合剂的作用，将部分固定态磷释放为可溶态；③腐殖质可在铁、铝氧化物等胶体表面形成保护膜，减少对磷酸阴离子的吸附；④有机质分解产生 $CO_2$ 溶于水形成 $H_2CO_3$，增加钙、镁、磷酸盐的溶解度。

**3. 土壤淹水**

土壤淹水后磷的有效性明显提高，这是由于：①酸性土壤pH值上升后可促使铁、铝形成氢氧化物沉淀，减少其对磷的固定，碱性土壤pH值下降能增加磷酸钙的溶解度；反之，若淹水土壤落干，将导致土壤磷素的有效性下降；②土壤氧化还原电位（$Eh$）下降，高价铁被还原成低价铁，低价磷酸铁的溶解度较高，磷的有效性提高；③包被于磷酸表面的铁质胶膜被还原，提高了闭蓄态磷的有效性。由此可推断，将旱田改为水田后，能提高土壤的磷素供应力。

# 任务三　土壤中的钾素

## 一、土壤中钾素的含量及形态

### （一）土壤中钾的含量

土壤钾素含量远远高于氮和磷，大体上是全磷含量和全氮含量的10倍，总体平均约为3%（$K_2O$）。土壤全钾量是各种形态钾含量之和，其中矿物钾占90%～98%，表明土壤中的钾大部分是植物难以利用的。总体趋势是风化强烈的土壤含钾量低于风化程度较弱的土壤，砂性土壤含钾量高于黏性土壤；从北到南，由西向东，我国土壤钾素含量有逐步降低的趋势，北方地区土壤平均含钾量一般2%，东北、内蒙古地区土壤平均含钾量可达2.6%，长江中下游水稻土，土壤钾含量可达1.7%；红黄壤地区土壤平均含钾量为1.2%；华南砖红壤地区，土壤钾平均含量仅为0.36%。不同耕作、施肥及土壤管理措施对土壤钾素含量也有影响。实行秸秆还田、施用草木灰，特别是施用化学肥料，对补充土壤钾素具有重要作用。

### （二）土壤中钾的形态

根据钾的活动性，土壤钾可分为几部分：水溶性钾、交换性钾、非交换性钾和结构钾。从植物营养的角度则可分为速效性钾（包括吸附于土壤颗粒表面的钾和溶液钾）、缓效性钾和矿物钾。土壤中钾的形态见表3-3。

表3-3　土壤中钾的形态

| 按化学形态 | 结构钾 | 非交换性钾 | 交换性钾 | 水溶性钾 |
|---|---|---|---|---|
| 按对植物有效性 | 矿物钾 | 缓效性钾 | 速效性钾 | 速效性钾 |
| 存在位置 | 长石、云母结构内 | 蒙脱石、蛭石的晶层内，黑云母和部分水合云母结构内 | 颗粒外表面 | 土壤溶液中 |
| 保持力 | 配位作用 | 晶间吸附、配位作用 | 静电引力 | 呈离子态 |

资料来源：《中国农业百科全书·农业化学卷》，1996。

#### 1. 水溶性钾

水溶性钾以离子形态存在于土壤溶液中，其含量在0.2～10.0mmol/L，，这种钾最易被植物吸收利用，是植物钾素营养的直接来源。由于在任何时刻，土壤溶液中的钾浓度都是极低的，所以从其他形态向土壤溶液补充钾，是决定土壤钾素肥力状况的极其重要的因素。土壤向土壤溶液中补充钾的能力取决于各种形态钾之间的转化和它们各自与土壤溶液平衡的特性。

#### 2. 交换性钾

吸附在胶体表面的钾离子，与水溶性钾保持动态平衡，无严格界限。一般含量在40～200mg·$kg^{-1}$，高者可超过300mg·$kg^{-1}$，低者有的不到10mg·$kg^{-1}$，相差悬殊。水溶性钾和交换性钾总称为速效性钾。交换性钾是土壤速效钾的主要来源，占土壤全钾含量的0.1%～2.0%。交换作用进行的强弱受交换性钾的吸附位置、黏土矿物种类、陪伴离子、钾饱和度等的影响。

#### 3. 非交换性钾

非交换性钾也称缓效性钾，主要是指三八面体层状硅酸盐矿物层间和黏粒边缘的一部分钾，这种形态的钾对植物的有效性显著降低，但在一定条件下可以缓慢释放，以供植物吸收利用。

#### 4. 结构钾

结构钾也叫矿物态钾，是指构成矿物晶格或深受结构束缚的钾，如长石和云母中的钾。这种形态的钾一般不能被作物吸收利用，只有经过长期的风化和分解后，才能逐渐转变为可被利用的形态。

土壤中各种钾的相对含量：速效性钾0.1%～0.2%，缓效性钾2%～8%，结构钾90%左右。它们可以相互转化，一方面是通过速效性钾的固定，另一方面是通过缓效性钾和结构钾的有效化。

$$\text{水溶性钾} \rightleftharpoons \text{交换性钾} \rightleftharpoons \text{缓效性钾} \rightleftharpoons \text{结构钾}$$

其中任何一种形态的钾发生变化，都会引起其他形态钾的变化。如作物吸收了速效性钾，缓效性钾便不断释放出来建立新的平衡。增施钾肥可增加土壤溶液中钾离子的浓度，这时又进行着相反的过程。部分水溶性钾转化为交换性钾，还有一部分钾被固定以建立新的动态平衡。

## 二、土壤中钾的转化

土壤中钾的转化包括钾的固定和钾的释放两个过程。

### （一）土壤中钾的固定

钾的固定是指水溶性钾或交换性钾转化为非交换性钾，不易被中性盐溶液提取，从而降低钾的有效性的现象。当土壤中速效性钾较多时，在一定条件下，如干湿交替、冻融交替等，代换性钾进入2∶1型黏土矿物晶胞间六角网穴中，在外力作用下，土壤干旱脱水引起收缩，$K^+$被陷入其中暂时失去被代换的自由，转化成缓效性钾暂时被固定。影响土壤钾素固定的因素主要有以下5个：

#### 1. 黏土矿物的类型

黏土矿物固钾能力排列顺序为2∶1型>1∶1型>水合氧化物$R_2O_3$型。在2∶1型矿物中，四面体电荷越多，固钾能力越大。

#### 2. 土壤水分条件

土壤干湿交替可导致固定态钾增多。干燥使土壤溶液浓度增加，$K^+$容易到交换位置上来，增加了其渗入层间孔穴的机会，晶层间收缩或闭合，$K^+$就能被吸持。若土壤再湿润，溶液中的钾离子还会有再渗入的机会。

#### 3. 土壤酸碱度

土壤pH降低或用酸处理土壤后，其固钾能力大大降低。这是因为酸化后土壤中的羟基铝离子及其聚合物占据了原来$K^+$的位置，使$K^+$无法进入层间孔穴。相反，在酸性土壤上施用石灰，可使其固钾能力提高几倍。

#### 4. 铵离子

铵离子（$NH_4^+$）的半径为0.148nm，与$K^+$接近，它同样能被2∶1型黏土矿物固定进入六角网穴中。在铵离子浓度低时，土壤吸附钾多于铵。当铵离子浓度达0.1mol/L后，铵离子的固定量多于钾。因此施铵态氮肥可使固钾量显著减少，还可能把晶层间的$Ca^{2+}$、$Mg^{2+}$等体积较大的离子代换出来，封闭钾离子进出的通道。

#### 5. 钾盐的种类和浓度

钾盐的种类和浓度对钾的固定也有显著影响。据报道，随着钾肥用量的增加，钾的固定量也明显增加。根据阴离子对钾素固定的报道，土壤对钾的氯化物、硫酸盐、碳酸氢盐的固定强度大致相似，而施加磷酸钾时，固定强度显著增高，这是由于$H_2PO_4^-$与黏粒矿物中的$OH^-$发生了交换作用，使黏粒矿物的电荷增加。

在土壤湿度不变的情况下，不同形态的钾盐在土壤中的固定能力为$K_2HPO_4$<$KNO_3$<KCl<$K_2CO_3$<$K_2SO_4$。在土壤干湿交替情况下，不同形态的钾盐在土壤中的固定能力为$K_2CO_3$<$K_2SO_4$<$KNO_3$<$K_2HPO_4$<KCl。

### （二）土壤中钾的释放

土壤中钾的释放，一般指土壤中缓效性钾转变为速效性钾，成为植物可以利用的形态的过程。土壤种类不同，它们释放钾的能力与特点各异，这主要与含钾矿物类型有关。黑云母易风化，钾的释放也较快；钾长石和白云母风化较慢，钾的释放也较慢。矿物含钾形态及释放能力见表3-4，可以看出，黑云母的供钾能力要比白云母和正长石高得多。用1mol·$L^{-1}$ $HNO_3$连续提取，可分别提取全钾的95.9%，23.1%和4.0%。幼苗试验结果也证明，播种30天的麦苗，从黑云母中吸取的钾占全钾的10.2%，从白云母中吸取的约占3.5%，从正长石吸取的占0.5%。固钾能力强的矿物释放钾的能力小。例如蒙脱石固钾能力不强，被固定的钾也易被释放出来；蛭石固钾能力强，被固定的钾的释放也较蒙脱石难；水云母则介于两者之间。土壤2∶1型黏粒矿物释放钾的顺序是蒙脱石>伊利石>贝得石>蛭石。

表 3-4　矿物含钾形态及释放能力

| 样品 | 全钾($K_2O$)/% | 缓效钾/($mg \cdot kg^{-1}$) | 速效钾/($mg \cdot kg^{-1}$) | $1mol \cdot L^{-1}HNO_3$ 提取 | | |
|---|---|---|---|---|---|---|
| | | | | 次数 | $K_2O$/% | 占全钾/% |
| 黑云母 | 8.54 | 1.03 | 48.5 | 17 | 8.19 | 95.9 |
| 白云母 | 10.34 | 1.35 | 62.5 | 19 | 2.39 | 23.1 |
| 正长石 | 8.58 | <0.1 | 8.0 | 8 | 0.34 | 4.0 |

研究证明，土壤中钾的释放主要是缓效性钾转变为速效性钾的过程，总的说来，缓效性钾的释放作用是非常缓慢的。当年种植作物的土壤，释放钾的速度较快，这可能是由于作物对钾的吸收扰乱了动态平衡，使部分缓效性钾转变为交换性钾。这也说明，只有土壤原本含有的交换性钾减少时，缓效性钾才被释放成为交换性钾。这种释放过程随着交换性钾水平下降的幅度变大而加剧，直到原来交换性钾含量水平恢复为止。一般说来，土壤缓效钾含量水平越高，其释放钾的数量越多，速度越快。因此，一些土壤学家建议以土壤中缓效钾含量作为土壤供钾潜力的指标。测定方法要点是用 $1mol \cdot L^{-1}HNO_3$ 浸提，消煮 10min，从浸提总量中减去水溶性钾和交换性钾，即为缓效钾的近似值，并以此作为合理施用钾肥的依据。

此外，干燥灼烧和冰冻对土壤中钾的释放有显著影响。一般湿润土壤通过高度脱水有促进钾释放的趋势，但如果土壤原含速效钾相当丰富，情况也可能相反。高温（>100℃）灼烧，例如烧土、熏土等，都能成倍地增加土壤中的速效钾。土壤经过灼烧处理，不仅缓效钾释放为速效钾，而且一部分封闭在长石等难风化矿物中的无效钾也分解转化为速效性钾。此外，冻结的影响，特别是冻融交替的作用，也能促进钾的释放。冻融交替可使晶格膨松，促进离子从晶格孔隙中被释放出来。

因此生产实践中，为了防止和减少钾的固定作用，促进土壤中钾的释放，钾肥以适当深施和集中施用于根系附近效果较好。如果施肥过浅，由于土壤湿度变化比较大，钾易被固定。此外增施有机肥料可以提高土壤吸附和保持交换性钾的能力，减少蒙脱石的胀缩现象，黏粒表面上有机胶膜的形成，也能减少钾的固定。有机质的分解过程中产生的 $CO_2$ 和有机酸，还可促进含钾矿物风化，提高供钾水平。

# 任务四　土壤中量元素

中量元素是农作物生长发育过程中需求量仅次于氮、磷、钾，高于微量元素的营养元素，占作物干物质的 0.1%～0.5%，通常指钙、镁、硫三种元素。

## 一、钙

钙是植物生长所必需的中量元素，能改变细胞壁和细胞膜的结构稳定性，可作为陪伴离子维持细胞阴阳离子和渗透压平衡，游离态钙参与第二信使传递，可快速调节植物应对各种生物和非生物胁迫与刺激。在地壳中，钙的丰度居第 5 位，其平均含量（Ca）为 3.64%，故大多数土壤的含钙量较高。在土壤中，钙的含量变化很大，可以从痕量至 4%以上，表土平均含钙量可达 1.37%，其主要受成土母质和成土条件的限制。沉积岩含钙量高，发育而成的土壤通常含钙量也高；酸性岩含钙量少，发育而成的土壤含钙量低。在湿润地区，淋溶强烈，土壤含钙量多在 1%以下；在干旱和半干旱地区，淋溶较弱，土壤含钙量多在 1%以上。在土壤中，钙可以分为矿物态、交换态和土壤溶液中的钙 3 种形态。土壤溶液中的钙和交换态钙是作物可以吸收利用钙的主要形态，两者合称有效钙，其含量常用 1mol/L 的中性盐（如 $NH_4OAc$ 或 KCl）提取测定。与溶液中其他阳离子一样，交换态和溶液中的钙总是处于吸附与解析的动态平衡过程中。影响土壤钙有效性的主要因素有：土壤全钙含量、土壤质地和阳离子交换量（CEC）、土壤酸度和盐基饱和度、土壤胶体种类和其他离子等。如在酸性砂质土壤中，CEC 低，有效钙的含量也较低，植物容易缺钙；当土壤中大量存在一价代换性盐基离子（如 $K^+$、$Na^+$ 等）时，会显著抑制交换性钙的有效性，因此，生产上大量施用含一价盐基离子的肥料（如氯化钾）时，应注意补充含钙肥料。

在农业生产中，首先应根据土壤的性质确定钙肥的施用量，土壤酸性强，活性铝、铁、锰的浓度高，质地黏重，耕作层厚时可选用中和土壤酸度最强的生石灰含钙肥料，并适当加大用量；旱地的钙肥用量应高于水田，坡度大的上坡地要适当高于下坡地。其次，应根据作物的种类确定施用量，各种作物对土壤酸碱度的适应性和钙质营养的要求不同。茶树、菠萝等少数作物喜欢酸性环境，不需施用石灰；水稻、甘薯、烟草等耐酸中等，要施用适量石灰；大麦等耐酸较差，要重视施用石灰。最后，施用石灰时还应考虑石灰肥料种类及其他条件，中和能力强的石灰或同时施用其他碱性肥料时可少施，降雨量多的地区用量应多些，撒施、中和全耕层、结合绿肥压青或稻草还田的用量应大些。在施用石灰时，一般将其作为基肥和追肥撒施较好，不能作种肥。撒施应力求均匀，防止局部土壤过碱或未施到位。另外，在植物生长的关键期进行叶面喷施含钙肥料，如硝酸钙、氯化钙、糖醇螯合钙等也是快速补充钙素的有效方法。

## 二、镁

$Mg^{2+}$ 是植物细胞质中含量最丰富的二价金属离子，与植物体内很多生理生化过程联系紧密。镁能激活植物体内 300 多种酶的活性，保障蛋白质和核酸等物质的合成；镁结合在叶绿体卟啉环中心，能稳定叶绿体结构，改善光合速率；镁还可通过优化同化物运输，提高物质生产效率等。

土壤中的含镁量主要受母质、气候、风化程度和淋溶作用等因素的制约。我国土壤有效镁含量呈北高南低的趋势，其中，有 54%的土壤镁含量偏低，需要施用镁肥，主要分布在长江以南地区。在多雨湿润地区的土壤，镁遭受强烈淋失，全镁（Mg）含量多在 1%以下；在干旱或半干旱地区，石灰性土壤的含镁量可达 2%以上。质地偏砂的土壤含镁量低，随黏粒含量的提高，土壤含镁量增加。不同类型的土壤供镁能力和水平有明显差异，几种典型土壤供镁能力排序为水稻土＞棕色石灰土＞暗泥质砖红壤＞泥质红壤＞麻砂质红壤＞硅质红壤＞红泥质红壤。在土壤中，镁来源于含镁矿物，例如黑云母、白云母、绿泥石、蛇纹石和橄榄石等岩石。土壤中的镁主要以矿物态、交换态、水溶态和有机态等形态存在。镁肥施入土壤后，一部分被作物直接吸收，一部分被土壤固持，还有一部分通过淋洗以及地表径流损失。

镁肥对作物的效应受到多种因素制约，包括土壤交换性镁水平、交换性阳离子比率（K/Mg、Ca/Mg）、作物特性、镁肥种类等。如施用的氮肥形态影响镁肥的效果，不良影响程度依次为硫酸铵＞尿素＞硝酸铵＞硝酸钙，配合有机肥料、磷肥或硝态氮肥施用，有利于发挥镁肥的效果。各种作物对于镁的要求不同。通常，果树、豆科作物、块根和块茎作物、烟草、甜菜等需镁多于禾谷类作物；果菜类和根菜类作物高于叶菜类作物。镁肥可做基肥、追肥和根外追肥。水溶性镁肥宜做追肥，微水溶性镁肥宜做基肥。由于镁素营养临界期在生长前期，在作物生育早期追施效果好。采用 2%～5%的 $MgSO_4 \cdot 7H_2O$ 溶液对叶面进行喷施矫正缺镁症状见效快，但应连续喷施多次。叶面喷施镁肥见效快，能避免镁与土壤阳离子的拮抗作用，减少镁淋洗造成的损失，提高镁肥利用效率。

## 三、硫

硫被植物吸收利用的主要形态为$SO_4^{2-}$，空气中的$SO_2$也可以被植物吸收。硫参与多种重要物质的组成，几乎所有的蛋白质都含有硫氨基酸。因此，硫在农作物细胞的结构和功能中都具有重要作用。

我国土壤全硫含量在100～500mg/kg，南方湿热地区土壤硫以有机硫为主，占全硫量的85%～94%，无机硫占6%～15%；北方干旱地区无机硫含量较高，石灰性土壤无机硫占全硫的39%～62%。黏性母质发育的土壤硫含量高于砂性母质。硫是土壤中易于移动的元素之一，容易受到淋洗影响，导致土壤含硫量降低。在淹水稻田土壤中，硫的转化过程主要是硫酸盐的还原和硫化氢的挥发，但在水层与土表交界处以及水稻根际圈，主要发生硫化物的氧化作用。此外，无机态硫肥常被微生物同化固定为有机态硫。一般认为，水稻的根系只能吸收氧化态的$SO_4^{2-}$，土壤中的有机硫或还原态硫化物须矿化或氧化为$SO_4^{2-}$才能被水稻吸收利用。还原态的$H_2S$在土壤中积累过多，会对水稻根系产生毒害作用。

不同作物对硫的需求量相差较大。结球甘蓝、花椰菜、饲用芜菁、四季萝卜、大葱等需要大量的硫。豆科作物、棉花、烟草等需硫量中等。油菜、甘蔗、花生、大豆和菜豆等对缺硫比较敏感，施用硫肥有较好的效果。针对不同作物，我国现有的谷物作物硫肥推荐用量为30～45kg·$hm^{-2}$，油料作物硫肥推荐用量为30～60kg·$hm^{-2}$。农用石膏是农业土壤硫肥来源之一。目前，农业生产中常用的石膏品类可分为生石膏（主要成分为$CaSO_4 \cdot 2H_2O$）、熟石膏（主要成分为$CaSO_4 \cdot 1/2H_2O$）、磷石膏（主要成分为$CaSO_4 \cdot 2H_2O$，其他成分因产地而异，一般含S 11.9%，含$P_2O_5$ 0.7%～3.7%）3种。石膏可做基肥、追肥和种肥。旱地做基肥的用量一般为225～375kg·$hm^{-2}$，可将石膏粉碎后撒于地面，结合耕作施入土中。花生是需钙和硫均较多的作物，可在果针入土后15～30d施用石膏，通常用量为225～375kg·$hm^{-2}$。稻田施用石膏，可结合耕地施用，也可于栽秧后撒施或塞秧根，用量一般为75～150kg·$hm^{-2}$，若用量较少，可用作蘸秧根。

施用石膏必须与灌排工程相结合。重碱地施用石膏应采取全层施用法，在雨前或灌水前将石膏均匀施于地面，并耕翻入土，充分混匀，与土壤中的交换性钠发生交换作用，形成$Na_2SO_4$，通过雨水或灌溉水，冲洗排碱。若为花碱地，其碱斑面积在15%以下，可将石膏直接施于碱斑上。洼碱地宜在春、秋季节平整地，然后耕地，再将石膏均匀施在犁垡上，通过耙地，使之与土混匀，再进行播种。

# 任务五 土壤微量元素

一般把植物体内含量（干基）低于0.1%的元素称为微量元素。已证明植物必需微量元素有铁、锰、铜、锌、硼、钼、氯和镍。事实上，微量元素是相对植物营养而言的，Fe、Mn元素在岩石圈和土壤圈中属于12个丰富元素中的两个，但有效含量低，植物吸收量亦很少，故从植物营养角度仍将其列为微量元素。由于微量元素在植物体内多为酶、辅酶的组成成分和活化剂，它们的作用有很强的专一性，一旦缺乏，植物便不能正常生长，有时会成为作物产量和品质的限制因子，因而微量元素在农业生产中的作用已引起广泛的重视。

土壤微量元素含量的多少，主要与成土母质和土壤的矿物组成有关，此外也受气候、地形、植被等成土因素的影响。因此，在不同地区，甚至同一地区不同土壤中各种微量元素含量的差别很大，东北地区发育在不同母质上的土壤中微量元素含量比较见表3-5。

表 3-5 东北地区发育在不同母质上的土壤中微量元素含量比较

| 土类 | 成土母质 | 微量元素含量/(mg·kg$^{-1}$) | | | | | | | | | | | | | |
|---|---|---|---|---|---|---|---|---|---|---|---|---|---|---|---|
| | | Ba | Si | Mo | Mn | Cu | B | Co | Zn | Ti | Cr | V | Ni | Pb | Sn |
| 暗棕色森林土 | 玄武岩风化物 | 430 | 320 | 13 | 1150 | 40 | 18 | 72 | 190 | 7900 | 370 | 170 | 320 | 11 | 7 |
| | 花岗岩风化物 | 680 | 200 | 4 | 1300 | 19 | 41 | 25 | 102 | 1300 | 71 | 81 | 51 | 37 | 8 |
| 黑钙土 | 砂土 | 680 | 330 | 0.8 | 260 | 9 | 30 | 16 | 26 | 3300 | 60 | 74 | 74 | 14 | 3 |
| | 黄土性黏土 | 660 | 400 | 2 | 1200 | 34 | 55 | 25 | 93 | 7000 | 102 | 106 | 68 | 34 | 8 |

资料来源:《中国东北土壤》。

有机肥料含有多种微量元素，化学肥料和农药也往往含有一些微量元素。灌水、降水和大气也是土壤微量元素的来源。

近年来，由于氮、磷、钾单一品种化肥用量增多，作物单产迅速增长，常出现微量元素缺乏的问题。在一些国家，因施用高浓度的无杂质的氮磷钾复合肥料或液体肥料，微量元素缺乏的问题尤为突出。土壤中缺少了微量元素，作物出现各种病症，严重时导致减产。近年来发现，有的地方作物病症与当地土壤和饮水中缺少某种微量元素有关。

目前研究和使用较多的微量元素有硼、钼、锰、锌、铜等，分别介绍如下。

## 一、硼

我国土壤含硼量介于 0～500mg·kg$^{-1}$ 之间，变幅很大，主要取决于母质与土壤类型。一般说来，海相沉积物中含硼量（20～200mg·kg$^{-1}$）比火成岩（约 300mg·kg$^{-1}$）高。干旱地区土壤含硼量比湿润地区多，干旱地区表土层含有硼酸钠和硼酸钙，而且不被淋洗作用移走。就全国范围来看，土壤含硼量有从北向南逐渐减少的趋势，西藏珠峰地区土壤含硼量最高，西北地区的黄土和长江中下游的下蜀黄土次之，华南地区的赤红壤和砖红壤含量最低。

土壤中的硼主要以矿物态、吸附态和水溶态硼等形态存在。含硼矿物风化后，硼酸分子（$H_3BO_3$）解离为 $BO_3^{2-}$，进入土壤溶液。这种水溶性硼属于有效硼，一般含量较低。

土壤中硼的有效性受土壤酸度与有机质含量等因素的影响，土壤酸度的影响最大。一般土壤 pH 值在 4.7～6.7 之间硼的有效性最高。随着 pH 值升高硼的有效性降低。作物缺硼大多数在 pH>7 的土壤中。湿润地区的轻质酸性土，由于淋失作用强烈亦缺乏有效性硼。一般有机质丰富的土壤有效硼的数量较高，因为有机质能吸附硼，可以减少硼的淋失，每克腐殖酸钙可吸附硼 1.4～1.8mg。

水溶态硼也能被黏土矿物和氢氧化铁铝所吸附固定。当酸性土壤施石灰时，$OH^-$ 浓度增加，促进硼的固定，使硼的有效性降低。

据报道，在硼供应差的土壤上施硼肥，对粮、棉、油、糖等作物均有增产和提高品质的作用，尤其是对甜菜、其他块根作物、豆科植物和十字花科植物等，禾本科植物对硼肥不太敏感。如果土壤缺硼严重，肥效良好，施硼肥对蔬菜和果树也有一定增产效果。

## 二、钼

我国土壤含钼量范围为 0.1～6mg·kg$^{-1}$，土壤中的钼主要来自于含钼矿物，如辉钼矿、橄榄石。土壤中钼的含量与成土母质有一定关系，由花岗岩发育的土壤中含钼量较高，而由黄土母质发育的土壤含钼量较低。含钼矿物风化后，钼以 $M_OO_4^{2-}$ 或 $HM_OO_4^-$ 等阴离子形态存在。

土壤中的钼除受成土母质的影响外，还受土壤酸碱度的影响。酸性土含钼量虽高，但有效态钼却不多。在酸性环境中，钼易被高岭石、氢氧化铁、铝以及铁、铝、锰、钛的氧化物所吸附固定，所以 pH 值低时土壤对钼的吸附增多，多发生缺钼。植物对钼的吸收数量受土壤条件的影响显著。在酸性土壤上施用石灰，pH 值由 5 增至 5.5，可使土壤有效钼的数量增加 10 倍，可以改善作物的钼营养。

## 三、锰

我国土壤含锰范围为 42～3000mg·kg$^{-1}$。土壤锰的含量主要来源于成土母质，母质不同，锰的含量有很大差异。例如，在玄武岩上发育的红壤中含锰 1000～3000mg·kg$^{-1}$，花岗岩上含锰<500mg·kg$^{-1}$，片岩、页岩沉积物上发育的红壤含锰 200～5000mg·kg$^{-1}$，花岗岩上发育的赤红壤含锰量最低。

土壤中的锰有矿物态锰、水溶态锰、交换态锰和还原态锰。后三种为易效态锰。它们主要以二、三、四价的离子化合物形态存在。矿物态锰大多为四价和三价氧化锰，植物不能利用，但还原为二价锰的化合物，可被植物利用。三价锰氧化物是易还原性锰。

土壤中锰价数的转化取决于土壤 pH 及氧化还原条件。土壤 pH 值低，酸性强，二价锰增多；中性附近，有利于三价锰（$Mn_2O_3$）的生成；当 pH>8 时，向四价锰（$MnO_2$）转化。在氧化条件下，锰由低价向高价转化，因此，锰在酸性土壤中比在石灰性土壤中有效性高，在通气良好的轻质土壤上，二价锰被氧化为高价锰，也使锰的有效性降低；在淹水条件下，有机质及微生物引起的还原作用，使高价锰被还原为低价锰，增加了锰的有效性，因此水田土壤有效锰较多。

豆科作物和豆科绿肥对施锰肥反应良好，棉花、油菜、烟草等也有因施锰肥而增产的。

## 四、锌

我国土壤含锌量为 3～790mg·kg$^{-1}$，其含量与成土母质有关，例如基性岩及石灰岩母质发育的土壤含锌较多。在同一土类中，石灰岩和花岗岩发育的红壤含锌量最多（85～172mg·kg$^{-1}$），砂岩母质发育的红壤含锌最少（28～63mg·kg$^{-1}$）。

在酸性土壤中，锌以二价阳离子形式存在。在中性及碱性土壤中，锌成为带负电荷的络离子，也可能沉淀为氢氧化物、磷酸盐或碳酸盐等，使可溶态锌减少。因此在酸性土壤中有效态锌较多，缺锌多发生在 pH>6.5 的土壤上。在北方的石灰性土壤上施锌肥能提高玉米、水稻、棉花、马铃薯、甜菜等产量。除大田作物以外，果树缺锌也甚为普遍，例如北方的桃、梨、苹果树和南方的橘树等，喷施锌肥可以提高它们的产量。

## 五、铜

我国土壤含铜量为 3～300mg·kg$^{-1}$。除了长江下游的部分土壤以外，各类土壤的平均含量都在 20mg·kg$^{-1}$ 左右，较为适中。在富含有机质的土壤表层中铜有富集现象。但是，沼泽土和泥炭土上的植物容易缺铜。

土壤中对植物有效态的铜一般高于 1mg·kg$^{-1}$，母质来源不同往往造成一定差异。

目前，我国的铜肥试验进行得比较少。根据现有试验结果，根外追施铜肥和用铜肥种子处理有时也使水稻、小麦、甘薯、棉花、马铃薯增产。

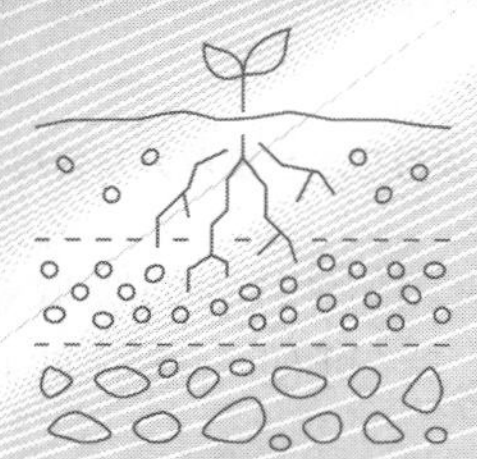

# 项目四 土壤形成与分类技能

## 任务一 土壤形成因素

### 一、土壤形成因素学说及其发展现状

前三个项目是把土壤作为一个独立的历史自然体加以剖析的，但是，土壤并不是孤立地存在着，而是与自然地理条件及其历史的发展紧密联系着的，是与岩石圈、大气圈、水圈和生物圈处在经常的相互作用之中的。因此，要了解土壤发生、发展的规律，必先研究土壤赖以产生和存在的条件。土壤形成因素学说就是研究各种外在条件在土壤形成过程中所起的作用的学说，也就是研究土壤与外在条件之间发生学关系的学说。它能揭示土壤与环境的辩证统一性，并可比较全面地、正确地解释土壤的起源，预测或预控土壤的发展方向。因此，土壤形成因素学说不仅是土壤学重要的理论基础，而且在生产实践上也有重要的意义。

土壤形成因素学说是在十九世纪末，由俄罗斯著名科学家道库恰耶夫建立起来的，后来经过其他土壤学者的努力又有了进一步的发展。

#### （一）道库恰耶夫土壤形成因素学说的基本观点

##### 1. 土壤是成土因素综合作用的产物

道库恰耶夫认为，土壤总有它自己的起源，并始终是母岩、有机体、气候、陆地年龄等综合作用的结果，他提出了 Π 库 $f(K, O, \Gamma, P)T$ 的数学式，用以表达土壤与成土因素之间的函数关系。式中，Π 表示土壤，$K$、$O$、$\Gamma$、$P$ 分别表示气候、生物、母岩和地形，$T$ 为时间。道库恰耶夫肯定了土壤是一个独立的历史自然体，它与环境是统一的，与环境有不可分割的密切关系，这与西欧土壤学者把土壤当作是地质的、物理的或化学过程的产物的片面观点有本质的差别。这种综合地研究土壤的观点，至今仍具有鲜明的科学价值和实践意义。

##### 2. 成土因素的同等重要性和相互不可代替性

道库恰耶夫认为，所有的成土因素始终是同时地、不可分割地影响着土壤的产生和发展，同等重要地和相互不可代替地参加了土壤的形成过程。因而，为了研究土壤这个函数，就必须研究所有上述的成土因素。同时他还强调，各个因素的同等重要性并不是说每个因素始终处处都同样地影响着成土过程。在所有因素的综合作用下，每一个因素在土壤形成中所表现的特点或个别因素的相对作用，都有着本质上的差别。

##### 3. 成土因素的发展变化制约着土壤的形成和演化

道库恰耶夫认为，土壤是永远变动着的，有时是发展，有时是破坏，有时是进化，有时是退化。这就是说，随着成土因素的变化，随着时间和空间因素的变化，土壤也跟着不断地形成和演化。这样就肯定了土壤是个运动着的自然体，是一个有生有灭的自然体。

#### 4. 成土因素是有地理分布规律的

道库恰耶夫曾指出，应该分析和判明各个成土因素与土壤之间有规律的相互关系，必须注意这些永恒性的土壤形成因素的地理分布规律，同时应该观察其经常的、有着严格规律性的变化，特别是从北向南地表现为极地、温带、赤道等地带的规律性变化。研究土壤时一定要考虑到土壤地理分布的规律性。

### （二）土壤形成因素学说的发展现状

道库恰耶夫的成土因素学说虽然确定了土壤是个历史自然体、土壤与环境辩证统一的基本概念，并提出了用综合性的观点和方法来研究土壤的科学思想。但是，他的学说并不完善，主要是没有指出生物因素在成土过程中的主导作用，以及人类生产活动在土壤形成中的特殊作用。这些重要的科学概念是在道库恰耶夫以后得到发展的。

关于成土因素中的主导因素问题，B. P. 威廉斯提出了土壤形成的生物发生学的观点。他认为，土壤的本质特性是具有肥力，而肥力是高等植物和微生物在土层中进行生命活动的结果。因此，从土壤肥力发生发展的角度出发，土壤是在以生物为主导的各种成土因素的综合作用下形成的。

威廉斯还特别提出了土壤是人类劳动的对象和劳动产物的论点，这在成土因素学说的发展上具有极重要的意义。它不但说明了人类的农业生产活动要依赖于土壤，而且说明了它在土壤的形成和发展上也起着巨大的作用，更重要的是指出了人类改造土壤，提高土壤肥力的可能性和现实性。

美国土壤学者 H. 叶尼，对道库恰耶夫的成土因素公式作了补充和发展，他的公式是

$$S=f(cl,o,r,p,t\cdots)$$

式中，$S$ 指土壤；$cl$ 指气候；$o$ 指生物；$r$ 指地形；$p$ 指母质；$t$ 指时间；点号为其他因素。

叶尼对威廉斯的土壤形成过程中的生物因素起主导作用的学说也作了补充，他认为，生物主导作用并不是千篇一律的现象。不同地区、不同类型的土壤，往往有某一因素占有优势，如果某个单独因素所起的作用超过所有其他因素的综合作用，那么，这五种成土因素就有相应的以某一因素占优势的五大组函数式：

$$S=f(cl,o,r,p,t\cdots)\text{——气候函数式；}$$

$$S=f(o,cl,r,p,t\cdots)\text{——生物函数式；}$$

$$S=f(r,cl,o,p,t\cdots)\text{——地形函数式；}$$

$$S=f(p,cl,o,r,t\cdots)\text{——岩石函数式；}$$

$$S=f(t,cl,o,r,p\cdots)\text{——年代函数式。}$$

式中，优势因素放在右侧括弧内的首位。除上述五种因素外，其他因素占优势时，其函数式可写作 $S=f(\cdots,\ cl,\ o,\ r,\ p,\ t)$，式中的点号代表未确定的因素。

## 二、五大自然成土因素的作用分析

### （一）母质因素

母质是形成土壤的物质基础，在气候和生物的作用下，母质的表层逐渐转变成土壤。但是，母质在土壤形成过程中并不仅仅是被改造的材料，而是有它一定的积极作用，这种作用越是在土壤形成过程的初期阶段越为显著，并且，母质的某些性质往往被土壤继承下来。

第一，母质同土壤之间存在着“血缘”的关系。母质一方面是建造土体的基本材料，是土壤的“骨架”；另一方面它是植物矿质养料元素（氮素不在内）的最初来源。因此，从这

两方面来说，母质同土壤之间存在着“血缘”的关系。

第二，不同母质因其矿物组成、理化性状的不同，在其他成土因素的制约下，直接影响着成土过程的速度、性质和方向。例如，在石英含量较高的花岗岩风化物中，抗风化很强的石英颗粒仍可保存在所发育的土壤中，而且因其所含的盐基成分（钾、钠、钙、镁）较少，在强淋溶下，极易完全淋失，使土壤呈酸性反应；玄武岩、辉绿岩等风化物，因不含石英，盐基丰富，抗淋溶作用较强。同一地区，因母质性质的差异，其成土类型也可发生差异。例如，在我国亚热带地区，石灰岩发育的土壤，因新风化的碎屑及富含碳酸盐的地表水源源不断地流入土体，延缓了土壤中盐基的淋失，发育成为了石灰岩土；酸性岩发育的则成为了红壤。

第三，母质对土壤理化性质有很大的影响。不同的成土母质所形成的土壤，其养分情况有所不同，例如钾长岩风化后所形成的土壤有较多的钾；斜长岩风化后所形成的土壤有较多的钙；辉石和角闪石风化后所形成的土壤有较多的铁、镁、钙等元素；含磷量多的石灰岩母质在成土过程中虽然碳酸钙遭淋失，但土壤含磷量仍很高。成土母质与土壤质地也密切相关，例如南方红壤中，红色风化壳和玄武岩上发育的土壤质地较黏重；在花岗岩和砂页岩上发育的土壤质地居中；在砂岩、片岩上发育的土壤质地最轻。母质的机械组成直接影响到土壤的机械组成，也会影响到土壤中物质的存在状态、物质转化和迁移状况，影响到水、肥、气、热的矛盾统一关系，从而对土壤的发育、性状和肥力也产生巨大的影响。

第四，不同成土母质发育的土壤的矿物组成往往也有较大的差别。对原生矿物组成来说，基性岩母质发育的土壤含角闪石、辉石、黑云母等抗风化力弱的深色矿物较多；而酸性岩发育的土壤则含石英、正长石、白云母等抗风化强的浅色矿物较多。对黏粒矿物来说，由于母质不同也可产生不同的次生矿物，例如在相同的成土环境下，盐基多的辉长岩风化物形成的土壤常含较多的蒙皂石，而酸性花岗岩风化物所形成的土壤常可形成较多的高岭石。

此外，母质层理的不均一性也会影响土壤的发育和形态特征。如冲积母质的砂黏层间所发育的土壤易在砂层之下、黏层之上形成滞水层。应该特别指出，非均质母质对土壤形成、土壤性状和肥力状况的影响较均质母质更为复杂，它不仅直接影响土体的机械组成和化学组成的不均一性，而且，更重要的是造成水分在土体中的运行状况的不均一性，从而也影响着土体中物质迁移的不均一性。例如，上轻下黏型的母质体，就下行水来说，会于两层交界处相对地造成水分和物质的富集。但是，如果土层有倾斜，又往往于两层之间形成土内径流，形成一个淋溶作用甚强的土壤间层。相反，上黏下轻的母质体，一方面不利于水分向下渗透，造成地面径流，引起土壤冲刷；另一方面，通过黏重层次的下渗水到达砂质层时，又往往发生强烈的渗漏，如果母质体中含有黏土或砂土夹层，则情况更为复杂。非均质母质对水分运行的这种影响，也必然要影响到土壤中物质的淋溶和淀积过程。因此，了解清楚这些复杂的关系，不仅对了解土壤的发生和发展具有重要的科学意义，而且对改良土壤等也具有实践意义。

### （二）生物因素

生物因素是影响土壤发生发展的最活跃的因素。由于生物的作用，把大量太阳能引进了成土过程的轨道，才有可能使分散在岩石圈、水圈和大气圈的营养元素向土壤聚积产生腐殖质，形成良好的土壤结构，改造原始土壤的物理性质，从而创造仅为土壤所固有的各种特殊的生化环境。所以，在一定意义上说，没有生物的作用，就没有土壤的形成过程。

生物因素包括植物、动物和微生物，它们在土壤形成过程中所起的作用是不一样的。

#### 1. 植物在土壤形成过程中的作用

植物在土壤形成中最重要的作用是利用太阳辐射能，合成有机质，把分散在母质、水体和大气中的营养元素有选择地吸收、富集，同时伴随着矿质营养元素的有效化。

据估计，在陆地上植物每年形成的生物量约为 $5.3\times10^{10}$t，相当于约 $8.9\times10^{17}$kJ 的能量。每年合成的植物体的可能数量及能量见表 4-1。不同植被类型有机残体的数量不同，一般而言，热带常绿阔叶林多于温带夏绿阔叶林，温带夏绿阔叶林多于寒带针叶林，草甸多于草甸草原，草甸草原多于干草原，干草原又多于半荒漠和荒漠。大部分的植物有机质集中于土壤表面，但每年也有相当数量的新鲜有机质形成于根系，60%～70%的根系通常集中于土壤上部 30～50cm 的土层。在总的植物量中，根部有机质占 20%～90%。植物组织每年吸收的矿物质在组成和数量上差异很大。据研究，在冰沼地、森林冰沼地、针叶林和针叶-阔叶林混交林地，植物的灰分含量最低（仅 1.5%～2.5%）；在高山、亚高山草甸、草原、北方阔叶林以及草本-灌木林、稀树林等地，植物的灰分含量为中等（2.5%～5%）；盐土植被植物的灰分含量高达 50%。

**表 4-1　每年合成的植物体的可能数量及能量**

| 自然区域 | 面积/$10^6$km$^2$ | 占陆地面积/% | 有机质 | | 能量/($4.1868\times10^{17}$kJ) |
|---|---|---|---|---|---|
| | | | $t/(hm^2\cdot a)$ | $10^{10}t\cdot a^{-1}$ | |
| 森林 | 40.6 | 28 | 7 | 2.84 | 1.14 |
| 耕地 | 14.5 | 10 | 6 | 0.87 | 0.35 |
| 草原、草甸 | 26.0 | 17 | 4 | 1.04 | 0.42 |
| 荒漠 | 54.2 | 36 | 1 | 0.54 | 0.22 |
| 极地 | 12.7 | 9 | 0 | 0 | 0 |
| 总计 | 148.0 | 100 | 18 | 5.29 | 2.13 |

木本植物和草本植物因有机质的数量、性质和积累方式不同，它们在成土过程中的作用也不相同。植被对土壤剖面中有机质分布的影响见图 4-1。木本植物以多年生为主，每年形成的有机质只有一小部分以凋落物的形式堆积于地表，形成的腐殖质层较薄，而且腐殖质主要为富啡酸。凋落物中含单宁树脂类物质较多，分解后易产生较强的酸性物质，导致土壤酸化和矿物质的淋失。草本植物多为一年生，无论是地上部分还是地下部分的有机体，每年都经过死亡更新，因此提供给土壤的有机物质较多，且分布深；有机残体多纤维素，少单宁和树脂等物质，不易产生酸性物质，其灰分和氮素含量大大超过木本植物，形成的土壤多呈中性至微碱性。

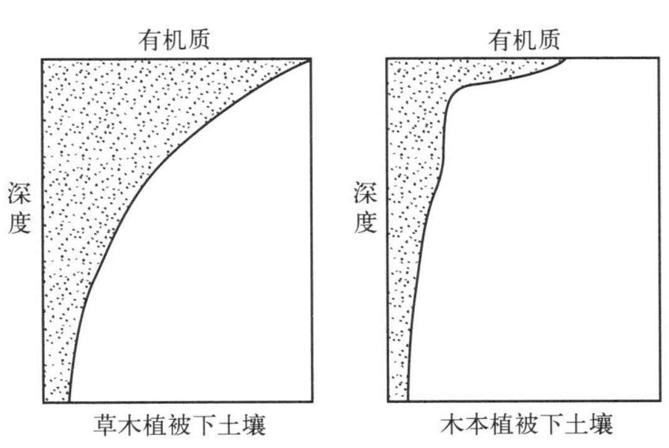


图 4-1　植被对土壤剖面中有机质分布的影响

植物在土壤形成中的作用，还表现在植物根系对土壤结构形成的作用和凭借根系分泌的有机酸分解原生矿物，并使之有效化。植物根系可分泌有机酸，通过溶解和根系的挤压作用破坏矿物晶格，改变矿物的性质，促进土壤的形成，并通过根系活动，促进土壤结构的发展。

此外，植被可以改变环境条件，特别是水热条件，从而对土壤形成过程产生影响。自然植被和水热条件的演变，会引起土壤类型的演变。中国东部由东北往华南的森林植被和土壤的分布依次为针叶林（棕色针叶林土）、针阔混交林（暗棕壤）、落叶阔叶林（棕壤）、落叶常绿阔叶林（黄棕壤）、常绿阔叶林（红壤、黄壤、赤红壤）、雨林、季雨林（砖红壤）。

**2. 动物在土壤形成过程中的作用**

土壤动物，如蚯蚓、啮齿类动物、昆虫等的生命活动，对土壤形成也有着十分重要的意义。土壤动物区系的种类多、数量大，其残体作为土壤有机质的来源，参与了土壤腐殖质的形成和养分的转化。动物的活动可疏松土壤，促进团聚结构的形成，如蚯蚓将吃进的有机质和矿物质混合后，形成粒状化的土壤结构，促使土壤肥沃。非洲科特迪瓦的白蚁可筑起直径15m，高2～6m的坚固竖立土墩，直接影响土壤的发育和形态。

许多动物的挖掘活动，在土层中造成了很多不同大小的洞穴，并引起了土壤有机质的较大变化，对土壤的透水性、通气性和松紧度均有很大的影响。特别是在干草原或荒漠草原地区，啮齿类动物的这种作用特别显著。它们使上下土层翻动，一方面机械地混合了土壤的物质组成，另一方面造成了地表微地形的改变，使土壤中的水、气、热量状况和物质的转化都受到很大的影响，进而使土壤的组成和性质发生变化。土壤动物种类的组成和数量在一定程度上是土壤类型和土壤性质的标志，可作为土壤肥力的指标。

**3. 微生物在土壤形成过程中的作用**

微生物在土壤形成和肥力发展中的作用是非常复杂和多种多样的。微生物作为地球上最古老的生物体，已存在达数十亿年，是古老的造土者。

从生物化学的观点来看，微生物的功能是多方面的，如氮的固定、氨和硫化氢的氧化、硫酸盐和硝酸盐的还原以及溶液中铁化物、锰化物的沉淀等过程都有微生物的参与，其在土壤能量和物质的生物学循环中起着极为重要的作用。某些微生物（如自养细菌）能自身合成有机质，不利用太阳能。因此，远在绿色植物出现之前，自养和异养微生物群落就已开始成土过程。但微生物作用最主要的特征在于它们能够分解植物残体，合成土壤腐殖质，这就是它们与植物、动物作用的差别。总的来说，微生物对土壤形成的作用有：①分解有机质，释放各种养料被植物吸收利用；②合成土壤腐殖质，发展土壤胶体性能；③固定大气中的氮素，增加土壤含氮量；④促进土壤物质的溶解和迁移，增加矿质养分的有效度（如铁细菌能促进土壤中铁溶解移动）。

总之，栖息于土壤中的各类植物、动物和微生物与地理环境之间是处于相互依赖、相互作用之中的，这种依赖和作用，从根本上改变了成土母质的物理学、化学和生物学性质，使“死”的母质转变为“活”的土壤，并与其上的生物构成生态系统。

### （三）气候因素

土壤和大气之间经常进行着水分和热量的交换。气候直接决定着成土过程的水热条件。影响着土壤中矿物质、有机质的转化过程及其产物的迁移过程。所以，气候是直接和间接地影响土壤形成过程的方向和强度的基本因素。

水分和热量不仅直接参与母质的风化过程和物质的地质淋溶等地球化学过程，更为重要的是它们在很大程度上控制着植物和微生物的生命活动，影响土壤有机质的积累和分解，决定着营养物质的生物学小循环的速度和范围。

在气候要素中，气温和降水对土壤的形成具有最普遍的意义。在土壤与气候关系的研究中，水热条件常常作为最一般的气候指标。

气候像是“雕刻师”，不同的气候特征赋予了不同地区特异的降水和温度等自然条件，进而导致矿物的风化与合成、有机质的形成和积累，以及土壤中物质的迁移、合成、分解和转化速率也存在差异。例如，湿润地区的土壤风化程度和有机质含量高于干旱地区。在气候炎热的广东省，花岗岩风化壳可达 30～40m，在温暖的浙江达 5～6m，但在寒冷的青藏高原则常不足 1m。

### 1. 对土壤风化作用的影响

母岩和土壤中矿物质的风化速率直接受热量和水分所控制。一般情况下，温度从 0℃增长到 50℃时，化合物的解离度增加 7 倍，从而随着温度的增高，硅酸盐类矿物的水解过程大大增强，母岩和土壤的风化作用亦大大增强。

自然界的一种普遍现象是母质及土壤风化层厚度往往随土温及湿度的增高而加厚。我国南方湿热气候条件下，花岗岩化学风化壳的厚度可达 40m 以上；而在干旱、寒冷的西北高山区，岩石风化壳仅几厘米，且以物理风化为主，常形成粗骨性土壤。

在土壤与气候关系的研究中，从宏观的风化壳演变规律到风化和成土过程产物的迁移规律，以及土壤中矿物质的迁移累积规律，都十分明显地表现了气候因素对土壤风化所起的作用。从风化壳演变规律看，由干燥的荒漠带或低温的苔原带到高温多雨的热带森林带，风化壳的化学风化逐渐增强，风化壳的厚度及组成成分也相应地发生规律性的变异。风化壳地带性规律示意图见图 4-2。

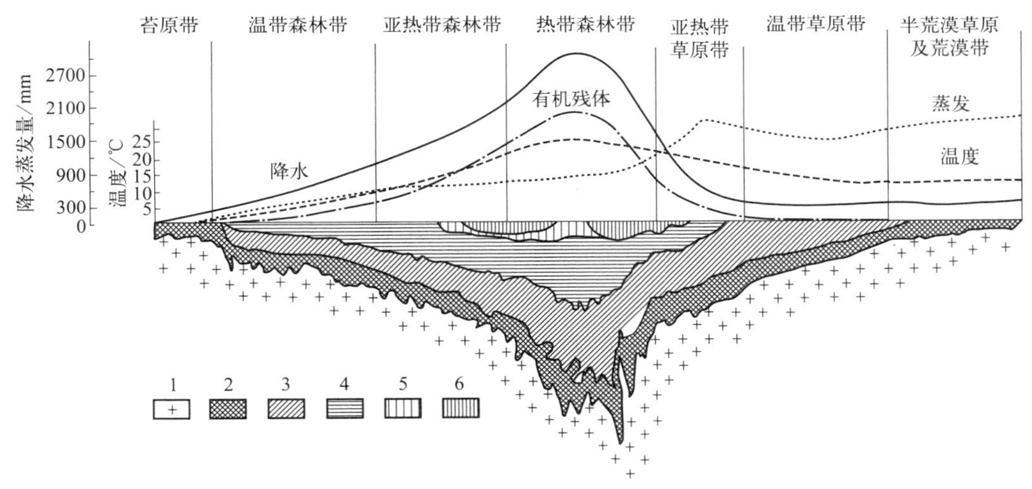


图 4-2 风化壳地带性规律示意图

1—基岩；2—碎屑带；3—伊利石-蒙脱石带；4—高岭石带；5—氧化铝带；6—铁盘・氧化铝和氧化铁

从风化和成土过程产物的迁移规律看，在湿润地区（如灰化土地区），土壤中游离的盐基遭到强烈的淋洗；在半干旱气候条件下（如黑钙土地区），土壤中易溶性盐分受到淋洗，而碳酸盐则在土体中相对聚积；在干旱地区（如棕钙土地区），易溶盐分仅在土壤上层遭到淋洗。在我国，由西北向东南逐渐过渡，土壤中 $CaCO_3$、$MgCO_3$、$Ca(HCO_3)_2$、$CaSO_4$、$Na_2SO_4$、$Na_2CO_3$，KCl、$MgSO_4$、NaCl、$MgCl_2$、$CaCl_2$ 等盐类的迁移能力随着其溶解度的加大而不断加强，因此，它们在土体中的分异也越加明显。

### 2. 对土壤有机质的影响

水热条件不同会造成植被类型的差异，导致土壤有机质的积累分解状况不同以及有机质组成成分和品质的不同。土壤中腐殖质积累的数量变化和水热条件的相关性极强。苏联境内主要土类和亚类的腐殖质量和气候条件见图 4-3，腐殖质贮量在水、热为中等指标值时最多，随着土壤湿度的增大和温度的下降（灰化土）以及土壤水分的减少和温度的上升（干草原和半荒漠土）而减低。不仅如此，可以从土壤腐殖质的质量，如 C/N 和胡敏酸与富里酸比值（H/F）等，看出气候对土壤有机质的影响。一般在草原气候条件下，土壤 C/N 与 H/F 均高，向湿热、湿冷和干燥过渡时，其 C/N 与 H/F 均会下降。

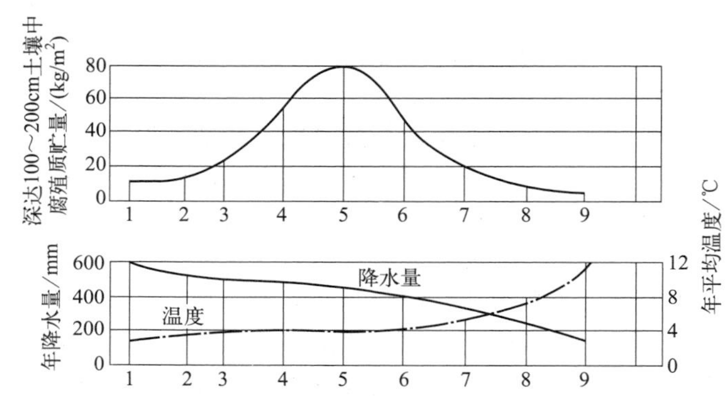


图 4-3 苏联境内主要土类和亚类的腐殖质贮量和气候条件

1—灰化土；2—灰化淡色森林草原土；3—灰化暗色森林草原土；4—淋溶黑钙土；5—厚层黑钙土；6—普通黑钙土；7—暗栗钙土；8—淡栗钙土；9—灰钙土

#### 3. 对土壤矿物形成的影响

岩石的原始矿物的风化演化系列，即从脱钾、脱盐基和脱硅三个阶段性系列形成蒙脱石、高岭石和三水铝石等，与风化的环境条件，即气候条件有关，一般在良好的排水条件下，风化产物能顺利通过土体淋溶而淋失。因此，岩石风化与黏土矿物的形成可以反映其所在地区的气候特征，特别是土壤剖面的上部和表层。

#### 4. 气候与土壤类型

气候条件作为一个土壤外部综合地理环境要素，它在风化与土壤形成过程中起着极其重要的作用，所以在排水条件较好且又比较平稳的地形条件下，区域气候条件能充分影响且能明显地显示于土壤形成及土壤剖面上，这就是所谓的显域土。当然，在受到地下水影响时，气候造成的地带性影响往往不明显，从而发育为隐域土。同样，如果母质因素影响较强，成土时间又较短者，称之为泛域土。

在考虑土壤形成的气候条件时，要注意古气候的影响，在古气候影响下形成且保留到目前所见到的土壤为古土壤。

### （四）地形因素

地形在成土过程中的主要作用，一方面表现在使母质在地表进行再分配，另一方面表现在土壤及母质接受光、热条件的差别以及接受降水或水分在地表的重新分配方面的差别。在成土过程中，地形并不提供任何新物质，因此，它和母质、生物、气候因素的作用不同，它和土壤之间并未进行着物质和能量的交换，只是影响土壤和环境之间进行物质和能量交换的一个重要条件。

#### 1. 地形对土壤接受水分的影响

在相同的降水条件下，平原、圆丘、洼地等不同地形接受降水的状况不同。如图 4-4 显示了地形对土壤吸渗降水的影响。平原地形接受降水均匀，湿度比较稳定；圆丘的背部，呈局部干旱，且干湿状况多变；洼地常过湿，可出现地表水和地下水位相接的现象。因此这些不同地形部位的成土过程是不相同的。波形地形的地下水埋藏深度不一，在洼陷地段，地下水位接近表土，甚至有局部积水或滞涝现象；在圆丘地形，其背部往往上升毛管水达不到，径流发达，不易渗吸降水，故圆丘的不同部位上，土壤湿度悬殊。

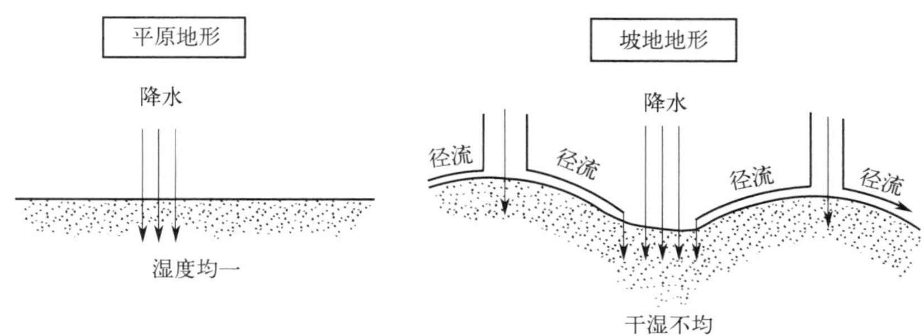


图 4-4 地形对土壤吸渗降水的影响

### 2. 地形对母质重新分配的影响

不论基岩风化物还是其他地表沉积体，均可因地形条件不同而有不同的搬运、冲刷和堆积状况。因此，在不同地形部位上土壤发育程度及属性是不一致的。一般而言，陡坡土层薄，质地粗，养分易流失，土壤发育程度低，缓坡地则与此相反。平原地形的土层较厚，它们在较大范围内的同一母质层的质地是较均匀一致的。在干旱气候带，不同地形条件下的土壤盐渍化程度各不相同。例如，在微起伏的平原小地形区，高凸地的表土积盐现象特别严重，而浅凹地的心土中，常有石灰或石膏层淀积层。不同的地形部位常分布有不同的母质：如山地上部或台地上，主要是残积母质；坡地和山麓地带的母质多为坡积物；在山前平原的冲积扇地区，成土母质多为洪积物；而河流阶地、泛滥地和冲积平原、湖泊周围、滨海附近地区，相应的母质为冲积物、湖积物和海积物。

### 3. 地形对土壤接受太阳辐射能的影响

在北半球，南坡接受光热比北坡强，但南坡土温及湿度的变化较大，北坡则常较阴湿，平均土温低于南坡，因而影响土壤中的生物过程和物理化学过程。所以，在一般情况下，南坡和北坡的土壤发育度，甚至土壤发育类型，均有所不同。

在漫川漫岗地，由于地形变化，土壤温湿度也随之而异。如东北大平原的岗、平、洼三种地形，土壤含水量和地温有很大的差异，通常是由岗地到洼地，土壤含水量由少到多，洼地的含水量比岗地约多一倍，土温则低 2～3℃。这种差异在农业生产上应给予足够的重视。友谊农场地形和土壤类别与土壤水分、温度的关系见表 4-2。

**表 4-2 友谊农场地形和土壤类别与土壤水分、温度的关系**

| 地形及土壤 | 含水量/(g · kg$^{-1}$) | 地温/℃ | | | | |
|---|---|---|---|---|---|---|
| | 0～30cm | 5cm | 10cm | 15cm | 20cm | 25cm |
| 岗地黑土 | 195 | 16.2 | 13.2 | 11.8 | 10.5 | 9.2 |
| 平地黑土 | 278 | 17.9 | 11.6 | 9.7 | 9.1 | 8.4 |
| 低地草甸土 | 370 | 10.6 | 10.6 | 8.7 | 7.9 | 6.5 |

### 4. 地形对土壤发育的影响

地形对土壤发育的影响在山地表现尤为明显。山地地势高、坡度大、切割强烈、水热状况和植被变化大，因此山地土壤有垂直分布的特点。地壳的上升或下降或局部侵蚀基准面的变化，不仅会影响土壤的侵蚀与堆积过程，而且还会引起水文状况及植物等一系列变化，从而使土壤形成过程逐渐转向，使土壤类型依次发生演替。例如，随着河谷地形的演化，在不同地形部位上可构成水成土壤（河漫滩，潜水位较高）、半水成土壤（低阶地，仍受潜水的一定影响）、地带性土壤（高阶地，不受潜水影响）发生系列。河谷地形发育对土壤形成、演化的影响见图 4-5。随着河谷的继续发展，土壤也随之发生演替。假设河漫滩变为高阶地，土壤也相应地由水成土壤经半水成土壤演化为地带性土壤。

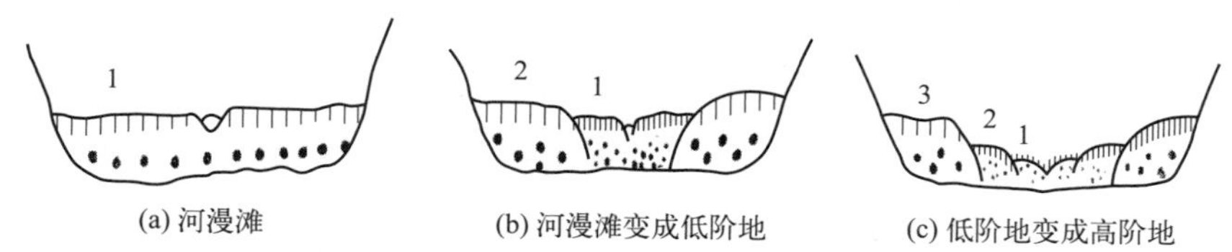


图 4-5 河谷地形发育对土壤形成、演化的影响示意图

1—水成土壤；2—半水成土壤；3—地带性土壤

### （五）时间因素

时间和空间是一切事物存在的基本形式。时间阐明了土壤形成发展的历史动态过程，若肯定了土壤是母质、气候、生物和地形等综合作用的产物，就必须承认它们对土壤形成的综合作用的效果是随着时间的延续而加强的。土壤是处于永恒的物质运动和发展之中的，具有不同年龄、不同发生历史的土壤，在其他因素相同的条件下，必定属于不同类型的土地。

土壤年龄是指土壤发生、发育时间的长短，通常把土壤年龄分为绝对年龄和相对年龄。绝对年龄是指从该土壤在当地新鲜风化层或新母质上开始发育时算起，迄今所经历的时间，通常用年表示；相对年龄是指土壤的发育阶段或土壤的发育程度，一般用土壤剖面分异程度加以确定。土壤剖面发生层次明显和层次厚度较大的，说明土壤发育程度较高，相对年龄大；反之，把剖面分异不明显和层次厚度较薄的，理解为土壤发育程度较低，相对年龄小。

总的来说，土壤的绝对年龄越大，相对年龄也越大。然而，由于土壤形成的空间因素经常有很大变动，绝对年龄虽相同，但土壤发育程度可有很大变化，所以，只有把空间和时间因素结合起来研究，才能正确揭示土壤发生发展的本质，说明土壤性质和形态的多样性。

二维码 4-1 人类活动对土壤发生演化的影响

## 三、人类活动对土壤发生演化的影响

具体内容见二维码 4-1。

# 任务二 土壤形成过程

土壤形成过程是一个复杂的物质与能量迁移和转化过程的总体。其中，母质（母岩）与生物之间的物质和能量交换是这一过程总体的主导过程，母质与气候之间辐射能和水分的交换是这一过程总体的基本动力，土体内部物质和能量的迁移、转化则是土壤形成过程的实在内容。土壤形成过程是随着时间而进行的，它经历了从无到有，由简单到复杂，从低级到高级的建造过程。它不是简单的封闭式的循环，而是一个复杂的螺旋式上升过程。土壤形成过程是在一定地理位置、地形和地球重力场之下进行的。地理位置影响着这一过程的方向、速度和强度。地球重力场是引起物质（能量）在土体中沿着下垂方向移动的重要条件。地形则

是引起物质（能量）沿着水平方向移动的首要因素。土壤形成过程是由相互对立的生物的、物理的、化学的以及物理化学的一系列基本现象构成的，而且，经常处于不平衡状态，即诸对立现象中物质（能量）互相不能完全补偿，从而导致土壤朝某一方向发展，形成特定的土壤类型。环境条件的多变性决定了成土过程的复杂性和土壤类型的多样性。

## 一、土壤形成过程中的地质大循环及生物小循环

土壤形成是一个综合性的过程，它是物质的地质大循环与生物小循环矛盾统一的结果。物质的地质大循环是指地面岩石的风化，风化产物的淋溶与搬运、堆积，进而产生成岩作用，这是地球表面恒定的周而复始的大循环；生物小循环是植物营养元素在生物体与土壤之间的循环，即植物从土壤中吸收养分，形成植物体，后者供动物生长，而动植物残体回到土壤中，在微生物的作用下转化为植物需要的养分，促进土壤肥力的形成和发展。地质大循环涉及空间大，时间长，植物养料元素不积累；生物小循环涉及空间小，时间短，可促进植物养料元素的积累，使土壤中有限的养分元素发挥作用。

地质大循环和生物小循环的共同作用是土壤发生的基础，无地质大循环，生物小循环就不能进行；无生物小循环，仅地质大循环，土壤也难以形成。在土壤形成过程中，两种循环过程相互渗透和不可分割地同时同地进行着，它们之间通过土壤相互联结在一起（图 4-6）。

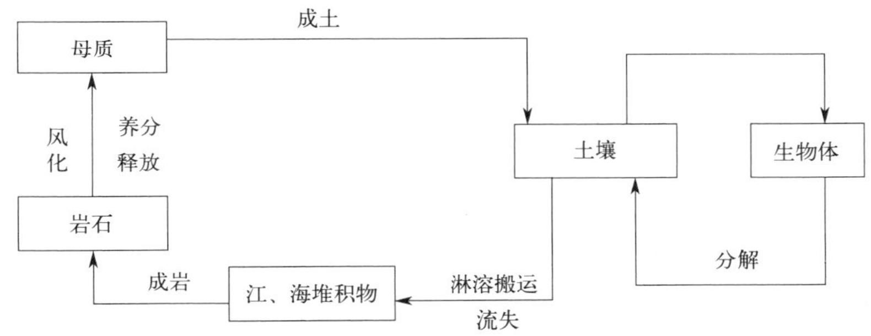


图 4-6 土壤形成过程中大小循环的关系简图

## 二、主要的成土过程

### （一）原始成土过程

从岩石露出地表着生微生物和低等植物开始到高等植物定居之前形成的土壤过程，被称为原始成土过程，这是土壤形成作用的起始点。根据过程中生物的变化，可把该过程分为 3 个阶段：首先是岩漆阶段，出现的生物为自养型微生物，如绿藻、硅藻等，及其共生的固氮微生物，将许多营养元素吸收到生物地球化学过程中；其次为地衣阶段，在这一阶段，各种异养型微生物，如细菌、黏液菌、真菌、地衣组成原始植物群落，其着生于岩石表面与细小孔隙中，通过生命活动促使矿物进一步分解，不断增加细土和有机质；第三阶段为苔藓阶段，生物风化与成土过程的速度大大增加，为高等绿色植物的生长准备了肥沃的基质。在高山冻寒气候条件下的成土作用主要以原始过程为主。原始成土过程也可以与岩石风化同时同步进行。

### （二）有机质积聚过程

有机质积聚过程是在木本或草本植被下，有机质在土体上部积累的过程。它是土壤形成中最为普遍的一个成土过程。这一过程在各种土壤中都存在，是生物因素在土壤中发展的结

果和具体表现。但生物创造有机质及其分解和积累，又受大气的水、热条件及其他成土因素联合作用的影响，因此，作为成土过程的有机质积聚作用有如下三种形式：

#### 1. 腐殖化过程

土壤形成中的腐殖化过程是指在各种植物作用下，在土体中，特别是土体表层进行的腐殖质积累过程。腐殖化过程的结果是使土体发生分化，往往在土体上部形成一层暗色的腐殖质层。它主要表现在草原土壤系列，即在半干旱和半湿润的温带草原、草甸或森林草原等生物气候条件下，每年的有机质在土体中积累较多，有明显的“死冬”季节，使有机质停止分解，加之土壤的水分状况促使其土壤微生物进行适量的好气与嫌气分解，土壤中的饱和程度也较高，因而形成较大量的黑色胡敏酸的钙饱和腐殖质，腐殖质 A 层较厚，土层松软。

#### 2. 粗腐殖质化过程

粗腐殖质化过程主要表现在淋溶土壤或森林土壤系列。森林的残落物较多，但单宁含量高，降水量较大，残落物腐解过程较差，形成所谓酸性的粗腐殖质化过程，其腐殖酸以富里酸为主，腐殖层也较薄。其上的粗腐殖质多用 O 表示。

#### 3. 泥炭化过程

泥炭化过程指有机质以植物残体形式累积的过程。在沼泽、河湖岸边的低湿地段，地下水位高，土体中水分过湿，湿生、水生生物年复一年枯死，其残落物不易分解，日积月累堆积形成有机物分解很差的泥炭，称之为泥炭化过程。地表的泥炭化过程与底层的潜育化往往是同时发生的。

另外，根据成土环境的差异，我国土壤中有机质的积聚过程可分为 6 种类型：①土壤表层有机质含量在 1.0%以下，甚至低于 0.3%，胡敏酸与富啡酸比小于 0.5 的漠土有机质积聚过程；②土壤有机质集中在 20～30cm，含量为 1.0%～3.0%的草原土有机质积聚过程；③土壤表层有机质含量达 3.0%～8.0%或更高，腐殖质以胡敏酸为主的草甸土有机质积聚过程；④地表有枯枝落叶层，有机质积累明显，其积累与分解保持动态平衡的林下有机质积聚过程；⑤腐殖化作用弱，土壤剖面上部有毡状草皮，有机质含量达 10%以上的高寒草甸有机质积聚过程；⑥地下水位高，地面潮湿，生长喜湿和喜水植物，残落物不易分解，有深厚泥炭层的泥炭积聚过程。

### （三）黏化过程

黏化过程是土壤剖面中黏粒形成和积累的过程，可分为残积黏化和淀积黏化。前者是土内风化作用形成的黏粒产物，由于缺乏稳定的下降水流，黏粒没有向深土层移动，而是就地积累，形成一个明显黏化或铁质化的土层。其特点是土壤颗粒只表现为由粗变细，结构体上的黏粒胶膜不多，黏粒的轴平面方向不定（缺乏定向性），黏化层厚度随土壤湿度的增加而增加。后者是风化和成土作用形成的黏粒，由上部土层向下悬迁和淀积而成，这种黏化层有明显的泉华状光性定向黏粒，结构面上胶膜明显。残积黏化过程多发生在温暖的半湿润和半干旱地区的土壤中，而淀积黏化多发生在暖温带和北亚热带湿润地区的土壤中。黏化过程的结果，往往使土体的中、下层形成一个相对较黏重的层次，称之为黏化层。

### （四）钙积与脱钙过程

钙积过程是干旱、半干旱地区土壤钙的碳酸盐发生移动积累的过程。在季节性淋溶条件下，易溶性盐类被降水淋洗，钙、镁部分淋失，部分残留在土壤中，土壤胶体表面和土壤溶液多为钙（或镁）饱和，土壤表层残存的钙离子与植物残体分解时产生的碳酸结合，形成重碳酸钙，在雨季向下移动，在剖面中部或下部淀积，形成钙积层，其碳酸钙含量一般在10%～20%之间。碳酸钙淀积的形态有粉末状、假菌丝体、眼斑状、结核状或层状等。

我国草原和漠境地区，还出现另一种钙积过程的形式，即土壤中常发现石膏的积累，这与极端干旱的气候条件有关。

对于有一部分已经脱钙的土壤，由于人为施用钙质物质或含碳酸盐地下水上升运动而使土壤含钙量增加的过程，通常称之为复钙过程。

与钙积过程相反，在降水量大于蒸发量的生物气候条件下，土壤中的碳酸钙将转变为重碳酸钙从土体中淋失，称之为脱钙过程，该过程使土壤变为盐基不饱和状态。

### （五）盐化与脱盐过程

盐化过程是指土体上部易溶性盐类的聚积过程，即地表水、地下水以及母质中含有的盐分在强烈的蒸发作用下，通过土壤水的垂直和水平移动，逐渐向地表积聚，或是已脱离地下水和地表水的影响，表现为残余积盐特点的过程。前者被称为现代积盐过程，后者被称为残余积盐过程。盐化土壤中的盐分主要是一些中性盐，如 $NaCl$、$Na_2SO_4$、$MgCl_2$、$MgSO_4$。

土壤中可溶性盐通过降水或人为灌溉洗盐、开沟排水，降低地下水位，迁移到下层或排出土体，这一过程被称为脱盐过程。

### （六）碱化与脱碱过程

碱化过程指钠离子在土壤胶体上积累，使土壤呈强碱性反应，并形成物理性质恶化的碱化层的过程，又称之为钠质化过程。碱化过程的结果可使土壤呈强碱性反应，$pH>9.0$，土壤物理性质极差，作物生长困难，但含盐量一般不高。

土壤碱化机理一般有如下几种：①脱盐交换学说。土壤胶体上的 $Ca^{2+}$、$Mg^{2+}$ 被中性钠盐（$NaCl$、$Na_2SO_4$）解离后产生的 $Na^+$ 交换而碱化；②生物起源学说。藜科植物可选择性地大量吸收钠盐，死亡、矿化后可形成较多的 $Na_2CO_3$、$NaHCO_3$ 等碱性钠盐，从而使土壤胶体吸附 $Na^+$ 逐步形成碱土；③硫酸盐还原学说。地下水位较高的地区，$Na_2SO_4$ 在有机质的作用下，被硫酸盐还原细菌还原为 $Na_2S$，再与 $CO_2$ 作用形成 $Na_2CO_3$，使土壤碱化。

脱碱过程是指通过淋洗和化学改良，使土壤碱化层中钠离子及易溶性盐类减少，胶体的钠饱和度降低。在自然条件下，碱土因 pH 较高，可使表层腐殖质扩散淋失，部分硅酸盐被破坏后，形成 $SiO_2$、$Al_2O_3$、$Fe_2O_3$、$MnO_2$ 等氧化物，其中 $SiO_2$ 留在土表使表层变白，而铁锰氧化物和黏粒可向下移动淀积，部分氧化物还可胶结形成结核。这一过程的长期发展，可使表土变为微酸性，质地变轻，原碱化层变为微碱性，该过程是自然的脱碱过程。

### （七）富铝化过程

富铝化过程又称脱硅过程，是指土体中脱硅、富铁铝的过程。它是热带、亚热带地区土壤物质由于矿物的风化，形成弱碱性条件，随着可溶性盐、碱金属、碱土金属盐基及硅酸的大量流失，造成铁铝在土体内相对富集的过程。因此，它包括两方面的作用，即脱硅作用和铁铝相对富集作用。所以一般也称之为“脱硅富铝化”过程。

富铝化过程的特点：①黏粒的硅铝率（$K_i=SiO_2$ 含量/$Al_2O_3$ 含量）和硅铝铁率（$SiO_2$ 含量/$R_2O_3$ 含量）不断降低；②黏粒矿物由 2∶1 型向 1∶1 型和铁、铝氧化物等结构简单的矿物演变；③土壤肥力降低。

### （八）灰化、隐灰化和漂灰化过程

灰化过程是指在土体表层（特别是亚表层）$SiO_2$ 残留，$R_2O_3$ 及腐殖质淋溶、淀积的过程，即在寒温带、寒带针叶林植被和湿润的条件下，土壤中铁铝与有机酸性物质螯合淋溶淀积的过程。在这样的成土条件下，针叶林残落物富含单宁、树脂等多酚类物质，而母质中盐基含量又较少，残落物经微生物作用后产生酸性很强的富啡酸及其他有机酸。这些酸类物质作为有机络合剂，不仅能使表层土壤中的矿物蚀变分解，而且能与金属离子结合为络合物，使铁铝等发生强烈的螯迁，到达B层，使亚表层脱色，只留下极耐酸的硅酸呈灰白色土层（灰化层），在剖面下部形成较密实的棕褐色腐殖质铁铝淀积层。

当灰化过程未发展到明显的灰化层出现，但已有铁、铝、锰等物质的酸性淋溶，有机螯合、迁移、淀积的作用时，称之为隐灰化作用（或准灰化），实际上它是一种不明显的灰化作用。

漂灰化是灰化过程与还原离铁、离锰作用及铁锰腐殖质淀积多现象的伴生者。漂白现象主要是还原离铁造成的，矿物蚀变是在酸性条件下水解造成的。这种过程实际上是还原离铁、离锰与酸性水解相结合作用的结果。在形成的漂灰层中铝减少得不多，铁的减少量大，黏粒也无明显下降。该过程在热带、亚热带山地的冷湿气候下常有发生。

### （九）潜育化和潴育化过程

潜育化过程是土壤长期渍水，有机质嫌气分解，铁锰强烈还原，形成灰蓝-灰绿色土体的过程，即在土体中发生的还原过程。有时，由于“铁解”作用使土壤胶体被破坏，土壤变酸。该过程主要出现在排水不良的水稻土和沼泽土中，往往发生在剖面下部。

潴育化过程实质上是一个氧化还原交替过程，即土壤形成中的氧化还原过程，指土壤渍水带经常上下移动，土体中干湿交替比较明显，促使土壤中氧化还原反复交替，结果在土体内出现锈纹、锈斑、铁锰结核和红色胶膜等物质的过程。该过程又被称为假潜育化。

### （十）白浆化过程

白浆化过程是指表层由于上层滞水而发生的潴育漂洗过程，即土体中出现还原离铁、离锰作用而使某一土层漂白的过程。在季节性还原淋溶条件下，黏粒与铁锰的淋溶淀积过程实质上是潴育淋溶，与假潜育过程类似，国外称之为假灰化过程。在季节性还原条件下，土壤表层的铁锰与黏粒随水侧向或向下移动，在腐殖质层下形成粉砂含量高、铁锰贫乏的白色淋溶层，在剖面中、下部形成铁锰和黏粒富集的淀积层。该过程的发生与地形条件有关，多发生在白浆土中。

### （十一）熟化过程

土壤熟化过程是指在耕作条件下，通过耕作、培肥与改良，促进水、肥、气、热诸因素不断协调，使土壤向有利于作物高产方面转化的过程。通常把种植旱作条件下定向培肥的土壤过程称为旱耕熟化过程；把淹水耕作，在氧化还原交替条件下培肥的土壤过程称为水耕熟化过程。熟化过程形成熟化层，耕作层即最基本的熟化层。

### （十二）退化过程

退化过程是因自然环境不利因素和人为利用不当而引起土壤肥力下降、植物生长条件恶化和土壤生产力减退的过程。

## 三、土壤剖面、发生层和土体构型

土壤剖面是一个具体土壤的垂直断面，其深度一般以达到基岩或达到地表沉积体的相当深度为止。一个完整的土壤剖面应包括土壤形成过程中所产生的发生学层次（发生层）和母质层。

土壤发生层是指土壤形成过程中所形成的具有特定性质和组成，大致与地面相平行并具有成土过程特性的层次。作为一个土壤发生层，至少应能被肉眼识别，不同于相邻的土壤发生层。识别土壤发生层的形态特征一般包括颜色、质地、结构、新生体和紧实度等。

土壤发生层分化越明显，即上下层之间的差别越大，表示土体非均一性越显著，土壤的发育度越高。但许多土壤剖面中发生层之间是逐渐过渡的。有时母质的层次性会残留在土壤剖面中，这种情况应区别对待。

土体构型是各土壤发生层在垂直方向有规律的组合和有序的排列状况。不同的土壤类型有不同的土体构型，因此，土体构型是识别土壤最重要的特征。

作为一个发育完全的土壤剖面，从上至下一般由最基本的几个发生层组成（图 4-7）。

| 剖面 | 土层名称 | 传统代号 | 国际代号 |
|---|---|---|---|
| O | 森林凋落物层、草毡层 | $A_0$ | O |
| H（土体） | 泥炭层 |  | H |
| A（土体） | 腐殖质层 | $A_1$ | A |
| E（土体） | 淋溶层 | $A_2$ | E |
| B（土体） | 淀积层 | B | B |
| C | 母质层 | C | C |
| R | 母岩层 | D | R |

图 4-7 土体构型的一般综合图式

有机质层：一般都出现在土体的表层，是土壤的重要发生学层次。依据有机质的聚集状态，尚可分出腐殖质层，泥炭层和凋落物（或草毡）层。参考传统的土层代号和国际土壤学会拟定和讨论的土层名称，拟将上述三个有机质层分别用大写字母 A、H、O 表示。

淋溶层：由于淋溶作用而使物质迁移和损失的土层（如灰化层，白浆层）。传统的代号为 $A_2$，国际代号为大写字母 E，本教材拟采用后者。在正常情况下，E 层区别于 A 层的主要标志是有机质含量较低、色泽较淡。

淀积层：这是物质绝对累积的层次。该层次往往和淋溶层相对立存在，即上部为淋溶层，下部为淀积层。淀积层的代号用大写字母 B 表示。但 B 层的性质差别很大，常需用词尾（小写字母）加以限制，给予充分说明。如腐殖质 B 为 Bh，铁质 B 为 Bs，质地 B 为 Bt 等。

母质层和母岩层：严格地讲，母质层和母岩层不属于土壤发生层，因为它们的特性并非由土壤形成所产生的，这里仅作为一个土壤剖面的重要成分列出。较疏松的母质层用大写字母 C 表示，是没有产生明显的成土作用的土层，由风化程度不同的岩石风化物或各种地质沉积物构成；坚硬的母岩以 R 表示，是半风化或未风化的基岩。

凡兼有两种主要发生层特性的土层，称之为过渡层，其代号用两个大写字母联合表示，例如 AE、EB、BA 等，第一个字母标志占优势的主要土层。

此外，为了使主要土层名称更为确切，可在大写字母之后附加组合小写字母。词尾字母的组合是反映同一主要土层内同时发生的特性，但一般不应超过两个词尾。适用于主要土层的常用词尾字母如下：

a 腐解良好的腐殖质层
b 埋藏层
c 结核形式的积聚
d 粗腐殖质层:粗纤维≥30%
e 水耕熟化的渗育层
f 永冻层
g 氧化还原层
h 矿质土壤的有机质的自然积聚层
i 灌溉淤积层
k 碳酸钙的积聚层
l 结壳层、龟裂层
m 强烈胶结,固结,硬化层次
n 代换性钠积聚层
o $R_2O_3$ 的残余积聚层
p 耕作层
q 次生硅积聚层
r 砾幂
s $R_2O_3$ 的淋溶积聚层
t 黏化层
v 网纹层
w 风化过渡层
x 脆磐层、脆壳层
y 石膏积聚层
z 盐分积聚层

# 任务三　土壤分类

## 一、中国现行的土壤分类体系

不仅不同的历史时期存在着不同的土壤分类体系，而且在同一历史时期也会存在着不同的土壤分类体系。当前国内大量已有的土壤资料是在长期应用土壤发生分类体系条件下积累起来的，而且发生分类在中国已有半个世纪的历史。我国于 1958 年首次在全国范围内开展土壤普查，对农业土壤进行了广泛的研究，提出了潮土、灌淤土和绿洲土等土壤。我国于 1978 年提出了《中国土壤分类暂行草案》，1979 年开始了全国第二次土壤普查工作。为全面掌握我国土壤资源情况，国务院决定自 2022 年起开展第三次全国土壤普查，到 2025 下半年，完成普查成果验收、汇交与总结，建成土壤普查数据库与样品库，形成全国耕地质量报告和全国土壤利用适宜性评价报告。第三次全国土壤普查以习近平新时代中国特色社会主义思想为指导，全面贯彻党的十九大和十九届历次全会精神，弘扬伟大建党精神，完整、准确、全面贯彻新发展理念，加快构建新发展格局，着力推动高质量发展，遵循全面性、科学性、专业性原则，衔接已有成果，全面查明查清我国土壤类型及分布规律、土壤资源现状及变化趋势，真实准确掌握土壤质量、性状和利用状况等基础数据，提升土壤资源保护和利用水平，为守住耕地红线、优化农业生产布局、确保国家粮食安全奠定坚实基础，为加快农业农村现代化、全面推进乡村振兴、促进生态文明建设提供有力支撑。以下重点介绍的分类体系仍是现行全国第二次土壤普查使用的土壤分类体系，也可称之为官方土壤分类体系，它是以后各项目土类介绍的分类基础。

### （一）分类思想

中国现行的即国家在土壤调查中统一使用的土壤分类系统属于地理发生学土壤分类体系。它是源于俄罗斯道库恰耶夫的土壤发生分类思想，而且也同时考虑了土壤剖面形态特征，并结合了中国特有的自然条件和土壤特点而建立的我国的土壤分类体系。

现行中国土壤分类体系的指导思想核心是每一个土壤类型都是在各成土因素的综合作用下，由特定的主要成土过程所产生，具有一定的土壤剖面形态和理化性状的土壤。因此，在鉴别土壤并进行分类时，比较注重将成土条件、土壤剖面性状和成土过程相结合进行研究，即将土壤属性和成土条件以及由前两者推进论的成土过程联系起来，这就是所谓的成土条件

-成土过程-土壤属性统一鉴别和分类土壤的指导思想。不过，实际工作中，当遇到成土条件、成土过程和土壤性质不统一时，往往以现代成土条件来划分土壤，不再强调土壤性质是否与成土条件吻合。该分类系统对于用发生学的思想研究认识分布于陆地表面形形色色的土壤发生分布规律，特别是宏观地理规律，在开发利用土壤资源时，充分考虑生态环境条件，因地（地理环境）制宜是十分有益的。但这个系统也有定量化程度差、分类单元之间的边界比较模糊的缺点。

### （二）分类系统

现行中国土壤分类系统是由全国第二次土壤普查办公室为汇总全国第二次土壤普查成果、编撰《中国土壤》而拟定的分类系统。其高级分类自上而下是土纲、亚纲、土类、亚类；低级分类自上而下是土属、土种、变种。

#### 1. 土纲

土纲是对某些有共性的土类的归纳和概括，反映了土壤不同发育阶段中，土壤物质移动积累所引起的重大属性差异。如铁铝土纲是指在湿热条件下，在脱硅富铁铝化过程中产生的黏土矿物中以 1∶1 型高岭石和三氧化物、二氧化物为主的一类土壤，如砖红壤、赤红壤、红壤和黄壤等土类被归结在一起，这些土类都发生过富铝化过程，只是其表现程度不同。

#### 2. 亚纲

亚纲是指在土纲范围内，根据土壤现实的水热条件、岩性及盐碱的重大差异进行划分。如铁铝土纲分成湿热铁铝土亚纲和湿暖铁铝土亚纲，两者的差别在于热量条件，反映了控制现代成土过程的成土条件，它们对于植物生长和种植制度也起着控制作用。又如钙层土亚纲中的半湿温钙层土亚纲和半干温钙层土亚纲，它们之间的差别在于水分条件。一般地带性土纲可按水热条件进行划分，初育土纲可按其岩性特征进一步划分为土质初育土亚纲和石质初育土亚纲。

#### 3. 土类

土类是高级分类的基本单元。基本分类单元的意思是，即使归纳土类的更高级分类单元可以变化，但土类的划分依据和定义一般不改变，土类是相对稳定的。土类根据成土条件、成土过程和由此发生的土壤属性三者的统一和综合进行划分。划分土类时，强调成土条件、成土过程和土壤属性三者的统一和综合，认为土类之间的差别无论在成土条件、成土过程方面还是在土壤属性方面，都具有质的差别。如砖红壤土类代表热带雨林下高度风化、富含游离铁和铝的酸性土壤；黑土代表温带湿润草原下发育的有大量腐殖质积累的土壤。如上所述，在实际工作中，往往更注重以成土条件或土壤发生的地理环境来划分土类。

#### 4. 亚类

亚类是在同一土类范围内的划分。一个土类中有代表土类概念的典型亚类，即它是在定义土类的特定成土条件和主导成土过程下产生的最典型的土壤；也有表示一个土类向另一个土类过渡的亚类，它是根据主导成土过程以外的附加成土过程来划分的。如黑土的主导成土过程是腐殖质积聚，典型概念的亚类是（典型）黑土。当地势平坦，地下水参与成土过程时，在心底土中形成锈纹、锈斑或铁锰结核，它是潴育化过程，但这是附加的或次要的成土过程，根据它划分出来的草甸黑土就是黑土向草甸土过渡的过渡亚类。

表 4-3 是为编撰全国第二次土壤普查成果《中国土壤》所拟定的中国土壤分类系统中的高级分类，它也是本书中土类各论的基础。

表 4-3 中国土壤分类系统高级分类

| 土纲 | 亚纲 | 土类 | 亚类 |
| --- | --- | --- | --- |
| 铁铝土 | 湿热铁铝土 | 砖红壤 | 砖红壤、黄色砖红壤 |
| | | 赤红壤 | 赤红壤、黄色赤红壤、赤红壤性土 |
| | | 红壤 | 红壤、黄红壤、棕红壤、山原红壤、红壤性土 |
| | 湿暖铁铝土 | 黄壤 | 黄壤、漂洗黄壤、表潜黄壤、黄壤性土 |
| 淋溶土 | 湿暖淋溶土 | 黄棕壤 | 黄棕壤、暗黄棕壤、黄棕壤性土 |
| | | 黄褐土 | 黄褐土、黏盘黄褐土、白浆化黄褐土、黄褐土性土 |
| | 湿暖温淋溶土 | 棕壤 | 棕壤、白浆化棕壤、潮棕壤、棕壤性土 |
| | 湿温淋溶土 | 暗棕壤 | 暗棕壤、灰化暗棕壤、白浆化暗棕壤、草甸暗棕壤、潜育暗棕壤、暗棕壤性土 |
| | | 白浆土 | 白浆土、草甸白浆土、潜育白浆土 |
| | 湿寒温淋溶土 | 棕色针叶林土 | 棕色针叶林土、灰化棕色针叶林土、表潜棕色针叶林土 |
| | | 漂灰土 | 漂灰土、暗漂灰土 |
| | | 灰化土 | 灰化土 |
| 半淋溶土 | 半湿热半淋溶土 | 燥红土 | 燥红土、褐红土 |
| | 半湿暖温半淋溶土 | 褐土 | 褐土、石灰性褐土、淋溶褐土、潮褐土、口土、燥褐土、褐土性土 |
| | 半湿温半淋溶土 | 灰褐土 | 灰褐土、暗灰褐土、淋溶灰褐土、石灰性灰褐土、灰褐土性土 |
| | | 黑土 | 黑土、草甸黑土、白浆化黑土、表潜黑土 |
| | | 灰色森林土 | 灰色森林土、暗灰色森林土 |
| 钙层土 | 半湿温钙层土 | 黑钙土 | 黑钙土、淋溶黑钙土、石灰性黑钙土、淡黑钙土、草甸黑钙土、盐化黑钙土、碱化黑钙土 |
| | 半干温钙层土 | 栗钙土 | 暗栗钙土、栗钙土、淡栗钙土、草甸栗钙土、盐碱化栗钙土、栗钙土性土 |
| | 半干暖湿钙层土 | 栗褐土 | 栗褐土、淡栗褐土、潮栗褐土 |
| | | 黑垆土 | 黑垆土、黏化黑垆土、潮黑垆土、黑麻土 |
| 干旱土 | 温干旱土 | 棕钙土 | 棕钙土、淡棕钙土、草甸棕钙土、盐化棕钙土、碱化棕钙土、棕钙土性土 |
| | 暖温干旱土 | 灰钙土 | 灰钙土、淡灰钙土、草甸灰钙土、盐化灰钙土 |
| 漠土 | 温漠土 | 灰漠土 | 灰漠土、钙质灰漠土、草甸灰漠土、盐化灰漠土、碱化灰漠土、灌耕灰漠土 |
| | | 灰棕漠土 | 灰棕漠土、石膏灰棕漠土、石膏盐盘灰棕漠土、灌耕灰棕漠土 |
| | 暖温漠土 | 棕漠土 | 棕漠土、盐化棕漠土、碱棕漠土、石膏棕漠土、石膏盐盘棕漠土、灌耕棕漠土 |
| 初育土 | 土质初育土 | 黄绵土 | 黄绵土 |
| | | 红黏土 | 红黏土、积钙红黏土、复盐基红黏土 |
| | | 新积土 | 新积土、冲积土、珊瑚砂土 |
| | | 龟裂土 | 龟裂土 |
| | | 风沙土 | 荒漠风沙土、草原风沙土、草甸风沙土、滨海风沙土 |

续表

| 土纲 | 亚纲 | 土类 | 亚类 |
|---|---|---|---|
| 初育土 | 石质初育土 | 石灰(岩)土 | 红色石灰土、黑色石灰土、棕色石灰土、黄色石灰土 |
| | | 火山灰土 | 火山灰土、暗火山灰土、基性岩火山灰土 |
| | | 紫色土 | 酸性紫色土、中性紫色土、石灰性紫色土 |
| | | 磷质石灰土 | 磷质石灰土、硬盘磷质石灰土、盐渍磷质石灰土 |
| | | 石质土 | 酸性石质土、中性石质土、钙质石质土、含盐石质土 |
| | | 粗骨土 | 酸性粗骨土、中性粗骨土、钙质粗骨土、硅质岩粗骨土 |
| 半水成土 | 暗半水成土 | 草甸土 | 草甸土、石灰性草甸土、白浆化草甸土、潜育草甸土、盐化草甸土、碱化草甸土 |
| | 淡半水成土 | 潮土 | 潮土、灰潮土、脱潮土、湿潮土、盐化潮土、碱化潮土、灌淤潮土 |
| | | 砂姜黑土 | 砂姜黑土、石灰性砂姜黑土、盐化砂姜黑土、碱化砂姜黑土 |
| | | 山地草甸土 | 山地草甸土、山地草原草甸土、山地灌丛草甸土 |
| 水成土 | 矿质水成土 | 沼泽土 | 沼泽土、腐泥沼泽土、泥炭沼泽土、草甸沼泽土、盐化沼泽土、碱化沼泽土 |
| | 有机水成土 | 泥炭土 | 低位泥炭土、中位泥炭土、高位泥炭土 |
| 盐碱土 | 盐土 | 草甸盐土 | 草甸盐土、结壳盐土、沼泽盐土、碱化盐土 |
| | | 滨海盐土 | 滨海盐土、滨海沼泽盐土、滨海潮滩盐土 |
| | | 酸性硫酸盐土 | 酸性硫酸盐土、含盐酸性硫酸盐土 |
| | | 漠境盐土 | 漠境盐土、干旱盐土、残余盐土 |
| | | 寒原盐土 | 寒原盐土、寒原草甸盐土、寒原硼酸盐土、寒原碱化盐土 |
| | 碱土 | 碱土 | 草甸碱土、草原碱土、龟裂碱土、盐化碱土、荒漠碱土 |
| 人为土 | 人为水成土 | 水稻土 | 潴育水稻土、淹育水稻土、渗育水稻土、潜育水稻土、脱潜水稻土、漂洗水稻土、盐渍水稻土、咸酸水稻土 |
| | 灌耕土 | 灌淤土 | 灌淤土、潮灌淤土、表锈灌淤土、盐化灌淤土 |
| | | 灌漠土 | 灌漠土、灰灌漠土、潮灌漠土、盐化灌漠土 |
| 高山土 | 湿寒高山土 | 高山草甸土 | 高山草甸土、高山草原草甸土、高山灌丛草甸土、高山湿草甸土 |
| | | 亚高山草甸土 | 亚高山草甸土、亚高山草原草甸土、亚高山灌丛草甸土、亚高山湿草甸土 |
| | 半湿寒高山土 | 高山草原土 | 高山草原土、暗寒钙土(高山草甸草原土)、淡寒钙土(高山荒漠草原土)、盐化寒钙土(高山盐渍草原土) |
| | | 亚高山草原土 | 冷钙土(亚高山草原土)、亚高山草甸草原土、亚高山荒漠草原土、亚高山盐渍草原土 |
| | | 山地灌丛草原土 | 山地灌丛草原土、山地淋溶灌丛草原土 |
| | 干寒高山土 | 高山漠土<br>亚高山漠土 | 高山漠土<br>亚高山漠土 |
| | 寒冻高山土 | 高山寒漠土 | 高山寒漠土 |

资料来源:《中国土壤》,1998。

5. 土属

主要根据成土母质的成因类型与岩性、区域水文控制的盐分类型等地方性因素进行划分。如母质可粗略地分为残积物、洪积物、冲积物、湖积物、海积物、黄土状物质等。残积物根据岩性的矿物学特征细分为基性岩类、酸性岩类、石灰岩类、石英岩类、页岩类；洪积物和冲积物多为混合岩性，可根据母质质地分为砾石、砂质的、壤质的和粗质的等等。对不同的土类或亚类，所选择的土属划分的具体标准不一样。如红壤性土可按基性岩类、酸性岩类、石灰岩类、石英岩类、页岩类划分土属；盐土根据盐分类型可划分为硫酸盐盐土、硫酸盐-氯化物盐土、氯化物盐土、氯化物-硫酸盐盐土等。如果说土属以上的高级分类主要反映气候和植被等地带性成土因素及其结果，那么土属的划分则主要反映母质和地形（地下水）的影响。

6. 土种

土种是低级分类单元，根据土壤剖面构型和发育程度来划分。一般土壤发生层的构型排列反映主导成土作用和次要成土作用的结果，由此决定该土壤的土类和亚类的分类地位。但在土壤发育程度上，因成土母质、地形等条件的差异，导致土层厚度、腐殖质层厚度、盐分含量、淋溶深度、淀积程度等方面不一致，可根据这些属性在程度上的差异划分土种。如山地土壤根据土层厚度分为：薄层（＜30cm）、中层（30～60cm）和厚层（＞60cm）3 个土种。粗骨性土根据砾石含量分为：少砾质（直径＞3mm 的砾石含量＜10％）、多砾质（直径＞3mm 的砾石含量为 10％～30％）和砾石土（直径＞3mm 的砾石含量＞30％）3 个土种。盐化土壤的土种根据盐分含量以及缺苗程度划分为 3 级：轻度盐化（缺苗 30％以下）、中度盐化（缺苗 30％～50％）和重度盐化（缺苗 50％以上）。

7. 变种

变种是土种范围内的变化，一般根据表层土层或耕作层的某些差异来划分，如表土层质地、砾石含量等，其对土壤的耕作影响较大。

该分类系统的高级分类单元主要反映的是土壤在发生学方面的差异，而低级分类单元则主要考虑到土壤在其生产利用方面的不同。高级分类用来指导小比例尺的土壤调查制图，反映土壤的发生分布规律；低级分类用来指导大、中比例尺的土壤调查制图，为土壤资源的合理开发利用提供依据。

### （三）命名

中国现行的土壤分类系统采用连续命名与分段命名相结合的方法。土纲和亚纲为一段，以土纲名称为基本词根，加形容词或副词前缀构成亚纲名称，亚纲段名称是连续命名，如半干温钙层土，含土纲与亚纲名称。土类和亚类为一段，以土类名称为基本词根，加形容词或副词前缀构成亚类名称，如盐化草甸土、草甸黑土，可自成一段单用，但它是连续命名法。土属名称不能自成一段，多与土类、亚类连用，如氯化物滨海盐土、酸性岩坡积物草甸暗棕壤，是典型的连续命名法。土种和变种名称也不能自成一段，必须与土类、亚类、土层连用，如黏壤质（变种）、厚层、黄土性草甸黑土。名称既有从国外引进的，如黑钙土；也有从群众名称中提炼的，如白浆土；也有根据土壤特点新创造的，如砂姜黑土。

## 二、美国土壤诊断分类体系

具体内容见二维码 4-2。

二维码 4-2 美国土壤诊断分类体系

## 三、土壤分类发展的趋势

土壤分类发展的国际趋势为由定性转变为定量化、进一步深入、趋向统一化。

（1）由定性转变为定量化

以诊断层和诊断特性代替土壤形成条件、过程和属性的统一作为分类的依据，以边界定义代替中心概念，以检索系统代替分类的判别。

（2）进一步深入

随着人口与粮食问题的日益加重以及土壤学分支科学的进一步深入，土壤分类的内容也进一步深化。重点集中在热带土壤和人为土的同时，更多的研究成果被引用到土壤分类之中。如黏绨土，低活性强酸土和高活性强酸土等的提出就是研究成果的体现。

（3）趋向统一化

从现行国际上有影响的分类来看，不论联合国图例系统、国际土壤分类参比基础、苏俄土壤分类、美国系统分类，还是中国土壤系统分类，均有许多相似之处。这说明各国土壤分类在交流中逐渐趋向统一。所以，经历一定时间的努力后，一定会建立起一个世界统一的土壤分类。

# 任务四　土壤分布的地带性特点

具体内容见二维码 4-3。

二维码 4-3　土壤分布的地带性特点

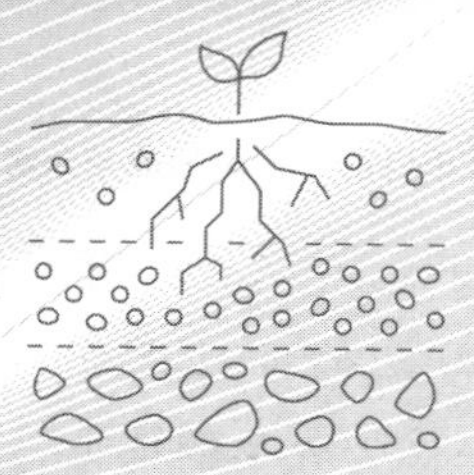

# 项目五　土壤类型划分及认知技能

根据土壤系统分类，我国境内可分为14个土纲、39个亚纲和141个土类；根据土壤发生分类，我国境内土壤共分为12个土纲、30个亚纲和61个土类。本项目的内容基于土壤发生分类系统，对吉林省主要土壤类型的地理分布、主导成土过程、剖面形态特征等进行简要介绍。

## 任务一　黑土

黑土是在湿润或半干润地区草原、草甸植被下发育的具有深厚腐殖质层和淋溶过程的土壤。依据第三次全国土壤普查暂行的土壤分类系统，黑土的土纲为半淋溶土，亚纲为半湿温半淋溶土。

### 一、成土环境与分布区域

#### （一）成土环境

温带湿润或半干润地区，年均温0～6.7℃，降水量500～650mm，干燥度一般≤1，土壤冻结深度在1.1～2.0m，冻结期长达4个月以上。母质为第四纪更新世砂砾黏土层，黏土层厚达10～40m，质地黏细，以粗粉砂和黏粒为主。自然植被为草原化草甸，以杂类草群落（五花草塘）为主。地下水位较深，一般为5～20m。

#### （二）分布区域

主要分布在东北平原，北起黑龙江右岸，南至辽宁的昌图，西与松辽平原的草原和盐渍化草甸草原接壤，东可延伸至小兴安岭和长白山山区的部分山间谷地以及三江平原的边缘。大兴安岭东麓山前台地、甘肃的西秦岭、祁连山海拔2300～3150m的垂直带上也有分布。

### 二、成土过程

#### （一）腐殖质积累过程

在黑土形成的最活跃时期，降水集中，土壤水分丰富，草原化草甸植物生长繁茂，地上及地下有机物年累积量很高；在漫长而寒冷的冬季，土壤冻结，微生物活动受到抑制，使每年遗留于土壤中的有机物质得不到充分分解以腐殖质的形态积累于土壤中，从而形成深厚的腐殖质层。

#### （二）物质淋溶与转化

在临时性滞水和有机质分解产物的影响下，土壤产生还原条件，使其中的铁、锰元素发生还原，并随水移动，至干旱期又被氧化淀积，在土壤孔隙中形成铁锰结核，在有些土层中尚可见到锈斑和灰斑。此外，溶于土壤溶液中的硅酸也可随融冻水沿毛管上升，水分蒸发以无定形白色粉末析出附于结构面上。黑土土体中的铁、铝及多种元素在淀积层中有富集的趋势，有些黑土黏粒也有一定的下移，说明黑土有轻微的淋溶淀积特征。

## 三、剖面特征与主要属性

土体构型由腐殖质层（A)、过渡层（AB)、淀积层（B）和母质层（C）组成。耕种黑土有耕作层和较紧密的厚度不大的亚耕层。

A 层：腐殖质层呈暗灰色，黏壤质，厚度一般为 30～70cm，厚者达 100cm 以上，坡度较大受到侵蚀的黑土厚度<30cm。结构性好，多为团粒状或团块状结构，疏松多孔，多植物根，常见田鼠穴。腐殖质舌状向下延伸，有铁锰结核，粒径多为 1～2mm，数量约为 2～9$g \cdot kg^{-1}$。

AB 层：过渡层的厚度为 20～50cm，多呈暗褐色，核块状结构，结构面有胶膜淀积和白色硅粉附着物，可见黑棕色的铁锰结核和少量细根，质地多为壤黏土，逐渐过渡。

B 层：淀积层，50～100cm 厚，灰棕色或黄棕色，核块状结构，比较黏紧，结构面上有胶膜淀积和白色硅粉末附着。

C 层：母质层多为黄棕色的壤黏土，无石灰反应，具轻度滞水还原淋溶特征，可见硅粉。盐基饱和度在 80%以上，pH 6.5～7.0。

从多数剖面可以归纳如下特征：腐殖质层深厚，一般为 30～70cm，坡度较大的地方不足 30cm，坡下平地有的>100cm；土层疏松多孔，结构性良好，腐殖质层为团粒结构，淀积层为核状结构；有明显的腐殖质舌状延伸条痕，多见田鼠洞；土层中无钙积层，全剖面无石灰性反应；剖面中有黑色铁锰结核、$SiO_2$ 粉末等新生体。白色 $SiO_2$ 粉末多集中于土层下部 70cm 以下，也有土层薄的，在 20～30cm 处就可见到 $SiO_2$ 粉末。

## 四、亚类

### （一）典型黑土

典型黑土指在湿润或半干润地区草甸草原植被下发育的具有深厚腐殖质层和淋溶过程的土壤。

#### 1. 成土环境与分布区域

温带湿润或半干润地区，母质为第四纪更新世砂砾黏土层，黏土层厚达 10～40m，质地黏细，以粗粉砂和黏粒为主。自然植被为草原化草甸，以杂类草群落（五花草塘）为主。地下水位较深，一般为 5～20m。主要分布在东北平原，北起黑龙江右岸，南至辽宁的昌图，西与松辽平原的草原和盐渍化草甸草原接壤，东可延伸至小兴安岭和长白山山区的部分山间谷地以及三江平原的边缘，以及大兴安岭东麓山前台地。

#### 2. 成土过程

具有腐殖质积累及物质淋溶与转化过程。

#### 3. 剖面特征及主要属性

具有 A-AB-B-C（表土层-过渡层-心土层-母质层）剖面构型，耕种黑土尚有耕作层和较紧密的厚度不大的亚耕层。腐殖质层呈暗灰色，黏壤质，厚度一般为 30～70cm，坡度较大受到侵蚀的黑土厚度<30cm。结构性好，多为团粒状或团块状结构，有少量铁锰结核，结构面有胶膜淀积和白色硅粉附着。母质层多为黄棕色的壤黏土，可见硅粉，无石灰反应。盐基饱和度在 80%以上，pH 6.5～7.0。

### （二）草甸黑土

草甸黑土指在土体中拥有锈纹、锈斑的黑土。

#### 1. 成土环境与分布区域

在台地中下部漫岗地坡脚，受地表滞水或地下水位影响，以草甸植被为主，是典型黑土与草甸土过渡类型，主要分布在松嫩平原和三江平原。

#### 2. 成土过程

除具有腐殖质积累过程外，还具有较弱的淋溶过程和草甸化过程。

#### 3. 剖面特征及主要属性

具有 A-ABr-Br-Cr（表土层-过渡层-心土层-母质层）剖面构型。黑土层比较深厚，土体颜色较深，土壤湿度较大，土温较低，土壤中氧化还原作用强烈，表层以下可见锈（r），剖面中有黑色铁锰结核和白色硅粉末。

### （三）白浆化黑土

白浆化黑土指土体中拥有白浆化层次的黑土。

#### 1. 成土环境与分布区域

分布在土质较黏重的岗地，是黑土向白浆土过渡的地带。

#### 2. 成土过程

除具有腐殖质积累过程外，还具有较弱的淋溶过程和白浆化过程。

#### 3. 剖面特征及主要属性

亚表层有厚度大于 10cm 的白浆层，呈浅灰色，黏粒含量低，淋淀现象明显，心土层黏粒高于上部白浆层。白色硅粉末较多，底土显棱块状结构，结构面上有淀积胶膜，未形成黏化淀积层。土壤 pH 略低，白浆化土层养分含量较低。

### （四）表潜黑土

表潜黑土指土体表层中拥有潜育特征的黑土。

#### 1. 成土环境与分布区域

分布在地势比较低洼的河湖漫滩，明显受地下水影响，草甸与沼泽植被茂盛，是黑土与沼泽土之间的过渡地带。

#### 2. 成土过程

除具有腐殖质积累过程外，还具有较弱的淋溶过程和潜育化过程。

#### 3. 剖面特征及主要属性

表土层有潜育特征（g），表层见锈斑，有机质含量高，微显泥炭化。土壤酸度稍低，土性冷凉，黏软板结，潜在肥力高，但不易发挥。

## 五、利用与保护

黑土性状好、肥力高，适合植物生长，在同等条件下，黑土生长的作物产量比其他土壤高。在黑土地被开垦的早期，由于人类认识错误，过度利用黑土地来生产粮食但却不注重保护，导致黑土地面积流失，长期的养分失调导致黑土退化。此外，由于黑土质地黏重，有季节性冻层，底层土壤透水不良，夏季降水高度集中，地势起伏不平，每年春化冻水和夏秋降水一时无法从土层中迅速下渗，大量的地表径流造成土壤冲刷。近年黑土地的保护利用逐渐引起了国内外的重视。2016—2020 年习近平总书记对黑土地进行多次视察并就黑土地的保护利用作过四次系统讲话，强调保护好、利用好黑土地这一“耕地中的大熊猫”。2022 年 8 月 1 日，《中华人民共和国黑土地保护法》正式实施，这是中国首次对黑土地保护进行立法。为此必须因地制宜、合理利用和保护黑土资源，充分发挥黑土的生产潜力。

#### （一）农田生态保护

农田生态保护主要是加强农田基本建设，改变农业生产条件，合理规划、营造大网眼农防护林，以林划方，大地方田化，做好林、渠、路的规划等，建立高效循环的人工农业生态系统，建设旱涝保收的高产稳产农田。

#### （二）岗状波状高平原黑土地水土保持治理

按小流域综合治理黑土地，岗坡大于 3°和母质黄色黏土出露地段应退耕还草，恢复原生态，然后再培育灌木类水果林（野山楂等）；岗间洼地或平地易被水冲蚀地段应退耕，栽培沼柳、蒙古柳等，恢复柳毛岗生态；所有耕地一律实施林网化防风固土；改变传统耕作模式采用免翻土地和秸秆还田作法；注重生物护埂；沟蚀严重时，应封沟育林，并应在沟内修建谷坊，拦蓄水土；侵蚀严重区可退耕还林、还草。

#### （三）培肥土壤

为培肥土壤，保持良好的团粒结构，应增施有机肥，积极提倡并推广秸秆还田，玉米根茬还田，配施 N、P 化肥，应做到诊断施肥，做好配方施肥和平衡施肥，建立一套保持与提高黑土肥力的耕作、轮作和施肥制度。黑土地区积雪少，春季少雨多风，蒸发量大，春旱严重。为了防止春旱，可以秋翻秋耙，让土壤充分接纳雨雪，也可春季顶浆打垄，防止融冻水损失，这是防止春旱的主要措施。

#### （四）土壤保墒耕作和灌排配套

黑土区的涝一是季节性过湿，二是低洼内涝，主要是由于夏秋季节降水集中，土壤透水不良，时常出现秋涝现象。为解决黑土的季节性过湿和秋涝现象，要采取修建排水工程、挖排水沟、修台条田等措施，还可采取农田综合措施，做好土壤改良工作。

# 任务二　黑钙土

黑钙土是在温带半湿润草甸草原下形成的具有深厚腐殖质层和碳酸钙淋溶淀积层的土壤。依据第三次全国土壤普查暂行的土壤分类系统，黑钙土的土纲为钙层土，亚纲为半湿温钙层土。

## 一、成土环境与分布区域

#### （一）成土环境

黑钙土处于温带半湿润大陆性季风气候区，夏季高温多雨，冬季寒冷干燥，春、秋短促。全年无霜期 180～200d，西部山区较短。冬季受温带大陆气团控制，寒冷干燥，且南北气温差别大；夏季受温带海洋气团或变性热带海洋气团影响，暖热多雨，且南北气温差别小。冬季寒冷少雨，夏季暖热多雨。北京地区年平均日照在 2000～2800h 之间，最大值在延庆区和古北口，为 2800h，最小值分布在霞云岭，日照为 2063h。母质主要为黄土状沉积物，也有各种岩石风化物、河流冲积物、风沙沉积物、湖积物等，质地较轻，多为壤质或轻壤质。

### （二）分布区域

主要分布于大兴安岭中南段东西侧的低山丘陵、松嫩平原的中部和松花江、辽河的分水岭地区，向西可延伸至内蒙古阴山山地的上部。

## 二、成土过程

### （一）腐殖质积累过程

黑钙土区处于温带半湿润大陆性季风气候区，夏季气温高，水分状况不如黑土，比黑土少。草甸草原植被的大多数草本植物，从春季土壤解冻到深秋整个生长季节，生长非常茂盛。直到晚秋才停止生长，而此时温度低，微生物活动受到抑制，有机质不能很好地分解矿化，只有待来年春季土壤解冻、温度升高、微生物活动旺盛时，有机质才开始分解。但由于此时土壤湿度大，氧气不足，只适合嫌气微生物活动，有机质分解不快，因而胡敏酸类的腐殖质在土壤中得以积累。这类土壤腐殖质不仅是植物营养元素的重要来源，而且与土壤中的钙、镁离子和无机矿物紧密结合，形成良好结构。但黑钙土区气候比黑土干燥，因而腐殖质含量及腐殖质层厚度不如黑土。

### （二）物质淋溶与淀积

由于黑钙土所处气候区的雨量较少，降水只能淋洗易溶性 Na、K 等一价盐类，而 Ca、Mg 等只能部分被淋失，部分残留在土壤中，因此土壤胶体和溶液都为 Ca、Mg 所饱和，土壤呈中性至碱性反应。土壤表层的部分 $Ca2^{+}$ 可与植物残体分解所产生的 $HCO_3^-$ 结合，形成 $Ca(HCO_3)_2$ 向下移动，并以 $CaCO_3$ 形式淀积于土体中下部，形成假菌丝或斑状 $CaCO_3$ 聚积层。石灰的移动和累积是黑钙土区别于黑土的主要特征。

## 三、剖面特征与主要属性

黑钙土剖面由腐殖质层、舌状过渡层、钙积层、母质层四个层次组成。

A 层：腐殖质层，厚约 30～60cm，黑色或黑灰色，团粒结构。

AB 层：过渡层，厚 20～55cm，棕色或黄灰棕色，有明显的腐殖舌状下伸，粒状、团块状结构，有石灰反应，有动物活动痕迹或硅酸粉末析出。

B 层：钙积层，厚 15～50cm，灰黄、灰棕、灰白色，块状结构，碳酸钙呈假菌丝状、斑块状、粉末状淀积，石灰反应强烈。

C 层：母质层，呈黄色，因类型不同，形态差异较大。

## 四、亚类

### （一）典型黑钙土

典型黑钙土指具有深厚腐殖质层和碳酸钙淋溶淀积层的黑钙土壤。

#### 1. 成土环境与分布区域

年降水量 350～500mm，冬季少雪，春季干旱、风大。主要分布于东部大兴安岭及西部地区的昭苏盆地和天山等山麓缓坡地段。

#### 2. 成土过程

具有腐殖质的积累过程、碳酸钙的淋溶与淀积过程及弱黏化过程。

#### 3. 剖面特征及主要属性

腐殖质层厚 30～60cm，颜色暗灰或暗棕灰，粒状、团块状结构；过渡层腐殖质呈舌状下伸；再下为石灰聚积层，浅灰棕或黄棕色，常见石灰假菌丝体或粉状石灰结核；母质层多为黄棕色或棕黄色壤黏土。

### （二）淋溶黑钙土

淋溶黑钙土是黑钙土向黑土或灰色森林土过渡的亚类，其典型特征是具有深位石灰反应和硅粉、铁锰斑。

#### 1. 成土环境与分布区域

气候较湿润，坡度较大，淋溶作用较强。主要分布于大兴安岭东西两侧山麓和西北地区黑钙土山地的上部。

#### 2. 成土过程

具有腐殖质的积累及碳酸钙的淋溶与淀积过程。

#### 3. 剖面特征及主要属性

腐殖质层厚30～60cm，黑色或暗棕灰色，团粒状结构。过渡层厚30cm，棕灰色、棕色相间；淀积层厚40～60cm，棕黄色或灰棕色，块状结构面上有点状硅粉和铁锰斑点；母质层有明显石灰反应。

### （三）石灰性黑钙土

石灰性黑钙土是黑钙土向栗钙土过渡的亚类，湿度最小，淋溶作用最弱，全剖面具有明显的石灰反应。

#### 1. 成土环境与分布区域

区域降水减少，蒸发量加大，淋溶作用弱。主要分布于大兴安岭南段和东北松辽平原以及新疆昭苏盆地南部和甘肃部分山丘。

#### 2. 成土过程

具有弱腐殖质积累过程、弱碳酸钙的淋溶与淀积过程及碳酸钙的迁移聚积过程。

#### 3. 剖面特征及主要属性

腐殖质层厚20～40cm，暗灰棕或暗灰色，土壤质地较粗，中度石灰反应；过渡层厚20～30cm，黄灰夹灰黄色，中强度石灰反应；钙积层厚30～40cm，$CaCO_3$淀积层发育明显；母质层形态不一。

### （四）淡黑钙土

干旱地区黑钙土的表层变薄，腐殖质积累减少，从而形成淡黑钙土。

#### 1. 成土环境与分布区域

处在干旱草原地区，位于黑钙土向栗钙土过渡的地带，并多与石灰性黑钙土共存。大多分布在东北地区的西部和内蒙古东部。

#### 2. 成土过程

具有弱腐殖质积累过程、弱碳酸钙的淋溶与淀积过程。

#### 3. 剖面特征及主要属性

腐殖质层厚25～40cm，暗灰棕或栗灰色，粒状结构，无石灰反应；过渡层厚20～40cm，淡灰棕夹灰黄色，有少量白色假菌丝，石灰反应中等；钙积层厚30～50cm，灰棕色夹灰白色，碳酸钙呈菌丝或斑块状淀积；母质层形态不一。

### （五）草甸黑钙土

草甸黑钙土是黑钙土向草甸土过渡的半水成土壤亚类，剖面中下部具有铁锰结核或锈纹斑。

1. 成土环境与分布区域

地势低平，多为闭流、半闭流区，地下水位较高，土壤水分条件较好。该亚类在黑龙江省分布最广，其次为内蒙古、吉林。

2. 成土过程

具有强腐殖质积累过程、弱碳酸钙淋溶与淀积过程及潴育过程。

3. 剖面特征及主要属性

腐殖质层厚 25～60cm，暗灰或灰黑色，粒状结构。过渡层厚 30～40cm，棕灰色夹暗灰色条纹，石灰反应较明显。钙积层厚 20～30cm，黄棕色夹灰白斑和锈色斑。母质层棕黄色夹青灰斑和锈斑、铁锰结核，石灰反应强烈。

### （六）盐化黑钙土

盐化黑钙土是黑钙土中积累易溶性盐分较多的亚类。

1. 成土环境与分布区域

地下潜水位较高，大部分分布在台地缓坡下部或地形平缓的低地边缘，常与草甸黑钙土组成复域，其形态特征也与之相似。

2. 成土过程

具有腐殖质的积累过程、碳酸钙的淋溶与淀积过程、潴育化过程及盐分聚积过程。

3. 剖面特征及主要属性

盐化黑钙土的剖面构型类似于草甸黑钙土，不同的是盐化黑钙土腐殖质累积弱，腐殖质层薄，有季节性盐斑。

### （七）碱化黑钙土

碱化黑钙土是黑钙土土类中具碱化特征的亚类，其具有较强的碱性和较高的碱化度。

1. 成土环境与分布区域

碱化黑钙土的面积小，常呈斑状分布，常与草甸黑钙土或盐化黑钙土呈复域共存。主要分布在黑龙江松嫩平原和内蒙古根河河谷平地。

2. 成土过程

具有腐殖质的积累过程、碳酸钙淋溶与淀积过程及碱化过程。

3. 剖面特征及主要属性

因具有较强的碱性和较高的碱化度而与其他亚类相区别，土壤碱化度为 5%～30%，pH 为 9.0～9.5，形态特征与草甸黑钙土相近。

## 五、利用与保护

黑钙土主要是农业区，其肥力虽不如黑土，但潜在肥力也较高，适宜农、林、牧多种经营，但目前农业利用上仍存在不少问题，例如：降雨少，土壤水分不足，常发生干旱；春风大，播种困难，土壤风蚀严重；开垦后有机质迅速消减，加之风蚀、流失，肥力下降。针对这些问题，在土壤利用与改良上，不仅要注意用地、养地、培肥土壤，还要注意保持水分，防止春旱，合理安排农、林、牧业。具体措施如下：

### （一）防止春旱夏涝，改善水分状况

如旱春可以打井灌溉、播种，夏涝可以挖沟排水。灌溉时要注意次生盐渍化问题。

### （二）增施肥料

黑钙土中缺 N、P，不缺 K，应配合施用有机和无机肥料，补充 N、P。

### （三）植树造林

黑钙土区多风干旱，森林覆盖率低，生态环境差，从长远考虑，应大力发展林业，搞好农田林田建设，不仅可以防风害，还可改变生态环境。

# 任务三　白浆土

白浆土是在温带湿润地区平缓岗地森林草原下发育并分布于河谷阶地、腐殖质层以下具有明显白色漂洗土层（白浆层）的土壤。依据第三次全国土壤普查暂行的土壤分类系统，白浆土的土纲为淋溶土，亚纲为湿温淋溶土。

## 一、成土环境与分布区域

### （一）成土环境

该土壤处于温带湿润半湿润区森林、草甸植被条件下，年平均气温－1.6～3.5℃，最冷月平均气温－18～－28℃，≥10℃积温为 1900～2700℃。年平均降水量 500～900mm，降水条件较有助于土体内物质的淋移。同时白浆土区冬季寒冷，每年土壤从 11 月结冻，到次年 4 月解冻，季节性冻层深厚，融化时间长。白浆土具有难透水的黏层，有助于土壤上层滞水侧向漂洗的发展。

### （二）分布区域

主要分布于平缓岗地和河谷阶地，北起黑龙江省黑河，南到沈丹铁路线东北部，东起乌苏里江沿岸，西到小兴安岭东坡，大兴安岭东坡也有少量分布。

## 二、成土过程

### （一）白浆化过程

在温润气候（包括周期性冷冻气候）森林-草甸植被以及缓斜漫岗-平原地形等因素长期作用下，因上轻下黏双重母质层影响，土壤中还原性物质沿黏质土层长期侧向漂洗，在有机质层下形成灰白色漂洗层（白浆层）。

### （二）生物富集与分解过程

在森林-草甸植被下生物富集作用相当旺盛，加上冬季寒冷有机物分解缓慢，在土壤表层形成丰厚的腐殖质层，有机质一般在 80～100g·kg$^{-1}$，但开垦后很快下降到 40g·kg$^{-1}$ 左右。

## 三、剖面特征与主要属性

有明显的剖面发生层理，其剖面构型为 A-E-B-C（表土层-白浆层-心土层-母质层）型。

A 层：腐殖质层，多呈暗灰色或灰黑色，粒状及团块状结构，土层厚度 10～30cm 不等。

E 层：白浆层为淡灰色或灰白色，质地较轻，湿时亮度＞6，彩度＜3，粉砂粒增多，呈片状结构，厚度 10～40cm 不等。

B 层：淀积层以暗棕色为主，壤质黏土，质地黏重，具有明显淀积黏土膜，呈暗棕色。棱块状结构，结构面有胶膜，有极少量细根。

C层：母质层质地同上层，颜色比较复杂，分别呈浊棕色、黄棕色、蓝灰色。

未开垦的白浆土地表尚有5cm左右厚度的草根层（$A_3$），森林植被下的白浆土多有2～3cm厚的枯枝落叶和半腐解的有机质层（O）。

全剖面的pH在5.5～6.5，呈微酸性；铁的游离度较高，活化度上部土层普遍高于下部土层。

## 四、亚类

### （一）典型白浆土

典型白浆土指在温带湿润地区平缓岗地森林草原下发育，腐殖质层以下具有明显白色漂洗土层（白浆层）的土壤。

#### 1. 成土环境与分布区域

温带湿润森林草原植被条件下平缓岗地和河谷阶地，冬季寒冷，季节性冻层深厚，融化时间长。该土壤主要分布在三江平原和松嫩平原的缓斜岗地上，不受地下水的影响。

#### 2. 成土过程

具有白浆化过程及生物富集与分解过程。

#### 3. 剖面特征及主要属性

具有明显的剖面发生层理，其剖面构型为A-E-B-C（表土层-白浆层-心土层-母质层）型。剖面腐殖质以下具有一层明显的白色漂洗土层（白浆层，E层）。腐殖质层厚20cm左右，土壤pH 5.5～6.0，全剖面比较一致。

### （二）草甸白浆土

草甸白浆土指土体上部腐殖质层较厚、下部拥有锈纹锈斑的白浆土。

#### 1. 成土环境与分布区域

主要分布于台地缓坡下部或较平坦阶地，兼有森林与草甸植被特征，受地下水的影响，是典型白浆土与草甸土的过渡地带。

#### 2. 成土过程

除具有白浆化成土过程外，还具有草甸化过程。

#### 3. 剖面特征及主要属性

具有明显的剖面发生层理，其剖面构型为A-E-Br-Cr（表土层-白浆层-淀积层-母质层）型。土壤腐殖质层增厚，可达30cm，淀积层中锈色斑纹增多，土体中黏粒漂失在心土部位，淀积作用较弱，土壤pH 5.5～6.5。

### （三）潜育白浆土

潜育白浆土指土体上部腐殖质层较厚、中下部拥有锈纹锈斑和潜育化的白浆土。

#### 1. 成土环境与分布区域

主要分布于低阶地与低平地，明显受地下水的影响，草甸植被繁茂。

#### 2. 成土过程

除具有白浆化成土过程外，还具有草甸化和潜育化过程。

#### 3. 剖面特征及主要属性

具有明显的剖面发生层理，其剖面构型为A-E-Bg-Cg（表土层-白浆层-淀积层-母质层）型。土壤腐殖质层增厚，白浆层发育弱，土体中黏粒移动不明显，受沉积母质层层性影响，有时心底土体中出现黏土层。腐殖质层较厚，为 30～40cm，有机质含量高达 $50g \cdot kg^{-1}$，并具薄草根层。土壤 pH 5.5～6.3。淀积层或白浆土层有锈斑层（g），淀积层发育差，棱块状结构发育不明显，具有少量铁锰胶膜。

## 五、利用与保护

白浆土是一种低产土壤，主要问题是腐殖质层薄、主要养分元素贫乏，水分物理性质不良，持水量小、怕旱怕涝，土壤淀浆板结、下层黏重、作物扎根困难。此外，丘陵地白浆土有水土冲刷，潜育白浆土有内涝。针对这些问题，对白浆土的改良必须把培肥和改良土壤结合起来，彻底改造白浆层乃至黏化淀积层，逐渐增厚黑土层，这样才能取得良好的改土增产效果，为作物高产、稳产创造良好的土壤环境。主要措施如下：

### （一）施肥改土

白浆土施用农家肥，实行秸秆还田，或种植绿肥，结合施用化肥，既可供应养分又可改良土壤物理性质。秸秆还田对提高有机质含量，增加土壤养分，增强生物活性及改善土壤物理性质等均有良好效果。应用得当，其增产效果达 10%左右。配施化肥可增产 30%以上。还田秸秆要粉碎，并配合以一定量的氮肥，以改变 C/N。因秸秆水分较多，有利于腐解，所以还田时间以早为佳。

### （二）深松改土

采取上翻下松的耕作法，可保持表土肥力，又可改善底土的物理性。深松能打破犁底层，加深耕层。通过深松把有机肥深施入白浆层，可改造白浆层，使其逐渐熟化，实现土肥相融；可增加总孔隙度和通气孔隙，降低容重，提高土壤贮水能力，扩大根系生活范围，有利于作物根系向下扩展；此外也扩大了土壤水的库容量，增强了土壤抗旱抗涝能力。但深松必须结合施有机肥，否则影响改土效果。

### （三）水土保持和排水

岗地白浆土应搞好水土保持，防止水土流失，地形较低地区的白浆土，雨季常有渍害，要开沟排水，调节土壤水分状况。如能建立排水系统、挖明沟、挖暗沟或设置暗管，可排除渍涝，作物能明显增产。坡度较大的白浆土，应植树造林，防止水土流失，改善生态条件。

### （四）种稻改良

白浆土种水稻可趋利避害，从水分与养分两方面消除旱作弊端。白浆层低渗透性有利于节水种稻，由于种稻的还原条件，使高价铁转为低价铁，故可使铁态磷释放出有效磷。白浆土铁态磷占无机磷 60%左右，使稻作在一定时间内不缺磷或很少缺磷。而且种稻水田有利于有机质的积累，水稻产量高达 $7500kg \cdot hm^{-2}$。

# 任务四　草甸土

草甸土是在冷湿条件下，直接受地下水浸润并在草甸植被下发育的土壤。依据第三次全国土壤普查暂行的土壤分类系统，草甸土的土纲为半水成土，亚纲为暗半水成土。

## 一、成土环境与分布区域

### （一）成土环境

在温带湿润、半湿润、半干旱季风气候区，地处较低地势的河漫滩、低阶地、河流故道、积水洼地或坡麓延伸平坦地，地形平坦，母质为河流冲积物，可分为非石灰性和石灰性两类。地下水和地表水汇集，径流弱，排水不畅，潜水位一般在0.5～3m。植被为草甸植物和小灌木为主的湿生植物，具体类型因所处地区而异。

### （二）分布区域

广泛分布于冲积平原、河谷平原、湖盆低地及高原山丘沟谷中，东北平原、内蒙古高原、藏北高原以及西北的河谷平原沿河两岸较多，在长白山、大兴安岭、祁连山等山地丘陵间的河谷平原以及藏东高山峡谷区的底部也有分布。

## 二、成土过程

### （一）以草甸化过程为主

具有腐殖质累积与氧化还原交替特征。草甸土区的植被生长繁茂，根系密集且能深扎；草甸土地区地下水埋藏较浅，地下水位升降频繁，土壤受地下水浸润，氧化还原交替形成锈色斑纹。

### （二）其他过程

个别土壤还附加有白浆化过程、潜育化过程、盐化过程和碱化过程等。

## 三、剖面特征与主要属性

草甸土的基本土体构型是腐殖质层、锈色斑纹层和母质层。腐殖质层厚度变幅为20～60cm，一般为3%～8%，大体上由东北向西逐渐变薄和减少，腐殖质胡敏酸、富里酸比值>1。锈色斑纹层一般出现在50～80cm。此外，随着气候干旱程度增强、地下水矿化度升高，土壤可出现不同程度的盐化或碱化。地下水位较高之处，底层可产生潜育化特征。流水沉积的分选性使草甸土的质地层次变化很大，沉积物的颗粒组成及厚度不一，因而出现不同的质地层次构型。土壤剖面质地与颗粒组成差异大，土壤石灰反应的有无和酸度差异也大。草甸土经长期耕种，腐殖质层已变成旱耕层和亚耕层。旱耕层由于有机质受矿质化和风蚀作用等的影响，土壤有机质含量减少，土色变淡。

## 四、亚类

### （一）典型草甸土

典型草甸土指由非石灰性河流冲积物或湖积物形成的草甸土。

#### 1. 成土环境与分布区域

主要分布于松辽平原。

#### 2. 成土过程

以草甸化过程为主，具有腐殖质累积与氧化还原交替特征。个别土壤还附加有白浆化过程、潜育化过程、盐化过程和碱化过程等。

#### 3. 剖面特征及主要属性

腐殖质层有机质含量为1.5%～6%，结构性好；母质层见锈色斑纹或少量铁锰结核。土壤呈酸性或中性，潜在肥力较高。剖面中不具白浆层和潜育层。通体无石灰反应，全盐量小于$1g \cdot kg^{-1}$，碱化度小于5%。

### （二）石灰草甸土

石灰草甸土指石灰性河流冲积物发育形成的草甸土。

1. 成土环境与分布区域

多属半干旱至荒漠气候，成土母质为石灰性冲积物或洪积冲积物，干草原草甸植被群落覆盖率 60%～90%，多分布在半干旱到荒漠区。主要分布在内蒙古高原、东北松辽平原西部及新疆天山南北部。

2. 成土过程

母质中石灰含量较高，成土过程基本同典型草甸土。

3. 剖面特征及主要属性

剖面呈强石灰反应，pH 8.5 左右。

### （三）白浆草甸土

白浆草甸土指向白浆土过渡的草甸土亚类。

1. 成土环境与分布区域

分布于东北部低平原区，由非石灰性母质形成。

2. 成土过程

除草甸化过程外，附加了白浆化过程。

3. 剖面特征及主要属性

腐殖质层较薄，为 10～20cm，在土体上部腐殖质层之下出现白浆化特征，厚度一般为 15cm 左右，干态色为浅灰色至灰白色，有胶膜和锈斑。

### （四）潜育草甸土

潜育草甸土指向沼泽过渡的草甸土亚类。

1. 成土环境与分布区域

地下水位在 1m 以内，潜育作用明显，底土呈青灰色，多分布于湖滨洼地及河谷低地。在黑龙江省分布面积最大，主要分布在穆棱河流域和兴凯湖一带；在西藏自治区多集中分布在雅鲁藏布江和怒江上游的宽河谷中；甘肃省的黑河沿岸以及河北省的坝上低平地也有分布。

2. 成土过程

除草甸化过程外，附加了潜育化过程。

3. 剖面特征及主要属性

腐殖质层厚度 25～30cm，干态色为（浅）灰棕色至（暗）灰棕色。潜育层的干态色调为蓝灰色至暗蓝灰色，有少量锈斑。

## 五、利用与保护

草甸土供水供肥较好，适种性广（如小麦、玉米、高粱、大豆、棉花、甜菜、马铃薯和各种蔬菜），产量较高而稳定。草甸土草类资源丰富，产草量高且稳定，草质好，是理想的放牧地。

### （一）加强培肥

草甸土连年耕种后，有机质含量降低，肥力下降。应注意均衡施肥，尤其要施用有机肥料和氮、磷肥料。

### （二）防洪排涝

潜育草甸土、白浆化草甸土和盐化草甸土，春季地温低或返盐重，影响作物发苗，雨季又因洪涝而减产，故应加强农田基本建设。如平整土地，修建灌排渠系和台田、条田，筑防洪堤，防止涝害、盐害、洪害，以稳定产量。

### （三）防治盐碱

耕种的盐化、碱化草甸土，应采取修建灌排渠系、压沙换土、增施有机肥、应用化学改良剂等措施进行改良。盐化或碱化草甸土一般可采用保护草地植被、建设草库伦、实行轮牧等措施防止过度放牧。

# 任务五 棕壤

具体内容见二维码 5-1。

二维码 5-1 棕壤

# 任务六 暗棕壤

暗棕壤是我国湿润温带针阔叶混交林下发育的一类具有暗色腐殖质层和棕色至暗棕色非黏化淀积层的弱酸性淋溶型土壤。依据第三次全国土壤普查暂行的土壤分类系统，暗棕壤的土纲为淋溶土，亚纲为湿温淋溶土。

## 一、成土环境与分布区域

### （一）成土环境

其水平分布区为温带湿润季风气候，发育于针阔叶混交林植被（在小兴安岭及长白山地，原始植被为红松针阔叶混交林，现多为阔叶次生林；在大兴安岭东坡为落叶松针阔叶混交林或以蒙古栎为主的阔叶林）、低山丘陵地貌［有部分切割中山（地形）］、花岗岩为主的岩石风化物母质（以花岗岩、片麻岩较普遍，中、基性岩亦较常见，局部有砂砾岩和石灰岩等，母质多为母岩风化坡积物或局部的坡积-残积物；缓坡岗地可见新构造运动抬升的洪积物或黄土状沉积物等母质）。

### （二）分布区域

呈水平地带性广泛分布于东北针阔叶混交林区，包括小兴安岭和长白山系（包括多列东北-西南向平行褶皱断层山脉，最西列为吉林省内的大黑山和向北延至黑龙江省内的大青山；中列北起张广才岭，至吉林省内分为两支，分别是西支老爷岭、吉林哈达岭和东支威虎岭、龙岗山脉，向南伸延至千山山脉；东列为完达山、老爷岭和长白山主脉），以及大兴安岭东坡；此外，在秦岭、神农架、川西北和滇北的高山地区以及藏东南深切河谷的山地垂直带上也有分布。

## 二、成土过程

### （一）腐殖质积累过程

温带湿润气候条件下，地被物生长茂盛，每年有大量的凋落物，其中含有各种养料元素组分，胡敏酸为弱酸性，代换性盐基含量丰富，盐基饱和度高，因此暗棕壤具有较高的肥力。

### （二）弱酸性淋溶过程

温带湿润气候条件下树木郁闭，湿润，降水量大且集中于夏季，土壤中产生了强烈的淋溶过程，致使暗棕色森林土呈弱酸性反应。季节性冻层的存在削弱了暗棕色森林土的淋溶过程，因被淋洗灰分元素受到冻层的阻留。由于冻结，土壤溶液中的硅酸脱水析出，淀附于全土层内，致使整个土壤剖面均有硅酸粉末附着于土壤结构表面，后成为灰棕色。

## 三、剖面特征与主要属性

具 O(凋落物有机层)-A(腐殖质层)-B(淀积层)-C(母质层) 剖面构型。A 层厚约 10～20cm，色暗，有机质含量高；弱酸性淋溶，铁铝轻微下移；向下过渡不明显，常能划分出 AB 过渡层。B 层呈棕色-暗棕色，结构面见铁锰胶膜；常多砾，黏粒有所增加，但一般并不黏化；呈弱酸性反应，盐基饱和度 60%～80%。可见硅酸粉末附着于结构体或石砾表面，使土壤干态呈浅灰-灰棕色。

## 四、亚类

### （一）典型暗棕壤

典型暗棕壤指具有暗棕壤土类典型特征的亚类。

#### 1. 成土环境与分布区域

广泛分布于暗棕壤区排水良好的山坡（岩石风化坡积物），亦可见于一些岗地（新构造运动抬升的黄土状沉积物、洪积物、冰碛物等），具有本土类的典型成土环境。

#### 2. 成土过程

主导成土过程为腐殖质积累过程和弱酸性淋溶过程。

#### 3. 剖面特征及主要属性

典型暗棕壤亚类具 O(Ao,凋落物有机层)-A($A_1$，腐殖质层)-AB(过渡层)-B(淀积层)-C(母质层)剖面构型，具有本土类的典型剖面特征和属性。

### （二）灰化暗棕壤

灰化暗棕壤指暗棕壤土类中具有灰化特征的亚类。

#### 1. 成土环境与分布区域

此亚类少有分布，见于暗棕壤与棕色针叶林土毗邻区海拔相对较高的山地或盐基较贫乏的粗松母质上，植被为樟子松、落叶松、白桦等；或可见于暗棕壤分布区其他有灰化条件的局部（如原始植被为云冷杉红松林或云冷杉林的某些阴坡等）。

#### 2. 成土过程

暗棕壤主导成土过程基础上附加了灰化过程，或认为隐灰化过程强化为灰化过程。

#### 3. 剖面特征及主要属性

具 O(Ao,凋落物有机层)-A($A_1$,腐殖质层)-E($A_2$,灰白色淋溶层/灰化层)-B(淀积层)-C(母质层)剖面构型。母质多粗骨性，剖面具浅色亚表层，有淀积层或底土局部有铁锰胶膜。土壤呈酸性，盐基饱和度为 60%左右或更低，亚表层硅铁铝率接近于 3。

### （三）白浆化暗棕壤

白浆化暗棕壤指暗棕壤土类中具有白浆化特征的亚类，即暗棕壤向白浆土过渡的类型。

#### 1. 成土环境与分布区域

主要分布于暗棕壤山区外围向丘陵岗地白浆土过渡的地带，缓坡地形、透性较差母质等有潴水条件的部位。多见于东北大兴安岭东坡、小兴安岭北坡及长白山系浅山区较平缓的山坡地、平顶或排水较差的漫岗上部，母质多为抬升的洪积、洪积残积、洪积坡积、冰碛残积、冰碛坡积物及透性较差的母岩风化坡积物，植被多为次生林。其在西南高山区暗棕壤垂直带中也有分布。

2. 成土过程

暗棕壤主导成土过程基础上附加了白浆化过程。

3. 剖面特征及主要属性

具 O(即 Ao,凋落物有机层)-A(即 $A_1$,腐殖质层)-E(即 AW,灰白色淋溶层/白浆化层)-B(淀积层)-C(母质层)剖面构型。具有白浆化层，但又无白浆土的黏化淀积 B 层。西南高山区原始林下的白浆化亚类（如西藏），除白浆层颜色较浅外，pH 有时也略比上下层低。

## （四）草甸暗棕壤

草甸暗棕壤指暗棕壤土类中具有草甸化特征的亚类，即在干扰（主要是采伐）后暗棕壤向草甸土演变、过渡的类型。

1. 成土环境与分布区域

分布于暗棕壤区天然林老采伐迹地、林间隙地等郁闭度在 0.4 以下的疏林草甸内，地势相对低平，母质较为黏重，季节性过湿。

2. 成土过程

暗棕壤主导成土过程基础上附加了草甸化过程（草甸植被下的强腐殖质积累过程和氧化还原交替过程）。成土是采伐或火烧等干扰后植被蒸腾耗水能力下降，局部土壤过湿或季节性过湿，草甸植被大量生长所致。

3. 剖面特征及主要属性

具 O(即 Ao,凋落物有机层)-As(草根盘结层)-$A_1$(腐殖质层)-AB(过渡层)-BC(过渡层)-C(母质层)剖面构型。表土草根盘结层、较深厚的腐殖质层、具锈斑的下部土层为草甸暗棕壤的主要特征层。

## （五）潜育暗棕壤

潜育暗棕壤指暗棕壤土类中具有潜育化特征的亚类。

1. 成土环境与分布区域

分布在暗棕壤山地的相对低平处、山坡下部的排水不良地段，以及山前台地和高阶地相对低平的排水不良地段。森林植被常由浅根性耐寒耐湿树种如红皮云杉、落叶松、白桦、毛赤杨等组成。

2. 成土过程

暗棕壤主导成土过程基础上附加了潜育化过程。

3. 剖面特征及主要属性

具 O(即 Ao,凋落物有机层)-A(即 $A_1$,腐殖质层)-ABg 或 BCg(潜育化过渡层)-C(母质层)剖面构型。夏季土体一定深度处常有积水，铁被还原而使土体下部呈蓝灰色或棕灰色，并有大量锈纹或锈斑存在，质地较黏重，为本亚类的主要特征层。在山坡下部的排水不良并与岛状多年冻土层相邻地段，潜育暗棕壤枯枝落叶层（O）与腐殖质层（A）均较典型亚类薄。

## （六）暗棕壤性土

暗棕壤性土是暗棕壤土类中剖面弱度发育、未形成明显淀积层的粗骨性幼年亚类。

1. 成土环境与分布区域

主要分布在暗棕壤区浑圆的低山山顶，面积一般不大。大都为粗松的母岩风化物残积母质，植被多为较耐瘠耐旱的柞林灌丛等。

2. 成土过程

暗棕壤主导成土过程基础上附加了自然侵蚀过程。因土壤形成过程中伴随着不断的自然侵蚀，剖面难以发育完善。

3. 剖面特征及主要属性

剖面构型为O(即Ao,凋落物有机层)-A(即$A_1$,腐殖质层)-C(母质层)型,或O-A-(B)-C型，即在较浅薄的腐殖质层下为母质层，或具发育不明显的B层（AB层）。一般土体浅薄、粗糙多砾。

## 五、利用与保护

暗棕壤是我国最重要的林业基地，有着丰富的木材资源，树种多，材质优良，是著名的红松产地。随着国家经济的发展及科学技术的进步，对暗棕壤资源的综合开发利用已成为可能，在争取最大的社会效益的同时，也能获得更大的经济效益。

### （一）合理开发

暗棕壤作为林业基地，主要应作为发展林业之用。但是，为了解决林区部分粮食和蔬菜的供应，可以考虑在草甸暗棕壤、潜育暗棕壤及腐殖质层较厚的典型暗棕壤上适当开垦一定面积，种植农作物和蔬菜。在开垦时要做到合理采伐，科学管理，综合经营，以此来不断扩大森林资源，发挥土地潜力。

### （二）合理利用

除了种植农作物和蔬菜外，还可根据山区土地、林草、景观优势，因地制宜地开辟林间牧场（养鹿、养牛等）、林间果园，发展旅游、狩猎等业务，真正做到把资源转化为经济优势。

### （三）防止水土流失

暗棕壤的山区山坡陡、土层厚，一旦采育失调，过分采伐，就会产生水土流失，使土壤丧失生产力，所以山区经营与管理的一个重要前提与手段就是千方百计地预防和治理水土流失。

# 任务七 盐碱土

盐碱土是对盐土和碱土的统称。盐土和碱土是指土壤含有可溶性盐类，而且盐分浓度较高，对植物生长直接造成抑制作用或危害的土壤。依据第三次全国土壤普查暂行的土壤分类系统，盐碱土的土纲为盐碱土，亚纲为盐土和碱土。

## 一、盐土

盐土是指含有大量可溶性盐类的土壤。我国的盐土主要分为草甸盐土、滨海盐土、酸性硫酸盐土、漠境盐土、寒原盐土。吉林省主要盐土类型为草甸盐土。

### （一）草甸盐土

草甸盐土主要是由于高矿化地下水经毛管水作用上升至地表，形成地表积盐的一类土壤。

#### 1. 成土环境与分布区域

广泛分布在我国干旱半干旱甚至荒漠半荒漠地区的泛滥平原、河谷盆地以及湖盆洼地中。南起长江口，最北到松辽平原，东与滨海盐土相接，往西直达新疆塔里木盆地，涉及北方十几个省、自治区和直辖市。

#### 2. 成土过程

(1) 盐分积累过程

受地下水矿化度高和蒸发量大的双重作用，盐分在地表积累。

(2) 潮化、草甸化或沼泽化过程

地下水位较高，土体中、下部较湿润。地表有生草过程，表现出有机质累积的特征。沼泽化过程的特征是通体很湿润。

#### 3. 剖面特征及主要属性

具 Az-C（含盐表土层-母质层）构型。地表多具盐结皮或盐霜，表层含盐量大于 $6g \cdot kg^{-1}$，高者可达 $30g \cdot kg^{-1}$，心、底土含盐量相对较低。盐分组成复杂，有氯化物、硫酸盐、硫酸盐-氯化物或氯化物-硫酸盐，也有含苏打和碳酸氢盐的，可因地形、水文地质等条件而变化。剖面中、下部有锈纹锈斑。沼泽化剖面中可见蓝灰色的潜育或潴育层。

#### 4. 亚类

典型草甸盐土、结壳盐土、沼泽盐土、碱化盐土。

### （二）滨海盐土

滨海盐土是受海水直接影响，土体上下均含有可溶盐，土壤和地下水盐分组成与海水基本一致，氯盐占绝对优势的一类土壤。

#### 1. 成土环境与分布区域

滨海盐土沿着我国 1.8 万余公里海岸线呈宽窄不等的平行状分布，在沿海 11 个省、自治区、直辖市均有分布。

#### 2. 成土过程

(1) 盐分积累过程

长期或间歇遭受海水浸渍及高矿化潜水的共同作用，使土体积盐，积盐层深厚。

(2) 潮化、草甸化或沼泽化过程

地下水位较高，土体中、下部较湿润。地表有生草过程所表现的有机质累积的特征。沼泽化过程的特征是通体很湿润。

#### 3. 剖面特征及主要属性

母质为滨海沉积物，剖面特征由积盐层、生草层、沉积层、潮化层和潜育层等明显特征层次组成。由于所处环境条件和发育程度的不同，其剖面形态也各异。全土体含有以氯化物为主的可溶盐，呈 Az—Cz（表土层-母质层土体）构型。滨海盐土的土壤和地下水的盐分组成与海水基本一致，氯盐占绝对优势，其次为硫酸盐和碳酸氢盐；盐分中以钠离子、钾离子为主，钙离子、镁离子次之。土壤含盐量为 $20 \sim 50g \cdot kg^{-1}$，地下水矿化度为 $10 \sim 30 g\ L^{-1}$，土壤积盐强度随距海由近至远、从南到北逐渐增强。土壤 pH 为 7.5～8.5，长江以北的土壤富含游离碳酸钙。

#### 4. 亚类

典型滨海盐土；滨海沼泽盐土；滨海潮滩盐土。

## （三）酸性硫酸盐土

酸性硫酸盐土指热带、亚热带滨海红树植被下经常被咸水饱和，排水后土壤中硫化物被氧化形成硫酸导致 pH 低，土体中形成黄钾铁矾等黄色斑纹的土壤。

### 1. 成土环境与分布区域

分布于热带、亚热带滨海生长红树植被的潮间带滩地，从北纬 18°9′的海南岛南端起至北纬 27°21′的福建福鼎县，包括海南、广东、广西、福建、台湾的滨海地区。成土母质主要是滨海沉积物。

### 2. 成土过程

酸性硫酸盐土分布在潮间带，经常受海水浸渍进行着盐渍化、沼泽化过程，同时红树的生长过程中选择性地吸收海水与海涂内含有的含硫矿物，使其在体内富集。红树每年有大量枯枝落叶残体归还土壤，加之植株的阻浪促淤作用，红树残体被埋藏于土体中，形成了由红树残体组成的“木屎层”。在嫌气条件下，硫酸盐被还原成硫化氢，并与土壤中铁氧化物反应生成黄铁矿。当红树林被砍伐或围垦后，黄铁矿在好气条件下发生氧化反应生成硫酸铁和硫酸，从而导致土壤酸化。

### 3. 剖面特征及主要属性

酸性硫酸盐土土层深厚，一般在 1m 以上，表土多呈棕灰色，心、底土呈灰蓝色，湿时松软无结构，干时多呈块状，剖面具有 A-Gsu（表土层-黄钾铁矾显色层）和 Az-Gsu-G（含盐表土层-黄钾铁矾显色层-潜育层）构型。Gs，即黄钾铁矾显色层为特征土层，是红树残体形成的“木屎层”。土壤质地变幅大，从砂土至黏土均有，但以壤土和黏土为主。经常受海水浸润影响的表层土壤 pH 近于中性至碱性；处于间歇性或脱离海水影响的高潮滩，土壤呈酸性或强酸性；木屎层 pH 最低，小于 4.0。土壤盐分特征受盐渍化、脱盐化和硫化物生物地球化学过程影响大。土壤有机质和氮素含量较高，尤其是“木屎层”更高。黏粒矿物组成以高岭石和伊利石为主。

### 4. 亚类

典型酸性硫酸盐土、含盐酸性硫酸盐土。

## （四）漠境盐土

漠境盐土是古代或过去的积盐过程所形成的残余盐土。

### 1. 成土环境与分布区域

发育于荒漠地区，土壤水分遭受强烈蒸发，盐分表聚，很少淋洗，大量盐分累积，可形成盐壳与盐磐。也有由于山洪带来的盐分在谷口外大量累积，还有古积盐土体的残存。常与其他盐土或盐渍化土壤成复区存在。主要分布在新疆塔里木盆地，哈密、吐鲁番盆地，准噶尔盆地南部，甘肃疏勒河下游冲积平原的南北戈壁前沿，龙首山、合黎山和祁连山东延部分的山麓以及青海柴达木盆地，宁夏中部的缓坡丘陵，内蒙古杭锦后旗西部。

### 2. 成土过程

积盐过程和荒漠化过程。

### 3. 剖面特征及主要属性

由表层盐结皮、盐分淀积层及母质层构成。全剖面盐分含量较高（$>20g \cdot kg^{-1}$）。

### 4. 亚类

典型漠境盐土、干旱盐土、残余盐土。

### （五）寒原盐土

寒原盐土指高原干旱气候及封闭地形条件下，经土壤盐化过程而形成的土壤。

#### 1. 成土环境与分布区域

分布在青藏高原西部的羌塘高原和藏南宽谷湖盆区、河流沿岸及局部洼地，以及西藏的那曲、阿里及日喀则等地。

#### 2. 成土过程

弱腐殖质化、盐化过程。

#### 3. 剖面特征及主要属性

发育于青藏高寒地区退缩内陆湖盆、河间洼地及温泉附近，大量盐分累积形成高寒盐土，除一般盐分离子外，还可见到硼酸盐。地表有1cm左右的白色盐结皮，其下为10cm左右的强烈积盐层，腐殖质层发育弱。寒原盐土的颗粒组成随母质类型而异，湖积物发育的多为黏质，河积沉积物发育的则为壤质，并含有不同数量的砾石。表土层的含盐量可达50 $g \cdot kg^{-1}$，盐结皮可达300～400$g \cdot kg^{-1}$。

#### 4. 亚类

典型寒原盐土；寒原草甸盐土；寒原硼酸盐土；寒原碱化盐土。

## 二、碱土

碱土是指土体含较多苏打且呈强碱性（pH>9），钠饱和度在20%以上具有碱化淀积层的土壤。

### （一）成土环境与分布区域

碱土常与盐渍土或其他土壤组成复区。碱土在我国的分布相当广泛，从内蒙古到长江以北的黄淮海平原，从东北松嫩平原到新疆的准噶尔盆地，均有局部分布。

### （二）成土过程

土壤碱化过程。碱化过程是指交换性钠不断进入土壤吸收性复合体的过程，又被称为钠质化过程。

### （三）剖面特征与主要属性

表层呈暗灰棕，pH为9以上。脱碱层颜色较浅，质地较轻。碱化层呈暗棕，有柱状结构并有裂隙，质地黏重紧实，并往往有上层悬移而来的$SiO_2$粉末覆于上部的结构体外。盐分与石膏积聚层一般有盐分与石膏积聚，但pH较高。

### （四）亚类

#### 1. 草甸碱土

草甸碱土指具有较高的湿润状况，在碱化层下具有锈色的、浅灰色的浅育层碱土。

(1) 成土环境与分布区域

位于半干旱地区的一些低平地方，多见于重积盐区的略高起的局部地形，常与其他盐积土呈斑块状插花分布。主要分布于黄淮海平原，汾、渭谷地及大同盆地。

(2) 成土过程

草甸碱土的形成特点是以碱化过程为主，同时，还伴随有草甸和盐化的附加过程。

(3) 剖面特征及主要属性

腐殖质层有机质含量在1.5%～6%之间，淋溶层和碱化层的含盐量都不超过0.5%，盐分组成以碳酸钠和重碳酸钠为主，pH 值一般在 9 以上。碱化层之下为锈色的、浅灰色的潜育层。

**2. 草原碱土**

草原碱土指干草原和荒漠草原地带中地形部位比草甸碱土高的碱土。

（1）成土环境与分布区域

与当地的地带性土壤（如黑钙土、栗钙土）呈复域分布，地处波状起伏的缓坡地段和河迹湖洼的高阶地上，常占据着碟形凹地部位。主要分布于大兴安岭以西蒙古高原的草原地区古湖、河迹洼地的高阶地或缓岗上部。

（2）成土过程

碱化过程、脱盐过程。

（3）剖面特征及主要属性

表层为黑色和灰黑色的腐殖质层，下为碱化层，呈大块状或棱柱状结构，柱头表面有很多白色硅粉。碱化层下为盐分聚积层，可见许多白色硫酸盐斑点；再往下为含大量碳酸盐的淡黄色母质层。

**3. 龟裂碱土**

龟裂碱土是在荒漠草原和荒漠的生物气候条件下，由于地面间歇水的淋溶作用，盐化土壤经脱盐和碱化而成的亚类。

（1）成土环境与分布区域

该亚类多位于山前洪积细土平原及河成老阶地的相对低平地，常与盐土和零星孤立的矮小沙丘或细土丘组成复域。主要分布在新疆维吾尔自治区、宁夏回族自治区，有时也见于内蒙古自治区河套平原。

（2）成土过程

地面间歇水的淋溶作用、土壤脱盐和碱化过程、干湿交替和冻融作用。

（3）剖面特征及主要属性

一般无高等植物生长，地面光滑，有时可见到蓝藻的丝状体。结壳背面具有红褐色的黏粒，结壳下为短柱状结构，柱头圆似馒头，构造体间有大量灰白色二氧化硅粉末，构造面上附有褐色胶膜。

**4. 盐化碱土**

盐化碱土指由苏打盐化土壤进一步钠质化发育形成的亚类。

（1）成土环境与分布区域

盐化碱土常与轻度碱化盐土组成复区存在，多为光板地，并呈同心圆小片斑状夹杂于盐土地区。其主要分布在有苏打累积的西辽河平原和吉林西部地区的通榆、白城子一带松花江上游低平原中。

（2）成土过程

碱化过程。

（3）剖面特征及主要属性

盐化碱土具有明显分异的淋溶层、碱化层和积盐层，其性状与苏打盐化土壤的差别是在剖面的结构表面可见白色硅粉析出，这是苏打盐化土壤进一步发育形成盐化碱土所产生的。

**5. 荒漠碱土**

荒漠碱土指荒漠地区由新构造抬升的含盐土壤，通过季节性干湿交替淋溶及碱化作用形成的碱土。

(1) 成土环境与分布区域

该亚类所处地势平坦，地下水深 7～8m。季节性干湿交替及新构造抬升为土壤脱盐创造了条件，形成了短柱状或馒头状荒漠。其主要零星分布于天山北麓山前平原和古老冲积平原。

(2) 成土过程

土壤碱化过程、土壤脱盐过程。

(3) 剖面特征及主要属性

在黑褐色结皮层下 1～5cm 为灰白色较紧实的淋溶层，其下为 1～2cm 的红棕色鳞片状过渡层，其下为碱化层，质地黏重、紧实，红棕色胶膜，呈短柱状或馒头状结构。碱化层下为石膏，碳酸钙与盐分淀积，逐渐过渡到冲积母质层。

## 三、利用与改良

新中国成立以来，我国在治理盐碱土方面投入了大量的人力物力，积累了丰富的改良盐碱土的宝贵经验。盐碱地土壤水盐运移的特点决定了盐碱土改良利用的复杂性和多样性。盐碱地改良应以因地制宜和综合改良为基本原则，并且在排盐、隔盐和防盐的同时，积极地培肥土壤，以达到盐碱土高效利用的目的。目前盐碱地改良措施包括农业技术措施、农田水利措施、化学改良措施和生物改良措施等。

### （一）农业技术措施

物理改良措施主要是通过客土、平整土地、地表覆盖以及耕作措施等方法改善土壤结构、增强土壤渗透性、减少蒸发，从而提高土壤盐分淋洗效率。

### （二）农田水利改良措施

农田水利改良措施依据盐随水来，盐随水去的基本原理，利用淡水淋洗的措施淋洗土壤盐分，后经过排水措施把盐分排出土体，并降低地下水位，减少盐分在土壤表层累积，以达到改良盐碱地的目的，这是目前盐碱地改良中最有效的措施。采用井、沟、渠相结合的水利工程措施，利用机井抽提地下水灌溉，可以将表层土壤中的盐分淋洗到耕层以下，同时产生较大的地下水位降深，在强烈返盐季节控制地下水位在临界水位以下，以减轻表层土壤返盐。

### （三）化学改良措施

盐碱地尤其是碱地中 $Na^+$ 被土壤胶体吸附后，会导致胶体相互排斥和颗粒分散，土壤表现出湿时黏、干时硬、通气透水和适耕性能差等物理特征，土壤碱化严重。通过在土壤中使用化学改良剂、有机肥可降低甚至消除这些不利影响，改善土壤理化性质。一般常见的化学改良剂包括石膏、氯化钙、硫酸钙、硫酸铝、硫酸以及硫等，这些改良剂对以 $Na^+$ 为主的碱土具有良好改良作用。

### （四）生物改良措施

盐碱地的生物改良通过引种、筛选和种植耐盐植物来改善土壤物理、化学性质和土壤小气候，从而达到减少土壤水分蒸发和抑制土壤返盐的目的。

# 项目六 测土配方施肥技能

测土配方施肥以土壤测试和肥料田间试验为基础，根据土壤肥力、作物需肥规律和肥料效应，在合理施用有机肥料的基础上，提出氮、磷、钾及中、微量元素等肥料的施用品种、数量、施肥时期和施用方法。其核心是调节和解决作物需求，缺什么补什么，需多少用多少，什么时间需什么时间用。

## 任务一 肥料效应田间试验的布置

### 一、“3414”田间肥效试验

#### （一）试验目的

肥料效应田间试验是获得各种作物最佳施肥品种、施肥数量、施肥比例、施肥时期、施肥方法的根本途径，也是划分施肥分区、建立施肥指标体系、优化肥料配方的基本环节和依据。通过田间试验，可以掌握各个施肥单元不同作物优化施肥数量，基、追肥分配比例，施肥时期和施肥方法；获得中微量元素适宜用量；摸清土壤养分校正系数、土壤供肥能力、不同作物养分吸收量和肥料利用率等；构建作物施肥模型，进一步调整、完善主要作物的施肥指标体系，不断调整施肥配方，科学指导施肥。

#### （二）试验方案

**1. “3414”完全实施方案**

“3414”方案设计吸收了回归最优设计处理少、效率高的优点，是目前应用较为广泛的肥料效应田间试验方案。“3414”试验方案处理（推荐方案）详见表 6-1。“3414”是指氮、磷、钾 3 个因素，4 个水平，14 个处理。4 个水平的含义：0 水平是指不施肥，2 水平是指当地推荐的施肥量，1 水平＝2 水平×0.5，3 水平＝2 水平×1.5。如果需要研究有机肥料和中、微量元素的肥料效应，可在此基础上增加处理。

表 6-1 “3414”试验方案处理（推荐方案）

| 试验编号 | 处理 | N | P | K |
|---|---|---|---|---|
| 1 | $N_0P_0K_0$ | 0 | 0 | 0 |
| 2 | $N_0P_2K_2$ | 0 | 2 | 2 |
| 3 | $N_1P_2K_2$ | 1 | 2 | 2 |
| 4 | $N_2P_0K_2$ | 2 | 0 | 2 |
| 5 | $N_2P_1K_2$ | 2 | 1 | 2 |
| 6 | $N_2P_2K_2$ | 2 | 2 | 2 |

续表

| 试验编号 | 处理 | N | P | K |
|---|---|---|---|---|
| 7 | $N_2P_3K_2$ | 2 | 3 | 2 |
| 8 | $N_2P_2K_0$ | 2 | 2 | 0 |
| 9 | $N_2P_2K_1$ | 2 | 2 | 1 |
| 10 | $N_2P_2K_3$ | 2 | 2 | 3 |
| 11 | $N_3P_2K_2$ | 3 | 2 | 2 |
| 12 | $N_1P_1K_2$ | 1 | 1 | 2 |
| 13 | $N_1P_2K_1$ | 1 | 2 | 1 |
| 14 | $N_2P_1K_1$ | 2 | 1 | 1 |

该方案可应用 14 个处理进行氮、磷、钾三元二次效应方程拟合，还可分别进行氮、磷、钾中任意二元或一元效应方程拟合。例如：进行氮、磷二元效应方程拟合时，可选用处理 2、7、11、12，求得以 $K_2$ 水平为基础的氮、磷二元二次效应方程；选用处理 2、3、6、11 可求得以 $P_2K_2$ 水平为基础的氮肥效应方程；选用处理 4、5、6、7 可求得以 $N_2K_2$ 水平为基础的磷肥效应方程；选用处理 6、8、9、10 可求得以 $N_2P_2$ 水平为基础的钾肥效应方程。此外，通过处理 1，可以获得基础地力产量，即空白区产量，其具体操作参照有关试验设计与统计技术资料。

### 2. “3414”部分实施方案

试验氮、磷、钾某一个或两个养分的效应，或因其他原因无法实施氮、磷、钾完全实施方案，可在全实施方案中选择相关处理，即从方案中选择相应部分实施方案。这样既保持了测土配方施肥田间试验总体设计的完整性，又考虑到了不同区域土壤养分特点和不同试验目的要求，满足了不同层次的需要。如有些区域重点要试验氮、磷效果，可在 $K_2$ 做肥底的基础上进行氮、磷二元肥料效应试验，但应设置 3 次重复。具体方案处理编号及所对应的试验设计列于表 6-2。

**表 6-2 氮、磷二元肥料效应试验设计“3414”方案处理编号对应表**

| 处理编号 | “3414”方案处理编号 | 处理 | N | P | K |
|---|---|---|---|---|---|
| 1 | 1 | $N_0P_0K_0$ | 0 | 0 | 0 |
| 2 | 2 | $N_0P_2K_2$ | 0 | 2 | 2 |
| 3 | 3 | $N_1P_2K_2$ | 1 | 2 | 2 |
| 4 | 4 | $N_2P_0K_2$ | 2 | 0 | 2 |
| 5 | 5 | $N_2P_1K_2$ | 2 | 1 | 2 |
| 6 | 6 | $N_2P_2K_2$ | 2 | 2 | 2 |
| 7 | 7 | $N_2P_3K_2$ | 2 | 3 | 2 |
| 8 | 11 | $N_3P_2K_2$ | 3 | 2 | 2 |
| 9 | 12 | $N_1P_1K_2$ | 1 | 1 | 2 |

上述方案也可分别建立氮、磷一元效应方程。

在肥料试验中，为了取得土壤养分供应量、作物吸收养分量、土壤养分丰缺指标等参数，一般把试验设计为 5 个处理：空白对照（CK）、无氮区（PK）、无磷区（NK）、无钾区（NP）和氮、磷、钾区（NPK）。这 5 个处理分别是完全实施方案中的处理 1、2、4、8 和 6（表 6-3）。如要获得有机肥料的效应，可增加有机肥处理区（M）；试验某种中（微）量元素的效应，可在 NPK 基础上，进行加与不加该中（微）量元素处理的比较。试验要求测试土壤养分和植株养分含量，进行考种和计产。试验设计中，氮、磷、钾、有机肥等用量应接近肥料效应函数计算的最高产量施肥量或用其他方法推荐的合理用量。

表 6-3　常规 5 处理试验设计与“3414”方案处理编号对应表

| 处理编号 | “3414”方案处理编号 | 处理 | N | P | K |
|---|---|---|---|---|---|
| 空白对照 | 1 | $N_0P_0K_0$ | 0 | 0 | 0 |
| 无氮区 | 2 | $N_0P_2K_2$ | 0 | 2 | 2 |
| 无磷区 | 4 | $N_2P_0K_2$ | 2 | 0 | 2 |
| 无钾区 | 8 | $N_2P_2K_0$ | 2 | 2 | 0 |
| 氮磷钾区 | 6 | $N_2P_2K_2$ | 2 | 2 | 2 |

### 3. 不同区域、不同作物“3414”2 水平参考施肥量

我国主要地区的主要作物（玉米、水稻、大豆）“3414”试验氮、磷、钾 3 因素的 2 水平参考施肥量如表 6-4 所示。

表 6-4　我国主要地区主要作物“3414”试验氮、磷、钾 3 因素的 2 水平参考施肥量

| 地区 | 种类 | $N/(kg \cdot hm^{-2})$ | $P_2O_5/(kg \cdot hm^{-2})$ | $K_2O/(kg \cdot hm^{-2})$ |
|---|---|---|---|---|
| 中部地区 | 玉米 | 220 | 80 | 90 |
| | 水稻 | 160 | 60 | 90 |
| | 大豆 | 50 | 70 | 40 |
| 东部地区 | 玉米 | 180 | 70 | 80 |
| | 水稻 | 140 | 70 | 90 |
| | 大豆 | 40 | 55 | 40 |
| 西部地区 | 玉米 | 180 | 75 | 80 |
| | 水稻 | 140 | 60 | 90 |
| | 大豆 | 50 | 70 | 40 |
| 全国 | 花生 | 60～110 | 70～110 | 50～110 |
| | 马铃薯 | 90～200 | 50～130 | 150～300 |

注：以上氮、磷、钾 2 水平用量仅供各县在开展试验时参考使用。各地区要根据实际情况，考虑作物品种、作物的施肥效益情况，充分利用前几年的试验结果，调整“3414”试验适宜施肥量（2 水平肥料用量）。

### （三）试验实施

具体内容见二维码 6-1。

二维码 6-1　试验实施

## 二、蔬菜肥料田间试验

具体内容见二维码 6-2。

二维码 6-2　蔬菜肥料田间试验

## 三、果树肥料田间试验

具体内容见二维码 6-3。

二维码 6-3 果树肥料田间试验

## 四、肥料利用率田间试验

### （一）试验目的

通过多点田间氮肥、磷肥和钾肥的对比试验，了解我国常规施肥下主要农作物氮肥、磷肥和钾肥的利用率现状和测土配方施肥提高氮肥、磷肥和钾肥利用率的效果，进一步推进测土配方施肥工作。

### （二）试验方案

常规施肥、测土配方施肥情况下主要农作物氮肥、磷肥和钾肥的利用率验证试验田间试验设计取决于试验目的。本书推荐试验采用对比试验，大区无重复设计，试验方案处理详见表 6-5。具体办法是选择 1 个代表当地土壤肥力水平的农户地块，先分成常规施肥和配方施肥 2 个大区（每个大区不少于 1 亩）。在 2 个大区中，除相应设置常规施肥和配方施肥小区外还要划定 20～30m$^2$ 小区设置无氮、无磷和无钾小区（小区间要有明显的边界分隔），除施肥外，各小区其他田间管理措施相同。各处理布置如图 6-1（小区随机排列）。

表 6-5 试验方案处理（推荐处理）

| 试验编号 | 处理 | 试验编号 | 处理 |
|---|---|---|---|
| 1 | 常规施肥 | 5 | 配方施肥 |
| 2 | 常规施肥无氮 | 6 | 配方施肥无氮 |
| 3 | 常规施肥无磷 | 7 | 配方施肥无磷 |
| 4 | 常规施肥无钾 | 8 | 配方施肥无钾 |

### （三）试验实施

#### 1. 试验地选择

试验地应选择平坦、整齐、肥力均匀、中等土壤肥力水平的地块；坡地应选择坡度平缓、肥力差异较小的田块；试验地应避开道路、堆肥场所等特殊地块。同一地块不能连续布置试验。

#### 2. 试验作物品种选择

田间试验以省（区、市）为单位部署。每种作物选择当地推广面积较大的品种（至少 5 个品种），每个品种至少布置 10 个试验点，每个品种试验点尽量在该品种种植区内均匀分布。

#### 3. 试验准备

整地、设置保护行、试验地区划；小区应单灌单排，避免串灌串排；试验前采集土壤样品；依测试项目不同，分别制备新鲜或风干土样。

#### 4. 试验记载与测试

参照《肥料效应鉴定田间试验技术规程》（NY/T 497—2002）执行，试验前采集基础

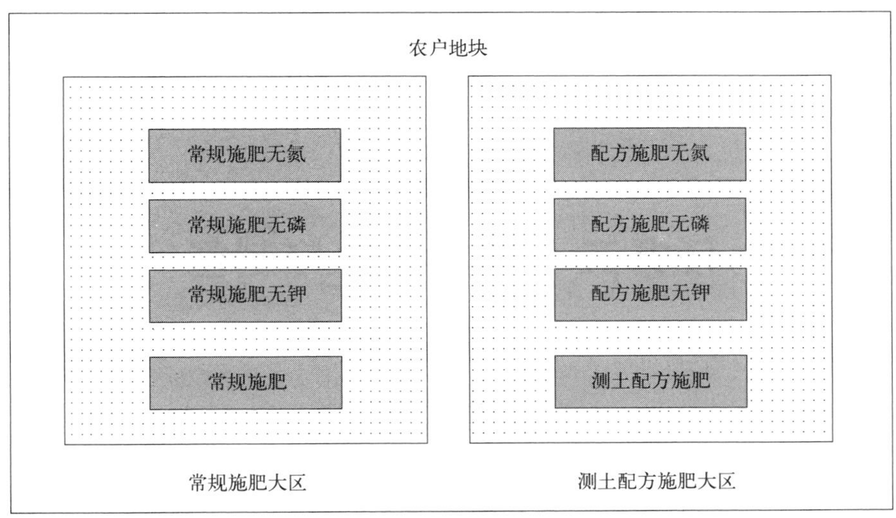


图 6-1　各处理布置图

土样进行测定，收获期采集植株样品，进行考种和生物与经济产量测定，进行籽粒（经济收获物）和茎叶（植株）氮、磷、钾分析。采集对比试验中所有处理的籽粒和茎叶样品。

**5. 试验数据分析方法**

（1）常规施肥下氮肥利用率计算

① 100kg 经济产量 N 养分吸收量

首先分别计算各个试验地点的常规施肥和常规施肥无氮区每形成 100kg 经济产量的 N 养分吸收量，计算公式如下：100kg 经济产量 N 养分吸收量=(籽粒产量×籽粒 N 养分含量+茎叶产量×茎叶 N 养分含量)/籽粒产量×100。然后，将本地该品种所有试验测试结果汇总，计算出该品种的平均值。

② 常规施肥下氮肥利用率

常规施肥区作物吸氮总量=常规施肥区产量×施氮下形成 100kg 经济产量 N 养分吸收量/100，无氮区作物吸氮总量=无氮区产量×无氮下形成 100kg 经济产量 N 养分吸收量/100，氮肥利用率=(常规施肥区作物吸氮总量－无氮区作物吸氮总量)/所施肥料中氮素的总量。

（2）测土配方施肥下氮肥利用率计算

① 100kg 经济产量 N 养分吸收量

首先分别计算各个试验地点的测土配方施肥和无氮区每形成 100kg 经济产量的 N 养分吸收量，计算公式如下：100kg 经济产量 N 养分吸收量=(籽粒产量×籽粒 N 养分含量+茎叶产量×茎叶 N 养分含量)/籽粒产量×100。然后，将本地该品种所有结果汇总，计算出该品种的平均值。

② 测土配方施肥下氮肥利用率

测土配方施肥区作物吸氮总量=测土配方施肥区产量×施氮下形成 100kg 经济产量 N 养分吸收量/100，无氮区作物吸氮总量=无氮区产量×无氮下形成 100kg 经济产量 N 养分吸收量/100，氮肥利用率=(测土配方施肥区作物吸氮总量－无氮区作物吸氮总量)/所施肥料中氮素的总量。

③ 测土配方施肥提高肥料利用率的效果

利用上面结果，用测土配方施肥的利用率减去常规施肥的利用率即可计算出测土配方施肥提高肥料利用率的效果。

根据以上方法，分别计算出 100kg 经济产量 $P_2O_5$ 养分吸收量和 $K_2O$ 养分吸收量，分别测算出常规施肥和测土配方施肥情况下氮肥、磷肥、钾肥利用率，以及测土配方施肥提高肥料利用率的效果。

# 任务二　样品采集与制备

具体内容见二维码 6-4。

二维码 6-4　样品采集与制备

# 任务三　肥料配方设计

肥料用量的确定方法主要包括土壤与植物测试推荐施肥方法、肥料效应函数法、土壤养分丰缺指标法和养分平衡法。

## 一、土壤与植物测试推荐施肥方法

对于大田作物，在综合考虑有机肥、作物秸秆应用和管理措施的基础上，可根据氮、磷、钾和中、微量元素养分的不同特征，采取不同的养分优化调控与管理策略。其中，氮肥推荐根据土壤供氮状况和作物需氮量，进行实时动态监测和精确调控，包括基肥和追肥的调控；磷、钾肥通过土壤测试和养分平衡进行监控；中、微量元素采用因缺补缺的矫正施肥策略。相关技术包括氮素实时监控，磷、钾养分恒量监控和中、微量元素养分矫正施肥技术。

### （一）氮素实时监控施肥技术

根据不同土壤、不同作物、同一作物的不同品种和不同目标产量确定作物需氮量，以需氮量的 30%～60%作为基肥用量。具体基施比例根据土壤全氮含量来确定，同时参照当地丰缺指标。一般在全氮含量偏低时，采用需氮量的 50%～60%作为基肥；在全氮含量居中时，采用需氮量的 40%～50%作为基肥；在全氮含量偏高时，采用需氮量的 30%～40%作为基肥。有条件的地区可在播种前对 0～20cm 土壤的无机氮（或硝态氮）进行监测，调节基肥用量。

$$\text{基肥用量}=\frac{(\text{目标产量需氮量}-\text{土壤无机氮})\times(30\%\sim60\%)}{\text{肥料中养分含量}\times\text{肥料当季利用率}}(\text{kg/亩})$$

氮肥追肥用量推荐以作物关键生育期的营养状况诊断或土壤硝态氮的测试为依据，这是实现氮肥准确推荐的关键环节，也是控制过量施氮或施氮不足、提高氮肥利用率和减少损失的重要措施。测试项目主要是土壤全氮含量、土壤硝态氮含量或小麦拔节期茎基部硝酸盐浓度、玉米最新展开叶叶脉中部硝酸盐浓度，水稻采用叶色卡或叶绿素仪进行叶色诊断。

### （二）磷、钾养分恒量监控施肥技术

根据土壤有（速）效磷、钾含量水平，以土壤有（速）效磷、钾养分不成为实现目标产量的限制因子为前提，通过土壤测试和养分平衡监控，使土壤有（速）效磷、钾含量保持在一定范围内。对于磷肥，基本思路是根据土壤有效磷测试结果和养分丰缺指标进行分级，当有效磷水平处在中等偏上时，可以将目标产量需要量（只包括带出田块的收获物）的100%～110%作为当季磷肥用量；随着有效磷含量的增加，需要减少磷肥用量，直至不施；随着有效磷的降低，需要适当增加磷肥用量，在极缺磷的土壤上，可以施到需要量的150%～200%。在2～3年后再次测土时，根据土壤有效磷和产量的变化再对磷肥用量进行调整。对于钾肥，首先需要确定施用钾肥是否有效，再参照上面方法确定钾肥用量，但需要考虑有机肥和秸秆还田带入的钾量。一般大田作物磷、钾肥料全部作基肥。

### （三）中、微量元素养分矫正施肥技术

中、微量元素养分的含量变幅大，作物对其的需要量也各不相同，主要与土壤特性（尤其是母质）、作物种类和产量水平等有关。矫正施肥就是通过土壤测试，评价土壤中、微量元素养分的丰缺状况，从而进行有针对性的因缺补缺的施肥。

## 二、肥料效应函数法

肥料效应函数法是采用单因素、二因素或多因素的多水平回归设计进行布点试验，将不同处理得到的产量进行数理统计，求得产量与施肥量之间的肥料效应方程式。根据其函数关系式，可直观地看出不同元素肥料的不同增产效果，以及各种肥料配合施用的联合效果，确定施肥上限和下限，计算出经济施肥量，作为实际施肥量的依据。

肥料效应函数法的建立是对多个田间试验点的施肥量与产量进行统计分析，归纳整理，构建肥料效应函数方程式，然后进行显著性检验（挑出显著的），剔除非典型性的数据，最后得到肥料效应方程的过程。

一般分为回归系数平均和分类回归法。回归系数平均法是将各试验点的肥料效应回归方程的对应回归系数相加，求平均值（小范围），也可采用平均产量进行回归统计。分类回归法适合大区域范围内，按照土壤肥力水平构建几个代表性的肥料效应函数方程式，或者按照土壤基础生产力水平（无肥区产量））高低归类，再分别统计（大范围）。一般可分3～4级，产量级差50～100kg/亩。

根据效应函数方案田间试验结果建立当地主要作物的肥料效应函数，直接获得某一区域、某种作物的氮、磷、钾肥料的最佳施用量，为肥料配方和施肥推荐提供依据。这一方法的优点是能客观地反映肥料等因素的单一和综合效果，施肥精确度高，符合实际情况，缺点是地区局限性强，不同土壤、气候、耕作、品种等需布置多点不同试验。

## 三、土壤养分丰缺指标法

通过土壤养分测试结果和田间肥效试验结果，建立大田作物不同区域的土壤养分丰缺指标，提供肥料配方。此法利用土壤养分测定值与作物吸收养分之间存在的相关性，对不同作物进行田间试验，根据在不同土壤养分测定值下所得的产量分类，把土壤的测定值按一定等级差分，制成养分丰缺及应该施肥量对照检索表。在实际应用中，只要测得土壤养分值，就可以从对照检索表中按级确定肥料施用量。

土壤养分丰缺指标田间试验也可采用“土壤养分丰缺部分实施方案”中的处理1为空白对照（CK），处理6为全肥区（NPK），处理2、4、8为缺素区（即PK、NK和NP）。收获

后计算产量，用缺素区产量占全肥区产量的百分比，即相对产量的高低来表达土壤养分的丰缺情况。相对产量＜60％的土壤养分为低；相对产量为60％～＜75％的土壤养分较低，相对产量为75％～＜90％的土壤养分为中，相对产量为90％～＜95％的土壤养分为较高，相对产量≥95％的土壤养分为高，从而确定适用于某一区域、某种作物的土壤养分丰缺指标及对应的肥料施用数量。对该区域其他田块，通过土壤养分测试，就可以了解土壤养分的丰缺状况，提出相应的推荐施肥量。

## 四、养分平衡法

### （一）基本原理与计算方法

根据作物目标产量需肥量与土壤供肥量之差估算施肥量，通过施肥补足土壤供应不足的那部分养分。施肥量的计算公式为

$$\text{施肥量}=\frac{\text{目标产量所需养分总量}-\text{土壤供肥量}}{\text{肥料中养分含量}\times\text{肥料当季利用率}}(\text{kg/亩})$$

养分平衡法涉及目标产量、作物需肥量、土壤供肥量、肥料利用率和肥料中有效养分含量五大参数。土壤供肥量即“养分平衡法方案”中处理1的作物养分吸收量。目标产量确定后因土壤供肥量的确定方法不同，形成了地力差减法和土壤有效养分校正系数法两种方法。

地力差减法是根据作物目标产量与基础产量之差来计算施肥量的一种方法。其计算公式为

$$\text{施肥量}=\frac{\text{目标产量}\times\text{全肥区经济产量单位养分吸收量}-\text{缺素区产量}\times\text{缺素区经济产量单位养分吸收量}}{\text{肥料中养分含量}\times\text{肥料利用率}}(\text{kg/亩})$$

土壤有效养分校正系数法是通过测定土壤有效养分含量来计算施肥量。其计算公式为

$$\text{施肥量}=\frac{\text{作物单位产量养分吸收量}\times\text{目标产量}-\text{土壤测试值}\times 0.15\times\text{土壤有效养分校正系数}}{\text{肥料中养分含量}\times\text{肥料利用率}}(\text{kg/亩})$$

### （二）有关参数的确定

#### 1. 目标产量

目标产量可采用平均单产法来确定。平均单产法通过利用施肥区前三年平均单产和年递增率为基础确定目标产量，其计算公式是

$$\text{目标产量}(\text{kg/亩})=(1+\text{递增率})\times\text{前3年平均单产}(\text{kg/亩})$$

一般粮食作物的递增率为10％～15％。

#### 2. 作物需肥量

通过对正常成熟的农作物的全株养分进行分析，测定各种作物100kg经济产量所需养分量，乘以目标产量即可获得作物需肥量。

$$\text{作物目标产量所需养分量}(\text{kg})=\frac{\text{目标产量}(\text{kg})}{100}\times 100\text{kg产量所需养分量}(\text{kg})$$

#### 3. 土壤供肥量

土壤供肥量可以通过测定基础产量、土壤有效养分校正系数两种方法估算。通过基础产量估算（处理1产量）指将不施肥区作物所吸收的养分量作为土壤供肥量。

$$\text{土壤供肥量}(\text{kg})=\frac{\text{不施养分区农作物产量}(\text{kg})}{100}\times 100\text{kg产量所需养分量}(\text{kg})$$

#### 4. 肥料利用率

一般通过差减法来计算，即利用施肥区作物吸收的养分量减去不施肥区作物吸收的养分量，将其差值视为肥料供应的养分量，再除以所用肥料养分量就是肥料利用率。

$$肥料利用率=\frac{施肥区作物吸收养分量(kg/亩)-缺素区农作物吸收养分量(kg/亩)}{肥料施用量(kg/亩)\times肥料中养分含量}$$

上述公式以计算氮肥利用率为例来进一步说明。

施肥区（NPK 区）农作物吸收养分量（kg/亩）：“3414”方案中处理 6 的作物总吸氮量；

缺氮区（PK 区）农作物吸收养分量（kg/亩）：“3414”方案中处理 2 的作物总吸氮量；

肥料施用量（kg/亩）：施用的氮肥肥料用量；

肥料中养分含量：施用的氮肥肥料所标明的含氮量。

如果同时使用了不同品种的氮肥，应计算所用的不同氮肥品种的总氮量。

#### 5. 肥料中养分含量

供施肥料包括无机肥料与有机肥料。无机肥料、商品有机肥料含量按其标明量，不明养分含量的有机肥料养分含量可参照当地不同类型有机肥养分平均含量获得。

### （三）施肥分区与肥料配方设计

具体内容见二维码 6-5。

二维码 6-5 施肥分区与肥料配方设计

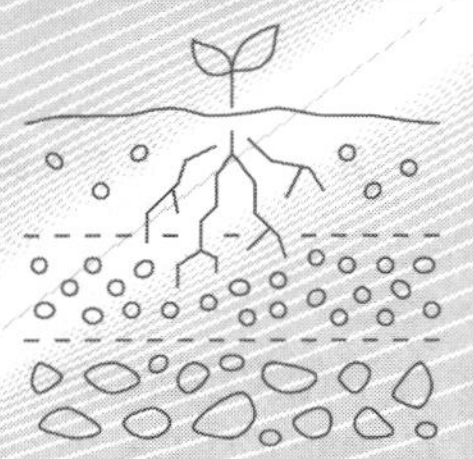

# 项目七　肥料认知与合理选用技能

肥料是作物的“粮食”，是现代农业发展的重要物质基础，在推动农业可持续发展、美丽乡村建设中起着重要作用。肥料的合理施用可以增加作物产量，改善农产品品质，改善土壤性状，保护环境，提高农业效益，增加农民收入。

但随着科技不断进步和现代农业的不断发展，肥料的种类日益增多，新型肥料品种不断涌现，为不法商贩生产销售假冒伪劣肥料提供了可乘之机。面对这种局面，如何正确认知、鉴别、选购与施用肥料，是广大农户和科技工作者必须面对的难题。一旦选用了假冒伪劣肥料，不仅会对作物造成危害甚至绝产，还会造成土壤肥力下降和农业生态的破坏。

## 任务一　单质肥

### 一、氮肥

#### （一）铵态氮肥

液态氨、氨水、碳酸氢铵、硫酸铵、氯化铵均属铵态氮类化肥。它们的共同特点是氮呈铵离子状态存在，易被土壤胶体吸附和作物吸收利用，不易流失，遇碱性物质极易引起氨（$NH_3$）的挥发损失；在偏碱性土壤中及通气条件下，易被微生物转化为硝态氮。

**1. 硫酸铵**

简称硫铵[$(NH_4)_2SO_4$]，含氮20%～21%，是一种含有氮、硫素营养成分的肥料。产品为白色结晶，易溶于水，水溶液呈酸性，吸湿性小，物理性状良好，便于贮存、施用。但长期贮存在湿度大的地方，加之产品游离酸含量较高时，也会吸潮、结块。在高温多雨季节应妥善保管，以防吸湿结块。硫铵比较稳定，在常温常压下，不会发生氮素损失，只有在高温（235℃）时会分解释放氨气。

硫铵施入土壤后，很快溶于土壤溶液，分解成铵离子和硫酸根离子。作物吸收$NH_4^+$，硫酸根离子残留于土壤，使土壤酸化。硫铵施入碱性土壤后，与土壤中的碳酸钙发生反应，引起氨的挥发。

硫铵可作种肥、基肥和追肥施用，并适用于各种作物。喜硫或忌氯作物如葱、蒜、油菜、薯类、烟草和缺硫的土壤最适合施用硫铵。硫铵用作种肥，要与腐熟的有机肥以1∶5的比例混匀后拌种，以免影响种子发芽。用肥量依播种量而定，一般2.5～5.0kg/亩为宜。追肥每亩用量10～20kg，宜在小麦返青-拔节期，水稻分蘖盛期、幼穗分化期，玉米拔节、大喇叭口期，棉花花铃期，油菜抽薹期，大蒜抽薹期追肥。底肥每亩用量20～30kg。追肥、底肥均应深施盖土，以防止氨的挥发损失。稻田施用硫铵应深施或面施结合中耕，防止脱氮损失。同时，还须采取排水晒田措施，防止水稻黑根影响其对养分的吸收。

2. 氯化铵

简称氯铵（$NH_4Cl$），含氮24%～26%，是一种白色结晶。物理性状较好，不易结块，吸湿性较小，但比硫酸铵大，易溶于水，20℃时，每50kg水可溶解16.5kg氯化铵。氯化铵对热的反应比硫铵更稳定，常温下不易挥发，只有温度达到340℃时会自行分解释放出氨。

氯化铵施入土壤后分解产生铵离子（$NH_4^+$）和氯离子（$Cl^-$）。$NH_4^+$ 被土壤胶体吸附并被作物吸收。在酸性土壤上，$NH_4^+$ 与土壤胶体上的氢离子（$H^+$）进行交换反应时，氯离子与氢离子结合，使土壤酸化。在碱性土壤上施用氯化铵，$NH_4^+$ 与土壤胶体表面的 $Ca^{2+}$ 进行交换，进入土壤溶液的 $Ca^{2+}$ 与 $Cl^-$ 作用，生成氯化钙。氯化钙易溶于水，可被雨水或灌溉水淋洗掉，但在干旱地区或排水不畅的盐碱土地区，长期大量施用氯化铵，会使土壤氯化钙不断积累，增加土壤的盐浓度，对作物生长不利。因此，酸性土壤施用氯化铵要注意增施石灰，石灰性土壤的低洼地、干旱地区及盐碱地最好限量施用或不施用氯化铵。

氯化铵的肥效与作物种类及土壤酸碱度有关。据试验，小麦、谷子、玉米、棉花、麻类、蔬菜等旱地作物施用氯化铵与等氮量的硫酸铵的肥效接近，而对水稻的肥效好于硫铵和尿素。氯化铵在酸性土壤上的肥效略低于尿素，在中性和石灰性土壤上的肥效与尿素相当或略高于尿素。

氯化铵可用作基肥或追肥，不宜作拌种。基肥和追肥的用量因作物和产量水平而定。施用时要深施覆土，避免与碱性肥料混合，防止引起氮的损失。一些对氯敏感的作物如烟草、果树，最好不施用氯化铵，否则，作物吸收过多的氯，会导致烟草风味变差，燃烧性降低，茶叶品质变差等。

（二）硝态氮肥

氮肥中主要成分为硝酸根（$NO_3^-$）的肥料被称为硝态氮肥，既含有硝酸根，又含有铵态氮的肥料被称为硝-铵态氮肥，这类肥料包括硝酸钠、硝酸铵、硝酸钙、硝酸铵钙等。

1. 硝酸钠

硝酸钠（$NaNO_3$）是一种白色、浅灰色或黄棕色结晶，含氮15%～16%，易溶于水，其水溶液呈碱性，易吸湿结块。此外，硝酸钠还具有助燃性，贮存应注意防潮、防水。

2. 硝酸铵

硝酸铵（$NH_4NO_3$）既是硝态氮肥，又是铵态氮肥，通常认为其化学性质与硝态氮肥更接近。硝酸铵简称硝铵，硝态氮和铵态氮各占一半，含氮量34%。其产品有两种：一种是白色粉状结晶，吸湿性很强，易结块，特别是在高温多雨季节，会吸湿成糊状；另一种是白色或浅黄色颗粒，在硝酸铵颗粒表面有一些疏水填料作防潮剂，使用方便、易存放、吸湿性弱、不易结块。硝铵的溶解度大于碳铵、硫铵、氯铵，水溶液呈中性。硝铵具有助燃性和爆炸性，不能与纸、油脂、柴草、硫黄、棉花等易燃物一起存放。硝铵与锌、铜、镁、铝等易氧化的金属物质反应，会生成亚硝铵引起爆炸。因此，在贮存、运输过程中，要注意防水、防潮、严禁与金属物质接触。结块的硝铵也不能用木棍、铁棒击打。

硝铵施入土壤后，分解成铵离子（$NH_4^+$）和硝酸根离子（$NO_3^-$），两者均易被作物吸收，无任何副成分。

硝铵宜作追肥和旱地基肥，但不能作为种肥和稻田及多雨地区的基肥施用。作旱地追肥一般应穴施或沟施，施入后覆土盖严，或用化肥深施、追施有机肥。在雨季或多雨地区要适当浅施，避免 $NO_3^-$ 向下淋失，不利于作物吸收利用。硝铵作稻田追肥时，要将其施入到氧化层，且注意蓄水管理，采取浅水追肥，施后不再注水。

#### （三）酰氨态氮肥

酰氨态氮肥主要为尿素，尿素与其他氮肥不同，是一种化学合成的有机酰氨态氮肥，也是固体氮肥中含氮量最高的优质氮肥。尿素含氮量 46%，为白色针状或颗粒状结晶，易溶于水，溶解时有强烈的吸热反应，水溶液呈中性。尿素吸湿性弱，不易结块，但在高温高湿季节也会吸潮结块，贮存时应放在干燥阴凉处。尿素在常温下比较稳定，基本不分解，只有在尿素颗粒中随温度的升高产生一定数量的缩二脲，当温度超过 135℃时尿素分解，生成缩二脲，并释放出氨气。

尿素施入土壤后，以分子态存在于土壤溶液中，可暂时被土壤或黏土矿物所吸附。由于尿素是一种有机态氮肥，不能直接被作物吸收利用，只有在土壤微生物的作用下，分解转化成碳酸铵[$(NH_4)_2CO_3$]后，方可被作物利用。

尿素在土壤中的转化与温度、水分及土壤质地有关。尿素对作物均有较好的增产作用，适用于各种土壤和作物，可用作种肥、基肥、追肥和叶面喷洒。作种肥时，不能与种子直接接触，以免引起烧种，影响发芽，同时应严格控制用量。作追肥时应注意深施，追肥到 10～15cm 土层。尿素还可采取以水带肥的方法追施，即先撒施后浇水，分子态的尿素极易随水渗透到耕层土壤中，比较省工省时，效果好。水田应结合水管理，保持浅水层施后中耕。尿素作根外追肥效果尤佳，浓度以 0.5%～1.0%为宜，于早上或傍晚均匀喷洒于植株叶片正反面。尿素还可与磷酸二氢钾、磷铵、杀虫剂、杀菌剂配合施用，溶解后一并喷洒，可达到施肥、防虫、防病的功效。

## 二、磷肥

根据磷肥的溶解性，可大致将其分为水溶性磷肥、弱酸溶性磷肥和难溶性磷肥。

#### （一）水溶性磷肥

主要成分能溶于水的磷肥，被称为水溶性磷肥。主要包括过磷酸钙、重过磷酸钙、半过磷酸钙、氨化过磷酸钙等。

##### 1. 过磷酸钙

过磷酸钙简称普钙[$Ca(H_2PO_4)_2 \cdot H_2O+CaSO_4$]，是用硫酸分解磷矿石将难溶性的磷酸钙盐转变为水溶性的磷酸钙盐而制成的，含 $P_2O_5$ 12%～20%。一般呈灰白色或浅灰色粉末。还含有磷酸、硫酸等少量游离酸和铁、铝等杂质。普钙具有一定的吸湿性，产品中若游离酸含量过多，易吸湿结块，物理性质变差，并有腐蚀性，手感滑黏。因此，普钙应存放在通风干燥处。

普钙极易被突然固定，移动性又很小。因此，普钙的施用必须尽可能地减小肥料与土壤的接触面，增加其与作物根系的接触机会，以提高磷的有效性。普钙是一种水溶性的速效钾肥，适用于各种土壤和多种作物，可用作基肥和追肥。其具体施用方法有以下几种：

集中施用：集中施用磷肥是一种经济有效的施磷技术，特别是在磷肥用量不大的情况下，效果更佳。集中施用可以减小肥料和土壤的接触面，减少磷的化学固定，加大肥料与作物根系间的浓度差，促进施肥点高浓度磷向根区扩散，有利于作物对磷的吸收。不论基施、追施均应集中施用。旱地一般要穴施或开沟施用，水稻可蘸秧根，作基肥时还可与堆沤肥混合均匀后沟施。

分层施用：由于磷在土壤中移动性差，为使作物根层有足够的磷素营养，分层基施是一种好方法。一般可用 1/3 磷肥撒垡头，2/3 的磷肥掩底，以满足作物不同生育阶段对磷素的需求。

根外追施：根外追施磷肥是一种经济有效、节工省事、减少土壤固定的好方法。可将普钙配制成水溶液，在作物生长中后期将其喷洒于叶面上，供作物直接吸收。喷洒浓度视作物而定，一般小麦、水稻、玉米等禾本科作物及果树的适宜浓度为1%～3%，棉花、番茄、黄瓜、甘薯等以0.5%～1%为宜，每亩喷洒30～50g。

#### 2. 重过磷酸钙

重过磷酸钙[$Ca(H_2PO_4)_2 \cdot H_2O$]是用磷酸分解磷矿粉，将难溶性磷酸钙盐转变为水溶性的磷酸一钙制成的，含 $P_2O_5$ 36%～54%，是普钙的2～3倍，所以又称之为三料过磷酸钙。重过磷酸钙不含石膏，是一种水溶性的高浓度磷肥，一般呈颗粒状或粉末状，水溶液呈酸性。成品中含4%～8%的游离酸，酸性、吸湿性、腐蚀性均高于普钙。重过磷酸钙不含铁、铝、锰等杂质，吸湿潮解后不会发生磷酸的退化现象。重过磷酸钙在土壤中的转化与普钙相同。

重过磷酸钙简称重钙。重钙可以作种肥、基肥及追肥，用法与普钙相同。不同的是，由于重钙含磷量高，施用量应比普钙减少2/3左右，在缺硫的土壤上，对硫敏感的作物如马铃薯、豆科作物、十字花科作物及大蒜等上施用重钙时，增产效果不如普钙，应增施石膏，以补充硫素营养。长期施用重钙的土壤，应监测土壤硫素变化，注意土壤缺硫的问题。

普钙、重钙均不能与碱性物质如碳酸氢铵、石灰氮、草木灰、窑灰钾肥及弱酸性磷肥等混合，否则将降低磷的有效性。

### （二）弱酸溶性磷肥

能溶于2%的柠檬酸、中性柠檬酸或微碱性柠檬酸铵溶液的磷肥被称为弱酸溶性磷肥或可溶性磷肥。这类肥料主要包括钙镁磷肥、脱氟磷肥、沉淀磷肥及钢渣磷肥等。

#### 1. 钙镁磷肥

钙镁磷肥是由磷矿和含镁、硅的矿石混合后，在高温下（大约1350℃以上）熔融，使难溶性含磷物质结构破坏、脱氟、冷却、磨细而成。其主要成分为 $\alpha\text{-}Ca_3(PO_4)_2$，含 $P_2O_5$ 14%～20%，还含有氧化钙、氧化硅等。为黑绿色或棕色粉末，呈碱性（pH 8～8.5），不溶于水，不吸潮，不结块，无腐蚀性，便于包装和贮运。

钙镁磷肥是枸溶性磷肥，施入土壤后移动性更小。钙镁磷肥的肥效与肥料颗粒粒径大小、土壤酸碱性及作物有关。一般而言，颗粒粒径小的肥效好于粒径大的。钙镁磷肥宜作基肥施用，用量因土壤缺磷程度而定，一般每亩用量20～25kg，极缺磷的土壤每亩可施用40～50kg。其作基肥时，不能与碳铵、氨水、氯化铵、粪、尿混合后施用，以免引起氮素的挥发损失。若用作追肥，要在苗期早追。基施、追施均可撒施、条施、穴施、全层深施，与有机肥混合堆沤后施用效果更佳。

#### 2. 脱氟磷肥

脱氟磷肥是磷灰石在高温条件下，通过水蒸气脱氟而成。一般含磷量（$P_2O_5$）为14%～18%，高的可达30%，主要成分为 $\alpha\text{-}Ca_3(PO_4)_2$，其中大部分能溶于2%柠檬酸。物理性状良好，不吸湿、不结块，不含游离酸，储运方便，适用于酸性土壤作基肥。因不含砷，含氟量低，可作饲料添加剂。

#### 3. 沉淀磷肥

肥料主要成分为磷酸二钙，含磷量（$P_2O_5$）为30%～40%，灰白色粉末，不吸湿、不结块，不含游离酸，储运方便。含氟量低，也可作饲料添加剂。适用于作基肥和种肥，增产效果较好。在缺磷的酸性土壤中，其肥效优于过磷酸钙，与钙镁磷肥相当，在石灰性土壤上其肥效略低。

#### 4. 钢渣磷肥

钢渣磷肥是炼钢工业的副产品，又称碱性炉渣。黑色或棕色粉末，一般含磷量（$P_2O_5$）为8%～14%，高的可达17%，也有低于8%的。主要成分为磷酸四钙、磷酸钙与硅酸钙的复盐。因含石灰，呈强碱性。成品中还含有铁、锰、铜、锌、镁、硅等营养元素。钢渣磷肥在土壤中酸作用下，逐步溶解释放出磷，供作物吸收利用。适合在酸性土壤上作基肥，不宜作种肥。

### （三）难溶性磷肥

既不溶于水，也不溶于弱酸，只能被强酸所溶解的磷肥被称为难溶性磷肥，包括磷矿粉、骨粉及磷质海鸟粪等。

#### 1. 磷矿粉

磷矿粉是由含磷矿石直接经机械粉碎磨细而制成的灰褐色粉末状磷肥，主要含磷化合物为氟磷灰石[$Ca_{10}(PO_4)_6 \cdot F_2$]。此外，还有羟基磷灰石和氯磷灰石等，含磷量为10%～25%，其中枸溶性的磷仅占全磷量的10%～20%，70%以上的磷只溶于强酸，是一种难溶的长效肥料。

磷矿粉在土壤中的转化与土壤酸碱度关系密切。在酸性土壤上，磷矿粉的溶解能力较强，增产效果比较明显，肥效与过磷酸钙相当。在石灰性土壤上，仅靠根系分泌物分解磷，很难满足作物的生长需要，只有在极缺磷的土壤上，对某些豆科绿肥才显示出一定的增产效果。磷矿粉的肥效与作物种类也有较大的关系。据报道，各种作物的生理特性不同，对磷矿粉的吸收利用能力有很大差异。豆科绿肥、豆科作物及油料作物对磷矿粉具有较强的吸收能力，肥效比较高，即使在石灰性土壤上施用磷矿粉也有较好的增产效果。而禾本科作物的小麦、水稻等作物对磷矿粉的利用能力较弱。磷矿粉最好用在酸性土壤上，采用全面撒施作基肥，也可与有机肥料、过磷酸钙、生理酸性氮肥、钾肥配合使用，以提高磷矿粉的肥效。

#### 2. 骨粉

骨粉由动物骨骼加工制成，其主要成分为磷酸三钙[$Ca_3(PO_4)_2$]，含磷量（$P_2O_5$）因加工方法各异，一般在20%～40%。呈灰白色或黑色粉末，碱性。除含磷外，还含有钙、镁、氮及骨素、脂肪等有机物质，不溶于水，是一种迟效性肥料。

骨粉呈碱性，一般用作基肥，宜施于富含有机物质的酸性土壤。用量因作物而定，一般30～50kg/亩，可与有机肥料混合堆沤后施用。

## 三、钾肥

天然钾盐矿是制造化学肥料的主要原料。世界钾盐矿的总贮藏量约为500亿吨（以$K_2O$计），主要分布在原苏联（今白俄罗斯和俄罗斯）和加拿大，其贮量分别占总贮量的29%和58%，德国为8%。中国青海的察尔汗盐湖贮量仅1亿多吨。除此之外，工农业废物，如水泥厂的窑灰和农户烧柴的废弃草木灰均是较好的钾肥资源。

生产上经常使用的钾肥品种有硫酸钾、氯化钾、窑灰钾肥、草木灰等。

### （一）硫酸钾

硫酸钾（$K_2SO_4$）含钾（$K_2O$）48%～52%，多为白色或淡黄色结晶，也有少量的红色硫酸钾。硫酸钾易溶于水，吸湿性小，不易结块，贮运较方便，是化学中性、生理酸性肥料。

硫酸钾可用天然硫酸盐钾矿（无水钾镁矾、软钾镁矾、石膏钾镁矾和明矾石等）浮选、分离和溶解结晶等方法进行富集处理，而后进一步加工制成，也可用硫酸和氯化钾反应制取。

硫酸钾施入土壤后，迅速解离成钾离子（$K^+$）和硫酸根离子（$SO_4^{2-}$）。$K^+$一部分被作物直接吸收利用，另一部分与土壤胶体表面的阳离子进行交换，被吸附在土壤胶体上。

硫酸钾属生理酸性钾肥，在酸性土壤上施用易引起土壤酸化，应与石灰配合施用，中和土壤酸性；在中性和石灰性土壤上施用硫酸钾，生成的硫酸钙（$CaSO_4$）很难溶解，长期施用易造成土壤板结，应增施有机肥，防止土壤板结。硫酸钾既可用作种肥、基肥、追肥，又可用作叶面追肥喷洒。硫酸钾适用于各种作物，尤其对既喜硫又缺钾的土壤和作物效果更好，但由于钾资源缺乏，最经济有效的办法就是将其施入烟草、甜菜等忌氯作物上。

### （二）氯化钾

氯化钾是最主要的钾肥品种，占世界总产量的90%以上。生产氯化钾的原料是天然钾盐矿，它包括钾石盐、光卤石和含钾卤水等。工业生产主要是利用含钾盐类在不同温度条件下溶解度不同的原理来分离制造氯化钾，也可采用浮选法制得。浮选法生产的氯化钾结晶颗粒大于结晶法生产的氯化钾，且含铁盐，带红色，不易吸湿结块，物理性状好。

氯化钾含钾（$K_2O$）60%左右，易溶于水，颜色大多呈白色或淡黄色，也有略带红色的产品，属化学中性、生理酸性的速效性钾肥。

氯化钾施入土壤后，钾在土壤溶液中呈离子状态，一部分被作物吸收，另一部分被土壤胶体吸附，在酸性土壤中，会发生阳离子交换，生成盐酸，在中性或石灰性土壤上会释放出钙离子（$Ca^{2+}$）。氯化钾同硫酸钾一样，在酸性土壤上长期施用易引起土壤酸化，从而加重土壤中活性铁、铝的毒害作用。在酸性土壤上长期施用氯化钾要与石灰配合施用。氯化钾在石灰性和中性土壤中生成的氯化钙溶解度大，在多雨地区、多雨季节或灌溉条件下，易随水淋失至土壤下层，一般不会对作物产生毒害。在中性土壤上施用氯化钾会造成土壤钙的淋失，使土壤板结。

氯化钾不同于硫酸钾的点在于其含有氯离子。由于不同作物对氯离子的反应程度不同，施用氯化钾时要扬长避短、有针对性。烟草、甜菜、甘薯、马铃薯、甘蔗、茶树等对$Cl^-$反应敏感，为忌氯作物，不宜施用或尽量少施氯化钾，以免引起品质下降、风味变差。$Cl^-$对粮食作物的产量和品质无不良影响，对棉花还有促进纤维增长的功效，因而氯化钾在棉花上的肥效好于硫酸钾。氯化钾可作基肥、追肥施用。作基肥一般每亩用量5～10kg，要与有机肥混合使用。由于氯离子对种子发芽和幼苗生长有抑制作用，故不宜作种肥。

### （三）草木灰

草木灰是农作物秸秆、枯枝落叶等植物残体燃烧后所剩余的灰分。据测算，仅河南省每年作物秸秆、落叶等总产量约为500亿公斤，作为燃料烧掉的约占1/3，由此产生的草木灰是一种很好的钾肥资源。

草木灰中的钾主要以碳酸钾存在，其次是硫酸钾和少量的氯化钾。它们都是水溶性钾，有效性高，能直接被作物吸收利用。草木灰是一种碱性肥料，不能与铵态氮肥混合施用，也不能与人粪尿、圈肥等有机肥和过磷酸钙混合施用，以免降低肥效，造成氮的挥发损失。

# 任务二　复合（混）肥料

## 一、复合肥料

### （一）磷酸铵

磷酸铵分磷酸一铵和磷酸二铵两种，适作基肥、追肥和种肥施用。作基肥，应视土壤缺磷程度确定施用量。土壤有效磷含量在10mg/kg以下时，每亩需施磷铵10～15kg，土壤有效磷含量＞20mg/kg的土壤可酌情少施，每亩用量2.5～5kg，沟施于土壤，避免与种子直接接触。作基肥施用时，切忌与碱性肥料如氨水、碳酸氢铵、石灰氮、草木灰、窑灰钾肥等混合施用，否则将影响磷素的有效性，并引起氨的挥发损失。磷酸铵是一种磷高氮低的复合肥，施用时，要以磷为主计算施用量，再按作物需肥补充其他化肥。

### （二）磷酸二氢钾

磷酸二氢钾是一种高浓度的磷、钾复合肥，总养分含量为87％，其中含$P_2O_5$ 52％、$K_2O$ 35％。磷酸二氢钾可作基肥、追肥和种肥施用，但由于价格较贵，经济有效的施用方法是叶面喷洒和浸种。叶面喷洒浓度一般以0.1％～0.2％为宜，每亩用量50～75kg，在拔节、孕穗期喷施；浸种则用0.2％水溶液浸种20h左右，阴干后播种。

## 二、复混肥料

复混肥料分为二元和三元，应根据作物需要合理配置氮、磷、钾养分。复混肥料的施肥技术主要包括施肥量、施肥时间与施肥深度。首先是根据作物需要、土壤供肥能力和肥料效应计算氮、磷、钾用量；其次是应早期作基肥施用，若需要作追肥时，也应及早施用；三是对集中作基肥施用的复混肥料进行分层施肥处理，较一层施用肥效更高。

### （一）复混肥料肥效长，宜作基肥

复混肥料均宜基施，作物前期尤其对磷、钾敏感，要求磷、钾肥要作基肥早施。另外，复混肥料在生产过程中采用了包衣、造粒等工艺，肥效缓慢平稳，比单质化肥分解慢，养分淋失少，利用率高，适合作基肥。复混肥不宜用于苗期肥和中后期肥，以防贪青徒长。复混肥分解较慢，对播种时用复混肥做底肥的作物，应根据不同作物的需肥规律，在追肥时及时补充速效氮肥，以满足作物营养需要。

### （二）复混肥料浓度差异较大，应注意选择适合的浓度

目前，多数复混肥料是按照某一区域土壤类型平均养分状况和农作物需肥比例配置而成的。市场上有高、中、低浓度系列，一般低浓度总养分含量在25％～30％之间，中浓度在30％～40％之间，高浓度在40％以上。要因区域、土壤、作物不同，选择使用经济、高效的复混肥。

#### 1. 高浓度

氮、磷、钾总养分含量大于40％。高浓度复混肥料的特点是养分含量高，适宜机械化施肥。但由于其养分含量高，用量少，所以采用人工撒施不容易使施肥均匀。高浓度复混肥中氮、磷、钾占的比例大，一些中、微量元素含量低，长期施用应注意土壤中钙、镁、硫及微量元素含量是否下降。在施用高浓度复混肥料时，应专门增加中、微量元素补充由于长期施用高浓度肥料而造成的损失。

### 2. 中浓度

总养分含量在30%～40%之间。一般的播种机稍加改造就可以将所需肥料数量施足，而且可以达到较均匀程度。中浓度复混肥料一般还含有相当数量的钙、镁、硫等中量元素，在果树和蔬菜上施用比较普遍。

### 3. 低浓度

总养分含量在25%～30%之间。低浓度复混肥养分含量低，施用量大，采用一次性播种施肥复式作业时不容易将肥料全部施入土壤中，人工撒施劳动量也比施高浓度复混肥要大。它的优点是由于用量大，施起来容易均匀。低浓度复混肥生产原料选择面比较宽，可选用硫酸铵、普钙等用于增加中量元素钙、镁、硫的含量。一般低浓度复混肥料适宜在肥力水平较低的土壤上应用。

## （三）复混肥料配比不同，应注意使用范围

不同品牌、不同浓度复混肥料所使用的原料不同，生产上要根据土壤类型和作物种类选择使用。含硝态氮的复混肥料，一般应避免在水田使用；含铵离子的复混肥，不宜在盐碱地上施用；含氯高的复混肥料不要在忌氯作物或盐碱地上使用；含硫酸钾的复混肥料，不宜在水田和酸性土壤上施用。如果不注意复混肥料中养分成分，容易造成肥效降低的后果，甚至毒害作物。

## （四）有机无机复混肥的概念和产品标准

有机无机复混肥是以人们在生产和生活中产生的有机废物为原料，经过一定处理后，按一定的标准配比加入无机化肥，充分混匀并经过造粒等流程生产出来的既含有机质又含化肥的产品。

有机无机复混肥既有化肥成分又有有机物，两者的适当配比，使之具有比无机肥和有机肥更全面、更优越的性能，养分供应平衡，肥料利用率高。有机无机复混肥中含有相当数量的有机质，可以改善土壤理化性质和生物学性质。另外，一些有机无机复混肥中有机成分含有相当数量的生理活性物质，如氨基酸、腐殖酸和酶类物质等，具有独特的生理调节作用。

我国商品化的有机无机复混肥产品执行的标准是《有机无机复混肥料》（GB/T 18877—2020）。该标准虽然规定了有机质含量，但有机质的测定方法仍然以重铬酸钾-浓硫酸氧化有机碳为基础，这有可能难以区分具有相同有机质含量，但活性与肥效可能有较大差别的有机无机复混肥。以何种指标来衡量有机无机复混肥中有机组分的质量，方法尚有待完善。

《有机无机复混肥料》中规定水分不能高于12%，《有机肥料》（NY/T 525—2021）规定的是水分不大于30%，如果使用50%的有机肥料作原料，加上其他原料携带的水分，就会超过12%。从生产实践来说，腐熟的有机质本身水分含量会比较大，对水分进行过严规定，不仅生产者要投入更多能源予以烘干，增加生产及消费成本，而且对产品性状并无好处。

## （五）有机无机复混肥生产中的原料配比

### 1. 有机无机的比例

有机无机复混肥与无机复混肥的根本区别在于前者有一定量的有机成分，在有机物料与化肥配比时必须以能充分发挥有机无机复混肥的优点为前提。在生产实际中主要从有机氮-无机氮和C/N两方面来考虑有机无机的配比。

（1）有机氮-无机氮

据报道，我国农地施肥中有机氮-无机氮适宜比例大致是1∶1、7∶3或6∶4，但具体使

用何种比例应因作物、土壤、施肥及地域的差异而定。对肥沃土壤，无机氮比例可高些，对瘦瘠土壤，则有机氮比例应高些。值得指出的是，对于采用 C/N 高（高于 40）的有机物料作有机无机复混肥原料时不宜机械地套用有机氮-无机氮比例，这种 C/N 高的有机物料可能在整个复混肥的质量中占到相当大的比例，这在实际生产中既难以实行，又可能由于 C/N 的问题而影响复混肥的供氮状况。

（2）C/N

从肥料角度看，C/N 是调控供氮强度及持久性的重要因素，是有机无机复混肥制造和有机无机配比的依据之一。然而不同有机物料，不仅 C/N 差异大，而且有机碳的生物有效性也有很大差别。在有机无机复混肥生产中，有必要根据有机碳的组分来确定原料的种类及其比例。一般而言，若以纤维素一类为主要原料，有机无机复混肥的 C/N 以 1～1.6 为宜，若有效碳比例较高，则 C/N 宜调低些；反之，则高些。对于以改土补充有机质为目的的配方，C/N 可在 1.6 以上。有机无机比例的确定需要考虑土壤和作物因素，对于瘦土砂质土以及生长期长的作物，需注意供肥持久稳定，C/N 宜高些；反之，则宜低些。

**2. 氮、磷、钾三要素的配比**

复混肥的养分设计主要考虑作物、土壤和肥料 3 个方面的因素，这与无机复肥养分设计基本相似。因此，有机无机复混肥的配方可以参考已有的无机复肥养分配比，但因为有机无机复混肥中氮、磷、钾配比有其特殊性，所以不能照搬。主要表现在有机无机复混肥的供肥过程波动较小，不会大起大落，供肥强度与持久性较为协调，与作物生长各时期的需肥较适应，而且有机无机复混肥中的磷肥有效性较高，不易被固定。因此，有机无机复混肥中的氮肥比例可适当高些而不致强度过高，磷肥的比例可适当低些而不致供磷不足。例如，对某一土壤，无机复肥三要素为 12-7-10 是较好的叶菜类专用肥，相应的有机无机复混肥则可为 12-5-10，同样可收到理想的效果。

### （六）有机无机复混肥的生产工艺

具体内容见二维码 7-1。

二维码 7-1 有机无机复混肥的生产工艺

## 三、掺混肥料

掺混肥料简称 BB 肥，是用两种或两种以上粒度相对一致的单质可复混肥料为原料，经机械混合而成的肥料，在美国 20 世纪 50 年代开始兴起。掺混肥料对基础肥料的要求比复混肥料要高，在我国掺混肥料的生产起步较晚，现在有了一定的发展，但还是以进口的大粒尿素、大粒氯化钾和国产磷酸一铵、磷酸二铵肥料为主。

掺混肥料具有生产设备简单、能源消耗少、加工费用低、生产环境好、可散装运输、节省包装费用、随混随用的特点，农民从肥料中能明显地看到氮、磷、钾的肥料颗粒，不易因造假而受到损失，适合小批量生产，还可根据当地的土壤和作物特点，灵活改变配方。其缺点是如果各组分的粒径和比例相差较大，在运输、贮存和施用中会出现程度不同的颗粒分离的现象。为避免出现这种现象，一要注意干施，随混随施，掺混操作和田间施用最好在同一天内完成；二要强调配料的颗粒大小要相对一致，防止发生分离导致施肥不匀。例如磷酸铵、尿素和氯化钾三者是适合掺混的，但市场出售的颗粒粒径分别为 2～4mm、1～2mm 和 0.8mm。这些不同粒径的肥料就不适合掺混，为此需要增加成本，专门生产适合掺混的专用基础肥料，如大粒尿素、大粒氯化钾等。据报道，我国山东、河南、广东、海南、江苏等地已经有 BB 肥上市。郑州工业大学磷肥与复肥研究所已经开发了缓释包裹尿素和包裹型复混肥料作为 BB 肥的基础肥料。

常用的基础肥料还有：磷酸一铵、磷酸二铵、重过磷酸钙、聚磷酸盐、尿素、硫铵和氯化钾，一般不用硝酸铵、硫酸钾、普钙。

## （一）掺混肥料的类型

### 1. 粉状掺混

指将各种掺混的单质肥料，经过粉碎成粉末或结晶性粉末掺混而成的肥料。由于粉碎成粉料，克服了粒度不均匀的弊病，同时又由于增大了肥料间的彼此接触面，易于掺混均匀减少分离。但增加了比表面积易于吸潮结块，这是加工和施用中应注意的。

### 2. 颗粒状掺混

指将各种单质肥料保持一定的粒度，一般为 1～4mm 进行掺混而成的肥料。其特点是单质肥料未经充分粉碎，易保持各种养分的原态、原味，减少了吸湿结块的程度，但易产生分离是这类肥料加工施用中的主要问题。

### 3. 等粒级等密度掺混

等粒级等密度掺混的肥料又称散料混合复肥，是指将各种单质肥料加工成等粒级等密度后掺混而成的肥料。这种掺混肥料克服了不同密度、不同粒级所产生的分离性，同时又由于各单质肥料均为单一组成颗粒，养分形态不变，兼之比表面积减少，不易吸潮结块，所以“BB”式掺混可完全保证肥料的质量。

## （二）掺混肥料的工艺条件

掺混肥料的质量，即化学组成和物理状态，在很大程度上取决于肥料混合过程中所发生的化学反应、有关组分的化学反应性、湿润条件和环境温度。随着气温的升高和水蒸气饱和度的增加，各组分之间的化学反应速度加快，使其质量下降。因此掺混时应注意肥料的理化性质及其掺混要求的相应条件。

### 1. 掺混肥料间的相合性

（1）不可相合的肥料

肥料相合应不损失氮素，有下列情况时不能直接相合。

铵态氮肥（如硝酸铵、硫酸铵、磷酸铵等）不应与化学性质活泼的碱性肥料（如钙镁磷肥、草木灰、石灰、干粪块等）混合，以免损失氮素。

尿素不能与豆饼类有机肥相合，因豆饼、豆叶、秸秆中含有尿酶，相合后会引起尿素水解，造成尿素损失氮。

水溶性磷肥一般不能与碱性肥料相合，特别是含钙的碱性肥料，易引起有效磷的退化。

两种肥料相合时不致使肥料物理性质变劣，如硝酸类肥料不能直接与氯化钾、过磷酸钙等相合，因为会生成吸湿性更强的硝酸钙等，从而使掺混产物迅速变成黏滞状态。尿素与普钙混合时，析出结晶水使掺混产物的含水量增加。

（2）有限相合的肥料

尿素与普钙相合。未经氨化的普钙中游离磷酸、磷酸二氢钙均可与尿素发生加合反应，生成物具有很大溶解度，会吸收空气中的水分形成溶液使物料变潮。但是如果在尿素与普钙混合前氨化普钙即可相合。

碳酸氢铵与普钙相合。普钙氨化常用固体碳酸氢铵作为中和剂，效果较好，但过量碳酸氢铵会使有效磷退化，并造成氮素损失。过量碳酸氢铵会自行分解跑氨，磷由水溶性转为枸溶性，进而转变为难溶性磷，失去有效性。

磷酸盐、硝酸铵和氯化钾相合。在采用硝酸铵和氯化钾相混合时，应严格控制配比，使其不落在发生无焰燃烧的区域。

硝酸盐、磷酸铵盐和硫酸铵相合。这种物料体系造粒生成 $2NH_4NO_3 \cdot (NH_4)_2SO_4$（称为B物料），该物料在干燥时发生热分解形成各自的组成成分，在冷却时又还原为B物料，很容易引起粒状产品的分化和结块。为了防止这种现象发生，可控制 $NO_3^-$ 与 $SO_4^{2-}$ 的比例。当比例在2.5以上时，产品贮存性能好。此外，还可采用较低的干燥温度，减少B物料的受热分解或延长其在冷却剂中的停留时间，让其充分冷却还原成B物料。生成的细粉可过筛处理，减少产品结块。

**2. 掺混肥料工艺**

（1）组成

按肥料相合性及相合后的理化性质和条件，配比掺混肥料的组成；按作物和土壤类型决定掺混肥料的配方。

（2）原料粒度

原料粒度是保持掺混均一性的重要条件，同时为了保持肥料的流动性，便于制造、贮存和施用，也要求原料有一定的粒度参数。

（3）添加剂

常用的添加剂有石灰石粉、磷矿物、膨润土等，它有助于提高掺混肥料的物理性质，使肥料组分颗粒互相隔离，碱性添加剂还可中和酸度和降低掺混肥料的吸水性等作用。添加剂用量取决于掺混肥料的组成、土壤类型和肥料产品的贮存期。如尿素与氯化钾掺混时常用15%的中和剂，尿素和普钙使用15%～10%的碳酸氢铵中和剂，磷矿粉作添加剂用量为10%～20%，白云石粉作添加剂用量为5%～15%等。

# 任务三　中、微量元素肥料

自然资源部中国地质调查局发布了《全球矿产资源储量评估报告2024》，该报告采集覆盖了全球150个国家的2万余个矿业项目数据，对23种矿产资源的全球储量进行了评估，显示了全球铁、锰、铬、磷、钾、锂、钒、钛、镁、钨、铌、钽和铂族金属储量丰富，而铟、锡、锑、铅、锌、铋、镍、铝、铜等资源的保障程度较低。我国这23种矿产的储量在全球占比差异较大，其中铟、钨、铋、钽、钛、锑、锡、铅、锌、钒、锂、镁等4个矿种的资源储量全球占比超过10%，属于优势矿产；其他11种矿产资源的储量全球占比较低，属于紧缺矿产。

面对这种大部分资源短缺且分布不均的严峻性，以及农用肥源矿产资源禀赋不佳的局面，应转变发展方式，走出一条适合我国国情的资源节约型、环境友好型的新路子，这就要大力推进科学技术进步，采用新工艺，研制新设备，科学合理选用所需要的中、微量肥料，提高资源利用率。

## 一、钙肥

### （一）钙肥的种类与性质

钙肥主要品种为石灰类肥料，包括生石灰、熟石灰、碳酸石灰及含钙的工业废渣等。

**1. 生石灰**

生石灰又名烧石灰，主要成分是氧化钙（CaO）。它是由石灰石或含碳酸钙的物质，如贝壳、白云石等在石灰窑中煅烧而成的。CaO 的含量因所用的原料不同而各不相同。一般用石灰石为原料生成的生石灰 CaO 含量为 90%～96%；贝壳烧制而成的生石灰含 CaO 85%～95%；用蚌壳生产的生石灰含 CaO 47%左右；用白云石制造的生石灰含 CaO 55%～85%且含 MgO 10%～40%。

生石灰为白色块状，呈强碱性，在贮存过程中吸湿后转化为熟石灰，长期露天存放会吸收空气中的二氧化碳转化为碳酸钙。所以，通常生石灰经长期贮存会变成熟石灰和碳酸钙的混合物。

生石灰具有强碱性，能迅速中和土壤酸度，中和值为 179%，同时，生石灰还具有杀灭害虫、消除杂草、土壤消毒的功效。但用量过多或施用不当，会引起碱大烧苗。其反应式为

$$CaO+H_2O \longrightarrow Ca(OH)_2+\text{热量}$$

**2. 熟石灰**

熟石灰又称消石灰，其主要成分为 $Ca(OH)_2$，含 CaO 70%左右，是由生石灰加水处理或吸湿发生化学反应而成，同时会释放出大量热能使水沸腾。

**3. 碳酸石灰**

碳酸石灰是指由石灰石、白云石或贝壳类直接磨细而成的一种石灰类含钙肥。其主要成分是碳酸钙（$CaCO_3$），含量为 92%～98%，CaO 含量为 55%左右。碳酸石灰也呈碱性，中和值为 109%。碳酸石灰不易溶解，中和酸性的作用比较缓慢，后效较长。

**4. 含钙的工业废渣**

含钙的工业废渣主要是指冶炼钢铁的炉渣。炼铁高炉渣主要成分为硅酸钙（$CaSiO_3$），CaO 含量为 38%～40%，还含有 MgO 3%～11%、$SiO_2$ 32%～42%。炼钢炉渣主要成分为 $CaSiO_3$、$CaP_2O_9$，CaO 含量为 40%～50%，还含有 MgO 2%～4%、$SiO_2$ 6%～12%。冶炼钢铁废渣施入土壤后均能与水作用形成氢氧化钙和硅酸，具有缓慢中和土壤酸度的能力，其中和值为 60%～70%。同时，其含有的硅酸能使喜硅的水稻、小麦等作物细胞硅质化，增加抗病虫、抗倒伏的能力，提高光合效率。

**5. 其他含钙化肥**

一些化肥的副成分也含有钙，既能补充钙，又可不断中和土壤酸度，起到改良土壤和补充营养的双重作用。部分化肥中钙的形态与含量见表 7-1。

**表 7-1 部分化肥中钙的形态与含量**

| 类别 | 名称 | 钙的形态 | CaO 含量/% |
|---|---|---|---|
| 氮肥 | 硝酸钙 | $Ca(NO_3)_2$ | 27.2 |
| | 石灰氮 | $CaCN_2$、CaO | 53.9 |
| 硫肥 | 石膏 | $CaSO_4$ | 31.2 |
| 磷肥 | 普钙 | $Ca(H_2PO_4)_2 \cdot H_2O \cdot CaSO_4$ | 25.2～29.4 |
| | 重钙 | $CaH_4(PO_4)_2$ | 16.8～19.6 |
| | 沉淀磷肥 | $CaHPO_4$ | 30.8 |
| | 钙镁磷肥 | $Ca_3(PO_4)_2$、$CaSiO_3$ | 29.4～33.6 |
| | 磷矿粉 | $Ca_5(PO_4)_3F$ | 28～49 |
| 钾肥 | 窑灰钾肥 | CaO | 35～39.2 |

## （二）钙肥的合理选用

不同作物对酸的敏感性不同，施用石灰要有针对性。茶树、绣球是典型的耐酸作物，不需施用石灰；在酸性土壤上种植的中等耐酸作物，如燕麦、荞麦、水稻、黄瓜、甘薯、南瓜、烟草等可适量施用石灰；对酸比较敏感的作物，如大麦、小麦、玉米、甜菜、莴苣、番

茄及豆科、三叶草、苜蓿等在酸性土壤上种植，要施用较多的石灰，调节土壤 pH 值才能获得理想的产量。

石灰肥料可作基肥和追肥施用。在酸性土壤上作基肥施用时，要深施与浅施相结合，把一部分石灰翻耕下去，把另一部分耙入土壤。在酸性较小的土壤上，石灰可以一次耕入或耙入土壤。石灰的施用也可结合有机肥翻耕、绿肥压青或稻草还田时撒施。作追肥施用要提早追入，以满足作物对钙的早期营养需求。石灰是强碱性肥料，施用时不能与铵态氮肥、腐熟的有机肥料混合，以免引起氮素的挥发损失。在酸性土壤上施用酸性、生理酸性肥料，如过磷酸钙、硫酸钾、氯化钾等，均可与石灰配合施用，这样既可以中和酸性，又可以提高作物对养分的利用率。

## 二、硫肥

### （一）硫肥的种类和性质

硫是作物生长所必需的营养元素，在我国不少地方农作物已开始出现缺硫症状，引起了人们的重视。含硫肥料种类较多，大多是氮、磷、钾、镁、铁肥的副成分，如硫酸铵、普钙、硫酸钾、硫酸镁及硫酸亚铁等，只有硫黄、石膏被专作硫肥经常施用。石膏又分为生石膏、熟石膏及含磷石膏 3 种。

#### 1. 生石膏

生石膏即普通石膏，由石膏矿石直接粉碎而成，呈粉末状，微溶于水，其主要成分是硫酸钙（$CaSO_4 \cdot 2H_2O$），含硫 18.6%、CaO 23%，是植物硫和钙的来源之一。

#### 2. 熟石膏

熟石膏又名雪花石膏，由普通石膏加热脱水制成，其主要成分为 $CaSO_4 \cdot 1/2H_2O$，含硫 20.7%，呈白色粉末。熟石膏吸水性强，吸湿后又变成普通石膏，易结块，物理性状变坏，不便施用。贮运中要注意防水防潮，将其贮存于通风干燥的地方。

#### 3. 含磷石膏

含磷石膏是由硫酸分解磷矿石提取磷酸后的残渣，其主要成分是硫酸钙，含硫 11.9%，此外，还有少量的磷，一般 $P_2O_5$ 含量为 0.7%～4.6%，平均为 2%，呈酸性，易吸潮。

#### 4. 硫黄

硫黄一般含硫量 60%～80%，不溶于水，不易从土壤耕层淋失，肥效长久。

#### 5. 其他含硫肥料

一些化肥中的副成分也含有硫，含硫肥料（产品）的养分含量见表 7-2。

表 7-2 含硫肥料（产品）的养分含量

| 肥料种类 | 营养成分质量分数/% | | | | |
|---|---|---|---|---|---|
| | N | $P_2O_5$ | $K_2O$ | S | 其他 |
| 硫酸铝 | 0 | 0 | 0 | 14.4 | 11.4(Al) |
| 亚硫酸氢铵 | 14.1 | 0 | 0 | 32.3 | — |
| 硝酸-硫酸铵 | 30 | 0 | 0 | 5 | — |
| 多硫化铵溶液 | 20 | 0 | 0 | 40 | — |
| 硫酸铵 | 21 | 0 | 0 | 24.2 | — |
| 硫酸-硝酸铵 | 26 | 0 | 0 | 12.1 | — |
| 硫代硫酸铵(溶液) | 12 | 0 | 0 | 26 | — |
| 碱性炉渣(托马斯磷肥) | 0 | 15.6 | 0 | 3 | 21(Co) |
| 硫酸钴 | 0 | 0 | 0 | 11.4 | 25.5(Cu) |

续表

| 肥料种类 | 营养成分质量分数/% | | | | |
| --- | --- | --- | --- | --- | --- |
| | N | $P_2O_5$ | $K_2O$ | S | 其他 |
| 硫酸铜 | 0 | 0 | 0 | 12.8 | 16(Fe) |
| 硫酸亚铁铵 | 6 | 0 | 0 | 16 | 32.8(Fe) |
| 硫酸亚铁 | 0 | 0 | 0 | 18.8 | 20(Fe) |
| 硫酸亚铁(绿矾) | 0 | 0 | 0 | 15.5 | 32.6(CaO) |
| 石膏(水合) | 0 | 0 | 0 | 18.6 | 9.7(Mg) |
| 钾盐镁矾 | 0 | 0 | 19 | 12.9 | — |
| 无水钾镁矾 | 0 | 0 | 21.8 | 22.8 | 43(Ca) |
| 硫石灰(干) | 0 | 0 | 0 | 57 | 9(Ca) |
| 硫石灰(溶液) | 0 | 0 | 0 | 23～24 | 9.8(Mg) |
| 硫酸镁(泻盐) | 0 | 0 | 0 | 13 | 36.4(Mn) |
| 硫酸锰 | 0 | 0 | 0 | 21.2 | — |
| 硫酸钾 | 0 | 0 | 50 | 17.6 | — |
| 黄铁矿 | 0 | 0 | 0 | 53.5 | — |
| 亚硫酸钠(硝饼) | 0 | 0 | 0 | 26.5 | — |
| 硫酸钠 | 0 | 0 | 0 | 22.6 | — |
| 硫酸钾镁 | 0 | 0 | 26 | 18.3 | — |
| 硫酸(100%) | 0 | 0 | 0 | 32.7 | — |
| 硫黄 | 0 | 0 | 0 | 100 | — |
| 二氧化硫 | 0 | 0 | 0 | 50 | — |
| 普钙 | 0 | 20 | 0 | 13.9 | — |
| 尿素-石膏 | 17.3 | 0 | 0 | 14.8 | — |
| 尿素-硫黄 | 40 | 0 | 0 | 10 | — |
| 硫酸锌 | 0 | 0 | 0 | 17.8 | 36.4(Zn) |

### (二)硫肥的合理选用

石膏用作肥料时，要根据作物对硫的敏感性和土壤含硫量确定施用技术。不同作物对硫的反应程度一般为十字花科>豆科>禾本科。含硫肥料首先要在喜硫的作物如油菜、甘蓝、花生、大豆、菜豆等上施用，硫在作物体内移动性小，再利用率低，为充分发挥硫肥的增产效果，一般将其用作底肥或分期追施。土壤含硫量是确定是否需要施用硫肥的主要指标。据报道，我国南方酸性土壤有效硫的临界值为6～12mg/kg，当土壤有效硫<10mg/kg时，油菜后期严重缺硫，产量降低。一般认为，南方土壤有效硫低于$10mg \cdot kg^{-1}$时应注意施用硫肥和含硫的其他化肥。

## 三、镁肥

### (一)镁肥的种类和性质

镁是一种中量营养元素。农用镁肥品种较少，大多是兼作肥料用的化工产品及原料。根据它们的溶解性，可将镁肥分为水溶性镁肥和弱酸溶性镁肥两大类。水溶性镁肥包括硫酸镁、氯化镁、碳酸镁、硝酸镁、硫酸镁钾等；白云石、蛇纹石、磷酸镁、光卤石、磷酸镁铵属于弱酸溶性镁肥。镁肥的种类与性质列于表7-3中。

**表7-3　镁肥的种类与性质**

| 品名 | 主要成分 | MgO质量分数/% | 主要性质 |
| --- | --- | --- | --- |
| 硫酸镁 | $MgSO_4 \cdot 7H_2O$ | 13～16 | 酸性，溶于水 |
| 氯化镁 | $MgCl_2$ | 42.5 | 酸性，溶于水 |
| 硝酸镁 | $Mg(NO_3)_2 \cdot 6H_2O$ | 15.7 | 酸性，溶于水 |

续表

| 品名 | 主要成分 | MgO 质量分数/% | 主要性质 |
|---|---|---|---|
| 碳酸镁 | $MgCO_3$ | 28.8 | 中性，易溶于水 |
| 氧化镁 | MgO | 55 | 碱性，溶于水 |
| 硫酸钾镁 | $K_2SO_4 \cdot 2MgSO_4$ | 11.2 | 酸性或中性，易溶于水 |
| 白云石 | $CaCO_3 \cdot MgCO_3$ | 21.7 | 碱性，微溶于水 |
| 蛇纹石 | $Mg_3Si_2O_5(OH)_4$ | 43.3 | 中性，微溶于水 |
| 磷酸镁 | $Mg_3(PO_4)_2$ | 40.6 | 碱性，微溶于水 |
| 光卤石 | $KCl \cdot MgCl_2 \cdot 6H_2O$ | 14.4 | 中性，微溶于水 |

### （二）镁肥的合理选用

镁肥的肥效与土壤性质、作物种类及镁肥品种关系密切。一般酸性砂质土、淋溶作用强的土壤，以及大量施用石灰或钾肥的酸性土壤施用镁肥效果好。作物种类不同，对镁的需求也不同。一般烟草、花生、紫云英、马铃薯等需镁量大于禾本科作物，在相同含镁量的土壤上，前者施用镁肥效果好于后者。不同镁肥的酸碱性不同，对土壤酸度的影响不同，其肥效也存在着差异。

镁肥可用作基肥或追肥，用量为每亩施有效镁 1～1.5kg。基肥要浅施，用作追肥时，水溶性镁肥的效果好，且应尽量早施，以满足作物早期对镁的需求，也可用 1%～2%浓度的水溶液在作物生长中后期进行叶面喷洒。镁肥还应与氮、磷、钾等肥料配合施用，才能充分发挥镁肥的增产作用。镁肥要首先用在有效镁缺乏的土壤上，酸性土壤用碱性镁肥，中性与石灰性土壤选择酸性镁肥。

## 四、锌肥

### （一）锌肥的种类和性质

锌肥按其溶解性分为水溶性锌肥与难溶性锌肥两大类。水溶性锌肥包括硫酸锌、氯化锌及螯合态锌等，难溶性锌肥包括碳酸锌、氧化锌、硫化锌及含锌工业废渣等。不同品种锌肥的性质见表 7-4。

**表 7-4　锌肥的种类与性质**

| 品名 | 主要成分 | 有效锌质量分数/% | 主要性质 |
|---|---|---|---|
| 硫酸锌 | $ZnSO_4 \cdot 7H_2O$ | 23 | 无色或白色晶体，易溶于水 |
| | $ZnSO_4 \cdot H_2O$ | 35 | |
| 碱式硫酸锌 | $ZnSO_4 \cdot 4Zn(OH)_2$ | 55 | — |
| 氯化锌 | $ZnCl_2$ | 48 | 白色晶体，溶于水，易潮解 |
| 碳酸锌 | $ZnCO_3$ | 52 | 白色粉末，不溶于水，溶于酸和氨水及碱金属氧化物 |
| 硫化锌 | ZnS | 67 | 白色或黄色粉末，不溶于水，溶于酸，易潮解 |
| 螯合态锌 | $Na_2ZnEDTA$ | 14 | — |
| 含锌工业废渣 | — | — | — |
| 氧化锌 | ZnO | 78 | 白色或黄色粉末，不溶于水，溶于酸、氨水及碱金属氧化物 |

锌肥的肥效与土壤含锌量的关系密切。据河南省土壤肥料工作站试验，当土壤有效锌质量分数<0.5mg·kg$^{-1}$ 时，小麦、玉米、水稻施用锌肥有显著的增产效果；土壤有效锌质量分数在 0.5～1.0mg·kg$^{-1}$ 时，在石灰性土壤和高产田施用锌肥仍有增产作用，并能改善作物品质。在长期使用磷肥的地区，由于磷、锌离子间的拮抗作用，易诱发缺锌。水田，尤其是冷浸田易缺锌而发生水稻坐蔸，施用锌肥效果好。多点试验统计，施用锌肥一般增产 8%～10%，在极度缺锌的土壤上，增产幅度大，产量甚至可成倍增长。

### （二）锌肥的合理选用

锌肥可用作底肥、追肥、种肥及根外追肥。难溶性锌肥如氧化锌、碳酸锌宜作底肥施用，水溶性锌肥作种肥、追肥效果好。生产上常用的锌肥多是硫酸锌，其可与细土或有机肥混合均匀后撒施。基施用量大，加之锌在土壤中不易移动，可隔2年再施，以利用其后效；根外追施的浓度一般为0.2%，每亩用量50kg，于玉米4叶期、拔节期或其他作物生长的中前期喷洒；拌种用硫酸锌，1kg种子拌2g，但不能与碱性农药混合拌种，以免降低锌肥肥效；硫酸锌浸种浓度为0.02%～0.05%，水稻浓度可大些，以0.1%为宜，浸种12h。

## 五、硼肥

具体内容见二维码7-2。

二维码7-2　硼肥

## 六、钼肥

具体内容见二维码7-3。

二维码7-3　钼肥

## 七、铁肥

具体内容见二维码7-4。

二维码7-4　铁肥

## 八、铜肥

具体内容见二维码7-5。

二维码7-5　铜肥

# 任务四　有机肥料

有机肥料是我国农业生产中的重要养分资源。作为传统农业的物质基础，有机肥料从人类开始农业生产之始，便成为地球上物质循环的纽带，把人、畜、作物、土壤紧密地联系在一起。没有有机肥料，植物和土壤就得不到营养和培育，必然影响农业生产的发展和生态环境的改善。有机肥料生产与植物生产、动物生产并称为农业生产 3 个大门类，是农业生产的基本内容和主要环节。忽视有机肥料的生产和使用，作物秸秆、人畜粪尿等宝贵资源不能还田利用，将导致土壤肥力衰退，带来环境污染，破坏生态平衡。随着作物产量的提高和畜牧业的发展，作物秸秆、人畜粪尿等有机肥料资源也越来越多，合理利用有机废物资源，重视有机肥料生产和使用，对农业可持续发展和环境保护具有十分重要的意义。

狭义的有机肥料指农家肥，是农村中就地取材，就地积制用作肥料的有机物料，主要包括人畜粪尿、作物秸秆、各种堆沤肥等。随着科技的进步和社会的发展，有机肥料已超出农家肥的范畴。广义的有机肥料是指来源于植物或动物，以提供作物养分为主要功效的含碳物料或能用作肥料的各种有机物质，包括作物秸秆、畜禽粪尿、人粪尿、生活垃圾、绿肥、菌剂、城市有机废物等。我国有机肥料资源极为丰富，品种繁多，含有有机物质并能提供多种养分的材料，都可用来制作有机肥料。

目前全国仍然没有一个统一的有机肥料分类标准，1990 年农业部（现农业农村部）组织专家在吸取前人的成果和实践经验的基础上，按照有机肥料资源特性及积制方法将其分为粪尿类、堆沤肥类、秸秆肥类、绿肥类、土杂肥类、饼肥类、海肥类、腐殖酸类、农用城镇废弃物和沼气肥共十大类，每一类又分为若干个品种，如表 7-5。

**表 7-5　中国有机肥料分类、品种表**

| 有机肥料种类 | 有机肥品种 |
| --- | --- |
| 粪尿类 | 人粪尿、猪粪尿、马粪尿、牛粪尿、骡粪尿、驴粪尿、羊粪尿、兔粪、鸡粪、鸭粪、鹅粪、鸽粪、蚕沙、狗粪、貂粪等 |
| 堆沤肥类 | 堆肥、沤肥、草塘泥、猪圈粪、马厩粪、牛栏粪、骡圈粪、驴圈粪、羊圈粪、兔窝粪、鹅棚粪、鸭棚粪、土粪等 |
| 秸秆肥类 | 水稻秸秆、小麦秸秆、玉米秸秆、大豆秸秆、油菜秸秆、花生秆、高粱秸、谷子秸秆、棉花秆、马铃薯秸秆、烟草秆、辣椒秆、番茄秆、向日葵秸秆、西瓜藤、麻杆、冬瓜藤、绿豆秸秆、香蕉茎叶、甘蔗茎叶、黄瓜藤、芝麻秆等 |
| 绿肥类 | 紫云英、苕子、金花菜、紫花苜蓿、草木犀、豌豆、蚕豆、萝卜菜、油菜、田菁、柽麻、猪屎豆、绿豆、豇豆、泥豆、紫穗槐、三叶草、沙打旺、满江红、水花生、水浮莲、水葫芦、蒿草、金尖菊、山杜鹃、黄荆、马桑、含羞草、菜豆、飞机草等 |
| 土杂肥类 | 草木灰、泥肥、炉灰渣、烟囱灰、焦泥灰、屠宰场废弃物、熟食废弃物、蔬菜废弃物、酒渣、酱油渣、粉渣、豆腐渣、醋渣、味精渣、食用菌渣、药渣、菇渣等 |
| 饼肥类 | 豆饼、菜籽饼、花生饼、芝麻饼、茶籽饼、桐籽饼、棉籽饼、柏籽饼、葵花籽饼、胡麻饼、烟杆饼、兰花籽饼、线麻籽饼等 |
| 海肥类 | 鱼类、鱼杂类、虾类、虾杂类、贝类、贝杂类、海藻类、植物性海肥、动物性海肥等 |
| 腐殖酸类 | 褐煤、风化煤、腐殖酸钠、腐殖酸钾、腐混肥、腐殖酸、草甸土等 |
| 农用城镇废弃物 | 城市垃圾、生活污水、粉煤灰、工厂污泥、工业废渣、肌醇渣、生活污泥、糠醛渣等 |
| 沼气肥 | 沼渣、沼液 |

资料来源：全国农业技术推广中心，1999。

有机肥料也可根据腐熟过程中发热程度分为热性肥料（在腐熟过程中放出较多热量的有机肥料，堆温可升到 50℃以上者，包括马粪、羊粪、秸秆堆肥等）和冷性肥料（在腐熟过程中释放较少热量，不能产生高温，如各种土粪、牛粪、人粪尿）两类。

有机肥料含有纤维素、半纤维素、脂肪、蛋白质、激素、腐殖酸等有机物质，还含有氮、磷、钾、硫、钙、镁及微量元素等各种矿质养分，与化学肥料相比较，具有以下特性。

（1）养分全面平衡

有机肥料不仅含有作物生长发育所必需的大量和微量营养元素，养分平衡，而且含有可供作物直接吸收利用的有机养分和生长刺激素等，是一种完全肥料。

（2）肥效稳定持久

有机肥料所含养分多，呈有机态，需在土壤中经矿化作用释放后才能被作物吸收利用。有机肥料作基肥可不断分解释放养分，其肥效持久。

（3）富含有机质，可培肥改土

有机肥料含有大量有机胶体和活性物质，有利于改善土壤理化特性和生物学特性，长期大量使用可显著提高土壤肥力，对农产品质量有良好的作用。

（4）资源丰富，具有再生性

有机肥料种类多，来源广，数量大，可就地或就近积制和使用，也可工厂化生产成商品有机肥。植物性有机肥料具有再生性，是一种可再生资源。

（5）养分浓度低，肥效慢

有机肥料养分总量和有效性均较低，养分供给的数量和比例与作物阶段营养需求不完全一致，需要与化学肥料配合才能满足作物不同生育阶段的养分需求，实现高产和优质。

## 一、商品有机肥

### （一）主要种类

与传统有机肥不同，商品有机肥有着自己独特的内涵，是指工厂化生产，经过物料预处理、配方、发酵、干燥、粉碎、造粒、包装等工艺加工生产的有机肥料或有机无机复混肥料。根据其加工情况和养分状况，分精制有机肥、有机无机复混肥和生物有机肥。有机无机复混肥和生物有机肥已经不是纯粹的有机肥料，而精制有机肥理论上应为纯粹的有机肥料。一般说的商品有机肥料除了活性商品有机肥类外，还包括一些腐殖酸肥料和氨基酸肥料（含腐殖酸水溶肥和含氨基酸水溶肥，在叶面肥中进行介绍）。活性商品有机肥生产的主要原料包括禽畜粪便、城市污泥、生活垃圾、糠壳饼麸、作物秸秆、制糖和造纸滤泥、食品和发酵工业下脚料以及其他城乡有机固体废物，经加入发酵微生物进行发酵脱水和无害化处理生成优质有机肥料，尤其以畜禽粪便、糖渣、油饼、味精发酵液为原料制成的有机肥料品质较好。实际上前面提及的各种有机肥料都可以作为商品有机肥的原料。由于这些物料来源广泛、成分复杂，为了保证有机肥的质量和农用安全性，生产中要执行《有机无机复混肥料》（GB/T 18877—2020）。

商品有机肥的生产工艺主要包括两部分：一是有机物料的堆沤发酵和腐熟过程，其作用是杀灭病原微生物和寄生虫卵，进行无害化处理；二是腐熟物料的造粒生产过程，其作用是使有机肥具有良好的商品性状、稳定的养分含量和肥效，便于运输、贮藏、销售和施用。

#### 1. 精制有机肥

精制有机肥产品质量执行农业行业标准 NY/T 525—2021。

#### 2. 发酵秸秆肥

农作物秸秆用作肥料的常规方法是将秸秆粉碎埋于农田中进行自然发酵，此类属于常规有机肥。如果将秸秆先进行发酵后，再施用到农田中则属于应用腐熟剂进行提前发酵生产的新型有机肥。

（1）催腐剂堆肥技术

催腐剂就是根据微生物中的钾细菌、氨化细菌、磷细菌、放线菌等有益微生物的营养要求，以有机物包括作物秸秆、杂草、生活垃圾为培养基，选用适合有益微生物营养要求的化学药品制成定量氮、磷、钾、钙、镁、铁、硫等营养的化学制剂，从而有效改善有益微生物的生态环境，加速有机物分解腐烂。该技术在玉米、小麦秸秆堆物中的应用效果很好，目前在我国北方一些省市开始推广。

（2）速腐剂堆肥技术

秸秆速腐剂是在“301”菌剂的基础上发展起来的，是由多种高效有益微生物、多种酶类及无机添加剂组成的复合菌剂。将速腐剂加入秸秆中，在有水的条件下，菌株能大量分泌纤维酶，能在短期内将秸秆粗纤维分解为葡萄糖，因此将其施入土壤后可迅速提升土壤肥力，减轻作物病虫害，刺激作物增产，实现用地养地相结合。实际堆腐应用表明，采用速腐剂腐烂秸秆高效快速，不受季节限制，且堆肥质量好。

（3）酵素菌堆肥技术

酵素菌是由能够产生多种酶的好（兼）氧细菌、酵母菌和霉菌组成的有益微生物群体，利用酵素菌产生的水解酶的作用，在短期时间内，可以把作物秸秆等有机质材料进行糖化和氮化分解，产生低分子的糖、醇、酸，这些物质是堆肥中有益微生物生长繁殖的良好培养基，可以促进堆肥中放线菌的大量繁殖，从而改善土壤的微生态环境，创造作物生长发育所需的良好环境。利用酵素菌把大田作物秸秆堆沤成优质有机肥后，可适用于大棚蔬菜、果树等经济价值较高的作物，堆腐材料有秸秆 1t、麸皮 120kg、钙镁磷肥 20kg、酵素菌扩大菌 16kg、红糖 2kg、鸡粪 400kg。

### （二）生产工艺介绍

#### 1. 有机物料的发酵腐熟

商品有机肥工厂化生产大多采用以固态好气发酵为核心的集约化处理工艺，其工艺流程包括固液分离、物料预处理、堆沤发酵、翻堆、腐熟等过程。发酵过程的实质是微生物对有机物质的分解过程，与高温堆肥的情况基本一致，其中供气量、温度、湿度和 C/N 等是主要的发酵参数，因此调控技术的关键是为好气微生物创造适宜的环境条件。在堆沤过程中，堆温和 pH 值不断升高，导致氮素挥发损失。降低氮素损失和防止有机质的过度分解是提高商品有机肥质量的关键，可以通过改进物料预处理，调节 C/N、水分、pH、发酵温度和时间等措施来解决上述问题。

#### 2. 腐熟物料的造粒

腐熟物料一般质地较粗、黏结性差、成粒困难，长期以来是有机肥生产的“瓶颈”。有机肥造粒在经历了传统的挤压和圆盘工艺后有所突破，新的造粒设备采用转鼓或喷浆工艺。

（1）挤压造粒

腐熟物料配以适量无机肥，经模具挤压或碾压成粒后直接装袋。该工艺对物料的选择和前处理比较严格，需调节至适宜的含水量，且要求质地细腻、黏结性好。该工艺特点是工序简单，可以省去烘干环节；柱状颗粒较粗，成粒好，粒径均匀。但缺点是产品往往含水量较高，贮运过程中易溃散；生产能力偏低；相对动力大，设备易磨损。

（2）圆盘造粒

几乎所有的有机物料均可用圆盘工艺造粒。物料干燥、微粉碎后配以适量化肥送入圆盘中，混合物料经增湿器喷雾粘结，随圆盘转动包裹成粒，再次干燥后筛分装袋。该工艺特点是对物料选择不高，但需先干燥粉碎；生产能力适中；同比所需动力小。但缺点是工序繁琐、成粒率偏低、外观欠佳。

（3）转鼓造粒

该工艺通过在转鼓内设计独立的造粒器，利用物料微粒相互碰撞镶嵌的原理，实现对高湿有机物料的直接造粒。该工艺特点是适用范围广，对物料无特殊要求，工序简单，省去干燥和粉碎两个前处理过程，成粒率高，商品外观较好。

（4）喷浆造粒

该工艺以发酵行业产生的有机废水浓缩液为主要原料。有机废液经多效蒸发浓缩，再配以适量矿质肥料调制成浆料，送入喷浆造粒机，经高温热风闪蒸干燥成粒。该工艺特点是集喷浆、干燥、造粒于一体，操作方便；产品呈球粒状，物理性状良好，商品档次高。但缺点是生产有机肥范围较窄，物料选择仅限于浆料；设备投入大；能耗高。

### （三）施用原则

具体内容见二维码 7-6。

二维码 7-6　施用原则

## 二、农家肥

农家肥是农村就地取材、就地积制、就地施用的一类自然肥料，主要包括人畜粪尿肥、厩肥、禽粪、堆肥、沤肥、饼肥等。

### （一）粪尿肥

具体内容见二维码 7-7。

二维码 7-7　粪尿肥

### （二）堆沤肥

堆沤肥类包括堆肥、沤肥和厩肥，是我国农村自古以来广泛积制和利用的主要有机肥料。堆沤肥是以秸秆、杂草、树叶、草皮、绿肥、垃圾、细土及其他有机物为主要原料，混合人畜粪尿、泥土等堆积、沤制、腐解而成的一种有机肥料。堆沤肥原料来源广泛，积制方法简单，增产改土效果好。堆肥多见于干旱缺水地区，沤肥多见于江南水网地区，厩肥广泛分布于全国各地，其数量与畜牧业的发展密切相关。

#### 1. 堆肥

堆肥是以秸秆、杂草、绿肥、泥炭、垃圾和人畜粪尿等废物为原料混合后，按一定方式进行堆制的肥料。堆肥与厩肥相似，其肥效也与厩肥相当，故有人工厩肥之称。其养分含量因堆肥原料和堆制方法的不同而有差异（表 7-6）。堆肥一般含有丰富的有机质，碳氮比较小，养分多为速效态，堆肥还含有维生素、生长素及微量元素等。

**表 7-6　堆肥的养分含量**

| 种类 | 主要成分与质量分数 | | | | | |
|---|---|---|---|---|---|---|
| | 水分/% | 有机质/% | 氮(N)/% | 磷($P_2O_5$)/% | 钾($K_2O$)/% | C/N |
| 高温堆肥 | — | 24～42 | 1.05～2 | 0.32～0.82 | 0.47～2.53 | 9.7～10.7 |
| 普通堆肥 | 60～75 | 15～25 | 0.4～0.5 | 0.18～0.26 | 0.45～0.7 | 16～20 |

资料来源：《中国农业百科全书》，1996。

堆肥的腐熟过程包括发热阶段、高温阶段、降温阶段、腐熟保肥阶段。

① 堆肥积制初期以中温好气性微生物为主，将易分解的单糖类、淀粉、蛋白质、氨基

酸等有机物质分解。不断提高堆肥的温度，几天内即可达50℃以上。

② 高温阶段以好热性微生物为主，分解纤维素、半纤维素、果胶类物质等难分解的复杂有机物质。这一过程可使堆温上升至60～70℃，超过70℃时，部分好热性微生物因温度过高而大量死亡或进入休眠，分解作用减弱，产热量降低，堆肥温度下降。当降到70℃以下时，休眠状态的好热性微生物又恢复分解产热活动，温度又重新升高。长时间的高温作用能加速腐解，有效杀死堆肥材料中的虫卵、病原菌、杂草种子等。

③ 随着纤维素、半纤维素、木质素等残存量减少，或因水分散失、氧气不足等原因，微生物活动减弱，产热量减少，堆肥温度逐渐降到50℃以下，称之为降温阶段。此阶段主要作用是合成腐殖质。

④ 腐熟保肥阶段腐殖质积累量明显增加，颜色呈黑褐色。厌氧细菌逐步增多，导致新形成的腐殖质分解，释放出氨气；硝化作用形成的硝酸盐随雨水进入堆内，发生反硝化作用，造成氮素损失。所以本阶段应调控水热条件，抑制放线菌、反硝化细菌的活动，达到腐熟保肥的目的。

堆肥腐熟过程实质上是微生物分解有机物的过程，腐熟的快慢直接取决于微生物活动，堆肥原料的碳氮比、水分、通气、温度、酸碱度等直接或间接影响微生物活性，是堆肥腐熟的主要影响因子。

堆肥主要用作基肥，每亩施用量一般为1000～2000kg，用量较多时，可以全耕层均匀混施，用量较少时，可以开沟施肥或穴施。在温暖多雨的季节或地区、土壤疏松通透性较好的砂土条件下、种植生育期较长的作物和多年生作物或当施肥与播种或插秧期相隔较远时，可以使用半腐熟或腐熟程度更低的堆肥。堆肥还可以作为种肥和追肥，作为种肥时常与过磷酸钙等磷肥混匀施用，作为追肥时应提早施用并尽量施入土中，以利于养分的保持和肥效的发挥。堆肥和其他有机肥料一样，虽然是营养较全面的肥料，但氮素养分含量相对较低，需要和化肥一起配合使用，以更好地发挥堆肥和化肥的肥效。

### 2. 沤肥

沤肥是以作物秸秆、绿肥、青草、树叶等植物残体为主，混合人畜粪尿、垃圾、泥土等，在厌氧、常温条件下沤制而成的有机肥料。沤肥材料与堆肥相似，不同的是沤肥加入过量的水，使原料在淹水条件下厌氧性常温发酵。沤肥同样要求一定的酸碱度、碳氮比和温度。沤肥制作简便，原料来源广，可就地取材在田边地头沤制。沤肥因积制地区、积制材料和积制方法的不同而名称各异，如江苏的草塘泥、江西和安徽的窖肥、湖北和广西的垱肥、湖南的凼肥，北方地区的坑沤肥等都属于沤肥。

一般而言，沤肥的pH值为6.0～7.0，有机质质量分数为3%～12%，全氮质量分数为2.1～4.0$g \cdot kg^{-1}$，速效氮质量分数为50～248$mg \cdot kg^{-1}$，全磷量为1.4～2.6$g \cdot kg^{-1}$，速效磷质量分数为17～278$mg \cdot kg^{-1}$，全钾量为3.0～5.0$g \cdot kg^{-1}$，速效钾质量分数为68～185$mg \cdot kg^{-1}$。

沤肥一般作为基肥，多用于稻田，也可用于旱地。在水田中施用时，应在耕作和灌水前将沤肥均匀施入土壤，然后进行翻耕、耙地，再进行插秧；在旱地上施用时，也应结合耕地用作基肥，每亩沤肥的施用量一般在2000～5000kg，并注意配合化肥和其他肥料一起使用。

### 3. 厩肥

厩肥是指家畜粪尿和垫料混合堆沤腐解而成的有机肥料，我国北方农村一般称其为“圈粪”或“土粪”，南方农村称其为“草粪”或“栏粪”。不同的家畜由于饲养条件不同和垫圈材料的差异，各地和各种厩肥的成分有较大的差异，特别是有机质和氮素的含量差异更为显著。新鲜厩肥中主要养分的平均含量见表7-7。

表 7-7 新鲜厩肥中主要养分的平均含量

| 种类 | 主要养分的平均质量分数/% | | | | | | | |
|---|---|---|---|---|---|---|---|---|
| | 水分 | 有机质 | 氮(N) | 磷($P_2O_5$) | 钾($K_2O$) | 钙(CaO) | 镁(MgO) | 硫($SO_3$) |
| 猪厩肥 | 72.4 | 25 | 0.45 | 0.19 | 0.6 | 0.68 | 0.08 | 0.08 |
| 马厩肥 | 71.3 | 25.4 | 0.58 | 0.28 | 0.53 | 0.21 | 0.14 | 0.01 |
| 牛厩肥 | 77.5 | 20.3 | 0.34 | 0.16 | 0.4 | 0.31 | 0.11 | 0.06 |
| 羊厩肥 | 64.3 | 31.8 | 0.83 | 0.23 | 0.67 | 0.33 | 0.28 | 0.15 |

厩肥属于微碱性肥料，pH 值一般为 8.0～8.4。厩肥中的养分大部分是迟效的，养分释放缓慢，因此应作为基肥使用。但腐熟的优质厩肥也可用作追肥，只是肥效不如基肥效果好。厩肥使用时应撒施于地表，撒施均匀，随施随耕翻。新鲜厩肥施用时应配合速效氮肥，最好经过多堆沤腐解后再使用。腐熟好的厩肥可在播种前集中施于播种沟或穴内作基肥，还可与化肥混合制成颗粒状有机无机复混肥作基肥或追肥施用。

施用的厩肥不一定是完全腐熟的，一般因作物种类、土壤性质、气候条件、肥料本身的性质及施用的主要目的而有所区别。一般而言，块根、块茎作物对厩肥的利用率较高，可使用半腐熟厩肥；禾本科作物对厩肥的利用率较低，应选用腐熟程度较高的厩肥；生育期短的应使用腐熟的厩肥；生育期长的可用半腐熟厩肥。若使用厩肥的目的是改良土壤，可选择腐熟程度稍差的，让厩肥在土壤中进一步分解，这样有助于改良土壤；若用作苗肥施用，则应选择腐熟程度较好的厩肥。就土壤条件而言，质地黏重、排水差的土壤应施用腐熟的厩肥，而且不宜耕翻过深；对砂质土壤则可使用半腐熟厩肥，耕翻深度可适当加深。

### （三）沼气肥

具体内容见二维码 7-8。

二维码 7-8 沼气肥

## 三、绿肥

绿肥泛指用作肥料的绿色植物体，通常将直接或间接（经堆沤）翻压到土壤中作肥料用的栽培或野生绿色植物体统称为绿肥，专门栽培用作绿肥的作物，称之为绿肥作物。我国利用绿肥的历史悠久，早在公元前 200 年就有除草肥田或养草肥田的记载，公元 3 世纪开始栽培绿肥作物，5 世纪之后绿肥作物被广泛种植。化肥生产应用之前，增加土壤养分、培肥土壤主要靠种植绿肥和施用农家肥。当前绿肥栽培利用逐步由原来大田轮作和直接肥田过渡到绿肥与牧草生产相结合的模式。将土壤资源开发利用、养殖业和土壤培肥有机结合，有利于实现有机物质的多级转化利用和农业可持续发展。

绿肥作物鲜草产量高，含较丰富的有机质。某些绿肥作物根系入土较深，能吸收一般作物难以吸收的下层养分，并将其转移到地上，待绿肥翻耕腐解后，养分富集于土壤根层，有利于后茬作物的吸收利用。绿肥作物的养分含量依绿肥种类、栽培条件、生育期等不同而异（表 7-8）。

表 7-8 主要绿肥作物养分含量

| 绿肥作物 | 水分质量分数/% | 主要成分质量分数(干基)/% | | | |
|---|---|---|---|---|---|
| | | 氮(N) | 磷(P) | 钾(K) | 碳(C) |
| 紫云英 | 90.50 | 3.80 | 0.32 | 3.13 | 38.06 |
| 蓝花苕子 | 84.10 | 2.17 | 0.54 | 1.40 | 35.52 |
| 毛叶苕子 | 83.20 | 3.58 | 0.38 | 1.75 | 42.55 |
| 光叶苕子 | 82.20 | 3.44 | 0.38 | 2.06 | 43.92 |
| 箭舌豌豆 | 82.50 | 2.85 | 0.26 | 1.90 | 40.34 |

续表

| 绿肥作物 | 水分质量分数/% | 主要成分质量分数(干基)/% | | | |
|---|---|---|---|---|---|
| | | 氮(N) | 磷(P) | 钾(K) | 碳(C) |
| 香豆子 | 86.30 | 2.84 | 0.28 | 1.81 | 40.23 |
| 豌豆 | 81.80 | 3.07 | 0.34 | 1.93 | 43.26 |
| 金花菜 | 85.60 | 3.50 | 0.39 | 1.10 | 34.83 |
| 蚕豆残体 | 74.40 | 1.09 | 0.21 | 0.38 | 34.60 |
| 田菁 | 73.30 | 2.27 | 0.26 | 1.90 | 37.38 |
| 柽麻 | 78.30 | 1.24 | 0.19 | 1.50 | 38.49 |
| 白花木樨 | 75.90 | 2.30 | 0.36 | 1.45 | 41.08 |
| 黄花草木樨 | 74.80 | 2.23 | 0.22 | 1.45 | 35.87 |
| 沙打旺第2年生 | 82.80 | 3.32 | 0.32 | 1.99 | 45.00 |
| 红三叶第2年生 | 84.50 | 2.32 | 0.30 | 2.03 | 46.77 |
| 小冠花第2年生 | 94.50 | 3.22 | 0.37 | 2.97 | 44.49 |
| 百麦根第2年生 | 85.20 | 3.37 | 0.30 | 3.30 | 45.08 |
| 苜蓿 | 79.00 | 2.32 | 0.25 | 2.80 | 36.13 |
| 油菜 | 83.00 | 2.34 | 0.31 | 1.75 | 39.09 |
| 黑麦草 | 85.70 | 1.76 | 0.32 | 3.15 | 34.86 |
| 小葵子 | 85.00 | 1.96 | 0.33 | 2.50 | 31.78 |

资料来源：中国农业科学院土壤肥料研究所，1994。

**1. 绿肥种类**

我国地域辽阔，各地自然条件差异很大，植物资源非常丰富，多数植物无论是栽培的或是野生的，都能用作肥料。通过长期生产实践和科学实验，研究人员选择和培育出一批适应我国不同自然条件和耕作制度的绿肥品种，共有98种（1000多个品种），其中豆科72种，非豆科26种，生产上应用较普遍的有4科，20属，26种，500多个品种。豆科绿肥具有根瘤菌，生物固氮能力强；非豆科绿肥是豆科绿肥之外的所有绿肥种类，有产草量高、须根发达的禾本科，分解土壤磷比较强的十字花科，产草量高、富钾能力强的水生绿肥等。

人类根据需要栽培的绿肥作物是绿肥的主体，如紫云英、金花菜、田菁等，称之为栽培绿肥；利用天然自生的青草、水草和树木的青枝嫩叶作肥料，如马桑、大叶山蚂蟥、紫穗槐等，属于野生绿肥。按照绿肥的生长季节，可以将其分为多年生绿肥和一年生绿肥（分为春、夏、秋、冬季绿肥）。

**2. 绿肥的合理利用**

绿肥主要有直接翻埋和刈割两种利用方式，刈割的青料可异地翻埋，可作堆肥和沤肥原料、饲料、饵料等。一年生或越年生绿肥通常直接翻埋或刈割作其他用途；多年生绿肥以刈割利用为主，亦可用作裸露地植被，保持水土、修复荒坡荒地。绿肥直接翻压（也称压青）施用后的效果与翻压绿肥的时期、翻压深度、翻压量和翻压后的水肥管理密切相关。

翻埋入土的绿肥在土壤中腐解的实质是有机态碳、有机态氮和有机态磷等成分的矿质化作用，矿化所释放的营养和能源物质使土壤中各类微生物大量繁殖，土壤酶类活性增强，也促进了土壤原有机质的矿化，称之为激发效应。

（1）绿肥翻压时期

常见绿肥品种中的紫云英翻压应在盛花期；苕子和田菁翻压应在现蕾期至初花期；豌豆翻压应在初花期；柽麻翻压应在初花期至盛花期。翻压绿肥时期的选择，除了要根据不同品种绿肥的植物生长特性外，还要考虑农作物的播种期和需肥时期，一般应与播种和移栽期有一段时间间距，大约为10天。

（2）绿肥翻压量与深度

绿肥翻压量一般根据绿肥中的养分含量、土壤供肥特性和作物的需肥量来考虑，每亩应控制在1000～1500kg，然后再配合使用适量的其他肥料来满足作物对养分的需求。绿肥翻压深度一般根据耕作深度考虑，大田应控制在15～20cm，不宜过深或过浅。

（3）翻压后水肥管理

绿肥在翻压后应配合施用氮、磷、钾肥，既可以调整氮磷比，还可以协调土壤中氮、磷、钾的比例，从而充分发挥绿肥的肥效，对于干旱地区和干旱季节，还应及时灌溉，尽量保持充足的水分，加速绿肥的腐熟。

二维码7-9　其他有机肥料

## 四、其他有机肥料

具体内容见二维码7-9。

# 任务五　新型肥料

新型肥料是有别于传统常规的肥料，表现在功能拓展或功效提高、肥料形态更新、新型材料的应用、肥料运用方式的转变更新等方面，还包括能够直接或间接为作物提供必需的营养成分，调节土壤酸碱度、改良土壤结构、改善土壤生物理化性质，调节或改善作物的生长机制，改善肥料品质和性质或提高肥料的利用率。2003年，科学技术部和商务部联合制定的《鼓励外商投资高新技术产品目录》中有关新型肥料目录就包括复合型微生物接种剂，复合微生物肥料，植物促生菌剂，秸秆、垃圾腐熟剂，特殊功能微生物制剂，控、缓释新型肥料，生物有机肥料，有机复合肥，植物稳态营养肥料等9种。之后，中国农科院赵秉强等将新型肥料类型归纳为缓控释肥料、稳定性肥料、水溶性肥料、功能性肥料、商品化有机肥料、微生物肥料、增殖尿素和有机无机复混肥料8个类型。

## 一、缓释肥料

缓释肥料是指其中的肥料养分释放缓慢，释放期较长，在作物的整个生育期都可以满足作物生长的需求。缓释肥料施入土壤后转变为植物有效态养分的释放速率远远小于速溶肥料，在土壤中能够缓慢释放出其养分，对作物具有缓效性或长效性，但只能延缓肥料的释放速度，达不到完全控释的目的。

### （一）缓释肥料的一般原理

#### 1. 缓释原理

目前缓释肥料的缓释原理主要有物理法、化学法和生物法。缓释方法主要分为物理包膜法、化学合成法和生物抑制法。

物理包膜法主要是应用物理障碍因素阻碍水溶性肥料与土壤水的接触，从而达到养分缓释的目的。这类肥料以亲水性聚合物包裹肥料颗粒或把可溶性活性物质分散于基质中，从而限制肥料的溶解性，即通过简单微囊法和整体法的物理过程来处理肥料达到缓释性。应用这一方法生产的肥料养分缓释效果比较好，但往往需配合其他方法共同使用。

化学合成法主要就是通过化学合成缓溶性或难溶性的肥料，将肥料直接或间接以共价或离子键接到预先形成的聚合物上，构成一种新型聚合物。如将尿素转变为较难水解的脲甲醛（UF）、脲乙醛（CDU）、异丁叉二脲（又称亚异丁基二脲，IBDU）、草酰胺，或使速溶性铵盐转变为微溶性的磷酸铵金属盐等。化学法生产的缓释肥料缓释效果比较好，但往往作物生长初期养分供应不足，且成本比较高。

生物抑制法就是应用生物抑制剂（或促进剂）改良常规肥料。目前生物抑制剂主要的应用对象是速效氮肥，主要有脲酶抑制剂、硝化抑制剂和氨稳定剂等。生物法生产工艺简单，成本较低，单纯使用时养分缓释效果不稳定，肥效期较短，往往需要借助肥料的物理化学加工和化肥深施技术。促进剂也称为促释剂，即利用矿物肥源添加促释剂直接生产缓释磷、钾、镁肥。目前国内外的磷、镁肥的生产需要在高温加酸条件下进行，生产过程中还会产生气、液、固各种污染，传统技术已难以适应发展需要。我国科研人员突破现有技术框架，研究常温常压条件下不耗酸理化促释技术，对磷、镁矿和钾长石进行处理，制成促释型肥料。经过 20 多年的努力，已在理论和实践方面有所突破。

在缓释方法上，包膜法是一种主要的缓释技术，通常实现养分缓释的方法就是包膜，所以包膜肥是一种常见的缓释肥。非包膜法也可以实现缓释，通过化学合成法制得的脲醛类肥料就是例子。

**2. 养分释放影响因素**

脲甲醛、草酰胺等化学合成缓释肥料是在化学分解和生物降解作用下释放养分，其养分释放速率主要取决于颗粒大小、土中水分含量、温度、pH。

包膜缓释肥料根据包膜材料类型的不同，其养分释放情况可以分为 3 类：具有微孔的不渗透膜，养分从膜层微孔溶出，溶出的速度取决于膜材料性质、膜的厚度及加工条件；不渗透膜，靠物理、化学、生物作用破坏而释放养分；半渗透性膜层，水分扩散到膜层内直到内部渗透压把膜层胀破或膜层扩张到具有足够的渗透性而释放养分。

不同类型或不同膜材料的包膜肥料受各种因素的影响释放程度存在较大差异。如硫包衣尿素的释放速率受土壤微生物活性的影响较大；与硫包衣尿素等相似的无机包膜材料的包膜肥料受土壤水分含量影响较大；有机聚合物包膜肥料，在土壤田间持水量和作物凋萎含水量范围内，除受土壤温度影响较明显外，其他环境因子影响都较小。温度对包膜肥料养分释放速率的影响是通过溶解和扩散作用来达到的。

### （二）常见的缓释肥料

常见的缓释性肥料可以分为包膜型缓释肥料和抑制剂型缓释肥料（稳定性肥料）。

**1. 包膜型缓释肥料**

包膜型缓释肥料的分类方法比较多，根据包膜材料的主要成分可以分为无机物包膜肥料和有机化合物及聚合物包膜肥料。一般而言，有机物形成的包膜比硫黄等无机物形成的包膜具有更好的阻水性能，包膜表面更光滑更薄，缓释效果也更好。但有机包膜肥料的制备相对复杂些，费用也比较高。有机物及聚合物包膜肥料最需要解决的问题是肥料释放后残留物的降解问题，否则其在土壤中的大量积累可能对环境和农业产生较大的负面影响。

（1）无机物包膜肥料

常用作无机物包膜原料的有硫黄、磷酸铵镁、硅酸盐、磷酸钙、钙镁磷肥、$P_2O_5/CaO$ 玻璃体、金属盐，还有一些疏水性矿粉，如石膏、滑石粉及黏土等。

① 硫包膜肥料。通常先加热要包膜的肥料颗粒，然后用熔融的硫黄包裹预热后的肥料颗粒，再经过冷却即可。硫包膜肥料的最大优点在于制作工序简单，比较经济，也具有一定的缓释性，同时硫在一定程度上也可以用作农作物生长所需的养分。但是，硫作为涂覆材料

并不能很好地密封肥料颗粒表面，包膜表面常常存在一些“针孔”或裂缝，这使得水很容易通过孔或缝进入到肥料核心快速溶解肥料。仅仅用硫包裹肥料，缓释效果不是很好，硫比较脆，贮藏或运输过程中很容易脱落，其缓释性容易退化。后来出现了硫层上再加封一层塑性较好的物质作为密封层的改性硫包膜肥料。

常见的改性硫包膜肥料为硫预涂敷，后封沥青的包膜肥料，先将硫或金属硫化物加热至150～170℃，然后喷涂到预热后的肥料颗粒上，之后喷涂沥青溶液，再喷涂一层矿粉。另外，也可以用蜡、聚丁烯、油、合成或天然松香等作为密封层，加密封层后所得产品的缓释性虽然较好，但加工和存放过程中颗粒表面容易发黏，往往需要喷涂一层矿粉，如石灰石、硅灰石、滑石粉进行调理，防止肥料颗粒相互粘连。

② 金属氧化物和金属盐包膜肥料。金属氧化物和金属盐也可包裹肥料制备缓释肥料，通常先将肥料颗粒与金属的碳酸盐或氢氧化物混合，随后往上喷涂长链有机酸，稍加热就可在肥料颗粒表面上形成金属盐包膜，最后用蜡密封。工艺过程中也可将金属氧化物和惰性物（如滑石、石灰石、黏土等）或一些营养物质混合使用。这类包膜肥料制备所需时间较短，成本低廉，贮存性能好。

③ 肥料包膜（裹）肥料。肥料包膜（裹）肥料就是在一种肥料的表面再包裹一种或几种另外的肥料。一般可以通过包裹难溶性的其他肥料来实现产品的缓释性，可以用作包膜的肥料一般有钙、镁、磷肥等。例如，以尿素作为核心基质，在尿素表面依次包敷复合物、微溶性养分物质（含 N、P、K 和 Mg、Fe、Zn）及痕溶性养分物质（MgO、CaO、$SiO_2$），它通过水渗过含营养物质的包裹层，溶解核心的氮肥后通过包裹层再向外扩散释放氮。由于包裹层均为植物所需营养物质，无需土壤微生物的分解，故温度和 pH 对氮的释放无显著影响。这类产品对环境污染小，颗粒均匀，养分释放均匀，缓释效果较好。

（2）有机化合物及聚合物包膜肥料

有机化合物的熔点比较低，易于熔化，水溶性差，在土壤中易于腐化分解，因而在包膜肥料中可用作包膜。包膜原料主要有蜡、油、松香、天然橡胶、聚烯烃类树脂、聚氨酯和醇酸树脂等一些特定的橡胶类物质及热塑性和热固性树脂等，在文献中见到的有松香、石蜡、烯烃聚合物或共聚物、尿素、甲醛和聚酯等。

① 蜡包膜肥料。蜡作为包膜材料广泛用于各种水溶性肥料。美国专利中介绍了一种改进的方法，先用熔融石蜡包裹肥料颗粒，随后使蜡固化制得包膜肥料。蜡包膜肥料的缺点在于要使肥料的缓释效果比较理想，蜡用量较高，这将使得缓释肥料制备费用变得高昂。用从植物中获取的蜡，如棕榈蜡等取代石蜡作为包膜材料，在某些方面比石蜡更为理想。

② 不饱和油包膜肥料。用油作为涂层材料制备缓释肥料，至少要在肥料颗粒上喷涂 2 层涂层。第一层是高黏性不饱和油，第二层是低黏性不饱和油。第二层主要起密封作用。在进行包膜前，需要往油中掺和一些普通的催干剂。适合的油有亚麻籽油、红花油、葵花籽油、大豆油等。这类包膜原料来源广泛，资源可再生，包膜在土壤中容易分解，对土壤的危害较小。

③ 改性天然橡胶包膜肥料。天然橡胶的玻璃化温度较低，成膜发黏，并不适合用作肥料的包膜材料。用改性天然橡胶制成的缓释肥料，其膜硬且无黏性，便于贮存和施用。

**2. 抑制剂型缓释肥料（稳定性肥料）**

（1）稳定性肥料的主要类型

目前抑制剂应用的主要对象是速效氮肥，主要指脲酶抑制剂、硝化抑制剂和氨稳定剂等。目前，主要的抑制剂型缓释肥料为脲酶抑制剂型缓释尿素（长效尿素）。

国内外研制、生产和应用的长效尿素主要是在普通尿素生产流程中添加一定比例的抑制剂。抑制剂主要有脲酶抑制剂和硝化抑制剂2类，脲酶抑制剂可抑制尿素的氨化作用，而硝化抑制剂是抑制氨的亚硝化和硝化作用。这两类抑制剂的品种很多，但目前实际使用的脲酶抑制剂主要是氢醌（对苯二酚），硝化抑制剂主要是双氰胺（二氰二胺）。

（2）稳定性肥料的特点

长效尿素是尿素与抑制剂的混合物，由于抑制剂加入量很少，并几乎与尿素不发生反应，所以长效尿素的理化性质与普通尿素基本相同，只是有些品种在外观上呈现棕色或棕褐色，其他如比重、熔点、溶解度等方面与尿素相近，其粒度、含水量、缩二脲含量等与尿素基本相同，含氮量仍然是46%。

**3. 增值尿素**

增值尿素是指在基本不改变尿素生产工艺的基础上，增加简单设备，向尿素中直接添加生物活性类增效剂所生产的尿素增值产品。增效剂主要是指利用海藻酸、腐殖酸和氨基酸等天然物质经改性获得的可以提高尿素利用率的物质。增殖尿素不适合作为叶面肥、冲施肥，也不适合在滴灌或喷灌水肥一体化中施用。

（1）木质素包膜尿素

木质素是一种含有许多负电基团的多环高分子有机物，对土壤中的高价金属离子有较强的亲和力。木质素比表面积大、质轻，作为载体与氮、磷、钾、微量元素混合，养分利用率可达80%以上，肥效可持续20周之久；无毒，能被微生物降解成腐殖酸，可以改善土壤理化性质，提高土壤通透性，防止板结；在改善肥料的水溶性、降低土壤中尿酶活性、减少有效成分被土壤组分固持及提高磷的活性等方面有明显效果。

（2）腐殖酸尿素

腐殖酸与尿素通过科学工艺进行有效复合，可以使尿素养分具有缓释性，并可以通过改变尿素在土壤中的转化过程和减少氮素的损失，改善养分的供应，从而使氮肥利用率提高45%以上。如锌腐酸尿素是在每吨尿素中添加锌腐酸增效剂10～50kg，颜色为棕色至黑色，腐殖酸质量分数不低于0.15%，腐殖酸沉淀率不高于40%，含氮量不低于46%。

（3）海藻酸尿素

在尿素常规生产工艺过程中，添加海藻酸增效剂（含有海藻酸、吲哚乙酸、赤霉素、赖氨酸等）生产的增殖尿素，可以促进作物根系生长，提高根系活力，增强作物吸收养分的能力；可以抑制土壤尿酶活性，降低尿素的氨挥发损失；发酵海藻酸增效剂中的物质可与尿素发生反应，通过氢键等作用力延缓尿素在土壤中的释放和转化过程；可以起到抗旱、抗盐碱、耐寒、杀菌和提高产品品质等作用。海藻酸尿素在每吨尿素中添加海藻酸增效剂10～30kg，颜色为浅黄色至浅棕色，海藻酸质量分数不低于0.03%，含氮量不低于46%，尿素残留差异率不低于10%，氨挥发抑制率不低于10%。

（4）禾谷素尿素

禾谷素尿素指在尿素常规生产工艺过程中添加禾谷素增效剂（以天然谷氨酸为主要原料，经聚合反应生成）生产的增值尿素。其中谷氨酸是作物体内多种氨基酸合成的前体，在作物生长过程中起着至关重要的作用；谷氨酸在作物体内形成的谷氨酰胺可贮存氮素并能消除因氨浓度过高产生的氨毒作用。因此，禾谷素尿素可促进作物生长，改善氮素在作物体内的贮存形态，降低铵对作物的危害，提高养分利用率，还可补充土壤的微量元素。禾谷素尿素是在每吨尿素中添加禾谷素增效剂10～30kg，颜色为白色至浅黄色，含氮量不低于46%，谷氨酸质量分数不低于0.08%，氨挥发抑制率不低于10%。

（5）纳米尿素

纳米尿素指在尿素常规生产工艺过程中，添加纳米碳生产的增值尿素。纳米碳进入土壤后能溶于水，使土壤的EC值增加30%，可直接形成碳酸氢根，以质流的形式进入根系，进而随着水分的快速吸收，携带大量的氮、磷、钾等养分进入作物合成叶绿体和线粒体，并快速转化为生物能。因此纳米碳能起到生物泵作用，可增加作物根系吸收养分和水分的潜能。生产每吨纳米尿素的成本值会增加200～300元，但在高产条件下可减少肥料30%左右，使每亩综合成本下降20%～25%。

（6）多肽尿素

多肽尿素指在尿素溶液中加入金属蛋白酶，经蒸发器浓缩造粒而成的增值尿素。酶是生物发育生长不可缺少的催化剂，因为生物体进行新陈代谢的所有化学反应，几乎都是在生物催化剂酶的作用下完成的。多肽是涉及生物体内各种细胞功能的生物活性物质，肽键是氨基酸在蛋白质分子中的主要连接方式，肽键金属离子化合而成的金属蛋白酶具有很强的生物活性。酶鲜明地体现了生物的识别、催化、调节等功能，可激活和促进化肥分子活跃。金属蛋白酶可以被作物直接吸收，因此可节省作物在转化微量元素中所需要的“体能”，大大促进了作物的生长发育。经试验表明，施用多肽尿素，作物一般可提前5～15d成熟（玉米提前5d左右，棉花提前7～15d，番茄提前10～15d），且可以提高化肥利用率和农作物品质等。

（7）微量元素增值尿素

在熔融的尿素中添加2%的硼砂和1%的硫酸铜的大颗粒尿素，即微量元素增值尿素。试验表明，含有硼、铜的尿素，可以减少尿素中的氮损失，既能使尿素增效，又能使作物得到硼、铜等微量元素营养，提高产量。硼、铜等微量元素能使尿素增效的机理是硼砂和硫酸铜有抑制尿酶的作用及抑制硝化和反硝化细菌的作用，从而提高尿素中氮的利用率。

## （三）缓释肥料的合理选用

### 1. 缓释肥料的合理选用

目前，市场上真正意义上的缓释肥料并不多见。一般的缓释复合（混）肥料是将包膜尿素与磷、钾肥掺混使用，实际上是含有缓释尿素的掺混肥料。其中的缓释性包膜尿素是缓释肥料的关键，虽然后期的加工比较简单，但一般对其中的缓释尿素要求比较严格。现在我国的部分厂家能够提供在一定时间内持续释放氮素的包膜尿素品种，释放时间可以从30～360d调整。这些包膜尿素品种为缓释肥料的应用提供了市场空间。

旱地作物上，缓释性掺混肥料一般用作基肥，并且不需要进行追肥；施肥深度在10～15cm；施肥量可以根据土壤肥力状况以及目标产量决定，可以根据作物需肥量及肥料养分量计算适宜的施肥量。一般来说，普通肥力水平上，每亩施30～50kg，可保证作物获得较高的产量。玉米可采用全层施肥法，也可以采用侧位施肥法和种间施肥法，肥料与种子间隔5～7cm。小麦可以在播种前，结合整地一次性基施。棉花也可结合整地一次性基施，可以有效地解决棉花多次施肥的难题。水稻主要采用全层施肥法，即在整地时将肥料一次基施土壤中，使肥料与土壤在整地过程中混拌均匀，再进行放水泡田，一般也不需要追肥。

### 2. 长效尿素的合理选用

多年生产试验表明，长效尿素的肥效期可以延长1倍以上，达到110～130d；氮素利用率可以提高10个百分点，达到45%；与等量普通尿素相比可使作物增产6%～20%，并可节省追肥用工，扣除长效尿素价格增加的费用，每亩可增加纯收入40～100元。另外，长效尿素在同等产量条件下可节省尿素用量20%，由此可减少运输成本，减缓农田和地下水的氮素污染。所以，长效尿素不仅具有巨大的经济效益，而且有良好的社会和生态效益。

由于长效尿素肥效期长，利用率高，所以在施用技术上与普通尿素有所不同。具体应用效果和施用技术因不同作物而异，同时要与不同耕作制度和土壤条件结合起来，尽可能简化作业，节省费用。对一般作物，如小麦、水稻、玉米、棉花、大豆、油菜，可在播种（移栽）前1次施入。在北方除春播前施用外，还可在秋翻时将长效尿素施入农田。如需要作追肥，一定要提前进行，以免作物贪青晚熟。长效尿素施用深度为10～15cm，施于种子斜下方、两穴种子之间或与土壤充分混合，既可防止烧种烧苗，又可防止肥料损失。

对于水稻，长效尿素用作基肥要深施，施肥深度一般为10～15cm。

对于小麦，垄作时要先将肥料撒在原垄沟中，然后起垄，肥料即被埋入垄内；或者整地起垄后，施肥与播种同时进行。不管怎样施肥，要保证种子与肥料间的隔离层在10cm以上。畦作小麦通常采用全层施肥的方法，即先将肥料均匀地撒在地表，然后翻地将肥料翻入土中，最后进一步耙地、做畦、播种，此时肥料主要在下层，少部分肥料分布在上层土壤里。畦作小麦的翻地深度应不低于20cm，以免肥料过于集中，影响小麦出苗。

玉米上施用长效尿素时，也要注意防止烧种、烧苗。种子与肥料之间的间隔应不低于10cm。对于10月下旬即进入低温期的北方地区，可考虑在秋季将长效尿素深施入土，然后起垄或做畦，翌年开春就抢墒播种。

大豆上施用长效尿素时，要注意既能满足大豆对氮素的需要，又不妨碍根瘤的正常固氮。长效尿素采用侧深施肥方式，深开沟侧位施肥，合垄后，在另一侧等距离点播或条播种子。每亩施肥10kg左右为宜。北方地区，也可采用类似玉米的秋季施肥方式。

对于棉花，垄作时宜采用条施，先开15cm深的沟，将长效尿素均匀撒入沟内，必要时与其他肥料一起施在沟内，然后合垄，常规播种。新疆地区的大垄双行棉花，在垄中间开了20cm深的沟，将长效尿素和其他肥料一起混匀撒入沟内，覆土压实，然后两侧播种。在干旱、半干旱的北方地区，秋季施肥对于棉花也是值得推广的方式。

## 二、控释肥料

所谓控释肥料是指可以根据作物生长需求的多少进行释放的肥料，当作物处于旺盛生长期时，就快速释放养分，当作物处于生长停滞期时，就少释放或不释放。

控释肥料是以颗粒肥料（单质或复合肥）为核心，表面涂覆一层低水溶性的无机物质或有机聚合物，或者应用化学方法将肥料均匀地融入、分解在聚合物中，形成多孔网络体系，并根据聚合物的降解情况促进或延缓养分的释放，使养分的供应能力与作物生长发育的需肥要求相一致的一种新型肥料，其中包膜控释肥料是最大的一类。缓释肥料是指施入土壤后转变为植物有效态养分的释放速率远远小于速溶肥料，在土壤中能够缓慢释放出其养分，它对作物具有缓效性或长效性，只能延缓肥料的释放速度，达不到完全控释的目的。

缓释肥料的高级形式为控释肥料，它使肥料释放养分的速度与作物需要养分的规律一致，使肥料利用率达到最高。有专家认为，从广义上来说，控释肥料包括了缓释肥料。但编者认为，控释肥料仅仅是缓释肥料的一种形式，因此缓释肥料包含了控释肥料。目前是否存在真正意义上的控释肥料，学术界尚有争议。一般认为，真正意义上的控释肥料是指能依据作物营养阶段性、连续性等营养特性，利用物理、化学、生物等手段调节和控释氮、磷、钾及必要的微量元素等养分供应强度与容量的肥料。可见，要做到真正的控释，受上述条件的限制，基本上可能性不大，或者说非常困难。所以编者更倾向于将控释肥料归类于缓释肥料，从而将这一类肥料都叫作缓释肥料。

### （一）控释肥料的主要种类

树脂包衣尿素是利用高分子材料，在尿素颗粒表面形成一层薄膜，定量控制尿素中养分释放数量和释放期，使养分供应与作物各生育期需肥规律相吻合的肥料。第一个商业化生产的树脂包膜控释肥料为醇酸树脂类包膜肥料。该产品于1967年在美国加利福尼亚州生产，其中的高分子材料是一种双环戊二烯与丙三醇酯共聚生成的醇酸树脂类聚酯。另外一类高分子材料是聚氨酯类包膜，聚氨酯（PU）全称为聚氨基甲酸酯，是主链上含有重复氨基甲酸酯基团的大分子化合物的通称，用途非常广泛，可以代替橡胶、塑料、尼龙等材料，并能作为黏结剂、涂料和合成皮革等应用于各行各业。

#### 1. 热塑性树脂包膜肥料

在制备过程中，将树脂溶液或熔体包覆在肥料颗粒表面，可形成一层疏水聚合物膜。通常可使用的树脂如下：

① 熔融状态下的聚合物树脂。如熔融的聚乙烯树脂，其缺点在于包膜温度较高，并且包膜层必须迅速冷却。

② 溶于有机溶剂的聚合物树脂。不足在于需要处理大量的有机溶剂，并且对环境有一定的不良影响。

③ 在颗粒表面由两种或多种组分反应形成的聚合物树脂。缺点在于制备时需处理一些含量较高的有毒有机物。

④ 分散或溶解于水中的聚合物树脂（聚合物分散液或乳液）。不足在于包膜时包膜液中的水对肥料有一定的溶解作用，干燥条件的控制尤其严格。

#### 2. 热固性树脂包膜肥料

常用的热固性树脂有醇酸类树脂和聚氨酯类树脂两大类。醇酸树脂是双环戊二烯和甘油酯的共聚物，养分的释放可以通过改变膜的主要成分或膜的厚度来控制。热固性树脂类包膜材料的品种很多，具体的物质包括环氧树脂、尿醛树脂、不饱和聚酯树脂、酚醛树脂、三聚氰胺树脂、呋喃树脂和类似的树脂，也可将2种以上树脂组合用于包膜。这类树脂包膜通常不需要使用大量的有毒溶剂，有的包膜材料甚至能和肥料之间形成部分化学键（如聚氨酯包膜尿素），包膜的强度和耐磨性较好。

### （二）控释肥料的应用特点

① 树脂包衣尿素的养分释放是缓慢进行、匀速释放的，并可人为调整养分的释放时间。

② 在作物能正常生长的条件下，控释肥料在土壤中的释放速率基本不受土壤其他环境因素的影响，只受土壤温度的控制。

③ 土壤温度变化时，控释肥料养分的释放量可人为调整。

### （三）控释肥料的合理选用

掌握树脂包衣尿素养分释放的特性，就可以根据这些特性调整其施用方法，达到提高肥料利用率的目的。调整肥料养分的释放曲线，做到肥料养分的释放与作物对养分的需求相结合。作物对养分的需求曲线一般是中间高两头低。在北方地区，特别是春季播种的作物，在播种初期气温较低，控释肥料养分释放较慢，而后期气温升高，养分释放加快，后期肥料膜内养分浓度变为不饱和溶液，释放速率减慢。根据作物需肥时期的长短选择合适释放时间的控释肥料，就可满足作物不同生育期的养分需求。这样，在作物需肥高峰时，肥料养分释放多；作物需肥较少时，肥料养分释放少，避免养分的损失，达到提高肥料利用率的目的。

在生产中根据不同作物的营养特性，将树脂包衣尿素与磷、钾肥按照一定的比例掺混使用。

在旱地作物上，缓控释性掺混肥料一般用作基肥，并且不需要进行追肥；施肥深度在10～15cm，施肥量可以根据土壤肥力状况以及目标产量决定。一般而言，普通肥力水平的土壤每亩施肥量 30～50kg，可保证作物获得较高的产量。玉米可采用全层施肥法，也可以采用侧位施肥法和种间施肥法，肥料与种子间隔 5～7cm；小麦可以在播种前结合整地一次性基施；棉花也可结合整地一次性基施，可以有效地解决棉花需要多次施肥的难题；水稻主要采取全层施肥法，即在整地时将肥料一次基施于土壤中，使肥料与土壤在整地过程中混拌均匀，再进行放水泡田，一般不需要追肥。在安徽江淮籼稻生产中，每亩地推荐施用控释肥料 35～40kg，后期根据作物长势酌情追施。

## 三、叶面肥料

顾名思义，叶面肥料就是将养分喷洒到作物叶面，供作物吸收利用的一类肥料。一般而言，人们根据土壤的养分供应状况和作物需要，把几种营养元素混合起来制成肥料，用水溶解或稀释后进行喷施。有些情况下，单质肥料也是非常好的叶面肥料。叶面肥料可以是固体，也可以是液体。不管是固体还是液体，一般都要兑水稀释以后才能喷施。

叶面肥料最直观的作用是补充养分。同作物根系吸收养分相比，叶面肥料是一种通过根外吸收的肥料，因此叶面施肥也被称为根外施肥。通过叶面施肥，可以达到部分补充作物所需养分的目的。另外，一些土壤中含量少或有效供应不足的营养物质（主要是一些微量的营养或有益元素），可以通过叶面施肥的方式加以补充。

实际上，通过合理的养分比例调控以及喷施时期控制，可以有效激活作物体内酶的活性，这应当是叶面施肥最重要的作用之一。作物通过叶面吸收的养分，除了和根部吸收的养分具有同样的效果外，还能更有效地激活植物体内酶的活性。其机制主要是通过准确地调整有关营养元素的比例和用量来调节酶的活性，这是根部施肥难以解决的问题。实践证明，根外施肥可以有效地调节植物内一系列重要的生理过程。例如生长前期喷施尿素，可以增强作物体内由酶作用引起的合成过程，使作物生长旺盛；中期喷施磷、钾肥料，可以增强作物体内由酶作用引起的分解过程，有利于叶片内有机物质向生殖器官转移；开花时喷施硼肥，能促进种子形成等。虽然有些机制不是十分清楚，但实践证明，合理的比例搭配，特别是微量元素的合理搭配，能大幅度提高作物抗病、抗逆能力，改善作物生长状况。

叶面施肥的优点是见效快、养分效率高等，肥料直接喷施到叶片上，养分可以直接被叶片吸收利用，不需要通过根系走漫长曲折的历程，然后到达叶部。因此，一般喷后几天甚至 1～2d 就能看出明显效果。喷到叶片上的养分一般可以避免土壤对营养元素的固定或转化，典型的如磷以及锰、铁、锌等微量元素大量被土壤固定成为无效态，失去效果。根外施肥不和土壤接触，一般不会产生这些问题。因此根外施肥养分效率高、节省肥料。

叶面肥料的显著缺点是维持时间不长，因此往往需要喷施几次，才能取得预期效果。值得注意的是，不能以叶面施肥代替土壤施肥，最多只能是部分代替。

### （一）叶面肥料的成分

传统的叶面肥料是指肥料可以被水溶解，通过喷雾等形式被喷洒到作物叶面上，作物通过叶面吸收养分的一类肥料。随着科学技术的发展，肥料加工技术不断提高，同时作物吸收养分的新机制也陆续被发现，不仅是水溶性的养分可以通过叶面吸收，一些非水溶性的营养物质也可以加工成作物叶面可以利用的肥料。从这个意义上讲，叶面肥料中的养分内涵已经不仅仅是水溶性的营养物质了。

叶面肥料既可以提供常见的一些营养元素，如氮、磷、钾以及中、微量元素等，也可以提供土壤中稀缺，但作物需要或者有益的元素，如钴、钒等，还可以提供一些小分子的有机物质，如氨基酸。有些叶面肥料除了提供直接的营养物质外，可以提供调节或改善作物生长的物质，如腐殖酸等。一般而言，叶面肥料成分包括以下六类：

### 1. 水溶性的无机营养成分

这类成分主要含有水溶性的植物必需营养物质。根据作物需要和使用范围的不同，叶面肥料的组成差异很大。有的含有比较全面的营养物质，如既包括氮、磷、钾，也包含微量元素。这类肥料典型的有农业农村部实施登记管理的大量元素水溶肥料，有的主要由多种微量元素组成，典型的是微量元素水溶肥料，有的仅包含一种营养元素，如单质硼肥。

水溶性的无机营养成分主要来源为水溶性的化学肥料，包括一些单质的氮、磷、钾肥料和复合肥料，也包括一些中量或者微量元素的无机盐类肥料。

常用作叶面肥料的水溶性氮、磷、钾肥料和复合肥料有：尿素、硝酸铵、磷酸铵、硝酸钾、磷酸二氢钾、硫酸钾、氯化钾等。

常用作叶面肥料的水溶性中量元素肥料有：硝酸钙、氯化钙、硫酸镁、氯化镁、硝酸镁等。

常用作叶面肥料的水溶性微量元素肥料有：硫酸亚铁、硫酸铜、硫酸锰、硫酸锌、钼酸铵、聚合硼酸钠等。

### 2. 水溶性的有机营养成分

这类成分主要有氨基酸、腐殖酸、海藻酸、壳聚糖、小分子有机酸、维生素、小分子多糖类物质等。虽然已经证明部分有机营养成分可以通过作物叶面吸收，但并不是所有的有机成分都是作物的直接营养物质。很多情况下，叶面肥料中添加有机营养物质不仅是提供作物的营养，更重要的是对作物起到调理作用，它同时可以与无机营养物质搭配，促进营养物质吸收利用。

### 3. 非水溶性的无机营养成分

部分叶面肥料的成分是一些非水溶性的物质，这类肥料一般是通过一定的加工技术，加工成超细颗粒，制成悬浮剂或者可湿性粉剂。这种肥料兑水稀释后，成为悬浮液体，可以通过喷雾机械喷洒到叶面上，超细颗粒可以通过气孔进入叶肉细胞或黏附在叶面上通过分泌液等缓慢分解后，被作物利用。目前，常用的是氧化锌、碳酸钙、磷酸锌等，理论上非水溶的养分均可以通过此途径加以利用。

### 4. 有益营养成分

作物除16种必需营养元素外，其他一些元素虽然目前尚未证明是必需的，但往往对作物的生长和发育起到直接或间接作用。特别是一些痕量元素，在土壤中含量低或者有效性低，人们较少注意，如钴、钒等元素。在一些技术含量高的叶面肥料中，痕量元素的添加技术成为各产品的关键核心技术。

### 5. 助剂

叶面肥料由于需要喷洒到叶面上供作物利用，所以需要考虑两个方面的因素。首先是如何保持较长时间粘贴附在叶面上，其次是如何促进叶面肥料进入作物体内。解决这两方面问题的办法是在叶面肥料中添加一些有利于黏附或促进吸收的物质，也就是常说的助剂。助剂技术是叶面肥料技术的主要制高点之一。叶面肥料的施用技术和农药相似，并且农药发展的历史长、应用范围广，其助剂技术十分成熟，所以叶面肥的助剂主要来源于农药制造技术。促进黏附的助剂主要是一些表面活性剂，如烷基苯磺酸钠盐等。促进养分进入作物体内的助剂主要是一些渗透剂类物质，如烷基磺酸钠等。

### 6. 溶剂

液体叶面肥料的溶剂除了水之外，还可以采用其他一些有机或无机溶剂。溶剂技术同样是叶面肥料技术的主要制高点之一。很多情况下，溶剂与助剂之间没有明显的界线。如乙二醇胺，既是良好的表面活性剂、渗透剂，同时也是很好的溶剂（对于部分肥料而言）。

### （二）叶面肥料的种类

我国的叶面肥料实行肥料登记管理。农业农村部登记的可以用作叶面肥料的种类有：大量元素水溶肥料、中量元素水溶肥料、微量元素水溶肥料、含氨基酸水溶肥料、含腐殖酸水溶肥料、含海藻酸水溶肥料、有机水溶肥料以及一些非水溶性的叶面肥料等。此外，其他常见的很多肥料，如尿素、硝酸铵、磷酸二氢钾、硫酸钾、一些单质的微量元素肥料等，都可以作为很好的叶面肥料使用。农业农村部实施登记管理的几类叶面肥料如下：

#### 1. 大量元素水溶肥料

大量元素水溶肥料是一类以大量元素为主，辅以微量元素的水溶性肥料。仅从养分指标上看，这类肥料与我国的复混肥料标准类似，但是复混肥料对于粒度有较高的要求，同时对于水溶性没有明显的界定。近年来，喷施、滴灌、喷灌等施肥方式越来越普遍，这些施肥方式对于肥料的水溶性要求相当严格。同时，单纯的氮、磷、钾复混肥料也不能满足作物对于养分的全面需求。因此，大量元素水溶肥料应运而生。

严格地讲，这种肥料分类方式是行业管理的需要，而不是科学意义上的需要，所以，这类肥料不应该将尿素、磷酸铵、硝酸钾等水溶性的大量元素肥料包括进来。消费者和科研工作者在实际工作中，不能将他们混淆。尿素、磷酸铵、硝酸钾等水溶性的大量元素肥料以及水溶性的微量元素肥料是生产大量元素水溶肥料的主要原料。

大量元素水溶肥料执行的产品标准是《大量元素水溶肥料》（NY/T 1107—2020）。

#### 2. 中量元素水溶肥料

中量元素水溶肥料是指以钙、镁、硫为主要养分指标的水溶性肥料。我国过去长期施用氮、磷、钾化肥，而且追求高产出，同时秸秆还田比例不高，造成了土壤中养分状况恶化，特别是中量、微量元素和土壤有机质含量减少。微量元素肥料可以通过叶面施肥予以较好地解决，但是中量元素仅靠根外追肥恐怕难以保证作物需要。在这种形势下，近年来，中量元素肥料越来越受用户追捧，而且中量元素肥料的效果非常明显。

中量元素水溶肥料多采用水溶性的钙肥、镁肥和硫肥为原料，主要有氯化钙、硝酸钙、硫酸镁等，通过一定的工艺加工成土施或者叶面施肥用的产品。土施的中量元素肥料一般工艺较简单，简单混配即可，但要注意土壤及作物的针对性。叶面施肥用的中量元素水溶肥料，多采用较先进的工艺，制成有利于作物吸收利用的有效成分较高的产品。例如，氯化钙可以通过螯合、脱氯制成螯合钙；硝酸钙制成叶面肥，既可以补钙，也可以补充一定的氮素。

#### 3. 微量元素水溶肥料

微量元素水溶肥料是指含有铜、铁、锰、锌、硼、钼中的一种或几种成分的水溶性肥料。同中量元素一样，我国的土壤中微量元素养分含量呈降低或不平衡趋势。好在作物对于微量元素的需要有限，通过叶面施肥能够有效矫正作物缺乏微量元素的症状。微量元素水溶肥料是指符合国家标准《微量元素叶面肥料》（GB/T 17420—2020）的产品。这类产品可以是包含 2 种及 2 种以上微量营养元素的固体或液体制剂。

#### 4. 含氨基酸水溶肥料

氨基酸是构成蛋白质的基本单位，作物可以通过叶面吸收利用氨基酸，被吸收的氨基酸可以迅速被作物吸收利用。氨基酸同时是微量元素良好的螯合剂，对于提高作物对微量元素的吸收利用非常有利。因此，目前所说的含氨基酸水溶肥料一般是指以氨基酸为主要成分，配合一定量微量元素的一类水溶性肥料。

目前，该产品执行的产品标准是《含有机质叶面肥料》（GB/T 17419－2018）。该标准对于有机质及微量元素的含量作出了较为严格的规定。固体中，有机质质量分数不低于25%，微量元素之和不低于2%。液体中，有机质质量分数不低于 $100g \cdot L^{-1}$，微量元素之和不低于 $20g \cdot L^{-1}$。

### 5. 含腐殖酸水溶肥料

腐殖酸是一类复杂的有机高分子化合物，具有一定的生物活性。腐殖酸对于植物生长有明显的促进作用，表现在用适合浓度的腐殖酸液处理后，种子萌发率提高，萌发整齐，幼苗粗壮，种子的活力指数大大提高，使植物生长有个良好的开端；还表现在苗期的植物抗逆性增强，果实产量增加，果实品质提高等方面。腐殖酸是通过影响植物的某些生理生化反应来促进其生长的，其中包括增强种子萌发期和苗期的呼吸作用，抑制C3植物的光呼吸，增加植物苗期的叶绿素含量，提高 α-淀粉酶、过氧化氢酶活性等。

腐殖酸促进植物生长作用的大小直接与其原料来源及分子量有关。一般而言，泥炭腐殖酸优于风化煤腐殖酸，分子量较小的优于分子量较大的，其中以黄腐殖酸的促进作用最好，这可能与它的分子量较小有关。腐殖酸对植物生长的促进作用不是由哪一个或几个基团引起的，而是各官能团作为分子整体的一部分协调作用而产生的。

含腐殖酸水溶肥料既可以是优良的叶面肥料，也可以作为优质的土施肥料。目前，农业农村部也规定了含腐殖酸水溶肥料的产品标准《含腐植[1]酸水溶肥料》（NY 1106—2010），该标准将这类产品分为粉剂和水剂，要求产品中必须包含一定量的腐殖酸和大量元素或者微量元素。腐殖酸加大量元素可以是粉剂或者水剂，而腐殖酸加微量元素目前规定只能是粉剂。

### 6. 含海藻酸水溶肥料

海藻肥含有大量的非含氮有机物和陆生植物无法比拟的钾、钙、镁、铁、锌、碘等多种矿物质元素和丰富的维生素。其核心物质是纯天然海藻提取物，特别是含有海藻中所特有的海藻多糖、多种天然植物生长调节剂，具有很高的生物活性。海藻肥中海藻酸可以降低水的表面张力，在植物表面形成一层薄膜，增大接触面积，使水溶性物质比较容易透过茎叶表面细胞膜进入植物细胞，使植物最有效地吸收海藻提取液中的营养成分。

海藻肥能为作物供应齐全的大量营养元素、微量营养元素、多种氨基酸、多糖、维生素及细胞分裂素等多种活性物质，能帮助植物建立健壮的根系，增进其对土壤养分、水分与气体的吸收利用；可增大植物茎秆的维管束细胞，加快水、养分与光合产物的运输；能促进植物细胞分裂，延迟细胞衰老，有效地提高光合作用效率，提高产量，改善品质，延长贮藏保鲜期，增强作物抗旱、抗寒、抗病虫等多种抗逆功能。海藻肥还能破除土壤板结，治理盐碱与沙漠戈壁等。

### 7. 有机水溶肥料

随着肥料科学的发展，人们不断发现一些有机物质对作物生长有非常好的作用，如壳聚糖、木醋液、生化黄腐酸，以及其他一些水溶有机物。这些物质有些是明确地含有几种物质，有些是一些有机物的混合物，难以说明确切种类，如木醋液、生化黄腐酸等。但实践证明，它们对于农作物生长具有一定的效果。

---

[1] 此处植应为殖。——编者注

这类肥料尚不好明确归类，因它们具有良好的水溶性，而且是有机成分，当前均将其归类为有机水溶肥料。从管理上来说，这种归类是可行而且必要的。

#### 8. 非水溶性的叶面肥料

一些非水溶性肥料不断应用于农业生产，这类肥料也需要进行管理。目前管理的非水溶性肥料主要有非水溶的大量元素肥料，如磷酸盐类，非水溶的中量元素肥料，如钙肥（悬浮钙、超细碳酸钙等），非水溶的微量元素肥料，如叶面用的氧化锌、基施的部分硼肥等。这类肥料实际上是肥料科技发展的方向之一，其技术进步主要体现在肥料加工技术的进步、作物利用养分新机制的发现等方面。

### （三）叶面肥料的合理选用

作物根外施肥是作物吸收养分的一种补充，因此相对于土壤施肥，叶面肥料的施用范围、施用浓度、施用量等需要特别注意。另外，许多叶面肥料是富含微量元素的肥料，微量元素对于作物的适用浓度范围较小，过多喷施容易对作物造成毒害以及重金属残留，在选择时一定要加以注意。

#### 1. 叶面肥料的选择

喷施叶面肥料的目的是增加产量、改善品质和增强抗逆性。所以，在使用叶面肥时首先要明确使用的目的和土壤、作物特点，不能盲目。叶面肥的营养元素主要是弥补土壤施肥的不足、平衡作物营养，或是在作物某一生育时期缓解临时性的供应不足，所以叶面肥的选用也要有针对性。一般认为在基肥施用不足的情况下，可以选用氮、磷、钾为主的叶面肥；在基肥施用充足时，可选用微量元素为主的叶面肥，也可以根据作物的不同选用含有一些生长调节物质的叶面肥。

一般情况下，购买叶面肥的针对性很强，要充分了解本地作物以及土壤最需要或者最缺少的养分，然后按照需要选择叶面肥。

叶面肥种类繁多，成分复杂。有些元素对作物是有针对性的，例如油菜，硼元素常常是最需要补充的元素之一；有些元素对作物根本没有作用，甚至还可能产生毒害。所以，必须强调叶面肥的配方要科学，选择叶面肥时，一定要注意叶面肥包装上标明的养分含量以及养分配合式。

#### 2. 喷施浓度

在一定浓度范围内养分进入叶片的速度和数量随着溶液浓度的增加而增加，但浓度过高容易发生肥害。尤其是对微量元素肥料，浓度过低，作物接触的营养元素量小，使用效果不明显；浓度过高往往会灼烧叶片造成肥害。但同一种肥料在不同的作物上喷施浓度也不尽相同，应根据作物种类而定；对含有生长调节剂的叶面肥，要严格按照说明中的浓度要求进行喷施，以防调控不当造成危害。如尿素，一般作物喷施浓度为1%～2%，露地蔬菜、瓜果等作物喷施浓度一般为0.5%～1%，温室蔬菜喷施浓度1%～2%，苗床育苗期的幼苗喷施浓度不能高于0.2%。微量元素喷施浓度通常为0.3%～0.5%，铜、钼的施用浓度应适当降低。

#### 3. 喷施时间及次数

叶面施肥时叶片吸收养分的数量与溶液湿润叶片的时间长短有关，湿润时间越长，叶片吸收养分越多，效果越好。一般情况下保持叶片湿润时间在30～60min为宜，因此叶面施肥最好选在风力不大的傍晚、阴天或晴天的下午，阳光不太强烈时进行喷施。喷施后24h内遇到雨淋，则应在雨过天晴后及时补喷，浓度要适当降低。作物叶面追肥的浓度一般都较低，每次的吸收量也很少，与作物需求量相比要低得多，因此叶面施肥的次数不应少于2～

3次。至于在作物体内移动性小或不移动的养分（如铁、硼、磷、钙等），更应注意适当增加喷洒次数；在喷洒含调节剂的叶面肥时，应注意喷洒要有时间间隔，间隔期应在一周以上，且喷洒次数不宜过多，防止出现调控不当，造成危害。

**4. 叶面肥料随机配用，喷洒要均匀**

肥料的理化性质决定了一些营养元素容易变质，所以有些叶面肥要随用随配，不能久存。如硫酸亚铁叶面肥，新配制的应为淡绿色、无沉淀，如果溶液变成赤褐色或产生赤褐色沉淀，说明低价铁已经被氧化成高价铁，肥料有效性大为降低。有时在叶面追肥时，为了节省时间将2种或2种以上叶面肥混合，在混合时要注意看叶面肥的使用说明，混合后应无不良反应或不降低肥效。另外，肥料混合时要注意溶液的浓度及酸碱度，一般情况下溶液pH值在7左右的中性条件时更有利于叶部吸收。在喷施叶面肥时，要求雾滴细小、喷施均匀，尤其要注意喷洒旺盛的上部叶片以及叶的背面，因为新叶比老叶、叶片背面比正面有更快的养分吸收速度。一般要求兑水50～60L/亩，对果树用水量要适当增加。喷洒程度以叶面湿润，但不滴水为宜。

**5. 其他注意事项**

在选购市场上销售的叶面肥料时，应注意包装标明的叶面肥的类型和功能，使叶面施肥的目的与叶面肥的功能一致；同时，还应注意产品有无农业农村部颁发的肥料登记证号，并咨询相关信息是否真实，以确保叶面肥质量和施用效果。

如果是自行配置叶面肥，如自制硫酸亚铁叶面肥，应适当添加湿润剂，如中性肥皂、质量较好的洗涤剂等，以降低溶液的表面张力，增加其与叶片的接触面积，提高叶面追肥的效果。一般作物叶片上都有一层厚薄不一的角质层，溶液渗透比较困难，为此添加适量的湿润剂等，能有效提高叶面肥在叶面上的均匀度和黏着力。商品叶面肥中，一般都会添加渗透剂、展着剂等助剂，使用时不必再添加相关成分。

## 四、生物肥料

生物肥料主要包括微生物菌剂、复合微生物肥料、生物有机肥等。

### （一）微生物菌剂

微生物菌剂主要有根瘤菌肥料、固氮菌肥料、磷细菌肥料、钾细菌肥料等。

**1. 根瘤菌肥料**

根瘤菌能和豆科作物共生、结瘤、固氮。人工选育出来的高效根瘤菌株经大量繁殖后，用载体吸附制成的生物菌剂被称为根瘤菌肥料。

根瘤菌肥料按剂型不同分为固体、液体、冻干剂3种，固体根瘤菌肥料的吸附剂多为草炭，为黑褐色或褐色粉末状固体，湿润松散，含水量20%～35%，一般菌剂含活菌数1亿～2亿/g，杂菌数小于15%，pH值为6.0～7.5。液体根瘤菌肥料应无异臭味，含活菌数5亿～10亿/mL，杂菌数小于5%，pH值为5.5～7.0。冻干根瘤菌肥料不加吸附剂，为白色粉末，含菌量比固体型高几十倍，但生产上应用很少。

根瘤菌肥料多用于拌种，每亩地种子用30～40g菌剂加3.75kg水混匀后拌种或根据产品说明书使用。拌种时要掌握互接种族关系，选择与作物相对应的根瘤菌肥。作物出苗后，发现结瘤效果差时，可在幼苗附近浇泼兑水的根瘤菌肥料。

**2. 固氮菌肥料**

固氮菌肥料是指含有大量好气性自生固氮菌的生物制品。具有自生固氮作用的微生物种类很多，在生产上得到广泛应用的是固氮菌科的固氮菌属，以圆褐固氮菌应用较多。

固氮菌肥料可分为自生固氮菌肥和联合固氮菌肥。自生固氮菌肥是指由人工培育的自生固氮菌制成的微生物肥料，能直接固定空气中的氮素，并产生很多激素类物质刺激作物生长。联合固氮菌是指在固氮菌中有一类自由生活的类群，生长于作物根表和近根土壤中，靠根系分泌物生存，与作物根系密切。联合固氮菌肥是指利用联合固氮菌新制成的微生物肥料，对增加作物氮素来源、提高产量、促进作物根系的吸收作用、增强作物抗逆性有重要作用。

固氮菌肥料按剂型不同分为固体、液体、冻干剂 3 种，固体剂型为黑褐色或褐色粉末状，湿润松散，含水量 20%～35%，一般菌剂含活菌数 1 亿～2 亿/g，杂菌数小于 15%，pH 值为 6.0～7.5。液体剂型为乳白色或浅褐色，混浊，稍有沉淀，无异臭味，含活菌数 5 亿/mL，杂菌数小于 2%，pH 值为 6.0～7.5。

固氮菌肥料适用于各种作物，可作为基肥、追肥和种肥，施用量按说明书确定，也可与有机肥、磷肥、钾肥及微量元素肥料配合使用。

### 3. 磷细菌肥料

磷细菌肥料是指含有能强烈分解有机磷或无机磷化合物的磷细菌的生物制品。

目前国内生产的磷细菌肥料有液体和固体两种剂型。液体剂型的磷细菌肥料外观呈棕褐色浑浊液，每毫升含活细菌 5 亿～15 亿，杂菌数小于 5%，含水量 20%～35%，每毫升含有机磷细菌≥1 亿，每毫升含无机磷细菌≥2 亿，pH 值为 6.0～7.5。颗粒剂型的磷细菌肥料外观呈褐色，每克有效活细菌数大于 3 亿，杂菌数小于 20%，含水量小于 10%，有机质质量分数≥25%，粒径为 2.5～4.5mm。

磷细菌肥料可用作基肥、追肥和种肥。磷细菌的最适温度为 30～37℃。随配随拌，不易留存，暂时不用的应该放置在阴凉处覆盖保存。磷细菌肥料不与农药及生理酸性肥料同时施用，也不能与石灰氮、过磷酸钙及碳酸氢铵混合施用。

### 4. 钾细菌肥料

钾细菌肥料又名为硅酸盐细菌肥料、生物钾肥。钾细菌肥料是指含有能对土壤中云母、长石等含钾的铝硅酸盐及磷灰石进行分解，释放出钾、磷与其他灰分元素，改善作物营养条件的钾细菌的生物制品。

钾细菌肥料产品主要有液体和固体两种剂型。液体剂型外观为浅褐色混浊液，无异臭，有微酸味，每毫升含有效活菌数大于 10 亿，杂菌数小于 5%，pH 值为 5.5～7.0。固体剂型是以草炭为载体的粉状吸附剂，外观呈黑褐色或褐色，湿润而松散，无异味，每克有效活细菌数大于 1 亿，杂菌数小于 20%，含水量小于 10%，有机质质量分数≥25%，粒径为 2.5～4.5mm，pH 值为 6.9～7.5。

钾细菌肥料可用作基肥，追肥，种肥。紫外线对钾细菌有杀灭作用，因此在储存、运输和使用钾细菌肥料过程中应避免阳光直射，拌种时应在室内或棚内等避光处进行，拌好晾干后应立即播完，并及时覆土。钾细菌肥料不能与过酸或过碱的肥料混合施用。

### 5. 抗生菌肥料

抗生菌肥料是利用能分泌抗菌物质和刺激素的微生物制成的微生物肥料。常用的菌种是放线菌，我国常用的是 5406 放线菌（细黄链霉菌），此类制品不仅有肥效作用，而且能抑制一些作物的病害，促进作物生长。

抗生菌肥料是一种新型多功能微生物肥料，抗生菌在生长繁殖过程中可以产生刺激物质、抗生素，还能转化土壤中的氮、磷、钾元素，具有改进土壤团粒结构等功能，有防病、保苗、肥地、松土及刺激作物生长等多种作用。

抗生菌肥料适用于棉花、小麦、油菜、甘薯、高粱和玉米等作物，一般用作浸种或拌种，也可用作追肥。抗生菌肥不能与硫酸铵、硝酸铵等混合施用。

### （二）复合微生物肥料

复合微生物肥料是指两种或两种以上的有益微生物或一种有益微生物与营养物复配而成，能提供保持或改善作物的营养、提高农产品产量或改善农产品品质的活体微生物制品。

#### 1. 复合微生物肥料的类型

复合微生物肥料一般有两种，第 1 种是菌与菌复合微生物肥料，可以是同一种微生物菌种的复合（如大豆根瘤菌的不同菌系分别发酵，吸附时混合），也可以是不同微生物菌种的复合（如固氮菌、解磷细菌、解钾细菌等分别发酵，吸附时混合）；第 2 种是菌与各种营养元素或添加物、增效剂的复合微生物肥料，采用的复合方式有菌与大量元素复合、菌与微量元素复合、菌与稀土元素复合、菌与作物生长激素复合等。

#### 2. 复合微生物肥料的性质

复合微生物肥料可以增加土壤有机质、改善土壤菌群结构，并通过微生物的代谢物刺激作物生长，抑制有害病原菌。复合微生物肥料目前主要有液体、粉剂和颗粒 3 种剂型。粉剂产品应松散，颗粒产品应无明显的机械杂质，大小均匀，具有吸水性。

#### 3. 复合微生物肥料的合理选用

复合微生物肥料主要适用于经济作物、大田作物、果树和蔬菜等。

复合微生物肥料作基肥时，每亩用菌菌复合微生物肥料 2～5kg 或菌肥复合微生物肥料 30～80kg，与有机肥料或细土混匀后沟施、穴施、撒施均可，沟施或穴施后立即覆土。

复合微生物肥料用于蘸根或灌根时，每亩用菌菌复合微生物肥料 2～5kg，兑水 5～20 倍，移栽时蘸根或干栽后适当增加稀释倍数灌于根部。

复合微生物肥料用于拌苗床土时，每平方米苗床土与菌菌复合微生物肥料 200～300g 混匀后播种。

复合微生物肥料用于冲施时，根据不同作物，每亩用 1～3kg 菌菌复合微生物肥料与化肥混合，用适量水稀释后灌溉时随水冲施。

### （三）生物有机肥

#### 1. 生物有机肥的内涵

生物有机肥是指有特定功能的微生物与经过无害化处理、腐熟的有机物料（主要是动植物残体，如畜禽粪便，农作物秸秆等）复合而成的一类肥料，兼有微生物肥料和有机肥料的效应。生物有机肥按功能微生物的不同可分为固氮生物有机肥、解磷生物有机肥、解钾生物有机肥、复合生物有机肥等。

#### 2. 生物有机肥的合理选用

生物有机肥应根据作物的不同选择不同的施肥方法。常用的施肥方法如下。

种施法。机播时，将颗粒生物有机肥与少量化肥混匀，随播种机施入土壤。一般每亩施用量为 20～30kg。

撒施法。结合深耕或在播种时将生物有机肥均匀地施在根系集中分布的区域和经常保持湿润状态的土层中，做到土肥相融。一般每亩施用量为 100～150kg。

条状沟施法。条播作物或葡萄等果树时，开沟后施肥播种或在距离果树 5cm 处开沟施肥。一般每亩施用量为 200～300kg。

环状沟施法。对于苹果、桃、梨等幼年果树，在距树干 20～30cm 处，绕树干开一环状沟，施肥后覆土。一般每亩施用量为200～300kg。

放射状沟施法。对于苹果、桃、梨等成年果树，在距树干30cm处，按果树根系伸展情况向四周开4～5个50cm长的沟，施肥后覆土。一般每亩使用量为200～300kg。

穴施法。点播或移栽作物，如玉米、棉花、番茄等，将肥料施入播种穴，然后播种或移栽。一般每亩施用量为100～150kg。

蘸根法。对移栽作物，如水稻、番茄等，按1份生物有机肥加5份水配成肥料悬浊液，浸蘸苗根，然后定值。

盖种肥法。开沟播种后，将生物有机肥均匀地覆盖在种子上面，一般每亩使用量为50～100kg。

## 五、功能性肥料

功能性肥料是指具有除了提供作物营养和培肥土壤的功能以外的特殊功能的肥料，只有符合以下4个要素，才能把它称作功能性肥料。

第一，本身能直接提供作物营养所必需的营养元素或者是培肥土壤；

第二，必须具有一个特定的对象；

第三，不能含有法律、法规不允许添加的物质成分；

第四，不能以加强或者是改善肥效为主要功能。

功能性肥料是21世纪新型肥料的重要研究、发展方向之一，是将作物营养与其他限制作物高产的因素相结合的肥料，可以提高肥料利用率，提高单位肥料对作物的增产效率。功能性肥料主要包括高利用率肥料、改善水分利用率的肥料、改善土壤结构的肥料、适用于优良品种特性的肥料、改善作物抗倒伏特性的肥料、防除杂草的肥料以及抗病虫害的肥料等。

### （一）土壤调理剂

我国有大量的中低产耕地，这些耕地主要是由于逆境造成的。逆境主要包括酸性、盐碱、瘠薄、砂性、黏重等。要改良这些土壤，提高耕地质量，除了采取合理的耕作制度、增施有机肥料外，施用适当的土壤调理剂是重要的技术措施。实际上，有机肥料本身就是良好的土壤调理剂，它具有改良土壤性状、提高土壤保水保肥的作用，并且是适合所有土壤的光谱性调理剂。

#### 1. 土壤调理剂的种类和性质

在农业农村部肥料管理中，土壤调理剂是一类需要登记管理的产品。从登记的产品类型看，主要是含钙型、含有机物型、含壳聚糖型等几种。含钙型土壤调理剂一般对于盐碱地、酸性土壤均有较好的调理作用，其原料多采用海产贝壳或者优质碳酸钙。含有机物型土壤调理剂对于盐碱、瘠薄、砂性、黏重土壤一般都有比较好的效果，其主要成分一般是聚马来酸、聚天门冬氨酸等。含壳聚糖土壤调理剂具有提高土壤团粒结构的作用，同时可以调节作物的生长，作为土壤调理剂有广泛的适用性。

此外，种植户也可以利用各地的条件，自制一些具有调理土壤功能的调理剂。在土壤酸性较强的地区，可以利用生石灰作为土壤调理剂。在盐碱严重的地区，可以利用磷铵厂的下脚料磷石膏作为土壤调理剂。这些原料来源广泛，价格便宜，并且施用效果十分明显。

近年来，还有一类土壤调理剂值得关注。这类调理剂主要用来降解或去除土壤中的污染物质，比如土壤中的重金属离子、有机污染物等。去除重金属离子的土壤调理剂一般采用表面活性剂等为原料，去除有机污染物的土壤调理剂多采用黏土矿物为主要原料。

### 2. 土壤调理剂的合理选用

我国酸性土壤、盐碱土壤面积巨大。多年的经验表明，在酸性土壤上使用石灰或白云石粉、在盐碱地上使用磷石膏是有效的改良土壤措施。

（1）石灰

对于 pH 值小于 5.5 的土壤，最好能施入石灰或白云石粉。石灰或白云石粉的施用一方面可以改良土壤酸性，改善土壤物理性质；另一方面，pH 值的升高又可避免铝和锰对作物可能造成的毒害，改善其他营养元素的供应，促进作物根系的发育。

在估计石灰施用量时，不能只考虑土壤 pH 值的高低，还要顾及土壤交换性酸的数量。某些 pH 值较高的土壤如果质地发黏，黏土矿物含量较高，其交换性酸往往会超过那些 pH 值较低、质地较砂性的土壤。除此之外，还可根据土壤交换性铝来计算石灰施用量。但这些方法确定石灰施用量需要较复杂的土壤检验分析，所以较为简便的方法是将土壤 pH 与土壤质地联合起来加以考虑，根据简单的土壤 pH 测定和经验来确定石灰施用量，详见表 7-9。

**表 7-9　根据土壤 pH 和质地确定的石灰推荐用量**　　单位：kg/亩

| 土壤 pH 值 | 不同土壤质地石灰推荐用量 | | | | |
|---|---|---|---|---|---|
| | 砂土 | 砂壤土 | 壤土 | 黏壤土 | 黏土 |
| 5.0 以下 | 60 | 120 | 200 | 260 | 340 |
| 5.0～5.5 | 40 | 80 | 120 | 160 | 200 |
| 5.5～6.0 | 20 | 50 | 60 | 80 | 100 |

可供选择的含钙肥料主要包括生石灰、熟石灰、石灰石粉、白云石粉和一些工业废渣。最好是施用白云石粉和工业废渣，它们的成本更低，效果更好，还能补充镁和其他微量元素。但它们与土壤的反应较慢，所以有条件的地方，施用时间最好是作物栽培前 2 个月左右。为了使石灰与土壤充分混合均匀，石灰一般撒施为好，最好在耕地前撒施一半，耕地后再撒施一半，然后用耙使石灰与土壤充分混合。

施用足量石灰后，石灰的后效可维持 5 年以上，因此，没有必要每年都施，一般隔 3～5 年施一次即可。过多过频施用石灰，一方面可能会影响其他养分的有效性，另一方面可能会影响作物品质。

（2）磷石膏

磷石膏是磷铵工业副产品，数量巨大，生产 1t 磷铵产生磷石膏 3t。如不能很好利用磷石膏，不仅会造成资源浪费，而且会直接影响磷铵的工业生产。目前，我国年产废渣磷石膏 2000 万 t 以上。我国农业低产改良及农作物因钙、硫等营养失调而减产的现象突出，长期以来磷石膏在种植业上被大量利用。使用磷石膏可以调节土壤酸碱度，同时可以补充钙、硫等营养元素，是一项一举多得的土壤改良措施。目前，我国亟待改良的盐碱地约 6 万多 $km^2$，且不同土壤多种作物中量元素失调现状突出，磷石膏是良好的廉价供给源，其应用前景广阔。

磷石膏的主要成分因磷矿来源和加工工艺不同有所差异，一般为 30%～35.5% 的氧化钙，15%～18% 的硫，0.7%～2.1% 的五氧化二磷，0.01%～1.3% 的氧化镁，15.0～29.1$mg \cdot kg^{-1}$ 的锰，7～14$mg \cdot kg^{-1}$ 的锌，9.21～11.9$mg \cdot kg^{-1}$ 的铜。这些成分均为农作物必需或有益营养元素，另外，还含水溶性氟 0.2%～0.28%。磷石膏中含有少量游离酸，pH 值为 2～4。

在施用方法及注意事项方面，应做到区别土壤和作物，合理施用磷石膏，并结合农家肥和水利等配套措施，以加快磷石膏在农业上的推广。磷石膏作为土壤调理剂，用于盐碱地改良，根据盐碱化程度，一般用量为每亩500～1500kg。施用方法一般为一次性基施，即播前撒施耕翻整地，结合施用有机肥加灌水洗盐，确保当季作物增产。

河北省的试验表明，对于轻度盐碱化土壤，每亩施用500kg磷石膏可使苏打盐土土壤代换性钠质量分数平均降低38.0%，碱化度平均降低19.8%，小麦增产58.6%；使氯化物硫酸盐碱土土壤代换性钠质量分数降低35%，土壤碱化度降低10.2%。对于中度盐碱化土壤，磷石膏每亩用量为1000kg，土壤脱钠率可达77.9%，碱化度下降26.0%，增产率达86.2%。对于重度盐碱化土壤，磷石膏每亩用量为1500kg，可使土壤代换性钠质量分数降低至119.8mg·kg$^{-1}$，碱化度由91.3%降至19.7%，增产率达111.7%。

需指出的是，磷石膏除含有作物生长所必需的营养元素和有益元素外，还含有微量氟等污染元素。但目前的研究证明，每亩土地施用4000kg磷石膏，作物籽粒含氟量远低于我国目前对氟含量的控制范围。

### （二）农林保水型功能肥料

农林保水剂又称吸水剂、保墒剂、农林用冻胶、水合土、聚水胶等，是吸水聚合物的统称，实际上是一类调节土壤水分状况的土壤调理剂。农林保水剂主要有4种类型：一是以有机单体（丙烯酸、丙烯酰胺）为原料的全合成型；二是以纤维素为原料的纤维素接枝改性型；三是以淀粉为原料的淀粉接枝改性型；四是以天然矿物质（如蛭石、蒙脱石、海泡石等）为原料的天然型。

保水型功能肥料是将保水剂与肥料复合，调控水、肥比例，集保水与供肥于一体，以提高水分利用率和肥料利用率的肥料。根据保水剂与肥料的复合工艺，可将其分为4种类型：一是物理吸附型，是将保水剂加入到肥料溶液中，让其吸收溶液形成水溶胶或水凝胶，或者将其混合液烘干成干凝胶，如在保水剂中加入腐殖酸肥料；二是包膜型，保水剂具有以水控肥的功能，因此可作为控释材料，用于包膜控释肥的生产，如利用高水性树脂与大颗粒尿素为原料生产包膜尿素；三是混合造粒型，通过挤压、圆盘及转鼓等各种造粒机将一定比例的保水剂和肥料混合制成颗粒，即可制成各种保水长效复合肥；四是构型，这种肥料多为片状、碗状、盘状产品，因其构型具有持水力，与保水材料原有的吸水力共同作用，使其保水力更大，保水保肥效果更明显。

农业农村部对商品化的农林保水剂实施登记管理制度，并建立了相应的行业标准《农林保水剂》（NY/T 886—2022）。该标准规定了保水剂的主要性能，即吸水倍数为100～700g·g$^{-1}$，吸盐水（0.9%NaCl水溶液）倍数≥30g·g$^{-1}$。保水剂具有吸水性强、保水力大、有效期长的特点。在浇水或降水季节，保水剂能在很短的时间里吸收超过自身质量几百倍的水分，待干旱无雨时缓慢释放，供植物吸收利用。一般的保水剂可以多次吸水释水，吸足水后可连续抵御2～3个月的干旱，释水后遇雨再吸水，反复循环使用长达3～5年。

总体来看，目前农林保水剂的产业化难度很大，涉及的因素很多，一是单纯以有机单体（丙烯酸、丙烯酰胺）为原料的保水剂产品生产成本高，农林用产品价格较高，农民难以接受；二是从化学、物理、生物学的角度来说，保水剂属于高新技术产品，在复合型保水剂、新型抗旱剂的技术配方、生产工艺及技术标准化等方面缺乏必要的研究和开发；三是现有的保水剂产品在生产实际中应用时，技术性强，在使用方法的掌握上需要做一定的培训指导工作。因此，在技术和市场均没有形成规模的情况下保水剂的应用也受到了限制。

从技术现状、发展趋势和体系优势来看，农林保水剂具有广阔的应用前景。我国水资源短缺，北方大部分地区属于严重缺水地区。近年来，国家对节水农业高度重视，将极大促进保水抗旱高新技术产品的市场化和产业化。从试验结果看，使用农林保水剂的增产效果多在

10%以上，并且有较好的节水功能，尤其在抗旱保苗和调理土壤结构方面作用突出。春旱保苗和增强作物生长重要时节的抗旱能力，是我国发展旱作节水农业、提高降水利用率、提高产量的关键。

农林保水剂可以广泛应用于大田作物、经济作物、草坪建植、苗木生产、树木移栽等方面。农林保水剂的使用量可以根据保水剂的吸水倍数、当地的降水状况等确定，大田作物一般为1～5kg/亩，苗木移栽及运输苗木时每株10g左右。保水剂属于高科技产品，市售的保水剂产品都会有详细的使用方法介绍，应严格参照其使用。

保水型功能肥料主要作为基肥，施用逐渐向追肥方向发展。施用方式主要有撒施、沟施、穴施、喷湿等。一般固体型多撒施、沟施、穴施；液体型多喷施，也可以与滴灌、喷灌相结合施用，但应注意选用交联度低、流动性好的保水材料，稀释为溶液或与肥料一起制成稀液施用。

二维码 7-10
药肥

### （三）药肥

具体内容见二维码7-10。

## 六、炭基肥料

生物炭是植物或废气的原料通过亚厌氧热裂解（<700℃）而产生的固体材料，由于其具有独特的理化性质被广泛用作土壤改良剂。近年来，将生物炭用作缓释肥料的载体制备炭基肥（BFs），能够有效解决生物资源浪费的问题，提高肥料利用率，改善土壤环境，减轻地下水污染、水体富营养化以及温室气体排放等一系列生态环境影响，对促进农业可持续发展具有重要的意义。生物炭基肥作为一种新型环保肥料，近年来一直受到农业和环保领域的广泛关注，经过多年研究与实践，在其制备以及应用研究方面已经有了一定的进展。

### （一）炭基肥料的种类

根据原料组成，炭基肥可以分为炭基有机肥、炭基无机肥、炭基有机无机复合（混）肥。炭基有机肥是指生物质炭粉与有机肥合理配伍从而形成的生态型肥料；炭基无机肥是指生物质炭粉与无机肥合理配伍从而形成的生态型肥料；炭基有机无机复合（混）肥，是指生物质炭与有机无机复合（混）肥合理配伍从而形成的生态型肥料。

根据复配肥料养分的种类，生物炭基肥又可以分为炭基氮肥、炭基磷肥、炭基钾肥和炭基复合（混）肥等。其中炭基复合（混）肥是指生物炭复配氮、磷、钾等其中两种或两种以上的养分而形成的肥料。

### （二）生物炭原料

生物炭原料是影响生物炭基肥缓释性能的重要因素。生物炭的制备原材料来源广泛，大部分具有生物质能的原材料都适合制备生物炭，目前制备生物炭常用的原材料分为植物秸秆残渣类、动物粪便类和污泥类。

植物秸秆是最常见的生物炭制备原材料，植物秸秆制备所得的生物炭具有较高的含碳量，植物秸秆中有丰富的木质素、纤维素和半纤维素，木质素热解主要生成焦炭。植物秸秆中木质素和半纤维素的含量决定了其所制备的生物炭的含碳量。植物秸秆的成分决定其产率，利用植物秸秆制备生物炭有较高的产率。

动物粪便可以制备生物炭，但是利用动物粪便制备的生物炭的含碳量比植物秸秆生物炭的低，这是由于动物中的有机物含量比植物秸秆的低，炭化生成的固体产物相对少。此外，热解温度会影响动物粪便中重金属的特征变化，热解炭化使得动物粪便中的某些重金属被固定，降低了其有效性。因此，利用动物粪便制备生物炭的资源化途径是可行的，但其产率一般。

随着城市的发展，城市污水厂的污泥处理量逐年增加，其中80%的剩余污泥没有得到妥善处理，回收利用剩余污泥已成为研究热点。污泥制备成生物炭是其资源化利用的新途径。污泥中的重金属和水分含量高，有机物含量少，导致其单独热解的固体产物产率低，因此可以通过污泥与生物质共热解来制备生物炭。

### （三）炭基肥料的应用

炭基肥作为一种生态型有机肥料，可有效地为土壤提供持久的养分，并优化土壤生态结构，避免大量施用化肥导致的养分流失及环境污染问题。

首先，长期使用生物炭基肥可以改善土壤的理化性质，增加土壤有机质，提高肥料利用率。炭基肥具有多孔结构以及吸附、贮存并缓慢释放肥料养分的特性，通过疏松土壤促进土壤团粒结构形成，可达到增强土壤通气性的目的，可有效缓解土壤板结、酸化、盐渍化、通气性差等问题，实现保肥保墒的效果。此外，由于生物炭中含有矿物质元素如钾、钙、镁等，溶于水后显碱性，会交换土壤中的一部分氢离子，降低其浓度，从而使土壤的pH值变大。

其次，生物炭基肥能够改善土壤肥力状况、改变土壤微生物活性。生物炭的微孔结构为微生物的繁殖提供了温床，使它们免受干燥等不利条件的影响，同时也为微生物提供了生存空间，减少了生存竞争，有利于土壤微生物群落结构构建，提高其多样性。

再次，生物炭还可以降低土壤重金属含量，减少环境污染危害。重金属是农田土壤的一大污染物，汞、镉、铅、铬、砷、铜、镍、锌等重金属元素通过某些渠道在土壤中过量沉积，造成土壤污染，进而在植物体内富集，再经过食物链进入人体，会对人体健康产生危害。生物炭施入土壤中可降低重金属离子的富集程度，提高土壤品质。

最后，对作物来说，生物炭基肥可以提高作物的产量。由于生物炭基肥融合了生物炭与肥料所具有的肥力，加上其自身的结构特点与稳定性，可以使养分缓慢释放，肥效更加持久，因而能更加稳定地促进作物生长。在促进作物生长和产量方面，施用生物炭基肥比单施生物炭和常规化肥更加稳定高效，单独施用生物炭会导致当季或几季作物生产效应不稳定甚至减产。

炭基肥的应用涉及大田作物如水稻、玉米、小麦、花生、马铃薯、甘薯、大豆、棉花和蔬菜等，其中蔬菜作物包括白菜、番茄、辣椒、小白菜、芹菜和生菜等。炭基肥一般作为基肥施用，即在种植作物前将炭基肥用人工或机械方式均匀撒于土壤表面，耕翻，一般用量为40～80kg/亩。

生物炭基肥虽有一系列优越性，但也不可盲目推广使用，因为生物炭在制备时会产生多环芳烃，它对一些动植物和微生物会产生毒害作用，所以必须对生物炭基肥中的多环芳烃水平进行评估。此外，生物炭基肥的制备工艺和成型设备的研制工作亟待开展，并且要探索制备多功能生物炭基肥的新方法。从目前的研究结果来看，生物炭对土壤环境的积极影响占主流，但其对土壤和农业环境影响的作用机制还未被完全研究清楚，应该进一步研究生物炭大规模应用的生态影响，长期、系统、全面地评估它的生态风险。

# 任务六 肥料选购与鉴别

## 一、肥料包装和标识

当前，国内肥料市场庞大，假冒伪劣产品充斥其中，主要分两类：一是用其他材料冒充化肥，基本无任何养分含量；二是养分含量等技术指标低于包装标识或有关标准。这些假冒伪劣肥料的误用轻则导致作物减产，重则绝收。判别这些肥料的真假一是靠肉眼识别，二是到有肥料检测能力的部门化验。一般来说，假冒伪劣肥料在包装标识上都会有很大的漏洞。

### （一）肥料标识的定义

标识是为识别肥料产品及其质量、数量、特征和使用方法所作的各种标识的统称。标识可以用文字、符号、图案及其他说明等表示。

### （二）肥料标识的主要内容

#### 1. 肥料名称及商标

肥料包装上应标明国家标准、行业标准已经规定的肥料名称。对商品名称或者有特殊用途的肥料名称，可在产品名称下以小1号字体予以标注。国家标准或行业标准对产品名称没有规定的，应使用不会引起用户、消费者误解或令其混淆的名称。产品名称不允许添加带有不实、夸大性质的词语，如“高效×”“×肥王”“全元×肥料”等。企业可以标注经注册登记的商标。

#### 2. 肥料规格、等级和净含量

肥料产品标准中已规定规格、等级、类别的，应标明相应的规格、等级、类别；若仅标明养分含量，则视为产品质量全项技术指标符合养分含量所对应的产品等级要求。肥料产品单件包装上应标明净含量。净含量的标注应符合《定量包装商品计量监督管理办法》的要求。

#### 3. 养分含量

应以单一数值标明养分的含量。

（1）单一肥料

应标明单一养分的含量（百分比），若加入中量元素和微量元素，可标明中量元素、微量元素的含量（以元素单质计，下同）。中量元素、微量元素两种类型应分别标识各单养分含量及各自相应的总含量，不得将中量元素、微量元素的含量与主要养分含量相加。微量元素质量分数低于0.02%或（和）中量元素质量分数低于2%的不得标明。

（2）复混（合）肥料

应标明N、$P_2O_5$、$K_2O$总养分的含量，总养分标明值应不低于配合式中单养分标明值之和，不得将其他化合物计入总养分；应以配合式分别标明总氮、有效五氧化二磷、氧化钾的含量（百分比），如氮磷钾复混肥料15-15-15；不含某种养分的二元肥料则应在配合式相应位置标“0”，如氮钾复混肥料15-0-10。若加入中量元素和微量元素，一般不在包装容器和质量证明书上标明（有国家标准或行业标准规定的除外）。

（3）中量元素肥料

应分别标明各中量元素养分单一含量及中量元素养分含量之和。若加入微量元素应分别标明微量元素的单一含量及总含量，不得将微量元素含量与中量元素含量相加。微量元素质量分数低于0.02%或（和）中量元素质量分数低于2%的不得标明。

（4）微量元素肥料

应分别标明各种微量元素养分的单一含量及微量元素养分含量之和。

（5）其他肥料

可参照单一肥料和复混（合）肥料的要求。

#### 4. 其他添加物含量

若加入其他添加物，可标明各添加物的单一含量及总含量，不得将添加物含量与主要养分含量相加；产品标准中规定需要限制并标明的物质或元素等应单独标明。

#### 5. 生产许可证编号

对国家实施生产许可证管理的产品，应标明生产许可证的编号。

#### 6. 生产者或经销者的名称和地址

应标明依法登记注册并能承担产品质量责任的生产者或经销者的名称和地址。

#### 7. 生产日期和批号

应在产品合格证、质量证明书或产品外包装上标明肥料产品的生产日期或批号。

#### 8. 肥料标准

应标明肥料产品所执行的标准编号；有国家或行业标准的肥料产品，如含有标准中未规定的其他元素或添加物，应制定企业标准，该企业标准应包括所添加元素或添加物的分析方法，并应同时标明国家标准（或行业标准）和企业标准。

#### 9. 警示说明

运输、贮存、使用不当易造成财产损坏或危害人体健康和安全的，应有警示说明。

#### 10. 其他

法律、法规和规章另有要求的，应符合其规定；生产企业认为必要的，符合国家法律、法规要求的其他标识。

### （三）水溶肥料标签必须标明的项目

#### 1. 肥料登记证号

按肥料登记证（自 2018 年 9 月 1 日后，已采用新版肥料登记证。下同）。

#### 2. 通用名称

按肥料登记证（肥料登记申请根据原农业部公告第 2291 号规定：自 2015 年 9 月 1 日起，启动肥料登记行政许可项目网上申报工作；自 2015 年 9 月 6 日起，实施网上申请和纸质材料申请并行。下同）。

#### 3. 执行标准号

国家/行业标准或经登记备案的企业标准号。

#### 4. 剂型

按肥料登记证。

#### 5. 技术指标

大量元素以“$N+P_2O_5+K_2O$”的最低标明值形式标明，同时还应标明单一大量元素的标明值，氮、磷、钾应分别以总氮（N）、磷（$P_2O_5$）、钾（$K_2O$）的形式标明。中量营养元素以“Ca+Mg”的最低标明值形式标明，同时还应标明单一钙（Ca）和镁（Mg）的标明值。微量营养元素以“Fe+Mn+Cu+Zn+B+Mo”的最低标明值形式标明，同时还应标明单一微量元素的标明值，铁、锰、铜、锌、硼、钼分别以铁（Fe）、锰（Mn）、铜（Cu）、锌（Zn）、硼（B）、钼（Mo）的形式标明。有机营养成分按肥料登记证以有机质、氨基酸、腐殖酸等最低标明值形式标明。硫（S）、氯（Cl）按肥料登记执行。

#### 6. 限量指标

标明汞（Hg）、砷（As）、镉（Cd）、铅（Pb）、铬（Cr）、水不溶物和（或）水分

($H_2O$) 等最高标明值。

#### 7. 使用说明

包括使用时间、使用量、使用方法及与其他制剂混用的条件和要求。

#### 8. 注意事项

不易使用的作物生长期，作物敏感的光热条件，对人畜存在的危害及防护、急救措施等。

#### 9. 净含量

固体产品以克（g）、千克（kg）表示，液体产品以毫升（ml）、升（L）表示，其余按《定量包装商品计量监督管理办法》规定执行。

#### 10. 贮存和运输要求

对环境条件如光照、温度、湿度等有特殊要求的产品，应给予标明；对于具有酸、碱等腐蚀性及易碎、易潮、不易倒置或其他特殊要求的产品，应标明警示标识和说明。

#### 11. 企业名称

生产企业的名称与肥料登记证一致。境外产品还应标明境内代理机构的名称。

#### 12. 生产地址

登记产品生产企业所在地的地址。若企业具有 2 个或 2 个以上生产厂点，标签上应只标明实际生产所在地的地址。境外产品还应标明境内代理机构的地址。

#### 13. 联系方式

包含企业联系电话、传真等。境外产品还应标明境内代理机构的联系电话、传真。

### （四）农用微生物肥料标签必须标注的内容

#### 1. 产品名称

产品应标明国家标准、行业标准已规定的产品名称。国家标准、行业标准对产品名称没有统一规定的，应使用不会引起用户、消费者误解和令其混淆的通用名称。如标注“奇特名称”“商标名称”时，应当在同一部位明显标注“产品名称”或“通用名称”中的一个名称。产品名称中不允许添加带有不实及夸大性质的词语。

#### 2. 主要技术指标

应标注产品登记证中的主要技术指标。

（1）有效功能菌种及其总量

应标注有效功能菌的种名及有效活菌总量，单位应为亿/g 或亿/mL。

（2）总养分

标注按 GB/T 15063—2020 中的方法测得的总养分含量，标注为总养分（$N+P_2O_5+K_2O$）≥××（质量分数），或分别标明总氮（N）、有效五氧化二磷（$P_2O_5$）和氧化钾（$K_2O$）各单一养分含量。

（3）有机质

标注按 NY 525 中的方法测得有机质含量，标注为有机质≥××（质量分数），或标注实测总养分含量。

#### 3. 产品适用范围

根据产品的特性，标注产品适用的作物和区域。

#### 4. 载体（原料）

标注主要载体（原料）的名称。

### 5. 产品登记证编号

标明有效的产品登记证号。

### 6. 产品标准

标明产品所执行的标准编号。

### 7. 生产者或经销者的名称地址

应标明经依法登记注册，并能承担产品质量责任的生产者或经销者的名称、地址、邮政编码和联系电话。进口产品可以不标生产者的名称、地址，但应当标明该产品的原产地（国家/地区）以及代理商、进口商或者销售商在中国依法登记注册的名称和地址。微生物肥料有下列情形之一的，按照下列规定相应地予以标注。

① 依法独立承担法律责任的集团公司或者其子公司，对其生产的产品，应当标注各自的名称、地址。

② 依法不能独立承担法律责任的集团公司的分公司或者集团公司的生产基地，对其生产的产品，可以标注集团公司和分公司或生产基地的名称、地址，也可以仅标注集团公司的名称、地址。但名称和地址必须与产品登记申报时备案在册的资料相符，不得随意改变。

③ 在中国设立办事机构的外国企业，其生产的产品可以标注该办事机构在中国依法登记注册的名称和地址。

④ 按照合同或者协议的约定互相协作，但又各自独立经营的企业，在其生产的产品上，应当标注各自的生产者名称、地址。

⑤ 受委托的企业为委托人加工产品，在该产品上应标注委托人的名称、地址。

### 8. 产品功效（作用）及使用说明

标注产品主要功效或作用，不得使用虚夸语言；使用说明应标注于销售包装上或以标签、说明书等形式附在销售包装内或外，标注内容在保质期内应保持清晰可见。产品使用过程中有特殊要求及注意事项等，必须予以标注。

### 9. 产品质量检验合格证明

应附有产品质量检验合格证明，证明可采用合格证书、合格标签标注，也可在产品的销售包装上或产品说明书上使用合格印章或者打上“合格”二字。

### 10. 净含量

标明产品在每一个包装物中的净含量，使用国家法定计量单位。净含量标注的误差范围不得超过整±5%。

### 11. 贮存条件和贮存方法

明确标注产品贮存条件和贮存方法。

### 12. 生产日期或生产批号

产品的生产日期应印制在产品的销售包装上。生产日期按年、月、日顺序标注，可采用国际通用表示方法，如 2003-03-01，表示 2003 年 3 月 1 日；也可标注生产批号，如 20030301/030301。

### 13. 保质期

用“保质期×个月（或若干天、年）”表示。

### 14. 警示标志、警示说明

使用不当容易造成产品本身损坏或者可能危及人身、财产安全的产品，应有警示标志或者中文警示说明。

## 二、肥料的简易识别

### （一）包装鉴别法

检查肥料包装标识，复混肥料、有机肥料、有机无机复混肥料、配方肥料、叶面肥料等新型肥料应有农肥登记证号，复混肥料和过磷酸钙等产品应有生产许可证标志；检查包装袋封口，包装封口有明显拆封痕迹的化肥有可能掺假。

### （二）性状、颜色鉴定法

尿素为白色或淡黄色，呈颗粒状、针状或棱柱状结晶体，无粉末或少有粉末；硫酸铵呈白色晶体；氯化铵为白色或淡黄色晶体；碳酸氢铵呈白色、其他杂色粉末或颗粒状结晶，也有个别厂家生产大颗粒扁球状碳酸氢铵；过磷酸钙为灰白色或浅灰色粉末；重过磷酸钙为深灰色、灰白色颗粒或粉末；硫酸钾为白色晶体或粉末；氯化钾为白色或淡红色颗粒。

气味鉴别法。如果有强烈刺鼻氨味的液体是氨水；有明显刺鼻氨味的颗粒是碳酸氢铵；有酸味的细粉是重过磷酸钙。如果过磷酸钙有很刺鼻的酸味，则说明生产过程中很可能使用了废硫酸，这种化肥有很大的毒性，极易损伤或烧死作物，尤其是水稻苗床不能使用。

需要注意的是，有些化肥虽是真的，但含量很低，如劣质过磷酸钙，有效磷含量低于8%（最低标准应达12%），这些化肥属劣质化肥，肥效低，购买时应请专业人员鉴定。

### （三）复混肥料鉴别常识

目前，市场上复混肥料品种繁多，质量参差不齐。复混肥料由于其养分全、针对性强、使用方便、肥效高而深受农民欢迎。近年来，一些不法厂商大量制售伪劣复混肥，使其涌入市场，农民朋友极易上当。以下介绍几种鉴别复混肥优劣的简易方法：

一看。先看肥料是否是双层包装，再看外包装袋上是否标明商标、生产许可证号、农肥登记证号、标准代号、养分总含量、生产企业的名称和地址，最后看内包装袋内是否放有产品合格证。若上述标识不全，有可能是伪劣产品；然后再看袋内肥料颗粒是否一致，有无大硬块，粉末是否较少，如配用加拿大钾肥的，可见红色细小钾肥颗粒。含氨量较高的复混肥，存放一段时间肥料表面可见许多附着的白色或无色的微细晶体，这种晶体是尿素和氯化钾吸湿后形成的，劣质复混肥没有这种现象。

二摸。国家标准规定三元低浓度复混肥料的水分含量应小于等于5%，如果轻微超过这个指标，抓在手中会感觉黏手，若超过这个指标较多，则可以捏成饼状。用手抓半把复混肥揉搓，手上留有一层灰白色粉末并有黏着感的为质量优良的肥料，若摸其颗粒可见细小白色晶体的表明为优质肥。劣质复混肥多为灰黑色粉末，无黏着感，颗粒内无白色晶体。

三烧。取少量复混肥置于铁皮上，放在明火中烧灼，有氨臭味说明含有氮，出现黄色火焰说明含有钾，且氨臭味越浓，黄色火焰越黄，表明氮、钾含量越高，说明该肥料为优质复混肥，反之，则为劣质复混肥。

四闻。复混肥料一般来说无异味（有机无机复混肥除外），如果有异味，说明基础原料氮肥中主要用的是碳酸氢铵或是基础原料磷肥中含有毒物质三氯乙醛（酸），三氯乙醛（酸）进入农田后轻则引起烧苗，重则使农作物绝收，而且其毒性残留期长，会影响下季作物生长。因此，最好不要买有异味的复混肥。

五溶。优质复混肥水溶性较好，浸泡在水中绝大部分能溶解，即使有少量沉淀物，也较细小；而劣质复混肥难溶于水，残渣粗糙而坚硬。

### （四）未知肥料的定性鉴别

有些肥料在外观颜色、结晶形状等方面有很多相似之处，在运输贮存过程中，因标识磨损而辨认不清或缺乏必要的说明时，便无法确定是哪一种肥料。这时如果盲目施用会给农业生产带来损失，同时也会造成肥料资源的浪费，因此有必要对未知肥料进行定性鉴别。图7-1为未知肥料的定性鉴别检索图。

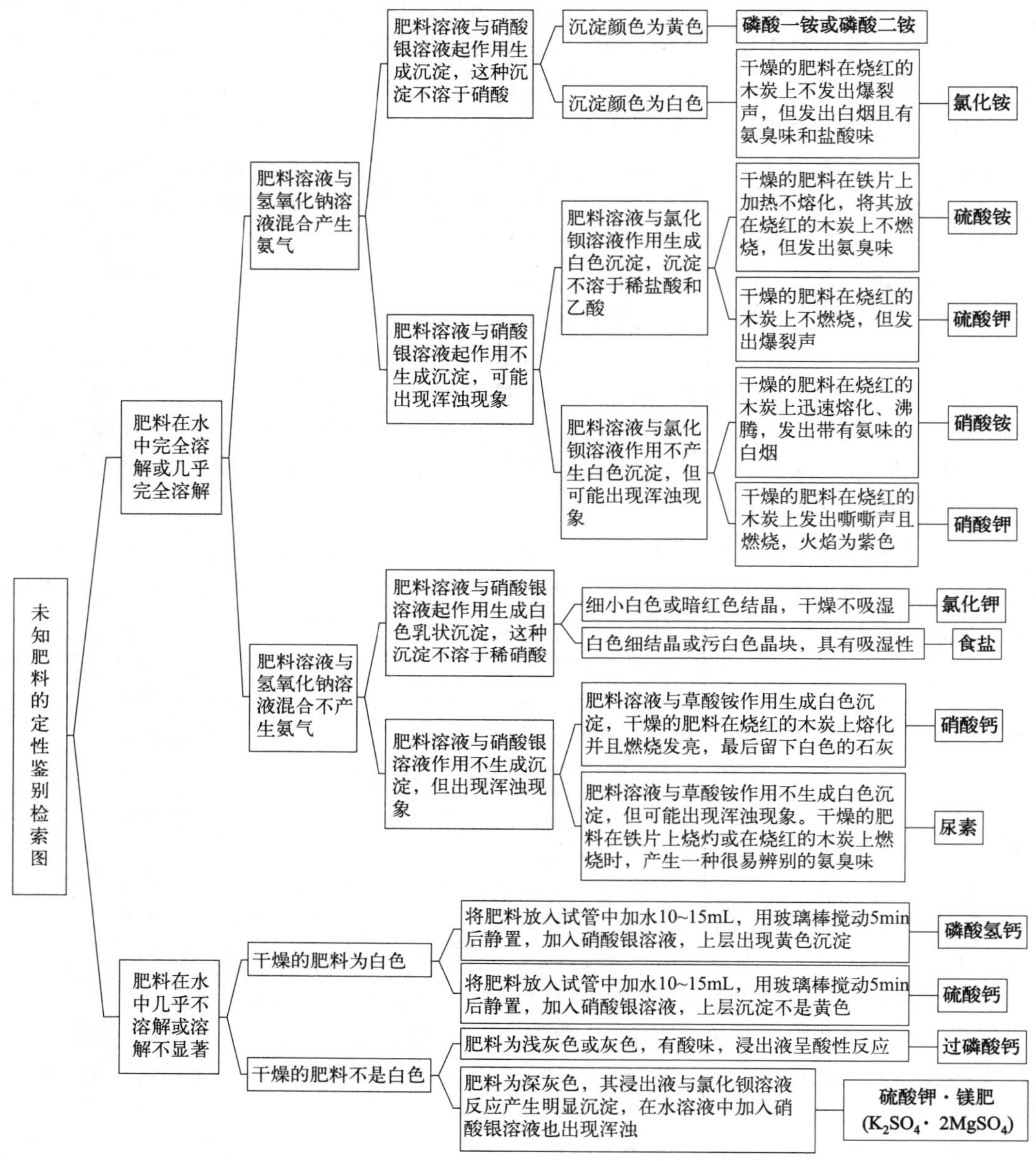


图7-1 未知肥料的定性鉴别检索图

# 项目八 植物缺素及肥害诊断、救治技能

## 任务一 植物缺素诊断及救治措施

植物缺素症是指植物由于缺乏某种或某几种必要的营养元素，使生长发育受阻，显示出某种特殊的颜色或畸形，严重缺乏往往会导致植物组织坏死。

植物必需的矿质元素，有的形成碳水化合物部分，有的保持结构的完整性，有的作为酶的组成成分等。由于其功能和元素本身的特点，有的比较不容易在植物体内移动，有的则较容易移动。当植物营养缺乏时，较易移动的元素常常会从老叶移动到新叶供给新叶的发育，这样使得病症在老叶出现。不易移动的元素缺乏时，自然病症会出现在新叶上。比如钾常常以离子状态存在，当其缺乏时，能快速移动到生长旺盛的部位，使病症出现在老叶，而钙常常在膜中维持膜结构的稳定性，且是细胞壁中的成分（果胶钙），较不易移动，则病症出现在老叶。一般而言，较易移动的元素有氮、磷、钾、镁、锌，较难移动的元素有钙、硼、铜、锰、铁、硫等。

对于植物缺素的简易诊断如见图8-1，首先需要判断症状出现的部分，若症状在老组织（老叶）上先出现，则可推断缺乏的元素为氮、磷、钾、镁和锌，若症状先在新生组织（新叶）上出现，则可判断其缺乏的元素可能是硼、钙、铁、硫、钼、锰、铜。在老组织上先出现症状又可以分为易出现斑点和不易出现斑点两种，前者可能缺乏的元素是氮或磷，后者则可能缺乏钾、镁或锌。在新生组织上先出现症状可进一步分为顶芽易枯死和顶芽不易枯死，前者缺乏的元素可能是硼或钙，后者则可能缺乏铁、硫、钼、锰或铜。缺乏元素的具体症状已在图8-1中列出。

植物所需各必需元素的含量差别很大，一般根据植物所需含量的多少而划分为大量营养元素和微量营养元素。大量营养元素一般占植物干重的0.1%以上，有碳、氢、氧、氮、磷、钾、钙、镁和硫共9种（一些教材中会将钙、镁和硫列为中量元素）；微量营养元素的含量一般在0.1%以下，最低的只有0.1mg·kg$^{-1}$，它们是铁、硼、锰、铜、锌、钼、氯和镍8种，一些教材中会将镍和硅归类为有益元素。土壤养分的缺乏、不同元素的缺乏对植物生长会产生不同的病理症状，具体可见图8-2。

### 一、作物缺乏营养元素的表现

#### （一）氮元素

正常植物所需浓度为1%～5%之间，其作用是增加叶绿素，促进蛋白质的合成。氮在作物生长发育过程中是一个最活跃的元素，其在体内的移动性大且再利用率高，并在体内随着作物生长中心的更替而转移。因此，作物对氮素营养的丰缺状况极为敏感，氮的营养失调对作物的生长发育、产量与品质有着深刻的影响。

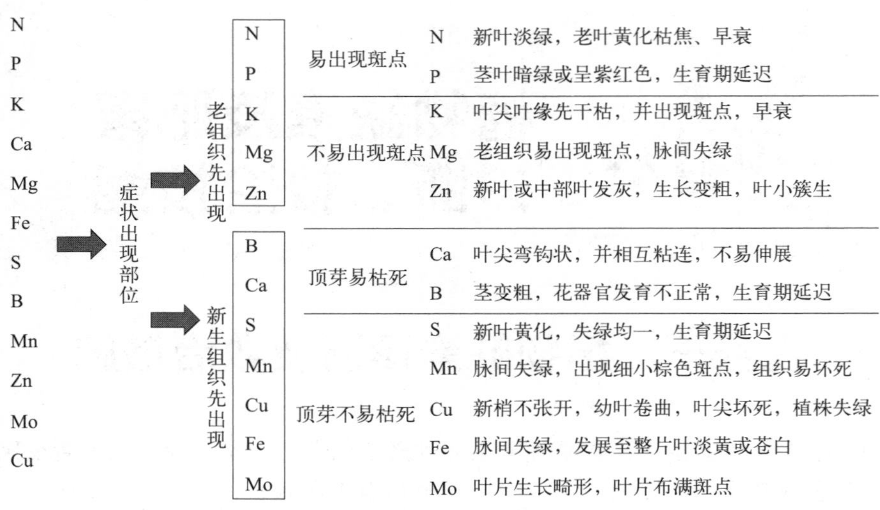


图 8-1 植物缺素简易诊断示意图

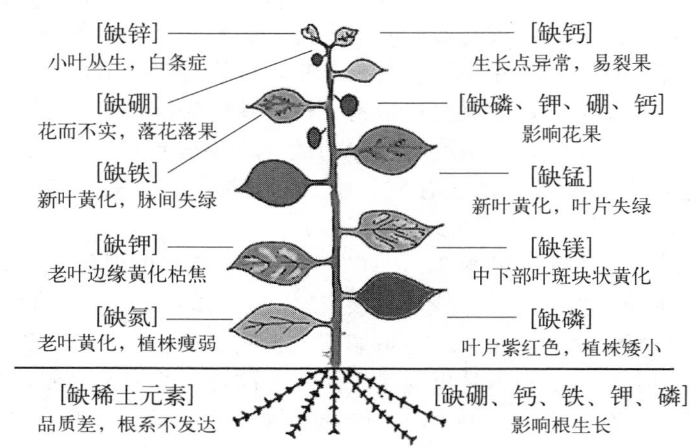


图 8-2 植物缺素典型症状

缺氮时，由于蛋白质形成少，细胞小且壁厚，特别是细胞分裂受阻，生长缓慢，植株矮小、瘦弱、直立。同时缺氮引起叶绿素含量下降，使叶片绿色转淡，严重时呈淡黄色。失绿的叶片色泽均一，一般不出现斑点或花斑。叶细而直，与茎的夹角小。茎的绿色也会因缺氮而褪淡。有些作物如番茄、油菜和玉米等，缺氮时会引起花青素的积累，茎、叶柄和老叶还会出现红色或暗紫色。由于氮在植物体内有高度的移动性，能从老叶转移到幼叶，因而缺氮症状从老叶开始，逐渐扩展到上部叶片。作物根系比正常的色白且细长，但根量少，植株侧芽处于休眠状态或死亡，因而分蘖侧根减少。作物容易早衰。花和果实数量少，籽粒提前成熟，种子小而不充实，严重影响作物的产量和品质。

### （二）磷元素

正常植物所需浓度为0.1%～0.4%之间，其最重要的作用是储存和转运能量，从光合作用和碳水化合物代谢中获得能量储存在磷酸盐化合物中，以备以后的生长和繁育利用。

植物缺磷时将限制全株生长，很少看到像其他元素短缺时出现的那种明显的叶片症状。植物缺磷常表现为生长迟缓，植株矮小、瘦弱、直立、分蘖分枝少，花芽分化延迟、落花落果增多、结实状况差。缺磷妨碍叶绿素能量输出，直接或间接地影响体内许多依赖能量供应的代谢过程，包括蛋白质和核酸的合成，严重缺磷时，植株几乎停止生长。由于植株体内糖类运输受阻而在茎叶相对积累，形成花青素，多种作物的茎叶上出现紫红色。植物种类不同，缺磷的症状也有差异。禾谷类作物缺磷时表现为分蘖小或不分蘖，分蘖和抽穗均延迟，甚至整个生育期都会推迟，株型瘦小直立，植株出现生长停滞现象，叶片灰绿色并可能出现紫红色，尤其是背面，抽穗后表现为穗小、粒少、籽瘪，根系发育不良，次生根少。缺磷的症状一般从老叶先出现。

### （三）钾元素

正常植物所需浓度为1%～5%之间，钾元素在常态下以活性离子态存在，其功能主要是催化作用，包括：①酶的激活；②平衡水分；③参与能量形成；④参与同化物的进行（提高作物含糖量）；⑤参与氮的吸收及蛋白质合成；⑥活化淀粉合成酶（促使作物灌浆期籽粒饱满）；⑦活化固态酶（可提高豆科作物的根瘤菌数）。钾养分不足时，植株抗病能力降低，作物品质下降并减产，尤其是对水果、蔬菜、大豆的影响明显。

由于钾在植物体内流动性大，且可再利用，故在缺钾时老叶上先出现缺钾症状，再逐渐向新叶扩展，如新叶出现缺钾症状，则表明严重缺钾。缺钾的主要特征通常是老叶的叶缘先发黄，进而变褐，焦枯似灼烧状，叶片上出现褐色斑点或斑块，但叶中部、叶脉处仍保持绿色。随着缺钾程度的加剧，整个叶片变为红棕色或干枯状，坏死脱落。有的植物叶片呈青铜色，向下卷曲，叶表面叶肉组织凸起，叶脉下陷。

不同植物缺钾症状的表现不尽相同。禾谷类植物缺钾时下部叶片出现褐色斑点，严重时新叶也出现同样的症状，叶片柔软易下垂，茎细苗弱，节间短，虽能正常分蘖，但成穗率低，抽穗不整齐，田间出现杂色散乱不整齐生长，结实率差，籽粒不饱满。其中大麦对缺钾敏感，其症状为叶片黄化，严重时出现白色斑块。十字花科和豆科以及棉花等叶片首先出现脉间失绿，进而转黄，呈花斑叶，严重时出现叶缘焦枯向下卷曲，褐斑沿脉间向内发展，叶表皮组织失水皱缩，叶面拱起或下凹，逐渐焦枯脱落，植株早衰。果树缺钾时叶缘变黄，逐渐发展出现坏死组织，果实小，着色不良，酸味和甜味都不足。烟草缺钾时还影响烟叶的燃烧性。

### （四）钙元素

正常植物所需浓度为0.2%～1.0%之间，钙在细胞伸长和分裂方面起重要作用。

缺钙会引起许多营养失调症。钙在植株中很难移动，故缺钙时先在幼嫩部位出现生长停滞，新叶难抽出，嫩叶叶尖粘连变曲，产生畸形，严重时发黄焦枯坏死；根系发育不良，根尖膨大变褐，严重时分泌黏液、腐烂、死亡；花和花芽会大量脱落，如缺钙导致番茄、辣椒的脐腐病，大白菜、生菜的干烧心，马铃薯的褐斑病，苹果的苦痘病和鸭梨的黑心病等。由于钙在植物体内极难移动与再利用，植物缺钙首先在新根、顶芽、果实等生长旺盛而幼嫩的部位表现出症状，轻则萎蔫，重则坏死。

### （五）镁元素

正常植物所需浓度为0.1%～0.4%之间，镁是叶绿素分子中仅有的矿物质组成部分。没有叶绿素，植株就无法进行光合作用。

镁在植物体内有较高的再利用性。镁的缺乏症状首先出现在中下部叶片，缺镁植物叶片脉间失绿，严重时叶缘死亡，叶片出现褐斑。缺镁的叶子往往僵硬而脆，叶脉扭曲，常过早脱落。不同作物表现的症状有所不同，如玉米缺镁时，下部叶片出现典型的叶脉间条状失绿症；水稻缺镁首先在叶尖、叶缘出现色泽褪淡变黄、叶片下垂、脉间出现黄褐色斑点，随后向叶片中间和茎部扩展；小麦缺镁叶片脉间出现黄色条纹，心叶挺直，下部叶片下垂，叶缘出现不规则的褐色焦枯，仍能分蘖抽穗但穗小；柑橘缺镁常使老叶叶脉间失绿，沿中脉两侧产生不规则黄化斑，逐渐向叶缘扩展；番茄缺镁新叶发脆并向上卷曲，老叶脉间变黄而后变褐、枯萎，进而向幼叶发展，结实期叶片缺镁失绿症加重，果实由红色褪变为淡橙色。

### （六）硫元素

正常植物所需硫元素浓度为 0.1%～0.4%之间，硫和氮一样，也是蛋白质的成分，其主要作用是促进植株生长。

缺硫会极大地阻碍植株生长，特征均为植株失绿、矮小、茎细和呈纺锤形。缺硫时作物的症状类似缺氮症状，失绿和黄化比较明显。但因硫在植株中较难移动，因此失绿部位不同于缺氮，在幼嫩部位先出现。缺硫时植株矮，叶细小，叶片向上卷曲、变硬、易碎、提早脱落，茎生长受阻，僵直，开花迟，结果结荚少。水稻如果缺硫，移植后难回青，新根少，根系生长不良。

### （七）硼元素

正常植物所需硼元素浓度为 6～60mg·$kg^{-1}$，硼在植物分生组织里的发育和生长中起重要作用。因其不易从衰老组织向活跃生长组织移动，最先见到的缺硼症状是顶芽停止生长，继而幼叶死亡，同时开花和后期果实的发育被限制。缺硼的症状表现为：①植株幼叶变为淡绿，叶基比叶尖失绿更多，基部组织破坏。如果继续生长，叶片偏斜或扭曲，通常叶片死亡，顶端停止生长；②叶片变厚、萎蔫或卷叶，叶柄和茎变粗，果实开裂或呈水浸状，块茎或块根褪色、开裂或腐烂。如油菜的花而不实，棉花的蕾而不花，大豆的芽枯病，苹果的缩果病，柑橘的硬化病，甜菜的心腐病，芹菜、康乃馨的茎裂病等。

### （八）铁元素

正常植物所需铁元素浓度为 50～250mg·$kg^{-1}$。其主要作用有：①增强植物体内呼吸作用和叶绿体中光合作用两个代谢过程中的氧化还原反应，铁化合物的功能是在呼吸作用中将氧还原为水；②铁能起到使植物稳定生长的作用；③铁元素参与酶系统的活化作用。

缺铁植物表现为失绿症，由于铁在植株中较难移动，植物缺铁症首先从上部幼叶开始显现，幼叶叶脉间失绿黄化，而叶脉仍保持绿色，黄绿相嵌呈网纹状，以后完全失绿，严重时，叶色黄白或在叶缘附近出现褐色斑点，甚至整个叶片呈黄白色，而下部的老叶仍保持正常绿色。

### （九）锰元素

正常植物所需锰元素浓度为 20～500mg·$kg^{-1}$。锰是一种植物生长的过渡元素，参与光合作用和氧化还原作用。

一般缺锰元素的症状首先表现在幼叶上，缺锰时嫩叶脉间失绿发黄，但叶脉仍保持绿色，脉纹较清晰，严重时叶面出现黑褐色小斑点，以后增多扩大，散布整个叶片。缺锰植株瘦小，花的发育不良，根系细弱。严重缺锰症状有燕麦灰斑病、湿斑病和斑枯病等。对锰敏感的作物很多，其中以小麦和大麦最为重要。

### （十）铜元素

植物正常所需铜元素浓度为 5～20mg·$kg^{-1}$。铜对植物的作用与铁相似，铜与叶绿素的形成和稳定有关。

缺铜时新生叶失绿发黄，呈凋萎干枯状，叶尖发白卷曲，叶缘黄白色，叶片上出现坏死斑点，繁殖器官的发育受阻。一般禾本科作物较易缺铜。各种作物缺铜症状表现不同：玉米缺铜幼叶变黄、收缩，随着缺素加剧，幼叶变白且茎叶老化死亡，更严重时沿叶尖和叶缘出现死亡组织；许多蔬菜作物缺铜则叶片失去膨压，并不出蓝色、失绿、卷曲、不开花。

### （十一）锌元素

锌是植物所需的一种过渡金属微量元素，在植物干物质中正常质量分数为 25～150mg

$\cdot kg^{-1}$。锌与生长素形成有关。缺锌光合作用减弱，植物会停止生长，节间显著缩短，植物矮小，生长受抑制，产量降低。

缺锌常出现的症状有：①叶脉间，尤其是底位老叶的叶脉间出现浅绿、黄色或白色区域，失绿叶片部分组织死亡；②茎与茎节间变短，出现许多叶片丛生，呈莲座状外观；③叶片小，又窄又厚，通常叶片上部叶组织不断生长造成畸形叶片早落，生长受阻，极易发生病毒病。缺锌时，水稻心叶变白，特点是在中脉附近更明显，叶片细窄，下部叶尖出现褐斑；玉米幼苗失绿变白，出现白芽病、白苗病。

### （十二）钼元素

植物中植物所需钼元素正常质量分数为0.3～1mg$\cdot kg^{-1}$，所以钼元素的浓度很低。钼元素都存在于各种酶中，酶能促使豆科根瘤菌的形成，在植物中对铁的吸收和运输起着不可替代的作用。

缺钼首先在植物中部和较老叶片上出现黄绿色；叶片边缘向上卷曲，形成杯状；叶片变小，叶面带有坏死斑点（硝酸盐积累的原因）。十字花科植物，特别是花椰菜对钼很敏感，在钼严重缺乏时，叶肉不能形成，使叶片几乎丧失叶肉，只有叶脉，这种特征类似一条鞭，因此称之为尾鞭病。柑橘缺钼的一个特殊症状是叶片脉间失绿变黄或出现黄斑，叶缘卷曲、萎蔫而枯死，称之为柑橘黄斑病。

综上，土壤中各种养分对植物生长都会起到重要作用（同等重要律）。微量元素在植物体内含量虽少，但其对植物生长发育有着不可替代的作用（不可替代律），是植物体内酶或辅酶的组成部分，具有很强的专一性，是植物生长发育不可或缺且不可替代的养分。因此当植物缺乏某一种微量元素时，其生长发育都会受到抑制，导致其减产或品质下降。

## 二、作物营养缺素症的救治措施

作物出现缺素症状后，应根据症状的具体情况判断其缺乏养分的种类，采取相应的措施进行救治矫正，力争将缺素所带来的损失降到最低。其主要措施是施用含有相应养分的肥料，其中进行叶面施肥是较为有效的方法。叶面肥的施用方法见本书肥料部分相关章节，下面仅简单介绍部分养分出现缺素症后快速矫正的方法。

### （一）缺氮

一般用1%～1.5%的尿素进行叶面喷施（但缩二脲质量分数不能超过2%），最好是16时以后，由于蒸腾作用较小，叶面气孔开张，吸收较快，5h吸收40%～50%，24h吸收60%～70%。

### （二）缺磷

一般用2%～3%过磷酸钙浸出液（加水静置24小时），取澄清液喷施。

### （三）缺钾

用0.2%～0.3%的磷酸二氢钾、1%～1.5%的硫酸钾或5%～7%的草木灰浸出液（加水后搅拌，静置15h过滤后再用）喷施。

### （四）缺铁

用0.2%～1%的硫酸亚铁、硫酸亚铁铵喷施。

### （五）缺硼

用0.2%～0.3%硼砂或硼酸喷施。

### （六）缺锌

用0.1%～0.2%的硫酸锌喷施。

### （七）缺钼

用0.05%～0.1%的钼酸铵喷施。

# 任务二　肥害发生的特征、原因及预防措施

## 一、肥害发生的特征

一般说来，作物发生肥害的特征主要有如下几种：

### （一）脱水

施过量化肥或土壤过旱，施肥后均会引起土壤局部浓度过高，导致作物失水并呈萎蔫状态。

### （二）灼伤

烈日高温下，施用挥发性强的化肥，如碳铵等，会造成作物的叶片或幼嫩组织被灼伤（烧苗）。

### （三）中毒

尿素中缩二脲成分超过20%，或过磷酸钙中的游离酸质量分数高于5%，施入土壤后会引起作物的根系中毒腐烂；施用较大量未经腐熟的有机肥，因其分解发热并释放甲烷等有害气体，会对作物种子或根系造成毒害。

## 二、肥害发生的原因

### （一）缩二脲超标

尿素在熔融过程中，若在高温（常压下133℃）处理，会产生缩二脲，缩二脲质量分数超过2%时，对作物种子和幼苗均有毒害作用。近年来，随着复合肥生产工艺的变革，在高塔熔融喷浆、油冷及转鼓喷浆等造粒工艺过程中若操作不当也易产生缩二脲，但因复合肥的国家标准中未要求检测缩二脲，所以使表面合格的复合肥流入市场，对玉米生产造成潜在威胁。

### （二）肥料配方不合理

传统的复合肥配方中，氮质量分数一般不超过15%，而目前有些复合肥配方中氮的质量分数往往超过20%。氮含量增高，相应的施肥方法也应该随之改变（如施肥量相应减少或施肥点离作物根部要远些等），否则浓度过高易产生盐害，造成烧根、烂根。

### （三）游离酸毒害

复混肥生产以过磷酸钙、重过磷酸钙作磷源时，若产品中含有4.5%～5.5%游离酸也会产生毒害。据悉，游离磷酸是黏稠状、酸性物体，施入土壤接近种子时，其腐蚀性和吸湿性均很强，如果不加以处理，用量过大易烧伤幼苗和种子根系。在生产过程中，常采用碳铵氨化或中和，经处理后的过磷酸钙、重过磷酸钙，由于消除了游离酸，其腐蚀性、吸湿性大大降低，不会烧伤种子、幼苗和叶片。

### （四） $NO_3^-$ 毒害

用 $NH_4NO_3$、$KNO_3$ 生产复混肥时，其施入土壤后很快被解离成 $NH_4^+$、$K^+$ 和 $NO_3^-$，由于土壤只能吸收阳离子，致使 $NO_3^-$ 溶解于土壤溶液中。在水分充足的情况下，$NO_3^-$ 会随土壤水分运动而流失；在缺水情况下，$NO_3^-$ 残留在土壤溶液中会与土壤中的 $H^+$ 结合生成硝酸，残留过多的 $NO_3^-$ 能酸化土壤，对种子发芽影响很大。

### （五）三氯乙醛（酸）的毒害

依据有关标准，肥料中不得检出三氯乙醛（酸），但某些磷肥往往是由含三氯乙醛的废硫酸生产的，当其施于土壤后，三氯乙醛转化为三氯乙酸，两者均可对植物造成毒害。另外，磷肥中重金属，特别是 $Cd^{2+}$ 的含量也是一个不容忽视的问题，含镉磷肥是一个潜在的污染源。

### （六）未经腐熟有机肥直接施用

未经腐熟或腐熟不完全的有机肥一旦施入土壤，其在分解过程中就会产生大量的有机酸和热量，容易造成烧根。

### （七）作物苗期降水少

土壤耕层含水量适宜，肥料融化快。多年的旋耕致使犁底层变硬、变浅，根系生长受限，局部土壤溶液一直处于高浓度状态，致使水分供应不足，幼苗生长缓慢，严重的会引起体内溶质倒流，植株因失水而逐渐死亡；另外，由于土壤犁底层坚硬，化肥融化后向下渗透慢，在犁底层上面水平扩展，使根系接触高浓度化肥溶液，也易发生烧苗。

## 三、预防措施

### （一）选施标准化肥

选择施用符合国家标准或行业标准的肥料。

### （二）追肥适量

每次施用碳铵每亩不宜超过 25kg，并注意深施，施后覆土或中耕；尿素每次亩施量控制在 10kg 以下；施用叶面肥时，各种微量元素的适宜浓度一般在 0.01%～0.1%之间，大量元素（如氮等）在 0.3%～1.5%之间，应严格按规定浓度适时适量喷施。

### （三）种肥隔离

旱作物播种时，宜先将肥料施下并混入土层中，避免与种子直接接触。

### （四）合理供水

旱地土壤过于干旱时，宜先适度灌水后再行施肥，或将肥料兑水浇施；水田施用挥发性强的化肥时，宜保持田间适当的浅水层，施后随即进行中耕耘田。

### （五）化肥匀施

撒施化肥时要注意均匀，必要时可混合适量泥粉或细砂等一起撒施。

### （六）适时施肥

一般宜在日出露水干后或午后施肥，切忌在烈日当空时进行。此外，必须坚持施用经沤制的有机肥，在追施化肥过程中，注意将未施的化肥置于下风处，防止其挥发出的气体被风吹向作物，造成伤害。

若不慎使作物发生前述肥害时，宜迅速采取适度灌、排水或摘除受害部位等相应措施，以控制其发展，并促进作物生势恢复正常。

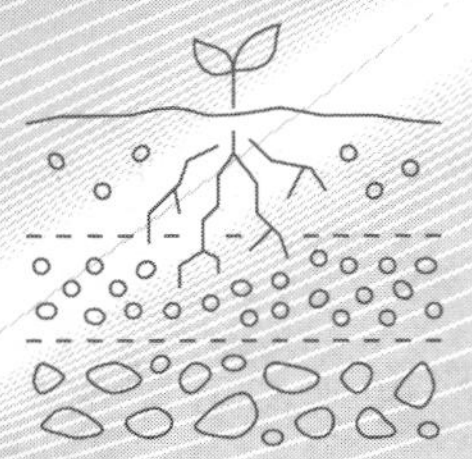

# 项目九　肥料配方技能

## 任务一　配方肥料的配制与加工

以土壤测试和田间肥料试验为基础，根据作物的需肥规律、土壤的供肥性能和肥料效应，用各类单质肥料和（或）复混肥料为原料，配制成适用于特定区域、特定作物品种的肥料。学习和推广肥料配方技能是加快推动“藏粮于地、藏粮于技”战略落实落地的重要举措，因地制宜施用科学配方的肥料，能够提高肥料利用率，增加作物经济效益，同时兼顾环境效益。

### 一、配方肥料的配料选择

#### （一）配方肥料的基础肥料

**1. 氮素肥料**

氮素肥料主要有尿素、氯化铵、硝酸铵、硫酸铵等可作为配方肥的生产原料。尿素与硫酸铵、磷酸铵、氯化钾和硫酸钾有良好的混配性能。

肥料级的氯化铵易吸湿潮解，生产上有时将其精制并粒状化，使其成为 1～3mm 的颗粒，可明显降低其吸湿性并提高肥料品质。

硫酸铵有吸湿性，吸湿后可固结成块。其作为一种优良的氮肥，可适用于一般土壤和作物，能使枝叶生长旺盛，提高果实品质和产量，增强作物对灾害的抵抗能力，可作基肥、追肥和种肥，但是长期使用可能导致土壤板结。

**2. 磷素肥料**

可用于配方肥的磷素原料主要有过磷酸钙、重过磷酸钙、钙镁磷肥、磷酸一铵、磷酸二铵等。

过磷酸钙易吸湿结块。重过磷酸钙浓度高，多为粒状，物理性状好。钙镁磷肥不吸湿，不结块，不腐蚀包装材料，长期贮存不易变质。磷酸一铵的化学性质较稳定，与硫酸铵、磷酸二氢钾等均有良好的相合性，热稳定性好。磷酸二铵与硫酸铵、硫酸钾和氯化钾等混合时，均有良好的相合性，热稳定性不如磷酸一铵。

**3. 钾素肥料**

钾肥品种繁多，如硫酸钾、氯化钾、硝酸钾、碳酸钾、磷酸钾、钙镁磷钾肥等，但用于配方肥生产的主要是硫酸钾、氯化钾、硝酸钾和磷酸二氢钾等。

硫酸钾不易结块，化学性质稳定。氯化钾有一定吸湿性。

**4. 微量营养元素肥料**

微量元素肥料主要是一些含硼、锌、钼、锰、铁、铜等营养元素的无机盐类和氧化物。肥料来源有无机微肥、有机微肥和有机螯合态微肥，由于价格原因，一般可选用无机微肥，我国目前常用的微量元素肥料的种类与性质如表 9-1。

表 9-1 微量元素肥料的种类与性质

| 微量元素肥料 | 主要成分 | 有效成分质量分数（以元素计）/% | 性质 |
|---|---|---|---|
| 硼酸 | $H_3BO_3$ | 17.5 | 白色结晶或粉末，溶于水，常用作硼肥 |
| 硼砂 | $Na_2B_4O_7 \cdot 10H_2O$ | 11.3 | 白色结晶或粉末，溶于水，常用作硼肥 |
| 硫酸锌 | $ZnSO_4 \cdot 7H_2O$ | 23 | 白色或淡橘红色结晶，易溶于水，常用作锌肥 |
| 钼酸铵 | $(NH_4)_2MoO_4$ | 49 | 青白色结晶或粉末，溶于水，常用作钼肥 |
| 硫酸锰 | $MnSO_4 \cdot 4H_2O$ | 26～28 | 粉红色结晶，易溶于水，常用作锰肥 |
| 硫酸亚铁 | $FeSO_4 \cdot 7H_2O$ | 19 | 淡绿色结晶，易溶于水，常用作铁肥 |
| 五水硫酸铜 | $CuSO_4 \cdot 5H_2O$ | 25 | 蓝色结晶，溶于水，常用作铜肥 |

### （二）配方肥料配料的混配性

一种原料是否适合于生产配方肥料常受多种因子制约，主要考虑：单养分含量及其成本、养分形态及其有效性、副成分、有无毒素、含水量、吸湿性、与其他成分的反应、反应中的热变化、粒子大小（掺合配方肥）、对产品物理性的影响等。

各种基础肥料的可混性如图 9-1。配方肥料除原料肥料的互配性要求外，对颗粒原料肥有特殊的要求，以满足养分均匀性的规定，其影响因素有：颗粒原料肥料的粒度、密度和形态，特别是粒度，因此要保证原料肥料的颗粒粒径、密度尽量相一致（即匹配性）。

△可以暂时混合但不宜久置
□可以混合
×不可混合

| | | 1 | 2 | 3 | 4 | 5 | 6 | 7 | 8 | 9 | 10 | 11 | 12 |
|---|---|---|---|---|---|---|---|---|---|---|---|---|---|
| 1 | 硫酸铵 | | | | | | | | | | | | |
| 2 | 硝酸铵 | △ | | | | | | | | | | | |
| 3 | 碳酸氢铵 | × | △ | | | | | | | | | | |
| 4 | 尿素 | □ | △ | × | | | | | | | | | |
| 5 | 氯化铵 | □ | △ | × | □ | | | | | | | | |
| 6 | 过磷酸钙 | □ | △ | □ | □ | □ | | | | | | | |
| 7 | 钙镁磷肥 | △ | △ | × | □ | × | × | | | | | | |
| 8 | 磷矿粉 | □ | △ | × | □ | □ | △ | □ | | | | | |
| 9 | 硫酸钾 | □ | △ | × | □ | □ | □ | □ | □ | | | | |
| 10 | 氯化钾 | □ | △ | × | □ | □ | □ | □ | □ | □ | | | |
| 11 | 磷铵 | □ | △ | × | □ | □ | □ | × | × | □ | □ | | |
| 12 | 硝酸磷肥 | △ | △ | × | △ | △ | △ | × | △ | △ | △ | △ | |
| | | 硫酸铵 | 硝酸铵 | 碳酸氢铵 | 尿素 | 氯化铵 | 过磷酸钙 | 钙镁磷肥 | 磷矿粉 | 硫酸钾 | 氯化钾 | 磷铵 | 硝酸磷肥 |

图 9-1 各种肥料的可混性

配方肥料生产加工乃至产品存放过程中存在着相当复杂的物理化学反应。其反应的类型及程度取决于生产加工的方法和基础肥料种类（肥料组成），以及加工方式等。这些反应有的不利于生产过程的运行和产品质量，有的则有利于生产过程的运行和提高产品质量。第一，配方肥料生产中，化学反应主要发生在原料的混合造粒和干燥过程中，增加温度和水分存在会加快反应。掺合肥料生产过程也会发生化学反应，但速度较慢。另外，化学反应在成品肥料存放中也会缓慢发生。第二，配方肥生产面临的一个重要问题是产品肥料的物理性状，其湿度越高，物理性状问题越严重。用户最怕的就是结块，他们希望肥料的散落性好，能均匀施于田间。肥料能否不结块，主要影响因素是它的水分含量和细度。掺合配方肥料还取决于所用的各种基础肥料颗粒的大小、形状和密度是否均匀。

## 二、配方肥料的配料计算

按照农业配方和工艺配方的要求，在确定养分配比和所采用的基础肥料后，即可进行配料计算。生产1t配方肥料时需配入原料各多少，常有两种计算方法，现举例说明。

### （一）根据配方肥料的养分含量进行配料计算

如欲配制1t $N-P_2O_5-K_2O$ 8-10-4的混合肥料，现选用硫酸铵（含N 20%）、过磷酸钙（含$P_2O_5$ 20%）和氯化钾（含$K_2O$ 60%）进行配制，每种肥料各需要多少用量，可以用下面的公式算出。

$$\chi=\frac{AB}{c}$$

式中，$\chi$为所需某种肥料的质量，kg；$A$为配制肥料的质量，kg；$B$为混合肥料中含N、$P_2O_5$、$K_2O$有效养分的质量分数，%；$c$为某种肥料中有效养分质量分数，%。

则此例中：

$$硫酸铵用量=\frac{1000\times8}{20}=400(\text{kg})$$

$$过磷酸钙用量=\frac{1000\times10}{20}=500(\text{kg})$$

$$氯化钾用量=\frac{1000\times4}{60}\approx66.7(\text{kg})$$

三者相加共约966.7kg，其余33.3kg可添加填充料，凑成1t混合肥料。填充料一般可选用膨润土、沸石粉、磷矿粉和泥炭等物质。

### （二）根据配方肥料的养分比例进行配料计算

如欲配制1t $N:P_2O_5:K_2O$为1∶1∶1的混合肥料，现选用原料肥料为尿素（含N 46%）、磷酸一铵（含N 12%、$P_2O_5$ 52%）、氯化钾（含$K_2O$ 60%）进行配制，计算各需原料肥料多少。

设立求解公式：

① 混合肥料中养分比例为$N:P_2O_5:K_2O=A:B:C$

② 各养分在混合肥料中质量分数为$a$、$b$、$c$

③ 三种肥料中养分的质量分数分别为$a_1$、$b_1$、$c_1$；$a_2$、$b_2$、$c_2$；$a_3$、$b_3$、$c_3$；

④ 设组成混合肥料的各个原料肥料的加入量（质量分数）分别为$x$、$y$、$z$。

⑤ 求解未知数$a$、$b$、$c$、$x$、$y$、$z$，可建立6个方程式：

$$a=a_1x+a_2y+a_3z$$

$$b=b_1x+b_2y+b_3z$$

$$c=c_1x+c_2y+c_3z$$

$$\frac{a}{b}=\frac{A}{B}$$

$$\frac{a}{c}=\frac{A}{C}$$

$$x+y+z=1$$

式中，$A=1$；$B=1$；$C=1$；$a_1=46\%$；$b_1=0$；$c_1=0$；$a_2=12\%$；$b_2=52\%$；$c_2=0$；$a_3=0$；$b_3=0$；$c_3=60\%$。

代入上述6个方程式中，可求得：$a=b=c=19\%$，即分析式为19-19-19。

制取的1∶1∶1混合肥料的各个原料肥料的加入量（质量分数）分别为$x\approx31.77\%$，$y\approx36.55\%$，$z\approx31.67\%$，则1t混合肥料需尿素317.7kg、磷酸一铵365.5kg、氯化钾316.7kg。

# 任务二　常见作物配方肥推荐配方

## 一、常见农作物配方肥推荐配方

### （一）小麦

综合各地小麦配方肥配制资料，建议氮、磷、钾总养分量为30%，氮、磷、钾比例为1∶0.53∶0.47。为平衡小麦各种养分需要，基础肥料选用及用量（1t产品）如下。

硫酸铵100kg、尿素263kg、磷酸一铵69kg、过磷酸钙250kg、钙镁磷肥25kg、氯化钾116kg、氨基酸螯合锌锰硼铁20kg、生物磷钾肥50kg、氨基酸40kg、生物制剂25kg、增效剂12kg、调理剂30kg。

### （二）水稻

综合各地水稻配方肥配制资料，建议氮、磷、钾总养分量为30%，氮、磷、钾比例为1∶0.4∶0.9。为平衡水稻各种养分需要，基础肥料选用及用量（1t产品）如下。

#### 1. 南方水稻

硫酸铵100kg、尿素225kg、磷酸一铵48kg、过磷酸钙150kg、钙镁磷肥20kg、氯化钾197kg、硅肥183kg、氨基酸螯合锌锰硼15kg、生物制剂25kg、增效剂15kg、调理剂25kg。

#### 2. 北方水稻

硫酸铵100kg、尿素258kg、磷酸一铵93kg、过磷酸钙150kg、钙镁磷肥20kg、氯化钾125kg、硅肥137kg、氨基酸螯合锌锰硼15kg、氨基酸40kg、生物制剂25kg、增效剂12kg、调理剂25kg。

### （三）玉米

综合各地玉米配方肥配制资料，建议氮、磷、钾总养分量为35%，氮、磷、钾比例为1∶0.44∶1.36。为平衡玉米各种养分需要，基础肥料选用及用量（1t产品）如下。

硫酸铵100kg、尿素204kg、磷酸一铵73kg、过磷酸钙100kg、钙镁磷肥10kg、氯化钾283kg、氨基酸螯合锌锰硼铁15kg、硝基腐殖酸100kg、氨基酸50kg、生物制剂23kg、增效剂12kg、调理剂30kg。

大豆、甘薯、棉花、花生、油菜等其他常见农作物配方肥推荐配方见二维码9-1。

## 二、常见蔬菜配方肥推荐配方

具体内容见二维码9-2。

## 三、常见果树配方肥推荐配方

具体内容见二维码9-3。

二维码9-1　大豆、甘薯、棉花等其他常见农作物配方肥推荐配方

二维码9-2　常见蔬菜配方肥推荐配方

二维码9-3　常见果树配方肥推荐配方

# 项目十 植物营养与科学施肥技能

自党的“十八大”以来，我党明确提出要协同推进农业现代化和绿色化，建设生态文明，走绿色发展之路已经成为现代农业发展的必由之路；要树立和践行绿水青山就是金山银山的理念，坚持节约资源和保护环境的基本国策，统筹山水林田湖草系统治理，实行最严格的生态环境保护制度，形成绿色发展方式和生活方式，同时也要加强农业面源污染防治；党的“二十大”继续推进美丽中国建设，坚持山水林田湖草沙七位一体化保护和系统治理，统筹产业结构调整、污染治理、生态保护、应对气候变化，协同推进降碳、减污、扩绿、增长，推进生态优先、节约集约、绿色低碳发展。

转变农业发展方式、坚持乡村振兴战略是当前和今后一个时期农业农村经济发展和优先发展的战略选择，要以保障国家粮食安全和重要农产品有效供给为目标，牢固树立“增产施肥，经济施肥，环保施肥”理念，按照产业兴旺、生态宜居、乡风文明、治理有效、生活富裕的总要求，依靠科技进步，依托新型经营主体和专业化文化服务组织，集中连片整体种植、加快转变施肥方式、深入推进科学施肥、减少不合理化肥投入、推进化肥减量增效，这是实现农业节本提质和环境友好的重要措施。与此同时，还要大力开展耕地质量保护与提升，增加有机肥资源利用，加强宣传培训和肥料使用管理，走高产高效、优质环保、可持续发展之路，促进粮食增产、农民增收、生态环境保护与污染防治。

## 任务一 施肥理论与常规施肥技术

我国肥料资源紧张，提高肥料的利用率是农业高效生产的根本，也有助减少因肥料的流失对生态环境造成的不良影响。在提高作物产量的同时，提高农产品的质量是我国肥料发展的目标。提高肥料利用率既是保护生态环境、实现资源高效利用的有效途径，也是促进广大农民优化化肥投入、减少化肥浪费、降低化肥需求以及在一定程度上抑制化肥价格的过快增长和节本增效的重要手段，对建设资源节约型和环境友好型社会有重要意义。

### 一、科学施肥的理论依据

农谚说“有收无收在于水，多收少收在于肥”，说明施肥是一项技术性很强的农业增产措施。要想农业丰收和农业可持续发展，就离不开科学施肥。目前一些农民受施肥越多越增产的误导，导致盲目施肥的情况时有发生，造成了肥料资源不同程度的浪费，不仅农民得不到应有的经济利益，而且还会带来生态环境恶化的严重后果。针对农民施肥实践中存在的实际问题，如“种地为什么要施肥?”“施什么肥最有效?”“施多少肥最经济?”，以及“怎样使有限的肥料资源发挥最大效益?”等，学习科学施肥理论，对克服当前盲目施肥现象，促进农业生态循环、可持续发展具有非常重要的实际意义。

### （一）养分归还（补偿）学说

“种地为什么要施肥?”要清楚认识这个问题，就要了解科学施肥的第 1 个基本理论——养分归还（补偿）学说。

19 世纪中叶，德国杰出化学家李比希提出了“植物矿质营养学说”，认为作物的生长主要依赖于土壤中的矿物质，以及有机质分解后产生的矿物质，只有不断地向土壤归还和供给矿质养分，才能维持土壤肥力。在当时，这种观点推翻了以前认为植物靠吸收腐殖质而生长的错误学说，推动了化肥的广泛应用；但该学术抛弃了施用有机肥、种植绿肥培养地力的措施，忽视了生物因素对提高土壤肥力的积极作用。

李比希认为，农业、人类和自然界之间是物质循环代谢的过程，即植物从土壤和大气中吸收养分进行同化形成的植物体，被人类和动物作为食物而摄取，又通过动植物本身和动物排泄物的腐败分解过程，再重新返回大地或大气中。养分补偿学说的中心思想是归还从土壤中带走的养分，这是一个以生物循环为基础，对恢复地力、保证作物持续增长有积极意义的观点。李比希认为：由于人类在土地上种植作物并把这些产物拿走，这就必然会使地力逐渐下降，土壤所含的养分将会越来越少。因此要想恢复地力，就必须归还从土壤中拿走的全部东西，不然，就难以再获得过去那样高的产量。为了增加产量，就应该向土壤施加灰分（即肥料）。这里应该指出，李比希所说的“归还”是在生物循环的基础上，通过人为的施肥对土壤养分亏缺的一种积极的“补偿”。李比希养分归还（补偿）学说的要点详见二维码 10-1。

### （二）最小养分律

二维码 10-1　李比希养分归还（补偿）学说的要点

同一种化肥施在肥力低的土壤效果很好，可是施在肥力高的土壤效果就不好，这是为什么？这是因为土壤中养分的丰缺状况不同，如果施肥不符合土壤条件，效果自然不好。归根到底，是因为作物产量的高低受土壤最小养分的制约。

最小养分律是李比希提出来的另一个定律，也被称为木桶定律。它的主要内容是：作物为了生长发育需要吸收各种养分，但是决定产量的却是土壤中那个相对含量最小的养分因素，产量也在一定范围内随着这个因素的增减而相对地变化，如果无视这个限制因素的存在，即使继续增加其他营养成分也难以再提高产量。为使这个定律更加通俗易懂，有人用装水木桶进行图解（图 10-1）。木桶是由代表不同养分含量的木板组成，储水量的多少（即水平面的高低）表示作物产量的高低，也就是作物产量取决于最短木板（最小养分）的高度。当然，最小养分律是从某种养分的单一因素考虑的，缺乏养分之间和养分与其他生长因素之间的综合考虑，这是最小养分律的不足之处。但是，它反映了在土壤非常贫瘠和作物产量水平很低的情况下，只要针对性地增施少量肥料（最小养分），往往就可以获得极显著的增产效果（直线效应）的客观事实。但它并不意味着在土壤肥力水平较高的情况下，施肥与产量之间也呈直线关系，否则将会导致施肥越多越增产的错误结论。如果把限制产量提高的养分因素扩大到水分、光照、温度等生态因素，那么产量在一定程度上受上述因素的制约，这就是限制因子律。最小养分律的要点可以归纳如下：

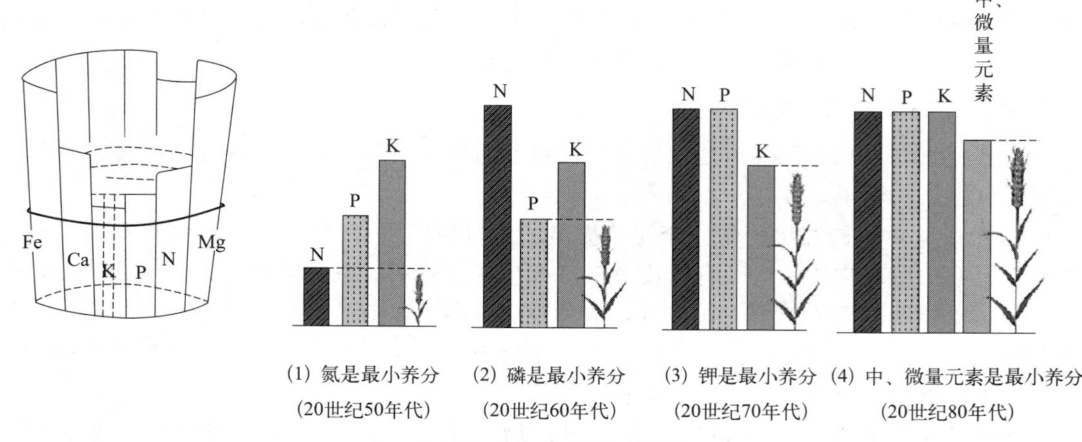


(1) 氮是最小养分（20世纪50年代） (2) 磷是最小养分（20世纪60年代） (3) 钾是最小养分（20世纪70年代） (4) 中、微量元素是最小养分（20世纪80年代）

图 10-1 最小养分律示意图

具体内容见二维码 10-2。

二维码 10-2 最小养分律

### （三）报酬递减律

农民在施肥实践中最关心的问题是“施多少肥最经济?”然而，农民在施肥实践中过量使用化肥的事却时有发生。报酬递减率在 18 世纪后期，首先由欧洲的经济学家杜尔哥（Turgot）和安德森（Anderson）同时提出。它反映了在技术条件不变的情况下投入与产出的关系。所以，长期以来，它作为经济法则广泛应用于工业、农业以及牧业生产等领域。目前，国内外对报酬递减律的一般表述是从一定土地上所得到的报酬随着向该土地投入的劳动和资本量的增大而有所增加，但随着投入的单位劳动和资本量的增加，单位报酬的增加却在逐渐减少。后来，有些学者把报酬递减律运用于农业，如米切利希（Mistcherlish）等人在 21 世纪初期，在前人工作的基础上，以燕麦为材料，进行了著名的燕麦磷肥砂培实验，深入探讨了施肥量与产量之间的关系，获得了与报酬递减律相一致的科学结论。这就充分说明了报酬递减律不仅是经济学的一个基本法则，而且也是科学施肥的基本理论之一。米切利希通过上述实验发现，在其他技术条件相对稳定的前提下，随着施肥量的逐次增加，作物产量也随之增加，但是单位肥料的增产量却随施肥量的增加而呈递减趋势（图 10-2）。

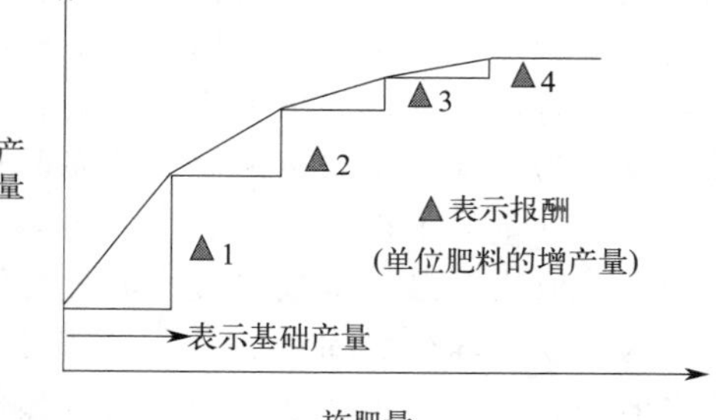


图 10-2 报酬递减率示意图

一般而言，在一个短暂的轮作周期或较长的生产阶段内，生产条件不会发生重大变化或突破，总是保持相对稳定的状态，这就在客观上与报酬递减律的条件相吻合。作物生长受许多条件的影响，其中某些条件如光照、温度、品种的遗传特性等，在一定程度上不会受人们的控制。所以，在影响作物产量进一步提高的诸多因素中，大部分技术因素一般均处于相对不变的状态，只有某些技术因素（如施肥）起着主导作用。虽然在改善某一限制因素后，生产会上升到一个新水平，但是在新的生产条件下，施肥量与产量之间的关系，仍然是总产量按报酬递减律在增长。在达到最高产量之前，尽管肥料报酬是递减的，但它仍是正效应，总产量随施肥量增加而增加；当超过最高产量之后，肥料报酬出现负效应，此时总产量随施肥量增加而减少。施肥量与产量的关系见图 10-3。因此，报酬递减律和米切利希学说告诫人们的重点就是施肥要有限度，超过这个合理的施肥限度，就是盲目施肥，必然遭受一定的经济损失。这是施肥实践中必须严格遵守的一条原则。

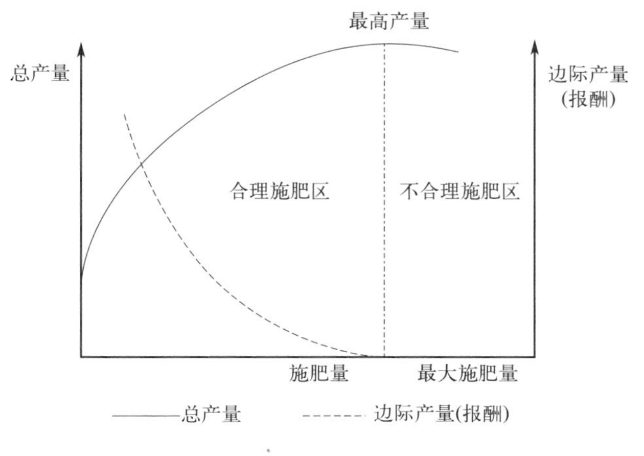


图 10-3　施肥量与产量的关系

报酬递减律和米切利希学说，都是以其他技术条件不变（相对稳定）为前提，反映了投入（施肥）与产出（产量）之间具有报酬递减的趋势。在科学施肥中应将其作为重要原理加以运用：一方面要正视它，承认在一定的条件下报酬递减律确实在起作用，才能从主观上避免作出盲目施肥的决策，通过合理施肥达到增收的目的；另一方面不应该消极地对待它，片面地以减少肥料投入、降低生产成本来提高肥料报酬，达到增加经济效益的目的。人们应该重视施肥技术，研究新的技术措施，在逐步提高施肥水平的情况下，力争发挥肥料的最大经济效益，促进农业生产的持续跃进。如果不承认肥料报酬递减律是客观存在的规律，那么科学施肥就成了一句空话，必然要受到客观规律的惩罚。

### （四）因子综合作用律

在资金不足时能否使有限的肥料发挥最大效益呢？下面举一个玉米施肥和灌溉试验的例子来说明这个问题（表 10-1）。

**表 10-1　施肥和灌溉对玉米产量的影响**

| 处理 | 内容 | 产量/(kg/亩) |
|---|---|---|
| 未施肥 | 未灌溉 | 315 |
| | 灌溉 | 385 |
| 施肥 | 未灌溉 | 374 |
| | 灌溉 | 667 |

注：施肥处理组每亩施氮（N）6.7kg、磷（$P_2O_5$）6.7kg、钾（$K_2O$）4kg。

从表 10-1 可以看出，仅灌溉能使玉米每亩增产 70kg，这是灌溉的效应；施用氮、磷、钾肥能使玉米每亩增产 59kg，这是化肥的效应；灌溉与施肥相结合，玉米增产效果极显著，每亩增产 352kg，大大超过了灌溉和施肥单一措施生产效果的总和。这就是 1＋1＞2，大于 2 的那部分便是水肥的交互效应增产的效果。

合理施肥是作物增产综合因子（如水分、养分、光照、温度、空气、品种以及耕作等）中的重要因子之一。作物丰产不仅需要解决影响作物生长发育和提高产量的某种限制因子

（如最小养分），而且只有在外界环境条件足以保证作物正常生长发育的前提下，才能充分发挥肥料的最大增产作用。因此，肥料的增产效应必然受因子综合作用律的影响。

因子综合作用律的中心意思是作物丰产是影响作物生长发育的诸多因子综合作用的结果，但其中必有一个起主导作用的限制因子，产量在一定程度上受该种限制因子的制约。为了充分发挥肥料的增产作用和提高肥料的经济效益，一方面，施肥措施必须与其他农业技术措施密切配合；另一方面，各种养分之间的配合施用也是提高肥效不可忽视的因素。因此，发挥因子的综合作用是施肥技术中的一个重要依据。其中，水分与施肥效果、养分的交互作用是施肥实践中两个中最重要的方面。

水分是作物正常生长和发育所必需的条件之一。从产量分析来看，水与肥的交互作用效应是十分明显的。也就是说，灌溉与施肥相结合的增产作用远远大于灌溉或施肥单一措施增产效果的总和。土壤水分状况决定着作物从土壤中吸收养分的能力。当土壤含水量不足时，由于水分直接抑制了作物的正常生长和发育，致使光合作用减弱，干物质生产较少，肥料中养分利用率降低，因此所施肥料难以发挥应有的增产效果。土壤含水量得到提高后，作物长势增强，吸收土壤养分的能力大大提高，植株体内干物质积累也相应增多，尤其是在大量施用化肥的情况下，更应重视调节土壤含水量（如灌溉）来改善作物的水分供应，从而有利于发挥肥料的增产潜力。土壤含水量对施肥效果的影响进一步启示我们：在干旱年份，如果没有良好的灌溉条件，盲目施用化肥势必会造成肥料的浪费，降低肥效；相反，在多雨之年，适当增施肥料，则有利于作物增产，从而提高肥料的经济效益，但是也应防止由于土壤水分过多或氮肥施用过量造成作物贪青晚熟和减产的不良后果发生。

最小养分律所说明的是作物产量受土壤中最小养分制约，但仅仅补充最小养分，其他元素有可能成为新的最小养分，这就是土壤养分之间交互效应的结果。例如，在基础肥力低的土壤上，如果土壤供氮不足的矛盾大于供磷不足的矛盾，那么单施氮肥的生产效果就非常显著，而单施磷肥的增产效果则不明显。当氮肥与磷肥配合施用时，氮、磷养分的交互效应极为显著。而在基础肥力较高的菜田土壤上，土壤供磷水平远远大于供氮水平，所以，氮、磷养分的交互效应不显著。

充分利用养分之间的交互效应，不仅是一项经济合理的施肥措施，而且也是使作物低产变高产的一条有效途径。不同作物对氮、磷、钾的需要均有一定的比例关系，平衡施肥对促进作物良好生长发育和获得高产有着良好的作用。一般而言，氮肥的最高肥效取决于施用足够数量的磷和钾，同样磷、钾肥的最高肥效只有在施足氮肥的基础上才能表现出来。

叶类菜需氮较多，氮、磷肥配合施用往往具有明显的交互效应；而对于需钾较多的果菜类蔬菜来说，氮、钾肥配合施用具有明显的交互效应。除了大量元素之间有交互效应外，微量元素与大量元素，有时两种微量元素之间也常有明显的交互效应。除了营养元素之间正的交互作用外，营养元素之间还存在负的交互作用。例如，土壤中存在大量的磷元素，磷酸根离子会与微量元素发生反应，生成难溶于水的磷化物，降低了磷与微量元素对植物的有效性；土壤中钾离子含量过多，也会影响作物对镁的吸收，这种负作用也被称为拮抗作用。

在制定科学施肥方案时，要考虑因子之间的相互作用效应，其中包括养分之间以及养分与生产技术措施（如灌溉、品种、防治病虫害等）之间的相互作用效应。发挥因子的综合作用具有在不增加施肥量的前提下，增进肥效和提高肥料利用率的显著特点。

在作物生长过程中，每个生育阶段对土壤水分、温度及养分状况等方面的要求均不同，根据作物不同阶段的营养特点，施用肥料进行补充和调节来满足作物对养分的需求，是获取作物高产优质的重要措施之一。一般可采取下述几种常规施肥方法：基肥、种肥、追肥。

## 二、基肥

基肥是在播种前，结合土壤的耕翻耙匀等操作同时施入的肥料，又叫底肥。施用基肥的作用主要有两方面：一是培肥地力，改良土壤，为作物生长发育创造良好的土壤条件；二是为作物生长不断地提供养分。

用于基肥的肥料品种应以有机肥和缓效肥为主，如厩肥、堆肥、磷矿粉等，它们均属稳效缓释肥料。磷、钾肥也可作为基肥，与有机肥料一起施入。速效性氮肥不宜过多地作为基肥施用，以免造成养分流失和水源富营养化污染，同时也容易使作物初期生长过旺，易染病虫害。

基肥的具体施用数量和方法，应根据作物种类、土壤条件、耕作方式、肥料性质等确定，常用的施肥方法如下。

### （一）撒施法

撒施法指在作物播种前，将肥料均匀地撒施于地表，然后翻耕入土。该种施肥方式适用于种植密度较大的作物，如小麦、水稻等。该法劳动强度较小，与耕层土壤均匀混合，有利于改善土壤供肥能力，提高土壤肥力。

### （二）条施和穴施法

条施和穴施法指在播种前结合整地作畦、开沟或开穴，将肥料施入土壤中之后，覆土播种，适用于条播或点播作物。该方法属于集中施肥，应注意肥料的用量不宜太大，以免因局部肥料浓度过高烧种、烧苗。施用的有机肥应充分腐熟。

### （三）分层施肥法

根据所用基肥的性质结合深耕，把肥效长而迟的肥料施入下层，上层施速效性肥料，各层肥料应均匀分布，这种施肥方式可以满足作物根系生长对养分的需要，对生育期长、深根性作物效果更明显。

## 三、种肥

种肥指在作物播种、块茎栽培或幼苗移植时施入土壤的肥料。施用种肥的目的是为培育壮苗提供必需的养分。种肥一般应施用速效性氮、磷、钾肥或腐熟的有机肥，因为肥料与种子或秧苗幼根距离较近，故在确定肥料的用量、肥料类型、具体的施肥方法时，都应预防肥料对种子或秧苗可能产生的腐蚀、灼伤和毒害作用，还应考虑肥料的浓度、酸碱反应、有机肥料的腐熟程度等因素。种肥的施用方法一般有下列几种。

### （一）拌种法

用少量的肥料和种子拌和在一起播种。拌种肥料用量较少，如冬小麦采用硫酸铵拌种，一般按 1kg 种子 0.1kg 氮素计算，若每亩播种 10kg，则用硫铵 5kg（N 20%）。拌种时，肥料和种子应该都是干的，随拌随播。

### （二）浸种法

将某些肥料用水溶解成稀的肥料溶液，将种子浸泡在肥料溶液中一定时间后，取出播种。经过肥料浸种处理的种子，发芽出苗比较整齐健壮，抗逆性增强，有利于苗期生长。但要严格掌握肥料溶液浓度、浸泡时间，以免对种子造成不良影响。

### （三）蘸秧根法

蘸秧根法是在作物秧苗移栽时，蘸上少量的粉状肥料，随蘸随栽。如栽甘薯秧时，蘸草木灰可收到省肥、增效的结果。

### （四）盖种肥

播种以后，再用少量的肥料与细土混合后盖在种子上面，叫盖种肥。多用腐熟好的有机肥料，如厩肥、堆肥等。有机肥除供给作物养分外，还有保墒、保温作用，可促进作物苗期生长。在作物套种穴播时，也可采用此法。

## 四、追肥

追肥指在作物生长过程中，根据作物各生育阶段对养分需求的特点施加的肥料。通常情况下，追肥以速效性的无机肥为主，最常用的是速效氮肥。在作物生长周期长而基肥又不足的土壤上，可补施腐熟好的饼肥、优质圈粪等；如需补施磷肥，应选择水溶性磷肥。追肥的具体方法有以下几种。

### （一）撒施法

一般在作物植株密度较大，根系遍布整个耕层，追肥用量多的情况下采用撒施法。该法要求撒施均匀，并与中耕、除草和灌水等相结合。撒施法简便易行，但肥料利用率不高，肥料施用后会发生挥发（氮肥）和固定（水溶性磷），经济效益差。

### （二）条施法

该法适用于条播作物，如小麦、玉米等。追肥时，可先中耕除草，然后在行间开沟，将肥料施入其中覆土。施肥深度应与作物根系入土深度相适应。

### （三）穴施法

穴施法指在株行距较大的大田作物的株间或行间施入肥料，适用于花生、甘薯、烟草等作物。此法用肥少，损失少，但比较费工。

### （四）环施法

环施法多在果树追肥时使用，即沿树干周围开环状沟，将所用肥料施于沟内然后覆土。环状沟的直径和深度应与果树根系分布的区域相适应。果树为多年生木本植物，生长周期长，因此，施肥的环沟位置应随树木的生长逐年向外推移；另外也可以树干为中心，向四周开放射状条沟进行施肥。采用该法时，施肥沟的位置应年年改变。但要注意，不论采用哪种方法施肥，都不要过多地损伤根系。

### （五）喷施法

喷施法是将肥料配置成一定浓度的溶液，将其喷洒于作物的叶片上，又被称为根外追肥。该法适应范围广，肥料中的营养元素可被作物叶片直接吸收利用，大田、蔬菜、果树、作物均可施用。该法肥料用量少、见效快、利用率高。当作物出现营养元素缺乏症状时，可用根外喷施方法纠正。喷施溶液的浓度应通过试验确定后，才可大面积推广施用。

科学施肥技术路径可总结为四个方面：

(1)“精”（精准施肥）

根据不同区域土壤条件、作物产量潜力和养分综合管理要求，合理制定各区域作物单位面积施肥限量标准，减少盲目施肥行为。

（2）“调”（调整结构）

优化氮、磷、钾配比，促进大量元素与中、微量元素配合，适应现代农业发展需要，引导肥料产品优化升级，大力推广高效新型肥料。

（3）“改”（改进方式）

大力推广测土配方施肥，提高农民科学施肥意识和技能，研发推广施肥设备，改表施、撒施为机械深施、水肥一体化、叶面喷施等方式。

（4）“替”（有机肥替代）

通过合理利用有机养分资源，用有机肥替代部分化肥，实现有机无机相结合，提升耕地基础肥力，用耕地内在养分替代外来化肥养分投入。不同区域侧重点不同，如以东北地区为例，其施肥原则是控氮、减磷、稳钾，补锌、硼、铁、钼等微量元素；主要措施是结合深松整地和保护性耕作，加大秸秆还田力度，增施有机肥，适宜区域实行大豆、玉米合理轮作，在大豆、花生等作物生产中推广使用根瘤菌，推广化肥机械深施技术，适时适量追肥，在干旱地区玉米生产中推广高效缓释肥料和水肥一体化技术。

# 任务二　水肥一体化技术

具体内容见二维码 10-3。

二维码 10-3
水肥一体化技术

# 任务三　粮食作物施肥技术

## 一、水稻施肥技术

### （一）水稻的需肥特征

#### 1. 水稻需肥量

正常生长发育需要适量的碳、氢、氧、氮、磷、钾、铁、锰、铜、锌、硼、钼、氯、硅、钙、镁、硫、硒等多种元素。在水稻所吸收的矿质营养元素中，吸收量多而土壤供给量又常常不足的主要是氮、磷、钾三种元素。水稻养分吸收量随产量水平不同、生长环境不同而有所差异。每亩产 500kg 稻谷和 500kg 稻草，从土壤中吸收纯 N 8.5～12.5kg、$P_2O_5$ 4～6.5kg、$K_2O$ 10.5～16.5kg。水稻形成 100kg 籽粒对氮、磷、钾养分吸收量分别为 N 2kg 左右，高产田略低些，低产田高些；$P_2O_5$ 0.9kg 左右；$K_2O$ 2.1kg 左右，低产田略低些。杂交水稻形成 100kg 籽粒对氮（N）、磷（$P_2O_5$）、钾（$K_2O$）养分吸收量分别为 2.0kg、0.9kg、3.0kg，N、$P_2O_5$ 吸收量与常规稻基本一致，$K_2O$ 吸收量较常规稻高 0.9kg。上述吸肥比例也因品种类型、栽培地区、栽培季节、土壤性质、施肥水平及产量高低而异，故只能作为计算施肥量的参考。此外，水稻吸收硅的数量很大，生产 500kg 稻谷，吸收 87.5～100kg 硅。故高产栽培时，应采取稻草还田的措施，施用秸秆堆肥和硅酸肥，以满足作物对硅的需要。我国主要水稻产区生产 100kg 水稻籽粒需要的氮、磷、钾素吸收量分别见表 10-2 和表 10-3。

表 10-2 我国主要水稻产区生产 100kg 水稻籽粒需要的氮素吸收量

| 种植类型 | 目标生产量/(kg·亩$^{-1}$) | 氮素(N)需求量/kg | | |
|---|---|---|---|---|
| | | 秸秆 | 籽粒 | 全株 |
| 双季早稻 | 400～433 | 0.6～0.8 | 1.2～1.6 | 1.8～2.4 |
| 双季晚稻 | 433～500 | 0.8～1.0 | 1.4～1.8 | 2.2～2.8 |
| 南方单季稻 | 500～633 | 0.6～0.8 | 1.6～1.8 | 2.2～2.6 |
| 华北单季稻 | 567～633 | 0.6～0.8 | 1.6～1.8 | 2.2～2.6 |
| 东北单季稻 | 500～600 | 0.6～0.8 | 1.6～1.8 | 2.2～2.6 |

表 10-3 我国主要水稻产区生产 100kg 水稻籽粒需要的磷、钾素吸收量

| 种植类型 | 目标生产量/(kg·亩$^{-1}$) | 全株磷素(P)需求量/kg | 全株钾素(K)需求量/kg |
|---|---|---|---|
| 双季早稻 | 400～433 | 0.2～0.4 | 1.6～1.9 |
| 双季晚稻 | 433～500 | 0.2～0.6 | 1.8～2.0 |
| 南方单季稻 | 500～633 | 0.3～0.6 | 1.8～2.1 |
| 华北单季稻 | 567～633 | 0.3～0.5 | 1.6～1.8 |
| 东北单季稻 | 500～600 | 0.3～0.5 | 1.6～1.8 |

### 2. 水稻对养分需求的特性

(1) 氮

水稻是喜铵态氮作物，氮素提供充足时，水稻新根才能生成，分蘖才能正常进行，叶片才能伸长；但大量施用氮肥会导致叶片过于繁茂，下层叶光照不足，使病虫滋生，引起后期倒伏；过量施用铵态氮时易引起氨毒，尤其是在低光照和高温度条件下；氮肥能提高根系活力，氮肥表施能提高上位根氧化能力从而促进分蘖，氮肥深施则能提高下位根活力从而增加每穗颖花数。

(2) 磷

磷能促进体内糖的运输和淀粉合成，加速灌浆结实，有利于提高千粒重和籽粒结实率。水稻幼苗期和分蘖期磷的供应非常重要，此时缺磷会对以后产生明显的不良影响。因此，磷肥必须早施，在水稻开花以后追施磷肥会抑制体内淀粉的合成从而妨碍籽粒灌浆。

(3) 钾

钾能提高水稻对恶劣环境条件的抵抗力并减少病虫害发生，所以人称钾肥为“农药”。钾通过促进碳、氮代谢，减少病原菌所需的碳源和氮源，提高植株 ATP 酶的活力，促进酚类物质的合成，从而提高作物抗病能力。钾肥还可使植株根茎叶中硅的含量增加，提高单位面积叶片上硅质化细胞的数量，使茎秆硬度、厚度和木质素含量均随施钾量增加而增加，并最终增加水稻对病原菌侵染的抵抗力。

(4) 硅

水稻是代表性的喜硅作物，吸硅量在各种作物中最多，有“硅酸植物”之称。硅是水稻的必需营养元素。水稻茎叶含硅量为10%～20%，高的可达30%，约为含氮量的10倍，主要存在于茎、叶表皮角质层中。足量的硅能增强水稻对病虫害的抗性、提高根系活力从而减轻 $Fe^{2+}$、$Mn^{2+}$ 的毒害作用、改善磷素营养和促进光合作用及其他代谢过程。硅能增强根吸氧能力，减少二价铁或锰过量吸收对根系的毒害，并促进磷向穗转移。缺硅时，水稻体内可溶性氮和糖增加，抗病性减弱，穗粒数和结实率降低，严重时变为白穗。

(5) 锌

锌对水稻生长发育有重要作用，能促进生长素的合成。水稻营养器官锌含量大于繁殖器官；苗期和穗期尤其是苗期是水稻的吸锌高峰，吸收的锌达 84.6%～96.1%。缺锌是水稻生产上较为普遍的问题。缺锌会影响蛋白质合成和植株的正常发育，最明显的症状是植株矮小，叶片中脉变白，分蘖受阻，初叶速度慢，严重影响产量。因此，有人将锌列为仅次于氮、磷、钾的水稻“第四要素”。

(6) 其他元素

镁是叶绿素的重要组成成分，水稻植株缺镁不能合成叶绿素，叶脉出现绿色，而叶脉之间的叶肉变黄或呈红紫色，严重缺镁的植株则形成褐斑坏死。水稻分蘖期对缺硫最敏感，缺硫植株会明显变矮，同时影响水稻吸收磷素营养及磷素转化。钙以果胶酸钙形式出现，它是植株细胞壁的重要组成部分，缺钙会引起水稻植株蛋白质含量下降，非蛋白质含量增加，全氮比正常植株少；缺钙会导致茎、根分生组织的早期死亡，嫩叶畸形，叶尖钩状向后弯曲。北方缺锰严重影响水稻的光合作用及水稻的呼吸代谢。缺铜会使叶片失绿和影响光合作用强度，直接影响水稻的呼吸作用。缺铁会降低水稻的光合作用和呼吸作用强度。缺硼会直接影响植株分生组织中细胞的正常生长、分化以及细胞伸长。钼主要以钼酸盐出现在土壤中，钼对氮的固定和硝酸盐的同化是必要的。

**3. 稻株缺素症状**

(1) 缺氮

水稻缺氮时，其叶片体积减少，植株叶片自上而下变黄，稻株矮，分蘖少，叶片直立。

(2) 缺钾

植株叶片由上而下，叶片叶脉出现红褐色斑点，下部叶片边缘变黄，稻株分蘖较少，植株矮，叶片呈暗绿色，顶部有赤褐斑。缺钾症状一般在移栽后开始，移栽 20～30d 时最明显。

(3) 缺钙

植株主茎中部叶片的叶绿素间或消失，叶片卷曲，最后死亡。新叶顶部卷曲发白，不久变褐。但下部叶片一般表现正常，原因是钙在植株体内的流动性较差。

(4) 缺镁

镁在植株体内的流动性较好。缺镁时主茎中、下部叶片褪色，并沿叶脉变黄，叶片卷曲死亡，植株分蘖少，稻株矮，但上部叶片看不出症状。

(5) 缺铁

植株叶片叶脉之间缺绿，随后变黄，但老叶仍呈绿色，惟新叶变黄。对出现缺铁症状的稻田，可喷施铁盐补充铁质。

**4. 水稻各生育期需肥规律**

(1) 水稻不同时期对养分的吸收

水稻自返青至孕穗期，各种元素吸收总量增加较快。自孕穗期以后，各种元素增加幅度有所不同。对氮素来说，至孕穗期已吸收全过程总量的 80%，磷为 60%，钾为 82%。

植株吸收氮量有分蘖期和孕穗期 2 个高峰；吸收磷量在分蘖至拔节期是高峰，约占总量的 50%，抽穗期吸收量也较高；钾的吸收量集中在分蘖至孕穗期。自抽穗期以后，氮、磷、钾的吸收量都已减弱，因此在灌浆期所需的养分大部分是抽穗期以前植株体内所贮藏的。

对杂交水稻各个时期吸肥状况的研究结果表示，其氮的吸收在生育前期和中期与常规稻基本相同，所不同的是在齐穗和成熟阶段，杂交水稻还要吸收24.6%的氮素，这一特性使植株在后期仍保持较高的氮素浓度和较高的光合效率，有利于青穗黄熟，防止早衰。杂交水稻在齐穗后还要吸收19.2%的钾素，这有利于加强光合作用和光合产物的运转，提高结实率和千粒重。

(2) 不同类型水稻对养分的吸收

双季稻是我国长江以南普遍栽培的水稻类型，分早稻和晚稻。它们有共同的特点：生育期短，养分吸收强度大，需肥集中且需肥量大，但由于生长季节的不同，养分吸收上有一定的差别。一般从移栽到分蘖终期，早稻吸收的氮、磷、钾量占一生总吸收量的百分比较晚稻大，早稻吸收的氮、磷、钾分别占总量的35.5%、18.7%、21.9%，而晚稻分别占23.3%、15.9%、20.5%，早稻的吸收量高于晚稻，尤其是氮；晚稻氮的吸收量增加很快，从抽穗至结实成熟期，早稻吸收的氮、磷、钾有所下降，分别是15.9%、24.3%、16.2%，而晚稻为19.0%、36.7%、27.7%，可见晚稻后期对营养的吸收高于早稻。中稻从移栽到分蘖停止时，氮、磷、钾吸收量均已接近总吸收量的50%，整个生育期中平均每日吸收三要素数量最多的时期为幼穗分化至抽穗期，其次是分蘖期。不论何种类型的水稻，在抽穗前吸收的三要素数量已占吸收量的大部分，所以各类型肥料均早施为好。

### （二）稻田的供肥性能

具体内容见二维码10-4。

### （三）水稻的常规施肥方法

具体内容见二维码10-5。

### （四）水稻配方施肥技术

具体内容见二维码10-6。

二维码10-4　稻田的供肥性能

二维码10-5　水稻的常规施肥方法

二维码10-6　水稻配方施肥技术

## 二、玉米需肥规律与施肥技术

玉米是一种高产、稳产的粮食作物，其播种面积和总产量仅次于水稻和小麦，是世界第三大粮食作物。目前，全世界玉米生产已从传统的粮食作物生产发展到饲料与深加工等多种用途生产。其中70%～80%的籽粒主要作为精饲料及配合饲料利用，15%～20%作为加工工业的原料，仅10%～15%为人们直接食用。我国玉米种植面积和产量在世界上居第二位，占世界总产量的1/5左右。其分布东起台湾和沿海各省，西至新疆维吾尔自治区和青藏高原，南自海南省南端及云南省西双版纳，北达黑龙江黑河附近。玉米主产区在东北、华北和西北地区，吉林、山东等省种植面积最大。依据分布范围、自然条件和种植制度，我国玉米可划分为6个产区：北方春播玉米区、黄淮海夏播玉米区、西南山地丘陵玉米区、南方丘陵玉米区、西北灌溉玉米区和青藏高原玉米区。

## （一）玉米需肥规律

### 1. 玉米对肥料三要素的需肥量

玉米是需肥较多的高产作物，一般随着产量提高，所需营养元素也增加。玉米全生育期吸收的主要养分中，以氮为多，钾次之，磷较少。虽然玉米对微量元素的需要量少，但仍不可忽视，特别是随着施肥水平提高，施用微肥玉米增产效果更加显著。

综合国内外研究资料来看，一般每生产 100kg 籽粒，需吸收氮 3.5～4.0kg，磷 1.2～1.4kg，钾 5.0～6.0kg，三要素的比例约为 1∶0.3∶1.5。其中春玉米每生产 100kg 籽粒吸收 N、$P_2O_5$、$K_2O$ 分别为 3.47kg、1.14kg 和 3.02kg，N∶$P_2O_5$∶$K_2O$ 为 3∶1∶2.7；套种玉米吸收 N、$P_2O_5$、$K_2O$ 分别为 2.45kg、1.41kg 和 1.92kg，N∶$P_2O_5$∶$K_2O$ 为 1.7∶1∶1.4；夏玉米吸收 N、$P_2O_5$、$K_2O$ 分别为 2.59kg、1.09kg 和 2.62kg，N∶$P_2O_5$∶$K_2O$ 为 2.4∶1∶2.4。肥料吸收量常受播种季节、土壤肥力、肥料种类和品种特性的影响。据全国多点试验，玉米植株对氮、磷、钾的吸收量常随产量的提高而增多。

### 2. 玉米对各养分的需求特点

玉米吸收的矿质元素多达 20 余种，主要有氮、磷、钾 3 种大量元素，硫、钙、镁等中量元素，铁、锰、硼、铜、锌、钼等微量元素。

（1）氮

氮在玉米营养元素中占有突出地位。氮是植物构成细胞原生质、叶绿素以及各种酶的必要因素，因而氮对玉米根、茎、叶、花等器官的生长发育和体内的新陈代谢作用都会产生明显的影响。

玉米缺氮的特征是株形细瘦，叶色黄绿。首先是下部老叶从叶尖开始变黄，然后沿中脉伸展呈楔形（V），叶边缘仍呈绿色，最后整个叶片变黄干枯。缺氮还会引起雌穗形成延迟，甚至不能发育，有的会引起穗小粒少、产量降低。

（2）磷

磷在玉米营养元素中也占有重要地位。磷是核酸、核蛋白的必要成分，核蛋白是植物细胞原生质、细胞核和染色体的重要组成部分。此外，磷对玉米体内碳水化合物代谢有很大作用。磷可直接参加光合作用过程，有助于合成双糖、多糖和单糖，还可促进蔗糖在植株体内的运输。磷还是 ATP 和 ADP 的组成成分，对于能量传递和贮藏都起着重要作用。良好的磷素营养可以培植玉米壮苗，扩大根系生长，这对作物吸收养分和水分、抗寒抗旱特性都有实际意义。在生长后期，磷对植株体内营养物运输、转化及再分配、再利用有促进作用。磷由茎叶转移到果穗中，参与籽粒中的淀粉合成，使籽粒积累养分顺利进行。

玉米缺磷，幼苗根系减弱，生长缓慢，叶色紫红；开花期缺磷，抽丝延迟，雌穗受精不完全，发育不良，粒行不整齐；后期缺磷，果穗成熟推迟。

（3）钾

钾对维持玉米植株的新陈代谢和其他功能的顺利进行起着重要作用。因为钾能促进胶体膨胀，提高水合度，使细胞质和细胞壁维持正常状态，由此保证玉米植株多种生命活动的进行。此外，钾还是某些酶系统的活化剂，因此钾在碳水化合物代谢中起着重要作用。总之，钾对玉米生长发育以及代谢作用的影响是多方面的，如对根系的发育，特别是须根形成，体内淀粉合成，糖分运输，抗倒伏，抗病虫害都起着重要作用。

玉米缺钾，生长缓慢，叶片呈黄绿色或黄色，老叶边缘及叶尖干枯呈灼烧状是其突出的标志。缺钾严重时，玉米生长停滞，节间缩短，植株矮小，果穗发育不正常，常出现秃顶，籽粒淀粉含量降低，千粒重减轻，容易倒伏。

（4）硼

硼能促进花粉健全发育，有利授粉、受精，结实饱满。硼还能调节与多酚氧化酶有关的氧化作用。

缺硼时，在玉米早期生长和后期开花阶段植株矮小，生殖器官发育不良，易成空秆或败育，造成减产。缺硼植株新叶狭长，叶脉间出现透明条纹，稍后变白变干，缺硼严重时，生长点死亡。

（5）锌

锌是对玉米早期生长发育影响比较大的微量元素。锌的作用在于影响生长素的合成，并在光合作用和蛋白质合成过程中起促进作用。

缺锌时，玉米因生长素不足细胞不能伸长，植株发育很慢，节间变短。幼苗期和生长中期缺锌，新生叶下半部出现淡黄色，甚至白色。叶片成长后，叶脉之间出现淡黄色斑点或缺绿条纹，有时中脉和边缘之间出现白色或黄色组织条带，或是坏死斑点，此时叶面都呈现透明白色，风吹易折。严重缺锌时，开始叶尖呈淡白色泽病斑，之后叶片突然变黑，几天后植株死亡。玉米中后期缺锌，使抽雄期与雌穗吐丝相隔日期加大，不利于授粉。

（6）锰

玉米对锰较为敏感。锰与植物的光合作用关系密切，能提高叶绿素的氧化还原电位，促进碳水化合物同化，并能促进叶绿素形成。锰对玉米的氮素营养也有影响。

玉米缺锰的症状是顺着叶片上长出黄色斑点和条纹，最后黄色斑点穿孔，表示这部分组织破坏死亡。

（7）钼

钼是硝酸还原酶的组成成分，缺钼将减低硝酸还原酶的活性，妨碍氨基酸和蛋白质的合成，影响氮正常代谢。

玉米缺钼的症状是玉米幼嫩叶首先枯萎，随后沿其边缘枯死，有些老叶顶端枯死，继而叶边和叶脉之间出现枯斑，甚至坏死。

（8）铜

铜是玉米植株内抗坏血酸氧化酶、多酚氧化酶等的成分，因而能促进代谢活动。铜与光合作用也有关系，铜还存在于叶绿体的质体蓝素中，是光合作用电子供求关系体系的一员。

玉米缺铜时，叶片缺绿，叶顶干枯，叶片弯曲，失去膨压，叶片向外翻卷。严重缺铜时，正在生长的新叶死亡。因铜与有机质会形成稳定性强的螯合物，所以泥炭土易缺有效铜。

**3. 玉米生育期对肥料三要素的需求规律**

在不同的生育阶段，玉米对氮、磷肥的吸收是不同的。一般玉米苗期（拔节前）吸氮量占总量的2.2%，中期（拔节至抽穗开花）占51.2%，后期（抽穗后）占46.6%；玉米对磷的吸收，苗期占总吸收量1.1%，中期占63.9%，后期占35.0%；玉米对钾的吸收，在拔节后迅速增加，而且到开花期达到高峰，吸收速率大，容易导致供钾不足，出现缺钾症状。

研究表明，秋玉米苗期对氮的吸收量只占总氮量的2.14%，拔节孕穗期占总量的32.2%，抽穗开花期占总量的18.95%，籽粒形成阶段占总量的46.7%。秋玉米对磷的吸收，苗期吸收量占总量的1.12%，拔节孕穗期吸收量占总量的45.04%，抽穗受精和籽粒形成的阶段占总量的53.84%。玉米对钾的吸收，秋玉米与夏玉米基本相似，在抽穗前有70%

以上被吸收，抽穗受精时吸收30%。玉米对氮、磷、钾三要素的吸收量都表现为苗期少，拔节期显著增加，孕穗至抽穗期达到最高峰的需肥特点。

玉米苗期生长缓慢，只有施足基肥，施好种肥，才可满足其需要；拔节以后至抽雄前，茎叶旺盛生长，内部的穗部器官迅速分化发育，是玉米一生中养分需求最多的时期，必须供应较多的养分，从而达到穗大、粒多；生育后期，植株抽雄吐丝和受精结实后，籽粒灌浆时间较长，仍须供应一定量的肥水，使之不早衰，确保正常灌浆。春玉米全生育期较长，前期外界温度较低，生长较为缓慢，以发根为主，栽培管理上适当蹲苗，需求肥水的高峰比夏玉米来得晚，到拔节、孕穗时对养分吸收开始加快，直到抽雄开花达到高峰，在后期灌浆过程中吸收数量减少。春玉米需肥可分为2个关键时期，一是拔节至孕穗期，二是抽雄至开花期。因此，玉米施肥应根据这些特点，尽可能在需肥高峰期之前施肥。

(1) 氮素的吸收

春玉米苗期至拔节期吸收氮占总量的9.24%，日吸收占总量的0.22%；拔节至授粉期吸收氮占总量的64.85%，日吸收量占总量的2.03%；授粉至成熟期，吸收氮占总量的25.91%，日吸收量占总量的0.72%。夏玉米苗期至拔节期氮素吸收量占总量的10.4%～12.3%，拔节期至抽丝初期氮吸收量占总量的66.5%～73%，籽粒形成至成熟期氮的吸收量占总量的13.7%～23.1%。

(2) 磷素的吸收

春玉米苗期至拔节期吸收磷占总量的4.30%，日吸收量占总量的0.10%；拔节期至授粉期吸收磷占总量的48.83%，日吸收量占总量的1.53%；授粉至成熟期，吸收磷占总量的46.87%，日吸收量占总量的1.3%。夏玉米苗期吸磷少，约占总磷量的1%，但相对含量高，是玉米需磷的敏感时期；抽雄期吸收磷达高峰，占总磷量的38.8%～46.7%；籽粒形成期吸收速度加快，乳熟至蜡熟期达最大值；成熟期吸收速度下降。

(3) 钾素的吸收

春玉米体内钾的吸收积累量随生育期的进展而不同。苗期吸收积累速度慢，数量少；拔节前钾的积累量仅占总量的10.97%，日积累量占总量的0.26%；拔节后吸收量急剧上升，拔节至授粉期积累量占总量的85.1%，日积累量占总量达2.66%。夏玉米钾素的吸收积累量似春玉米，展3叶时积累量仅占总量的2%，拔节后增至40%～50%；抽雄吐丝期积累量达总量的80%～90%；籽粒形成期钾的吸收处于停止状态。由于钾的外渗、淋失，成熟期钾的总量有降低的趋势。

### (二) 玉米施肥技术

具体内容见二维码10-7。

二维码10-7
玉米施肥技术

## 任务四　油料作物施肥技术

随着各国对植物蛋白需求的增长，大豆深加工日益加强，综合利用日益扩大。世界大豆生产迅速发展，品种不断更新。我国国家发展改革委日前印发《关于进一步做好粮食和大豆等重要农产品生产相关工作的通知》(2022年3月)，要求下大力扩大大豆和粮油生产，推进粮豆合理轮作。这对大豆施肥提出了更高的要求。为此有必要对大豆的营养特性、诊断与施肥技术做深入的了解和研究，以便提出更好的科学施肥建议。

## 一、大豆的营养特性

大豆对土壤要求不严格，适宜 pH 为 6.5～7.5，不耐盐碱，有机质含量高能促进大豆高产。大豆根是直根系，根瘤菌与根进行共生固氮作用，是氮素营养的一个重要来源。固氮作用高峰集中于开花至鼓粒期，开花前和鼓粒后期固氮能力均较弱，而根瘤菌只能固定氮素，供给大豆的氮仅占大豆需氮量的 50%～60%。因此，还必须施用一定数量的氮、磷、钾肥，才能满足其正常生长发育的需求。

大豆是需肥较多的作物，据研究，每生产 100kg 大豆，需吸收纯氮（N）6.5kg、磷（$P_2O_5$）1.5kg、钾（$K_2O$）3.2kg，三者比例大致为 4∶1∶2，比水稻、小麦、玉米等都高。

### （一）大豆各生育期的营养特点

大豆不同生育阶段需肥量有差异。大豆生长发育分为苗期、分枝期、开花期、结荚期、鼓粒期和成熟期，全生育期大多为 90～130d。开花至鼓粒期是大豆吸收养分最多的时期，开花前和鼓粒后吸收养分较少。其吸肥规律为出苗和分枝期占全生育期吸氮总量的 15%，分枝至盛花期占 16.4%，盛花至结荚期占 28.3%，鼓粒期占 24%。开花至鼓粒期是大豆吸氮的高峰期。

### （二）大豆的矿质营养与生长发育

大豆所需的氮素主要来源于根瘤固氮（占 62%～72%）、土壤（占 24%～32%）和肥料（占 4%～6%）。一般认为，在特别缺氮的地方，早期施氮可促进幼苗迅速生长。大豆幼苗是需氮关键时期，播种时施用少量的氮肥能促进幼苗生长。施用化学氮过多时，根瘤数减少，固氮率降低，会增加大豆生产成本。因此，大豆氮素营养比其他作物复杂，对大豆的生长发育起着重要作用。

磷有促进根瘤菌发育的作用，能达到以磷增氮效果。磷在生育初期主要促进根系生长，在开花前促进茎叶分枝等营养体的生长，开花时磷充足供应，可缩短生殖器官的形成过程，磷不足，落花落荚显著增加。钾能促进大豆幼苗生长，使茎秆坚强不易倒伏。

在酸性土壤上施用石灰水，不仅供给大豆生长所必需的钙营养元素，而且可以调整土壤酸性。石灰对提高土壤 pH 的作用往往高于增加营养元素的作用，其使土壤环境有利于根瘤菌的活动，并增加了土壤中其他营养元素的有效性（如钼）。另外，钙对大豆根瘤形成初期非常重要。土壤中钙增加，能使大豆根瘤菌数增多。但是施用石灰也不可过多，一般每亩不要超过 30kg。生产上施用过磷酸钙可以满足大豆对钙的需求。

### （三）大豆营养诊断与防治

大豆所需要的微量元素有铁、铜、锰、锌、硼和钼。在偏酸性的土壤上，除钼以外，这些元素都容易从土壤中吸收，不会缺乏。有时土壤缺乏钼时也会成为产量限制因素，但钼可在土壤中积累，当土壤中钼含量过多时，对大豆生长也有毒害作用。

大豆缺氮多发生在土壤有机质含量比较低、速效氮含量比较少、没有施种肥或追肥的砂质土壤上。但土壤肥力过高，尤其是土壤有机质和有效氮丰富的土壤或大量使用氮肥，对大豆生长也会产生不利的影响，容易造成徒长、倒伏、籽粒不饱满等症状。大豆缺氮先是真叶发黄，从下向上黄化，在复叶上沿叶脉有平行的连续或不连续铁色斑块，褪绿从叶尖向基部扩展，以致全叶呈浅黄色，叶脉也失绿，叶小而薄，易脱落，茎细长。

大豆缺磷根瘤少，茎细长，植株下部叶色深绿，叶厚，凹凸不平，狭长；缺磷严重时，叶脉黄褐色，后全叶呈黄色。

大豆缺钾叶片黄化，症状从下位叶向上位叶发展；叶缘开始产生失绿斑点，扩大成块，斑块相连，向叶中心蔓延，最后仅叶脉周围呈绿色；黄化叶难以恢复，叶薄，易脱离。

大豆缺钙叶黄化并有棕色小点，先从叶中部和叶尖开始，叶缘、叶脉仍为绿色；叶缘下垂、扭曲，叶小、狭长，叶端呈尖钩状。大豆缺钼上位叶色浅，主、支脉色更浅；支脉间出现连片的黄斑，叶尖易失绿，后黄斑颜色加深至浅棕色；有的叶片凹凸不平且扭曲，有的主脉中央出现白色线状。缺镁在大豆的3叶期即可显症，多发生在植株下部。叶小，叶有灰条斑，斑块外围色深；有的病叶反张、上卷，有时皱叶部位同时出现橙、绿两色相嵌斑或网状叶脉分割的橘红斑；个别中部叶脉呈红褐色，成熟时变黑；叶缘、叶脉平整光滑。缺硫大豆的叶脉、叶肉均呈米黄色大斑块，染病叶易脱离，迟熟。

大豆缺铁时叶柄、茎呈黄色，比缺铜时黄色要深。植株顶部功能叶中易出现，分枝上的嫩叶也易发病，一般仅见主、支脉，叶尖为浅绿色。

大豆缺硼会在4片复叶后开始发病，花期进入盛发期。新叶失绿，叶肉出现浓淡相间斑块，上位叶较下位叶色淡，叶小、厚、脆。缺硼严重时，顶部新叶皱缩或扭曲，上、下反张，个别呈桶状，有时叶背局部出现红褐色，发育受阻，停滞蕾期，迟熟，主根短，根颈部膨大，根瘤小而少。缺锌大豆的下位叶有失绿特征或有枯斑，叶狭长、扭曲，叶色较浅，植株纤细，迟熟。

## 二、大豆的施肥技术

大豆采用有机无机肥料配施体系，以磷、氮、钾、钙和钼营养元素为主，以基肥为基础。基肥中以有机肥为主，适当配施氮、磷、钾化肥。一般大豆施肥量为氮4kg/亩，磷6～8kg/亩，钾3～8kg/亩，包括有机肥和无机肥中有效养分含量之和，其中氮包括基肥和追肥氮用量之和。

### （一）基肥

施用有机肥是大豆增产的关键措施。有机肥作为基肥施用有以下几种方法：有机肥数量多但质量差时，可结合翻地全部撒施后翻入深层，如果翻地前来不及使用，可在翻地后均匀撒施，之后耙入土中；如有机肥数量少但质量较好时，可结合播种或起垄，把有机肥施入垄沟。有机肥集中施用能起到局部改土作用，效果比撒施好。

在粮豆轮作地上可在前茬粮食作物上施用有机肥料，而大豆则利用其后效，这样有利于结瘤固氮，提高大豆产量。大豆所需的钾大部分来自土壤和施入的有机肥，特别是北方土壤一般都有较强的供钾能力，因此北方大豆产区很少施用钾肥。但在低肥力土壤上种植大豆可以添加过磷酸钙、氯化钾各10kg作基肥，对大豆增产有好处。

### （二）种肥

在未施基肥或基肥数量较少时，施用种肥尤为重要。大豆施用种肥是东北春大豆产区提高大豆单产的一项成功经验。一般每亩用10～15kg过磷酸钙或5kg磷酸二铵作种肥，缺硼的土壤加硼砂0.4～0.6kg。大豆是双子叶作物，出苗时种子与肥料直接接触，淮北等地用1%～2%钼酸铵拌种效果也很好。

### （三）追肥

大豆是否要追肥取决于前期的施肥情况。实践证明，在大豆幼苗期，根部尚未形成根瘤或根瘤活动弱时，适量施用氮肥可使植株生长健壮，在初花期酌情施用少量氮肥也是必要的。氮肥用量一般以每亩施尿素7.5～10kg为宜。另外，花期喷0.2%～0.3%磷酸二氢钾水溶液或每亩用2～4kg过磷酸钙加水100L根外喷施，可增加籽粒含氮率，有明显增产作用；另据资料，花期喷施0.1%硼砂、硫酸铜、硫酸锰水溶液可促进籽粒饱满，增加大豆含油量。

# 任务五 蔬菜施肥技术

蔬菜是城乡居民生活必不可少的重要农产品。全面保障稳粮扩油和“菜篮子”产品稳定供给是重大的民生问题。蔬菜种类繁多，世界上约有200多种，普遍栽培的有五六十种，不同的品种对养分的需求各异。但蔬菜作物作为一类特殊的食用产品，在栽培过程中养分需求有一些共同的特点，如：①营养需求量大、吸收速度快；②喜硝态氮；③嗜钙；④需硼量大。每种蔬菜都有各自的生长发育特点和营养需求，因此各种蔬菜的施肥技术是不同的，加上目前栽培模式也有多样，如设施栽培、露地栽培等，使施肥变得更加复杂。但蔬菜作为一种特殊的农产品，施肥也有一些共同的特点，如：①苗期施肥要求高；②施肥模式差异大；③卫生保健要求较高，如我国习惯以粪尿作追肥，而这些肥料如不腐熟会含有大量寄生虫卵和病原微生物，势必会对蔬菜造成污染。如何减少蔬菜的生物污染是一个十分迫切的问题。

## 一、叶菜类蔬菜施肥技术

### （一）白菜的营养特性与施肥技术

#### 1. 白菜的营养特性

白菜以叶为产品，对氮的要求最为敏感。氮素供应充足则叶绿素增加，制造的碳水化合物随之增多，也促进了叶球的生长，提高了产量。若氮素过多而磷、钾不足，则白菜植株徒长，叶大而薄，结球不紧且含水量多，品质下降，抗病力减弱。磷能促进叶原基分化，使外叶发生快，球叶的分化增加，而且也促进它向叶球运输。充分供给钾肥，可使白菜叶球充实，产量增加，并且可增加白菜中养分含量从而提高品质。

缺氮的白菜全株叶色变淡，植株生长缓慢；缺磷则叶背的叶脉发紫，植株矮小；缺钾则外叶叶缘发黄，甚至叶缘枯脆易碎；白菜缺钙易发生干烧心；生长旺盛期缺硼，常在叶柄内侧出现木栓化组织，由褐色变为黑褐色，叶周围枯死，结球不良。

每生产100kg白菜约吸收氮150g、磷70g、钾200g。每亩产5000kg白菜大约吸收氮7.5kg、磷3.5kg、钾10kg，三大要素大致比例为1∶0.47∶1.33。由此可见，白菜吸收钾最多，其次是氮，磷最少。白菜各生长期内三要素的吸收量不同，大体上与植株干重的增长量成正比。发芽期至莲座期约只有总吸收量的10%，而结球期约吸收90%。各个时期吸收三要素的比例也不相同，发芽期至莲座期吸收的氮最多，钾次之，磷最少。结球期吸收的钾最多，氮次之，磷仍最少。这是因为在结球期，白菜需要较多的钾促进外叶中光合产物的制造，同时还需要大量钾促进光合产物由外叶向叶球运输并贮藏起来。

根据白菜生长需要量和土壤养分供给能力测算，结合当前白菜施肥实际水平进行综合分析，确定施肥量：①目标产量8000kg的中上等地，选中晚熟品种，每亩施优质农家肥7500kg、氮23kg、磷10.5kg、钾15kg；②目标产量6000kg的中等地，选中早熟品种，每亩施优质农家肥6500kg、氮20kg、磷9kg、钾13kg；③目标产量5000kg的下等地，一般选择早熟、中早熟品种，每亩施农家肥5000kg、氮16kg、磷6kg、钾9kg左右。

#### 2. 白菜施肥技术

（1）施足基肥

白菜生长期长，需要大量肥效较长的优质有机肥，因此大量施用厩肥作基肥十分重要。

一般每亩地施厩肥不应少于5000kg。在耕地前先将60%的厩肥撒在地里深翻入土，耙地前把40%的厩肥撒在地面耙入浅土中，然后起垄。过磷酸钙或复合肥料宜在施厩肥时一并条施，每亩用量50～75kg。

(2) 播种施好提苗肥

为确保白菜幼苗期得到充足的养分，需要追施速效性肥料为提苗肥。每亩用硝酸铵4kg或硫酸铵5～8kg，于直播前施于播种穴、沟内与土壤充分拌匀，然后浇水播种。

(3) 发棵肥

莲座期生长的莲座叶是将来在结球期大量制造光合产物的器官，充分施肥浇水是保证莲座叶强壮生长的关键，同时还要注意防止莲座叶徒长而导致延迟结球。发棵肥应在田间有少数植株开始团棵时施入，一般每亩施入人粪尿800～1500kg，草木灰50～100kg，或者施入硝酸铵10～15kg，磷、钾肥各7～10kg。直播白菜施肥应在植株边沿开8～10cm的小沟，内施入肥料并盖严土。移栽的白菜则将肥料施入沟穴中，与土壤拌匀再栽苗。若莲座后期有徒长现象，则须采取蹲苗措施。

(4) 结球肥

结球期是形成产品的时期，同化作用最强盛，因此需水量大。在包心前5～6d施用结球肥，用大量肥效持久的完全肥料，特别是要增施钾肥。一般每亩施硝酸铵20kg，过磷酸钙及硫酸钾肥各10～15kg，或粪干1600～2500kg，草木灰50～100kg作结球肥。为使养分持久，最好将化肥与腐熟的厩肥混合，在行间开8～10cm深沟条施为宜。这次追肥有充实叶球内部、促进“浇水”的作用，因此又称之为“灌心肥”。

### （二）甘蓝的营养特性与施肥技术

#### 1. 甘蓝的营养特性

蔓菁甘蓝又名土苤蓝、洋蔓菁、洋疙瘩、洋大头菜。十字花科，云薹属，2年生草本植物，以肥大的肉质根为主要产品。因容易栽培、产量高、茎叶均可利用，我国各地栽培渐多。肉质根可以炒食、煮食和腌渍，茎叶可以作饲料。

甘蓝根部肥大，呈球形或纺锤形，单棵重0.5～3.5kg。其叶色深绿，叶面有白粉，叶肉厚，叶片裂刻深，总状花序，花黄色。芜菁甘蓝能与芜菁及甘蓝杂交，留种时应注意隔离。芜菁甘蓝为长荚果，成熟时果荚开裂，种子散落，应及时采收。种子略呈球形，深褐色，千粒重3.3g左右。

甘蓝耐寒耐热性强。种子能在2～3℃时发芽，生长适温为13～18℃，幼苗能耐－2～－1℃低温。幼苗的耐热、耐旱性较强，能在7～8月高温季节播种。

氮是蛋白质的主要成分，是植物生命活动的基础。蔬菜作物缺氮时表现为植株矮小，叶色淡绿色以至黄色，茎细小，多木质化。甘蓝类如甘蓝、花椰菜等缺氮时老叶和茎部会出现紫红色。甘蓝缺磷症状没缺氮那么明显，叶背、叶脉呈紫红色，叶面呈暗绿色，叶缘枯死，结球小而易裂。甘蓝缺钾时会引起甘蓝中碳水化合物的合成受阻，机械组织不发达，细胞壁变薄，质地变软易倒伏。其表现的症状为老叶叶尖和边缘发黄，后变褐，叶片上常出现褐色斑块，但叶中部靠近叶脉处叶色常不变，严重时幼叶也表现同样症状。

#### 2. 甘蓝施肥技术

结球甘蓝根系吸水吸肥能力强，喜肥耐肥，需要较多的氮素，尤其是晚熟种比早熟种需要更多。其中早期需要氮素较多，莲座期对氮素的需要量达到高峰，叶球形成期需要较多的磷、钾肥。整个生育期吸收氮、磷、钾的比例为$N:P_2O_5:K_2O=3:1:4$。

（1）基肥

结合整地每亩施入腐熟的厩肥或堆肥4000～5000kg、过磷酸钙25～30kg、硫酸钾10～20kg。定植时结合栽苗再施400～500kg饼肥，将肥料施入定植穴（饼肥应施在定植穴侧，避免根系与饼肥直接接触），使肥土掺和均匀。

（2）追肥

结球甘蓝的追肥宜早，定植后4～5d浇缓苗水，每亩随水冲施硫酸铵7～10kg，可加快幼苗成活。

莲座后期在开始包心时，结合浇水追肥1～2次，每次每亩用硫酸铵15～20kg或腐熟的人类粪尿800kg随水冲施。对于中晚熟品种，由于其生长期较长，在包球中期需多追肥1次，每亩用硫酸铵10kg，施用方法同前两次追肥。这样施肥后，结球甘蓝可保持不间断地旺盛生长，对增加产量和提高品质效果显著。

## 二、茄果类蔬菜施肥技术

### （一）茄子的营养特性与施肥技术

#### 1. 茄子的营养特性

茄子为1年生草本植物，在热带为多年生灌木。茄子根系发达，成株根系深达1.5m以上，根系横向直径超过1m，保护地栽培的茄子根系主要分布在0～30cm的耕层内。茄子根系的再生能力较差，木质化比较早，不宜多次移植。

茄子对温度要求比较严格，17℃以下生长缓慢，15℃以下落花，10℃以下引起生理代谢失调。花芽分化的适宜温度白天为20～25℃，夜间为15～20℃，温度偏低时，花芽分化延迟，但长柱花多；反之，在温度偏高条件下，花芽分化提早，但中柱花和短柱花比例增加，尤其是夜间高温短柱花更多。茄子生育适温为22～30℃，白天25～28℃，夜间16～20℃有利于茄子发育。

茄子生长期长，喜温怕霜，喜光不耐阴。茄子是喜肥作物，土壤状况和施肥水平对茄子的坐果率影响较大。茄子在营养条件好时落花少，营养不良会使短柱花增加，花器发育不良，不易坐果。此外，营养状况还影响开花的位置，营养充足时，开花部位的枝条可展开4～5片叶，营养不良时，展开的叶片很少，落花增多。茄子对氮、磷、钾的吸收量随着生育期的延长而增加。茄子苗期对氮、磷、钾三要素的吸收仅为其总量的0.05%、0.07%、0.09%，开花初期吸收量逐渐增加，到盛果期至末果期养分的吸收量占全期的90%以上，其中盛果期占2/3左右。茄子各生育期对养分的要求不同，生育初期的肥料主要是促进植株的营养生长，随着生育期的进展，养分向花和果实的输送量增加，在盛花期，氮和钾的吸收量显著增加，这个时期如果氮素不足，花发育不良，短柱花增多，产量降低。

每生产1000kg茄子，吸收各元素量分别为N 2.7～3.3kg、$P_2O_5$ 0.7～0.8kg、$K_2O$ 4.7～5.1kg、CaO 1.2kg、MgO 0.5kg。每亩产茄子4000～5000kg，需纯N 12.8～16kg、$P_2O_5$ 3.8～4.7kg、$K_2O$ 18～22.5kg。

氮素充足，植株茎粗叶茂，生长茁壮，可大幅度提高果实产量；磷可促进根系生长和发芽分化；钾可提高产量和改善品质。从全生育期来看，茄子对钾的吸收量最多，氮、钙次之，磷、镁最少。茄子对各种养分吸收的特点是从定植开始到收获结束逐步增加。特别是开始收获后养分吸收量增多，至收获盛期急剧增加，其中在生长中期，吸收$K_2O$的数量与吸收N的情况相近，到生育后期钾的吸收量远比氮素要多，到后期磷的吸收量虽有所增多，但与钾、氮相比要少得多。

茄子植株缺氮时生长势弱，分枝减少，花芽分化率低，发育不良，落花率高，坐果率低，果实膨大受阻，皮色不佳，叶片小而薄，叶色淡，光合效能明显降低。缺磷时茎叶呈现紫红色，生长缓慢，花芽分化延迟，着花节位升高。缺钾时幼苗生长受阻，严重影响产量和质量。因此，茄子生长期间有三怕：前期怕湿冷、中期怕荫蔽、后期怕干旱。氮素过量时，易引起茎叶等营养器官的徒长，枝叶郁闭，遮阴挡光，落花烂果严重，诱发病虫害，降低产量和品质。施肥过量而使土壤溶液浓度过高或钾、钙、氮过多时，容易影响植株对镁的吸收，易导致缺镁病，叶脉附近变黄。若叶片上出现白斑或部分坏死，则是有害气体造成的伤害。

#### 2. 茄子施肥技术

(1) 育苗肥

茄子苗期对营养土质量的要求较高，只有在质量高的营养土上才能培养出节间短、茎粗壮和根系发达的壮苗。一般要求在 $11m^2$ 的育苗床上，施入腐熟过筛有机肥 200kg、过磷酸钙 5kg、硫酸钾 1.5kg，将床土与有机肥和化肥混匀。如果用营养土育苗，可在菜园土中等量地加入由 4/5 腐熟马粪与 1/5 腐熟人类干粪混合而成的有机肥，也可参考番茄育苗营养土的配制方法。如果遇到低温或土壤供肥不足，可喷施 0.3%～0.5%的尿素溶液。

为了有效地防治猝倒病，可覆盖药土。药土是用 50%多菌灵或硫菌灵可湿性粉剂 8～10g 与 12kg 营养土混合而成的。药土可以在幼苗出土前一次性撒在床面上，也可在播种前将 2/3 撒在床面上，播种时将 1/3 撒在种子上。有时药土对幼苗根系生长有抑制作用，一旦出现抑制作用，大量多次浇水可以缓解。

(2) 基肥

茄子容易感染黄萎病，栽培茄子的保护地应避免重茬。如果隔茬时间较短，一定要进行保护地消毒。按保护地内空间计算，$1m^2$ 用硫黄 4.0g、80%敌敌畏 0.1g、锯末 8.0g 混合均匀后点燃，密闭 24h 后再通风。消毒后的保护地按每亩 5000～6000kg 腐熟的有机肥，再加 25～35kg 的过磷酸钙和 15～20kg 硫酸钾，均匀地撒在土壤表面，并结合翻地均匀地耙耕土壤。

(3) 追肥

茄子定植前每亩施有机肥 5000kg、磷肥 25～35kg。当门茄达到“瞪眼期”（花受精后子房膨大露出花）时，果实开始迅速生长，此时进行第一次追肥，每亩施纯氮 4～5kg（尿素 9～11kg 或硫酸铵 20～25kg），当对茄果实膨大时进行第二次追肥，“四面斗”开始发育时，是茄子需肥的高峰，进行第三次追肥。前 3 次的追肥量相同，以后的追肥量可减半，也可不施钾肥。

### （二）辣椒的营养特性与施肥技术

#### 1. 辣椒的营养特性

辣椒属于喜温蔬菜，生长适宜温度为 25～30℃，果实膨大期需高于 25℃。成长植株对温度的适应范围广，既耐高温也较耐低温。甜椒对光照要求不严格，在光照长或较强条件下，都可以完成花芽分化与开花过程。与其他果菜相比，辣椒为最耐弱光的蔬菜，强光对辣椒植株生长不利，易形成果实的日烧病。辣椒的耐旱力较强，随植株生长量增大，需水量也随之增加，但水分过多不利于生长。

辣椒从生育初期到果实采收期不断吸收氮肥，其产量与氮吸收量之间有直接关系。辣椒的辛辣味与氮肥用量有关，施用量多会降低辣味。供干制的辣椒，应适当控制氮肥，增加磷、钾肥比例。氮肥施用过量，营养生长过旺，果实会因不能及时得到钙的供应而产生脐腐病。在初花期特别要节制氮肥，否则，植株徒长，生殖生长推迟。

随着植株不断生长，磷的吸收量不断增加。不过，吸收量的变化幅度较窄，总吸收量约为氮的1/5。辣椒幼苗缺氮，植株生长不良，叶淡黄色，植株矮小，停止生长。成株期缺氮，全株叶片呈淡黄色（病毒黄化为金黄色）。不论苗期或成株期缺氮都会成片发生，追施氮肥可以立即转青。

辣椒苗期缺磷，植株矮小，叶色深绿，由下而上落叶，叶尖变黑枯死，生长停滞。早期缺磷一般很少表现出症状，成株期缺磷植株矮小，叶背多呈紫红色，茎细、直立，分枝少，延迟结果和成熟，并引起落蕾、落花。钾在辣椒生育初期吸收少，开始采摘果实后增多。辣椒缺钾多表现在开花以后，发病初期，下部叶尖开始发黄，然后沿叶缘在叶脉间形成黄色斑点，叶缘逐渐干枯，并向内扩展至全叶呈灼伤状或坏死状，果实变小，叶片症状是从老叶到新叶，从叶尖向叶柄发展。结果期如果土壤钾不足，叶片会表现缺钾症，坐果率低，产量不高。辣椒钙吸收量比番茄低，如不足，易诱发果实脐腐病，在整个生育期不可缺钙。辣椒定植初期吸收镁少，进入采收期吸收量增多，此时若镁不足，叶脉间黄化呈缺镁症，影响植株生长和结实。辣椒缺硼时，叶色发黄，心叶生长慢，根木质部变黑腐烂，根系生长差，花期延迟，并造成花而不实，影响产量。

**2. 辣椒施肥技术**

辣椒植株矮小，生长结果时间长，施肥是增产的重要措施。

（1）基肥

辣椒宜用迟效性肥料，每亩用厩肥约600kg或迟效性磷肥，也可用过磷酸钙约20kg，将上述肥料混匀后，结合整地沟施或穴施，覆土后移苗定植、浇水。

（2）追肥

第一次追肥是在植株成活后，每亩施1%硫酸铵溶液约500kg，点根浇。第二次在植株现蕾时，用40%人粪尿约600kg或硫酸钙15kg兑水为4%水溶液点根浇。第三次于5月下旬，第一簇果实开始长大时追肥。这时需要大量的营养物质来促进枝叶生长，否则不但影响结果而且植株生长也受到抑制。宜用速效性肥料，每亩用50%人尿约800kg、点根硫酸铵约10kg、过磷酸钙约5kg，将上述肥料混匀后条施或穴施，之后浇水。第四次在6月下旬，天气转热，正是结果旺期，结合浇水，用肥量和施肥方法参照第三次追肥。第五次在8月上旬，气温高，辣椒生长缓慢，叶色淡绿，果实小且结果少，每亩施20%人粪尿约800kg或2%硫酸铵溶液，以促进辣椒秋后枝叶的生长和结果。第六次追肥在9月中旬，施用量和施肥方法参照第五次，保证生长后期的收获。辣椒施肥次数多是保证长时间生长结果和抗恶劣环境的需要，据杭州菜农的施肥经验，在辣椒早期开花以前的一段时间里应多施氮肥，促进枝叶的生长，增加开花数和开花数目（每一节开一簇花），但开花结果的时间会延迟一些。如果要提早采收，则应在现蕾以前少施氮肥，多施磷、钾肥。甜椒施肥技术见表10-4。

**表10-4 甜椒施肥技术简表**

| 施肥 | 内容 | 作用 |
| --- | --- | --- |
| 基肥 | 每亩产50000kg，施有机肥5000～8000kg（猪圈粪、人类尿、土杂肥等），过磷酸钙25～50kg与有机肥堆制，掺入硫酸钾25～30kg。整地前撒施60%基肥，定植时沟施40% | 保证较长时期对肥料的需要 |
| 育苗 | 在11.3m² 苗床上，施入150～200kg有机肥，撒施过磷酸钙1～2kg，翻耕3～4遍 | — |
| 追肥 | 粪水稳苗定植。门果以上茎叶长出3～4节时，结合浇水追施腐熟人类尿每亩2000kg。15d后，追施第二次，每亩追施有机肥1500～2000kg、硫酸铵40kg | 保果壮秧 |
| 叶面追肥 | 开花结果期，也可叶面喷0.5%尿素加0.3%磷酸二氢钾 | 提高结果数，改善果实品质 |

### （三）番茄的营养特性与施肥技术

#### 1. 番茄的营养特性

番茄的种植面积很大，种植区域也很广。番茄的一生分为花芽期、幼苗期和开花结果期。花芽期指从种子萌发到子叶展开直至第一片真叶显露。幼苗期指从真叶显露到第一花序现蕾。此期为营养生长与生殖生长的并行时期，在光照充足、通风良好、营养完全等条件下可培育出适龄壮苗。开花结果期指从第一花序现蕾至果实采收完毕，又分为始花结果期和开花结果盛期。始花结果期指从第一花序现蕾至坐果，是以营养生长为主向以生殖生长为主的过渡阶段；开花结果盛期指从第一花序坐果至果实采收完毕，是产量形成的主要时期。

番茄对养分的吸收是随着生育期的推进而增加的。在生育前期吸收养分量小，从第一花序开始结果，养分吸收量迅速增加，到盛果期养分吸收量可占总吸收量的70%～80%。番茄对氮、磷、钾的吸收呈直线上升趋势，对钾的吸收量接近氮的1倍，对钙的吸收量和氮相似，可防止蒂腐病的发生。番茄缺氮会造成植株瘦弱，叶色发淡，呈淡绿或浅黄色，叶片小而薄，叶脉由黄绿色变为深紫色，主茎变硬呈深紫色，蕾、花变为浅黄色，很容易脱落，番茄果穗少且小。果实小植株易感染灰霉病和疫病。番茄苗期缺磷时，叶片背面呈淡紫红色，而且叶脉上最初出现部分浅紫色的小斑点，随后逐渐扩展到整个叶片，叶脉、叶柄也会发展为紫红色，主茎细长，茎变为红色，叶片窄小，后期叶片有时出现卷曲，结实较晚，成熟推迟，果实小。番茄缺钾时，幼叶卷曲，老叶最初呈灰绿色，然后叶缘呈黄绿色，直至叶缘干枯，叶片向上卷曲；有时叶脉失绿坏死，甚至扩大到新叶，严重时黄化和卷曲的老叶脱落；落果多、裂果多、成熟晚，且成熟不一致，果质差。番茄缺钙时，上部叶片褪绿变黄，叶缘较重，逐渐坏死变成褐色；幼叶较小，畸形卷缩，易变成褐色而枯死；花序顶部的花易枯死，产生花顶枯萎病；果实顶腐，在果实顶端出现圆形腐烂斑块，呈水浸状，黑褐色，向内凹陷，被称为脐腐病。番茄缺镁时下部叶片失绿，叶脉及叶脉附近保持绿色，形成黄绿斑叶，严重时叶片有些僵死，叶缘上卷，叶缘间黄斑连成带状，并出现坏死点；进一步缺镁时，老叶枯死，全叶变黄。缺铁时叶片基部先黄化，呈金黄色，并向叶顶发展，叶前缘可见残留绿色，叶柄呈紫色。番茄缺硼时幼叶叶尖黄化，叶片变形，严重缺硼时，叶片和生长点枯死，茎短而粗，花和果实形成受阻，嫩芽、花和幼果易脱落，叶柄变粗，坐果少，果实起皱，出现木质化斑点，成熟不一致。番茄缺钼时中下部老叶变黄色或黄绿色，叶片边缘向上卷曲，叶片较小并有坏死点；严重时，叶片只形成中肋而无叶片，成为鞭条状，最后叶片发白枯萎。番茄缺锌时叶片间失绿，黄化或白化，节间变短，叶片变小，类似病毒症。番茄缺硫时植株变细、变硬、变脆，上部叶片变黄，茎和叶柄变红，节间短，叶脉间出现紫色斑，叶片由浅绿色变黄绿色。

#### 2. 番茄施肥技术

（1）基肥

番茄露地栽培要重施基肥，即在施用有机肥的基础上，每亩基施硝酸磷钾肥35～40kg。

（2）追肥

在第一果穗膨大时结合浇水每亩施硝酸磷肥20kg，在盛果期用20%硝酸磷肥、1%磷酸二氢钾、0.1%硫酸锌、0.25%的硼酸混合液，每隔7～10d喷施1次，可明显提高番茄的产量和维生素C的含量。

## 三、瓜类蔬菜施肥技术

### （一）黄瓜的营养特性与施肥技术

#### 1. 黄瓜的营养特性

黄瓜是我国露地和保护地蔬菜生产中的重要作物，在我国已有2000多年的栽培历史，现在我国从南到北、从东到西均广泛栽培，是人民生活中必不可少的一种蔬菜。

黄瓜的生长发育周期共分为发芽期、幼苗期、抽蔓期和结果期。发芽期指从种子萌发至2片子叶展开，此阶段生长所需养分完全靠种子贮藏的养分供给。幼苗期指从真叶出现到展开4～5片真叶，此期主根继续延伸，侧根开始发生，花芽开始分化，营养生长和生殖生长并行。抽蔓期指从5～6片真叶到第一个瓜坐住。此时蔓的伸长加快，出现卷须和侧枝，雌、雄花陆续开放。结果期指从第一个瓜坐住到拉秧，这一时期茎叶生长，根系生长和瓜条生长并存，而且生长量很大，是肥水管理的关键时期。

黄瓜要求土壤疏松肥沃，富含有机质。黏土发根不良，砂土发根前期虽旺盛，但易于老化早衰。黄瓜适宜弱酸性至中性土壤，最适pH 5.7～7.2。当pH低于5.5时，植株就发生多种生理障碍，黄化枯死；pH高于7.2时，易烧根死苗，发生盐害。

黄瓜对氮、磷、钾的吸收是随着生育期的推迟而有所变化的，从播种到抽蔓吸收的数量增加，进入结瓜期，对各种养分吸收的速度加快，到盛瓜期达到最大值，结瓜后期则又减少。它的养分吸收量因品种及栽培条件而异。平均每生产1000kg产品需吸收氮2.6kg、磷0.8kg、钾8.9kg、钙3.1kg、镁0.7kg，其中氮与磷的吸收值变化较大，其他养分吸收量变化较小。对于各部位养分浓度的相对含量，氮、磷、钾在收获初期偏高，随着生育时期的延长，其相对含量下降；钙和镁随着生育期的延长而上升。黄瓜植株叶片中的氮、磷含量高，茎中钾的含量高。当产品器官形成时，约60%的氮、50%的磷和80%的钾集中在果实中。当采收种瓜时矿质营养元素的含量更高。始花期以前进入植株体内的营养物质不多，仅占总吸收量的10%左右，绝大部分养分是在结瓜期进入植物体内的。当采收嫩瓜基本结束之后，矿质元素进入植物体内的很少。但采收种瓜时则不同，其在后期对营养元素吸收较多，氮与磷的吸收量约占总吸收量的20%，钾占40%。黄瓜栽培方式的不同，肥料的吸收量与吸收过程也不相同。生育期长的早熟促成栽培黄瓜，要比生育期短的抑制栽培吸收量高。秋季栽培的黄瓜，定植1个月后就可吸收全量的50%，所以对秋延后黄瓜来说，施足基肥尤为重要。早春黄瓜采用塑料薄膜地面覆盖后，土壤中有机质分解加速，前期土壤速效养分增加，土壤理化性状得到改善，促进了结瓜盛期以前干物质、氮、钾的吸收以及结果盛期磷素的吸收。

缺氮黄瓜叶片小，从下位叶到上位叶逐渐变黄，叶脉凸出可见，最后全叶变黄，坐果数少，瓜果生长发育不良。缺磷黄瓜苗期叶色浓绿、发硬、矮化，定植到露地后，就停止生长，叶色浓绿，果实成熟晚。缺钾黄瓜早期叶缘出现轻微的黄化，叶脉间黄化；生育中、后期，叶缘枯死，随着叶片不断生长，叶向外侧卷曲，瓜条稍短，膨大不良。

**2. 黄瓜施肥技术**

在施肥技术上，首先要重视苗期培养土的制备，一般可用50%菜园土、30%草木灰、20%腐熟的干猪粪掺和而成。幼苗期不易缺肥，如发现缺肥现象可增加营养补液，其配方是0.3%尿素和磷酸二氢钾混合液，也可结合浇水施用5%～10%充分腐熟的人类尿进行追肥。在幼苗期适当增施磷肥，可增加黄瓜幼苗的根重和侧根的条数，加大根冠比值。种植黄瓜的菜田要多施基肥，一般每亩普施腐熟厩肥4000～5000kg，还可再在畦内按行开深、宽各30cm的沟，施入饼肥100～150kg，加三元素复混肥40kg，然后覆平畦面以备定植。根据每亩生产5000kg以上产量的经验，从黄瓜定植至采收结束，共需追肥8～10次。定植后为促进缓苗和根系的发育，在浇缓苗水时应追施人类尿或沤制的禽畜粪水，也可用迟效性的有机肥料，开沟条施或环施。在缺磷的园田中，也可每亩再掺施磷（$P_2O_5$）10～15kg。其后的追肥以速效氮肥为主，化肥与人类尿交替使用，每次每亩施用氮素3～4kg。在采瓜盛期，要增加追肥次数和数量，并选择在晴天追施，还可结合喷药时叶面喷施1%尿素和磷酸二氢钾溶液2～3次，可促瓜保秧，力争延长采收时期。

目前，日光温室和大棚黄瓜栽培类型主要有冬春茬、春茬、秋茬和秋冬茬栽培，其中以冬春茬和春茬居多。冬春茬和春茬栽培施肥新技术如下。

（1）配制疏松、肥沃的苗床土，为培育壮苗奠定基础

苗床土的成分包括田土、有机肥和化肥等，其配制方法有 2 种。

① 堆制苗床土。6 月取深层园田土或葱蒜类蔬菜地及大田土壤 4 份，未腐熟的纯鸡粪或猪粪 3 份，未腐熟的马粪或稻草、麦糠等 3 份，每 100kg 苗床土加 20g 三元复合肥，分层堆积。土和粪较干时还应加适量水，然后轻轻踏实。每堆可堆制 $2\sim4m^3$，堆完后用废旧塑料膜覆盖封严，进行发酵。播前过筛均匀备用。这种方法不仅可使苗床土充分腐熟，而且还可借助夏季高温季节，堆温升高快，能有效地杀死苗床土中的病原菌，起到彻底消毒作用。

② 临时配制苗床土

配方一：取葱蒜类茬或未种过蔬菜的熟土 4 份，充分腐熟的鸡粪或猪粪 3 份，腐熟的马粪或乱草 3 份，分别过细筛。每 $1m^3$ 床土掺加三元复合肥 500g 或硫酸钾 500g，磷酸氢二铵 250g，50%多菌灵可湿性粉剂 60g，与土混匀即为营养土。将营养土填入苗床，整平拍实，浇透底水即可播种。

配方二：取葱蒜地的肥土 4 份，腐熟厩肥 6 份，加少量钙镁磷肥和草木灰，掺匀过筛待播放或供纸筒分苗。

配方三：取葱蒜地的肥土 3～6 份，腐熟的厩肥 3～6 份，每 $15m^2$ 的畦田加 0.25kg 尿素或 0.5kg 硝酸铵、0.5kg 过磷酸钙或 1.0kg 钙镁磷肥、0.5～1.0kg 草木灰，混匀过筛，填入苗床拍实后播种或分苗。

配方四：腐殖质和原土的比例为 1∶1，$1m^3$ 苗床上加 0.5kg 尿素和 25kg 草木灰。

（2）重施基肥，适时定植

保护地定植黄瓜必须重施基肥，这是根据保护地土壤特点和黄瓜生育要求而定的原则。如前所述，有机肥料有延缓黄瓜衰老、增加产量和改善品质的特殊功效，故基肥应重施充分腐熟的优质有机肥料。根据目前保护地土壤肥力和种植黄瓜的需肥量，最好通过测土确定施肥量，以确保菜园土有机质质量分数为 3%～5%，全氮质量分数为 0.2%，速效氮质量分数在 $200mg\cdot kg^{-1}$ 以上，速效磷（$P_2O_5$）质量分数为 $150\sim200mg\cdot kg^{-1}$，速效钾（$K_2O$）质量分数为 $300mg\cdot kg^{-1}$ 左右。若无条件测土施肥时，在一般肥力条件下，一个 50m 长的冬暖大棚整地时，一次施入基肥量应为优质鸡粪 $6\sim8m^3$（$1m^3$ 鸡粪重 600～800kg），若用其他肥料，要求其含肥量与 $6\sim8m^3$ 鸡粪相等。

有机肥料施用前必须充分腐熟，严禁施用未腐熟的有机肥料。在腐熟过程中适当添加麦秸、稻草等有机物，调节 C/N，提高有机质含量。倒粪时适当喷洒辛硫磷等杀虫剂，消灭粪肥中害虫。

在整地前可闭棚高温灭菌，并用硫黄粉熏蒸 1 次，高温闷棚 1～6d。定植前整地时，先将棚内土地浇 1 次透水，墒情适宜时深翻 1 遍。注意深翻质量，将土块打碎，将所准备的粪肥撒施到地表层，浅翻细耙，将基肥混入表层土壤，然后整平做畦田定植。宜选择冷尾暖头晴朗无风的上午进行定植，按大小行划开沟线，将备好的优质细粪和尿素按线刨浅沟施入，再将苗坨定植到所划浅沟上。黄瓜定植时要浅栽，农谚有“黄瓜露坨，茄子没脖”之说，根据黄瓜属浅根系这一特性，浅栽易满足根系有氧呼吸和对地温的要求，促进根系发育，丰产优质有保证。

（3）巧施追肥，促根壮秧

黄瓜在生长过程中应多次追肥，每次追肥量不宜过大，少量多次，即勤追轻施为宜。

① 巧施提苗肥。缓苗后以促根控秧为中心，尽量控制植株生长，促进根系发育。但施

肥量不能太大，据幼苗长势可适施 1 次提苗肥。一般每亩施尿素 5～7.5kg 或腐熟的稀粪水 500kg，距植株 5cm，开沟施入后覆土浇水。

提苗肥施后，植株生长逐渐加快，叶面积逐渐扩大。次期为黄瓜转折期，切不可追肥浇水，以免植株徒长而抑制坐瓜，主要以中耕为主。土壤中肥分和水分充足，多次中耕可使土壤疏松透气，促进根系发育，对防止后期早衰、植株死亡有特殊的意义。此期以水为调控手段，使植株顺利地由以营养生长为主转到以生殖生长为主的开花结果期，是持续高产的基础。

冬暖大棚种植的黄瓜在转折期内会出现死株现象，多判断为沤根和烂根造成死亡，实际上是光、温、肥、水等因素调控不当所致。在气候好的年份和通光保温较好的冬暖大棚内死亡率比较高。这种条件有利于植株地上部生长，此时供水可使植株徒长的茎叶在与根系竞争光合产物和养分中占优势，使根系生长受阻，吸收能力弱，在竞争中所得到的养分根本无法维持正常新陈代谢，从而导致死亡。根系死亡是一个由轻度萎蔫到重度萎蔫直至死亡的过程。当发现植株轻度萎蔫时，应及时将植株由架上落下，并去掉大量叶片，根系将重新增生新根，继而恢复功能，再将植株上架，可使其重新生长。

② 重施结果肥。冬暖大棚黄瓜结果期约为 12 月下旬，结束于次年 5 月下旬或 6 月上旬。结果期有 3 个阶段，即冬季最冷阶段（12 月下旬至次年 2 月上旬）、天气逐渐变暖阶段（次年 2 月中旬至次年 4 月中旬）及天气转热阶段（次年 4 月下旬至次年 5 月上旬或 6 月上旬）。

a. 冬季最冷阶段的肥水管理

冬暖大棚黄瓜在寒冷阶段以加强保温透光为重点，在高温养瓜的前提下，以肥水调控的措施也很重要。

黄瓜定植前 7～10d，地下埋设马粪、鸡粪和麦秸、稻草等混合而成的酿热物，提高棚内气温和地温的效果很明显。

相对密闭的冬暖大棚内，夜间植物排出以及土壤有机物分解释放 $CO_2$，使得日出前 $CO_2$ 浓度很高，日出后随黄瓜的光合强度提高 $CO_2$ 浓度急剧下降，一般于 8～10 时降至 $200mg \cdot L^{-1}$ 左右，此时正是黄瓜光合作用高峰期。因此，闭棚提高棚温、减少通风量、补充 $CO_2$ 尤为重要。晴天上午光照充足应施用 $CO_2$，阴天寡照可不施用。除定植时大量施用有机肥外，利用强酸和一些碱式盐反应产生 $CO_2$ 是简便易行的方法。

进入结果期可以补充肥水，但应看天气、墒情、植株长势等确定浇水和施肥量。此期耗水量大，植株对水分供应不足有明显反应，故当土壤表层见干时应及时浇水。当根系伸长、瓜柄颜色转绿时，开始追肥浇水，此时植株由营养生长向生殖生长过渡，应及时追肥浇水。一般每亩施尿素或磷酸氢二铵 15～20kg，于暗沟随水冲肥。

冬季温度低，通风量少，空气湿度大。因此，不提倡叶面追肥，以免增加空气湿度。但是如果坐瓜较多及植株生长势弱时，应适当叶面喷施 2～3 次 100 倍糖（白糖）液加 0.2% 磷酸二氢钾和 0.1%尿素的混合液，每隔 7～10d 1 次，喷后要加强通风。

b. 天气逐渐变暖阶段的肥水管理

随着天气转暖，日照时数和强度不断增加，黄瓜很快进入盛果期，也是黄瓜的高产期，需肥量也达到高峰期。因此，应以协调营养生长和生殖生长平衡为重点，围绕光、温、水、肥为中心进行管理。原则包括：一是各种措施必须持续高产；二是坚决控制病虫害的发生。此阶段肥水管理是持续高产的关键。此时黄瓜植株吸肥量相当于露地定植 50d 后的吸肥量，而且有一半的吸肥量被果实携走，因此必须及时追肥浇水。然而由于土壤吸附性能和黄瓜吸收能力所限，每次追肥数量应视土质和植株长势而定，不能盲目滥用化肥。各种肥料一次施用最大限量见表 10-5。

表 10-5　各种肥料一次施用范围

| 肥料种类 | 不同土质肥料一次施用最大限量/($kg \cdot 亩^{-1}$) | | | |
|---|---|---|---|---|
| | 砂土 | 砂壤 | 壤土 | 黏壤 |
| 硫酸铵 | 18～24 | 18～36 | 24～48 | 24～48 |
| 尿素 | 6～10 | 10～18 | 12～24 | 12～24 |
| 复合肥 | 18～30 | 24～36 | 36～40 | 36～50 |
| 过磷酸钙 | 24 | 36 | 48 | 48 |
| 硫酸钾 | 3～9 | 6～12 | 9～18 | 9～18 |

此期追肥原则：各种肥料的追肥应少量、多次施用，$NO_3^-$-N 肥用量多而 $NH_4^+$-N 肥用量少，$NH_4^+$-N 肥用量不要超过氮肥量的 1/4～1/3。$NH_4^+$-N 肥和酰氨态氮肥应深施。磷酸二氢铵、过磷酸钙、硝酸磷肥均可作为磷肥追施，硝酸磷肥是最理想的品种。硫酸钾、磷酸二氢钾均可作为钾肥追施，磷酸二氢钾是最理想的叶面喷施肥料，其浓度不要大于 0.2%，并要注意其纯度，杂质过多对叶片有害。氯化钾肥慎用或最好不用，因氯离子会使叶片老化变脆。干旱或土壤溶液浓度过大诱发植株生理性缺钙时，可酌情喷施 0.4%氯化钙或硝酸钙溶液。根据上述原则，可在浇水时随水冲施相应的化肥，每次冲施要比表 10-5 中所列数量少。也可用沤制腐熟的大豆饼肥或尿肥与化肥交替冲施，效果最佳，即化肥-清水-有机肥水-清水-化肥水交替施用。无论是肥水还是清水，均不能在阴天或阴天前浇灌。因为此期是棚室病害严重发生期，而温度高、湿度大有利于黄瓜生长，同时也有利于霜霉病等几种病害发生，所以肥水调控棚室温度、提高植株抗病性尤其重要。

如上所述，黄瓜盛果期持续高产的肥水管理的原则如下：一般每隔 5～10d 浇 1 次水，10～15d 追 1 次肥，在暗沟内随水每亩冲施硝酸铵或磷酸二铵 15～20kg，也可选择腐熟稀粪尿（按粪肥∶水＝1∶10 沤制）或饼肥水 400～500kg，沤制液要加 5～10 倍水稀释后再带入温室内冲施。在基肥未施钾肥时，可配合氮、磷肥追施硫酸钾 10～20kg。浇水追肥应于晴天上午揭苫 1h 后开始，浇水后要加大通风量，降低空气湿度。

在土壤追肥的基础上，可根据植株长势，叶面喷施速效氮、磷、钾、钙肥和微量元素肥料，每隔 7～10d 叶面施肥 1 次，可交替喷施 0.1%尿素和 0.2%磷酸二铵混合液，也可喷施 0.1%尿素和 0.05%硼砂或 0.05%硫酸锌混合液等。

此期 $CO_2$ 气肥浓度为 1200～1500$mg \cdot L^{-1}$ 为宜。

c. 天气转热阶段的肥水管理

此期持续高产的肥水管理同前一阶段，应化肥水-清水-有机肥水-化肥水交替施用。每次追施适量磷、钾肥，结合叶面喷施效果更好。植株蒸腾量和土壤水分蒸发量在加大，因而浇水次数应相应增多，间隔时间应相应缩短。同时应注意疏叶落秧，使老株更新，增加群体透光通风度，可延长采收期，获得高产高效益。

### （二）丝瓜的营养特性与施肥技术

具体内容见二维码 10-8。

二维码 10-8　丝瓜的营养特性与施肥技术

# 任务六　果树施肥技术

## 一、果树科学施肥技术概论

### （一）果树的营养特点

果树的营养特点不同于一般大田作物，相对于大田作物，果树有如下营养特点。

#### 1. 果树生命周期长，营养要求高

果树生命周期一般分为营养生长期、生长结果期（出果期）、盛果期、衰老更新期。不同树龄的果树有其特殊的生理特点和营养要求。

第一，幼龄果树主要是要搭好树架、长大枝、扩大树冠和扩展根系，此阶段树体尚小，吸肥能力弱，需肥较少，但对肥料反应十分敏感。对幼树加强培肥管理不仅是果树早结果、早丰产的关键之一，而且对果树高产稳产具有重要意义。对幼树要施足磷肥，适当配施氮、磷、钾肥对幼树发根非常重要。

第二，生长结果期果树主要是要继续扩大树冠和促进花芽分化，在施肥上要增施磷、钾肥。

第三，盛果期果树的主要目标是优质丰产，提高商品价值，所以施肥既要促进花芽分化，又要保证果实有良好的质量和品质，并要求每年有一定大的生产量，以满足次年的丰产。必须注意氮、磷、钾肥配合使用，尤其是要提高钾肥的比例。同时，注意中、微量元素肥料的使用。

第四，进入衰老更新期的果树，施肥的目的是促进营养生长，使其继续维持盛行不衰，所以应多施氮肥，以促进其更新复壮，延长盛果期。

#### 2. 果树年周期中的营养需求特点

在果树年周期中，其生长期、挂果期均长，根与枝叶生长交替进行，同时伴有开花、坐果、花芽分化和果实膨大等过程。这些过程随着季节变化有规律地同时或交叉进行，因此，在管理上必须根据各生育期特点制定施肥措施。

第一，如早春萌芽、开花期，树体消耗的营养大部分来自树体的贮藏营养，需要在前一年采果前后施用全部的基肥和部分速效氮肥，如果肥料施用不足，早春季节还要施用一些速效性肥料。

第二，春夏之交，果树处于旺盛生长阶段，同时又是柑橘开花结果、苹果花芽分化时期，此时追肥有利于提高坐果率和促进花芽分化。

第三，夏末秋初是柑橘果实继续膨大和秋梢生长阶段，对柑橘补施一次追肥，为次年预备结果母枝；对苹果，可在采收后喷施 1 次尿素，以加强树体储备营养，为次年生长、结果打下良好基础。

#### 3. 果树根系特点与果树缺素的普遍性

由于果树根系发达、分布深广，一经定值，即长期固定在一个位置上，根系不断地从根与土壤之间有选择地吸收某些营养元素，需要土壤供应养分的强度和容量大，一旦供应不平衡，容易造成某些营养元素的亏缺。果树对多种元素的亏缺和过量比较敏感，所以果树缺素症的出现较为普遍，尤其是新发展的果树多种植在贫瘠的土壤上。因此，必须根据果园土壤营养特点，施用富含多种营养元素的肥料，以保证果树营养的生理平衡。为促进根系发育，还要求立地土壤土层深厚、质地疏松、酸碱度适宜、通气良好。

#### 4. 树体营养和果实营养生长交替进行

果树生产主要是为了获得高产优质的商品果实，若供肥不足，会使果树营养生长不良，致使果少质次；反之，施肥过量，尤其是氮肥过多时，会使营养生长过于旺盛，梢叶徒长，花芽分化不良。有的虽能开花结果，但容易脱落，果实着色不良，酸多糖少，风味不佳。同时，旺盛枝叶争夺养分，诱发果实缺素的生理性病害，其中，尤以果实缺钙较为普遍。所以，必须协调好枝叶和果实间的营养平衡。

#### 5. 果树营养受砧木和接穗类型的影响

果树嫁接繁殖能维持其优良特性，而嫁接用的砧木和接穗组合不同，又会明显影响养分

的吸收和体内养分的组成，如柑橘选用枸头橙、本地早，苹果选用海棠作碱性或石灰性土壤的砧木，不易产生缺铁黄化症；但柑橘选用枳壳，苹果用山荆子为砧木，极易产生缺铁黄化症。

### （二）果树施肥技术的相应对策

果树的营养特点不同于大田作物，因此果树测土配方施肥技术要比大田作物更复杂。

首先，果树根系分布不同于大田作物，空间变异很大，对土壤采样的要求更高，不合理的土壤采集方法常会使养分测试结果不能很好反映果树的营养状况。这就要求在果园土壤测试中首先要保证土壤采样的代表性。

其次，大多数果树具有贮藏营养的特点，其生长状况和产量不仅受当年施肥和土壤养分供应状况的影响，同时也受上季施肥和土壤养分状况的影响。因此，土壤测试结果与当年的果树生长状况的相关性可能不如大田作物好。这就要求果树测土配方施肥更应该注重长期的效果，土壤测试指导施肥应该注重前期管理。

再次，果树生长往往是生殖生长与营养生长交替进行，由于农户管理水平的差异，即使在相同土壤养分及施肥条件下产量差别也很大，这就会影响到对果树施肥效果的评价。

最后，大多数果树树体大，个体变异也大，因此在果树施肥中要注意不同果树间的差异从而调整施肥量。

### （三）果树科学施肥原理及一般步骤

#### 1. 基本原理

果园土壤养分状况与果树生长状况有着密切的关系，在土壤养分含量由不足到充足，再到过量的变化过程中，果树生长状况和产量表现出一定的变化规律。通过这一规律的研究，可以确定某一地区内某种主要栽培果树在不同土壤条件下达到一定产量时对土壤有效养分的基本要求，从而制定相应的土壤测试指标体系。在此基础上，就可根据土壤测试结果，判断果园土壤养分的基本状况，进而依据所制定的土壤养分测试指标体系确定并实施相应的科学施肥方案。

#### 2. 一般步骤

果树测土配方施肥的一般步骤大致包括以下几个环节：①确定果园土壤主要养分含量与果树生长量、产量及品质等的关系；②建立果园土壤养分测试指标体系；③确定不同果园土壤养分测试值相应的果树施肥原则和依据；④确定果树主要养分的吸收参数；⑤进行果园土壤的测试；⑥根据土壤测试结果，结合果园土壤养分测试指标，选用消除果树营养障碍因素的措施，如将土壤 pH 调节到适宜范围，将土壤有机质调节到适宜水平，将土壤磷和钾的水平提高到中等以上肥力等，在新建果园尤应注意；⑦根据土壤测试结果，制定并实施氮、磷、钾肥和中、微量元素肥料的施用方案。

### （四）果树的测土配方施肥技术

具体内容见二维码 10-9。

二维码 10-9　果树的测土配方施肥技术

## 二、苹果的营养特性与施肥技术

具体内容见二维码 10-10。

二维码 10-10　苹果的营养特性与施肥技术

## 三、葡萄的营养特性与施肥技术

具体内容见二维码 10-11。

二维码 10-11　葡萄的营养特性与施肥技术

# 任务七　水果类蔬菜施肥技术

具体内容见二维码 10-12。

二维码 10-12　水果类蔬菜施肥技术

# 任务八　花卉和草坪施肥技术

具体内容见二维码 10-13。

二维码 10-13　花卉和草坪施肥技术

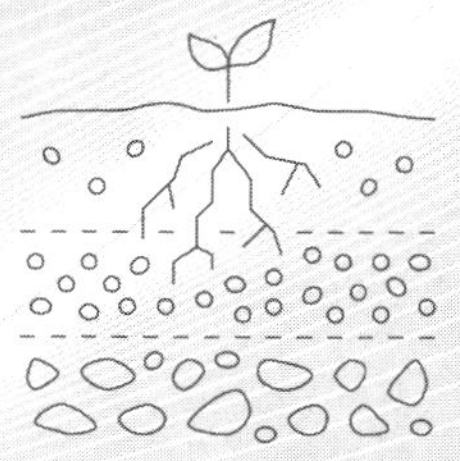

# 项目十一　农田土壤环境污染防治技能

随着我国工业的快速发展，大量的工业废水、废气、废渣的排放，以及日益增加施用的化肥、农药，导致土壤中有毒有害物质持续增加，超过了土壤的自净能力时，对土壤的理化性质和生物学性质造成了不利影响，并且有害物质还能通过土壤、植物、人体间接被人体吸收，影响人体健康。

首次全国土壤污染状况调查结果表明，全国耕地土壤点位超标率为19.4%，其中轻微、轻度、中度和重度污染点位比例分别为13.7%、2.8%、1.8%和1.1%。随着人们认知的提高以及习近平生态文明思想的推进，我国的土壤污染形势局部地区有所改善，但党的二十大报告指出要“坚持精准治污、科学治污、依法治污，持续深入打好蓝天、碧水、净土保卫战”，并且明确指出我国的生态环境任务依然艰巨。

## 任务一　农田土壤污染

### 一、土壤环境背景值及土壤环境容量

#### （一）土壤环境背景值

土壤环境背景值是指未受或少受人类活动（特别是人为污染）影响的土壤环境本身的化学元素组成及其含量水平。它是诸成土因素综合作用下成土过程的产物，实质上是各自然成土因素（包括时间因素）的函数。由于成土环境条件仍在持续不断地发展和演变，尤其是随着人类活动的扩大，科学技术的日新月异，人类对土壤环境的影响也日益扩大，当前很难找到绝对不受人类活动影响的土壤。因此现在所获得的土壤环境背景值也只能是尽可能不受或少受人类活动影响的数值。

#### （二）土壤环境容量

对土壤环境容量的定义，目前仍然没有统一的标准。从环境容量的定义延伸到土壤环境容量的定义，广义层面，土壤环境容量是指有限的环境单元达到土壤标准时所能容纳的污染物最大负荷量；狭义层面，研究者根据管理需求或保护目标对其定义进行调整，可以给农用地土壤环境容量定义为一定环境单元、一定时限内，遵循环境质量标准，既保证农产品的产量和质量，同时也不使环境污染的土壤所能容纳污染物的最大负荷量。土壤环境容量主要受土壤的自净作用和缓冲作用的影响，即污染物在土壤中富集的过程中，还要受土壤的理化性质和生物的影响和制约，比如土壤组分对污染物质的吸附与解吸、富集与降解、固定和溶解等，并且这些过程在土壤中都是动态变化的，都会影响污染物在土壤环境中的最大容纳量。

近年来随着可持续发展理念的提出以及科学技术的发展，研究者对土壤环境容量的研究

日益深入，土壤环境容量被不断地细化。现将土壤环境容量分为四类，分别是土壤静态环境容量、土壤动态环境容量、土壤相对环境容量和土壤安全容量。

#### 1. 土壤静态环境容量

土壤静态环境容量是指仅考虑当前土壤环境中污染物或元素的量，没有外源污染物干扰时，单位土壤环境所能容纳污染物的最大负荷量，其忽略了土壤环境的自净和缓冲作用，具有一定局限性。土壤静态环境容量通常用来反映某一时刻的土壤环境容量。

#### 2. 土壤动态环境容量

土壤动态环境容量在土壤静态环境容量的基础上，综合考虑了污染物在环境中的迁移和转化，指一定土壤环境单元受外源污染物或元素干扰时，土壤环境对污染物具有的最大容纳量。土壤动态环境容量不仅反映了某一时段内土壤环境中发生的污染物输入、输出、累积、降解等动态变化，也能用来预测未来若干年内土壤环境容量的变化。

#### 3. 土壤相对环境容量

土壤静态、动态环境容量仅能反映单一污染物或元素的容量，而实际土壤环境容量是多种污染物或元素共同作用的结果。由此，相对环境容量的概念被提出，即基于选定的容量标准计算出综合判断区域或土壤环境单元的多种污染物综合环境容量。

#### 4. 土壤安全容量

在一定安全系数范围内，既保证土壤环境质量不被损害，又不致影响初级生产者的质量和产量以及人与自然的可持续发展的土壤环境所能容纳污染物的最大负荷量被称为土壤安全容量。其通常用于指导土壤安全利用或评估对人和环境是否产生了危害。

## 二、土壤污染

### （一）土壤污染的定义

人类活动产生的污染物通过不同的途径输入土壤环境中，当其数量和速度超过了土壤的净化能力，使土壤的生态平衡被破坏，导致土壤环境质量下降，影响植物的正常生长发育或在作物体内累积，对水体或大气产生次生污染，危害人体健康，甚至危及人类生存和发展的现象被称为土壤污染。近几十年来，由于工业的快速发展和人们环保意识的薄弱，废气、废水、废渣大量排放和堆积，导致土壤受到污染。对于农田土壤，随着近年来化肥的连年施加，施肥不合理，土壤氮、磷等肥料含量增加，导致土壤酸化，甚至直接导致土壤退化。并且，随着汽车工业的发展及基础设施的完善，尾气排放也会影响公路两侧耕地土壤的基本性质。汽车尾气和工业废气中含有氮氧化物和硫氧化物，这些物质与土壤充分接触后，会和土壤中的水分反应，在土壤内部形成酸性物质，影响土壤的物理化学和生物特性，土壤的自净作用变弱，导致部分污染物质不能被净化，在土壤中累积。由于土壤本身的特殊结构和特性，使得土壤对污染物具有缓冲作用，在一定浓度范围内不会导致土壤污染，只有当污染物累积量超过了土壤环境容量，破坏了土壤原来的结构、功能和生态平衡时，才造成土壤污染。

### （二）土壤污染的特点

#### 1. 隐蔽性和滞后性

土壤污染不像大气、水污染和固体废物污染易为人们所察觉，它往往要通过对土壤样品进行分析化验和农作物的残留检测，甚至通过研究对人畜健康状况的影响才能确定。因此，土壤污染从产生污染到出现问题通常会滞后较长的时间，土壤污染问题一般都不太容易受到重视。

#### 2. 累积性和地域性

污染物质在大气和水体中，一般都比在土壤中更容易迁移。污染物质进入土壤环境后，土壤组分与污染物质发生一系列的物理、化学和生物反应，导致污染物质在土壤中的迁移性变弱，使得污染物质在土壤环境中长期累积，超过土壤的自净作用，使土壤受到污染而超标，同时也使土壤污染具有很强的地域性特点。

**3. 不可逆转性和周期长**

污染物质进入土壤环境后，污染物质本身在土壤中会经历一些在土壤固-液相的分配及转化，与此同时，污染物质与土壤组分之间产生一系列的迁移转化反应，其中许多转化作用为不可逆过程，污染物最终形成难溶性化合物沉积在土壤中。无机污染中的重金属对土壤的污染基本上就是一个不可逆转的反应，有机污染中的持久性有机污染物在土壤中半衰期也很长，基本上很难降解。

**4. 难治理性**

如果大气和水体受到污染，切断污染源之后通过稀释和自净化作用可使污染问题不断逆转，但是积累在污染土壤中的难降解污染物很难通过稀释作用和自净化作用来消除。切断土壤污染源，土壤污染已经产生，现有的一些修复措施很难使土壤恢复原状，仅有一些物理修复措施，例如换土虽然能修复土壤，但是治理花费很大，修复见效缓慢。

## 三、土壤的自净作用

土壤的自净作用是指在自然因素作用下，通过土壤自身的作用，使污染物在土壤环境中的数量、浓度或形态发生变化，其活性、毒性降低的过程。按照不同的作用机理，可划分为物理净化作用、物理化学净化作用、化学净化作用和生物净化作用。

### （一）物理净化作用

土壤的物理净化是指利用土壤多相、疏松、多孔的特点，犹如一个天然的大过滤器，可以通过吸附、挥发和稀释等一系列物理作用过程使土壤污染物固定，毒性或活性减小，甚至排出土壤的过程。能够溶解的一些污染物，例如无机污染中的硝酸盐和有机污染物中的一些以阴离子形式存在的某些农药，进入土壤环境后，在土壤环境的固-液相进行分配，浓度降低，毒性降低；土壤组分也会对进入的污染物质产生吸附等一些物理反应，降低污染物质的迁移性，但是这些可溶性污染物质的迁移性也可能很大，被土壤水分稀释的污染物质可能随土壤水分进入地下水，也可能向上迁移至地表水。

### （二）物理化学净化作用

土壤的物理化学净化是指污染物的阳离子和阴离子与土壤胶体上原来吸附的阳离子和阴离子之间发生离子交换吸附作用。土壤物理化学净化作用的实质是离子之间的交换作用，对土壤的缓冲能力起着决定性的作用。土壤理化性质中的阳离子交换量或者阴离子交换量就是衡量土壤的物理化学净化作用的。在土壤中以阳离子形式存在的金属离子和以阴离子形式存在的一些有机农药与土壤胶体的交换能力比较大时，就会被交换到土壤胶体上，这样降低了土壤液相中这些离子的浓度。物理化学净化作用只能使污染物在土壤溶液中的离子浓（活）度降低，相对地减轻污染危害，但并没有从根本上消除土壤环境中的污染物。此外，经交换吸附到土壤胶体上的污染物离子，还可以被相对交换能力更大的或浓度较大的其他离子交换下来，重新转移到土壤溶液中去，又恢复原来的毒性、活性。所以说，物理化学净化作用是暂时的、不稳定的。

### （三）化学净化作用

污染物进入土壤以后，可能发生一系列的化学反应，如凝聚与沉淀反应、氧化还原反应、络合-螯合反应、酸碱中和反应、同晶置换反应、水解反应、分解反应和化合反应，也可能由太阳辐射能和紫外线等引起的光化学作用降解等。通过这些化学反应，污染物转化成难溶性、难解离性物质，危害程度和毒性降低，或者分解为无毒物或营养物质，这些净化作用被统称为化学净化作用。土壤化学净化中起主要作用的是酸碱反应和氧化还原反应，许多重金属在碱性土壤中容易沉淀。在还原条件下，$S^{2-}$ 等一些还原性物质可以活化重金属，同时也会与重金属离子共沉淀形成难溶性硫化物，比如 CuS、$Cu_2S$、HgS、$Ag_2S$、PbS、CdS 等，或者促进土壤中一些不稳定的矿物重结晶形成更稳定的矿物，重金属离子可以嵌入到重结晶矿物的晶格中，从而降低污染物的毒性和迁移性。

### （四）生物净化作用

土壤的生物净化作用是指有机污染物在土壤生物及其酶的作用下，通过生物降解，被分解为简单的无机物而消散的过程。土壤生物（微生物、动物）对污染物的吸收、降解、分解和转化过程与作物对污染物的生物性吸收、迁移和转化是土壤环境系统中两个最重要的物质与能量的迁移转化过程，也是土壤最重要的自净功能。土壤中污染物的去除主要取决于生物自净作用，生物自净作用的大小受土壤生物和作物的生物学特性的影响。从自净机制看，生物化学自净是真正的自净。各种土壤中的有机污染物主要是通过氧化反应、还原反应、水解反应、脱烃反应、脱卤反应、芳环羟基化和异构化、环破裂等反应进行生物降解的。但是对于无机污染重金属而言，微生物的净化作用不能降低其含量，甚至在某些种类的微生物作用下，比如硫酸盐还原菌、铁还原菌，重金属形态被活化，这是重金属成为土壤环境的最危险污染物的根本原因。

# 任务二　农田土壤污染源及危害

## 一、农田土壤污染物

输入土壤环境中的足以影响土壤环境正常功能、降低作物产量和生物学品质、对人体健康有害的那些物质，被统称为土壤环境污染物。土壤环境污染物可以分为无机污染物和有机污染物。具体的农田土壤环境主要污染物见表 11-1。

表 11-1　农田土壤环境主要污染物

| 污染物种类 | | | 主要来源 |
|---|---|---|---|
| 无机污染物 | 重金属 | 汞(Hg) | 制碱、汞化物生产等工业废水和污泥、含 Hg 农药、金属汞蒸气 |
| | | 镉(Cd) | 冶炼、电镀、染料等工业废水、污泥和废气，肥料杂质 |
| | | 铜(Cu) | 冶炼、铜制品生产等废水、废渣和污泥，含 Cu 农药 |
| | | 锌(Zn) | 冶炼、镀锌、纺织等工业废水、污泥和废渣，含 Zn 农药 |
| | | 铅(Pb) | 颜料、冶炼等工业废水、汽油防爆燃料排气、农药 |
| | | 铬(Cr) | 冶炼、电镀、制革、印染等工业废水和污泥 |
| | | 镍(Ni) | 冶炼、电镀、炼油、染料等工业废水和污泥 |
| | | 砷(As) | 硫酸、化肥、农药、医药、玻璃等工业废水和废气、含 As 农药 |
| | | 硒(Se) | 电子、电器、油漆、墨水等工业的排放物 |
| | 放射性元素 | 铯($^{137}Cs$) | 原子能、核动力、同位素生产等工业废水和废渣，大气层核爆炸 |
| | | 锶($^{90}Sr$) | 原子能、核动力、同位素生产等工业废水和废渣，大气层核爆炸 |
| | 其他 | 氟(F) | 冶炼、氟硅酸钠、磷酸和磷肥等工业废气，肥料 |
| | | 盐、碱 | 纸浆、纤维、化学等工业废水 |
| | | 酸 | 硫酸、石油化工、酸洗、电镀等工业废水，大气 |

续表

| 污染物种类 | | 主要来源 |
|---|---|---|
| 有机污染物 | 有机农药 | 农药生产和使用 |
| | 酚 | 炼油、合成苯酚、橡胶、化肥、农药等工业废水 |
| | 氰化物 | 电镀、冶金、印染等工业废水，肥料 |
| | 苯并[*a*]芘 | 石油、炼焦等工业废水 |
| | 石油 | 石油开采、炼油、输油管道漏油 |
| | 有机洗涤剂 | 城市污水、机械工业 |
| | 有害微生物 | 厩肥、城市污水、污泥 |
| | 多氯联苯类 | 人工合成品及其产生的工业废气、废水 |
| | 有机悬浮物及含氮物质 | 城市污水、食品、纤维、纸浆业废水 |

### （一）无机污染物

污染土壤环境的无机物包括盐、碱、酸、氟、氯、重金属和放射性元素。重金属主要包含汞、镉、铬、砷、铅、镍、锌、铜，放射性元素主要是铯和锶等。土壤无机污染中最为严重的是重金属和放射性元素，因为这些污染物都具有潜在威胁，而且一旦污染了土壤，就难以彻底消除。目前，国际上公认影响比较大、毒性较高的重金属类物质一般有 5 种，即汞、镉、铅、铬、砷。

### （二）有机污染物

污染环境的有机物，主要有人工合成的有机农药、石油类物质、酚类物质、氰化物，苯并[*a*]芘、有机洗涤剂、病原微生物和寄生虫卵等（表 11-1）。污染物分类的主要依据是污染物的物化性质、存在的形态、范围和广度。其中有机氯农药、有机汞制剂、稠环芳烃等性质稳定不易分解的有机物，在土壤环境中易积累，造成污染危害。

## 二、农田土壤污染源

农田土壤污染物的来源主要有两种，分别是天然污染源和人为污染源。天然污染源指自然界自行向环境排放有害物质或造成有害影响的场所，比如火山喷发、森林着火、风吹扬尘等，它们每年向大气排入约 5.5 亿 t 污染物，大部分都会降落在土壤和水体中。在自然界中，自然形成的矿床中单质和化合物富集中心周围往往会形成自然扩散晕，使附近农田土壤中某些元素的含量超出一般土壤含量，如蛇纹岩发育的土壤中富含镍、铬等金属。经过人为活动，比如农业生产、工业、生活和交通等产生的污染物，通过各种形式进入土壤，称之为人为污染源。人为污染源是土壤污染的主要成因，尤其是近几十年工业快速发展导致的废水、废气和废渣的排放，以及为了农业增产增收而大量施用的化肥和农药。农田土壤污染主要来源于人为活动，主要有以下几方面：

### （一）化肥和农药施用

目前农民为了增产增收，过量地使用化肥，并且偏施氮肥和磷肥，导致农田土壤氮和磷含量升高，农田土壤养分失衡。土壤中的氮和磷在微生物作用、降水等影响下排入水体中，导致水体中的氮和磷超标严重，引起藻类及其他浮游生物迅速繁殖，水体溶解氧量下降，水质恶化，甚至引起鱼类及其他生物大量死亡。另外，肥料中含有一些有害物质，例如氮肥中的硝酸盐和氨基甲酸酯等物质会导致土壤酸化和养分流失，降低土壤质量，影响植物的生长发育。

肥料中的有害物质还包含重金属和放射性元素，其随肥料输入土壤也会对土壤产生污染。磷肥中含有重金属镉（Cd），长期施用会导致农田土壤镉污染。磷肥中除了磷元素外，还含有砷元素和氟元素，并且，在生产磷肥的过程中其他一些元素也会进入磷肥中。表 11-2 列出了磷肥中一些常见的重金属元素及其含量，可以看出都是毒性较大的重金属元素，例如镉、砷和铬等。如果长期施用含有重金属的肥料，会导致重金属逐年在土壤中累积，并且由于重金属在土壤中的迁移性很弱，所以长期施用磷肥所造成的区域重金属污染不容忽视。

**表 11-2 磷肥中常见重金属及其含量**

| 取样地点 | 肥料名称 | 重金属质量分数/(mg·kg$^{-1}$) | | | | | |
|---|---|---|---|---|---|---|---|
| | | 砷 | 镉 | 铬 | 铜 | 镍 | 铅 |
| 山东 | 普钙 | 51.3 | 1.4 | 464 | 60.6 | 12.4 | 170.4 |
| 北京 | 普钙 | 22.1 | 0.2 | 129.7 | 54.2 | 10.6 | 41.5 |
| 北京 | 普钙 | 23.5 | 1.8 | 89.7 | 62.9 | 15.1 | 71.0 |
| 北京 | 普钙 | 36.4 | 1.9 | 39.9 | 61.4 | 10.1 | 124.2 |
| 云南 | 磷矿粉 | 25.0 | 3.8 | 47.3 | 54.2 | 12.6 | 242.1 |
| 贵州 | 磷矿粉 | 13.5 | 5.8 | 49.8 | 83.9 | 16.7 | 876.4 |
| 湖北 | 磷矿粉 | 90.1 | 2.1 | 39.8 | 76.5 | 13.8 | 379.8 |
| 湖南 | 磷矿粉 | 32.4 | 1.6 | 39.9 | 50.2 | 11.1 | 202.8 |
| 浙江 | 钙镁磷肥 | 6.2 | — | 1057.2 | 63.2 | 345.6 | — |
| 湖南 | 铬渣磷肥 | 67.7 | — | 5144 | 48.0 | 181.8 | — |
| 天津 | 铬渣磷肥 | 26.9 | — | 3328 | 51.3 | 139.5 | — |
| 日本复合肥 | | — | 4.7 | 79.7 | 36.6 | 10.1 | — |
| 罗马尼亚复合肥 | | 15.0 | 30.4 | 205.3 | 42.3 | 15.6 | 2.6 |

近年来，国家已经意识到长期施用化肥导致土壤退化的问题，鼓励农民在农业生产时增施有机肥料。但是有机肥料如果施用不当，也可能会导致农田土壤产生污染。我国养殖业呈现规模化模式，为保障养殖动物的健康生长，在饲料里会添加各种兽药，兽药中含有大量铜、锌、镉、砷等重金属物质，畜禽粪便作为有机肥料施用到农田中会导致土壤铜等重金属的污染。在部分受规模化畜禽养殖废水灌溉影响及施用养殖场有机肥的耕地土壤中，土壤中砷、镉、铜、锌等重金属长期累积，也有导致农田土壤重金属超标严重的风险。

当前，农业生产过程中的病虫草害的防治主要依赖化学农药。农药在生产、储存、运输、销售和使用过程中都会产生污染。个别农民为了节省人力和物力，在给所种植的作物喷施农药时有时会存在过量喷施的现象，并且喷施的农药大部分都落入土壤中。

如果过量滥施农药，施在作物上的杀虫剂可能大约有一半进入土壤中。进入土壤的有机农药，经过土壤净化后残留的量比较少，但是像有机汞、有机氯这些可持久停留在土壤中的农药来说，降解过程是十分缓慢的，并且降解的产物可能比原农药具有更大的潜在危害性。

### （二）污水灌溉

我国水资源短缺，所以污水灌溉在我国是一个利用污水资源、缓解水资源短缺现状、发展农业生产和减轻水环境污染的兴利除害措施。据统计，中国污水灌溉农田面积为 330 余万 $hm^2$，占全国总灌溉农田面积的 7.3%，主要分布在中国北方水资源严重短缺的海、辽、黄、淮四大流域，约占全国污水灌溉面积的 85%。

污水灌溉区的农田土壤中的污染物含量与灌溉污水中的污染物含量密切相关。灌溉污水中的污染物含量受污水来源、污水种类影响，灌区土壤重金属含量也受土壤环境背景值的影响。

### （三）固体废物及农用薄膜的利用

具体内容见二维码 11-1。

### （四）大气沉降物

二维码 11-1　固体废物及农用薄膜的利用

大气污染物，如二氧化硫、氮氧化物、氟化物以及含硫酸、重金属、放射性元素等的颗粒物，通过干沉降和湿沉降进入土壤。氮氧化物等气体沉降到土壤中会导致土壤酸化，土壤酸化能够活化土壤中的一些污染物质，例如可以把土壤组分吸附的重金属释放到土壤溶液中，这加重了土壤中有害物质的危害。通过大气沉降作用输入土壤的重金属也是土壤重金属的污染源之一，主要来源于大气中的悬浮性颗粒物质。这些悬浮性颗粒物质在重力作用或者降水作用下直接接触植物或者通过输入土壤间接被植物和动物所吸收。在大气污染严重的地区，作物也有明显的污染，如表 11-3 为钢冶炼厂周围水稻中一些元素的含量。由于大气沉降物所造成的土壤环境污染，其特点是以大气污染源为中心呈椭圆状或条带状分布，长轴与主风方向一致，污染面积和扩散距离取决于污染物质的性质、排放量以及排放形式。大气沉降污染土壤主要集中在土壤表层（0～5cm），耕作土壤则集中于耕层（0～20cm）。

表 11-3　钢冶炼厂周围水稻中一些元素的含量

| 项目 | | 叶 | | | 茎 | | | 谷粒 | | |
|---|---|---|---|---|---|---|---|---|---|---|
| 元素 | | Cu | Pb | As | Cu | Pb | As | Cu | Pb | As |
| 质量分数/ $(mg \cdot kg^{-1})$ | 污染区 | 176 | 9.7 | 15.3 | 48.0 | 3.5 | 11.9 | 24.0 | 2.7 | 0.7 |
| | 参比区 | 38.4 | 0.8 | 0.9 | 41.1 | 1.2 | 0.7 | 14.2 | 0.6 | 痕量 |

## 三、农田土壤有机污染及危害

### （一）农药对农田土壤的污染及危害

根据污染物在环境中残留的半衰期划分，可将有机污染物分为持久性有机污染物（POPs）和非持久性有机污染物。非持久性有机污染物是指进入环境中容易降解的有机污染物。持久性有机污染物是指具有毒性、生物蓄积性和半挥发性，在环境中持久存在的，且能在大气环境中长距离迁移并沉积回地球的偏远极地地区，对人类健康和环境造成严重危害的有机污染物质。持久性有机污染物具有以下几个性质：

（1）高毒性

持久性有机污染物质在低浓度时也会对生物体造成伤害，例如，二噁英类物质中毒性最大的物质的毒性相当于氰化钾毒性的 1000 倍以上，号称是世界上最毒的化合物之一，每人每日能容忍的二噁英摄入量为每公斤体重 1pg。持久性有机污染物还具有生物放大效应，可以通过生物链逐渐积聚成高浓度，从而造成更大的危害。

（2）持久性

持久性有机污染物具有耐光、不会被土壤化学净化和生物净化的特性，例如土壤或者沉积物中的二噁英物质可以存在 17～273 年。

（3）生物积累性

持久性有机污染物具有高亲油性和高憎水性，能在活的生物体的脂肪组织中进行生物积累，可通过食物链危害人类健康。

（4）远距离迁移性

持久性有机污染物在风和水流的作用下可传播到很远的距离，甚至在人迹罕至的北极圈都检测到了持久性有机污染物，这与它的性质有关。持久性有机污染物具有挥发性和半挥发性，室温条件下就可以由液态转化为气态，可以气态存在或者附着在大气的颗粒物上。持久性有机污染物具有不易降解的性质，可以在大气中远距离运输，但是半挥发性又使得它们不会永久停留在大气层中，会在一定条件下又沉降下来，然后又在某些条件下挥发。这样的挥发和沉降重复多次就导致持久性有机污染物分散到地球上各个地方。

联合国环境规划署于 2001 年 5 月在瑞典签署了《关于持久性有机污染物的斯德哥尔摩公约》，2004 年 5 月 17 日生效。截至 2023 年 10 月，共有 186 个缔约方。中国于 2004 年 8 月 13 日递交批准书，同年 11 月 11 日公约对中国生效。首先消除以下 12 种对人类健康和自然环境特别有害的持久性有机污染物，分别是艾氏剂、狄氏剂、异狄氏剂、滴滴涕、氯丹、六氯苯、灭蚁灵、毒杀芬、七氯、多氯联苯、二噁英和呋喃，其中前 9 种都是有机氯农药。截至 2011 年 5 月，已经列入斯德哥尔摩公约受控物质清单的共有 22 种物质，其中包括滴滴涕、艾氏剂等 12 种首批受控物质和开蓬（十氯酮）、五氯苯、硫丹等 10 种新增受控物质。

根据农药的性质可将其分为有机氯农药、有机磷农药、氨基甲酸酯类、苯氧羧酸类等。以下主要介绍有机氯农药、有机磷农药和氨基甲酸酯类农药。

### 1. 有机氯农药

有机氯农药是用于防治植物病虫害的化合物组成成分中含有有机氯元素的有机化合物，主要分为以苯为原料和以环戊二烯为原料两大类。此外以松节油为原料的莰烯类杀虫剂、毒杀芬和以萜烯为原料的冰片基氯也属于有机氯农药。有机氯类农药化学性质稳定，在土壤不易被降解成无毒物质，残留度高，在土壤中可以存在数年甚至数十年之久。表 11-4 为一些有机氯农药在土壤中的消失情况。生物对有机氯农药的富集系数比较高，有机氯农药可通过食物链危害人畜健康，因而该类农药污染成为了一个全球环境问题。

表 11-4 一些有机氮农药在土壤中的消失情况

| 农药 | 消失 95%需要的年数 |
|---|---|
| 滴滴涕 | 4～30 |
| 狄氏剂 | 5～25 |
| 林丹 | 3～10 |
| 六六六 | 3～10 |
| 艾氏剂 | 1～6 |

林丹是一种广谱有机氯农药，20 世纪 90 年代作为替代六六六的高效杀虫剂被我国广泛使用。豆类作物对 $\gamma$-六六六的吸收率特别高，其含量为土壤残留量的数十倍之多。林丹具有亲脂性，化学性质稳定，可以长期在土壤中累积，可远距离运输，可以通过食物链发生生物富集作用。从日本对水稻的农药含量调查发现，水稻与一般水生植物有着共同的性质，都具有富集作用，其富集农药后会对环境、水生生物及人体健康构成威胁。

毒杀芬的生物代谢和环境降解速率较慢，在土壤和水环境中能够保持较长时间，并进入人和动物的食物链。人们以前将其用于农业和蚊虫的控制，现已被国家明令禁止使用。

有机氯农药在土壤中由于性质稳定、降解时间长，可在土壤中累积，对土壤的危害较大。有机氯农药污染的土壤是不适合进行耕作的，因为农药停留在土壤的表层（耕作层），再耕种的时候难免会被植物体所吸收。与此同时，农药污染对生存在土壤层中的微生物和无脊椎动物也会有一定的影响，可以在其体内累积。土壤中无脊椎动物体内的有机氯农药含量见表 11-5。有机氯农药可通过食物链进入人体和动物体，能在心肝、肝、肾等组织中蓄积，由于这类农药脂溶性大，所以在脂肪中蓄积最多。蓄积的残留农药能通过母乳排出或转入卵蛋等组织，影响子代。因此各国对有机氯农药在食品中的残留控制甚严，均不容许在食品中检测出环戊二烯类杀虫剂。

表 11-5　土壤中无脊椎动物体内的有机氯农药含量

| 有机氯农药(施药量为 3～18kg·hm$^{-2}$) | 农药质量分数/(mg·kg$^{-1}$) | | | |
|---|---|---|---|---|
| | 土壤 | 蛞蝓 | 蚯蚓 | 蜗牛 |
| 滴滴涕 | 0.08～5.40 | 10.3～36.7 | 1.1～54.9 | 0.32～0.38 |
| 滴滴伊 | 0.12～4.40 | 0.12～4.40 | 4.2～15.4 | 0.70～1.60 |
| 滴滴滴 | 0.01～5.60 | 2.6～14.0 | 0.8～18.7 | 0.83～1.68 |
| 狄氏剂 | 0.01～0.02 | 0.2～11.1 | 0.04～0.82 | 0.02～0.07 |
| 异狄氏剂 | 0.01～3.50 | 1.1～114.9 | 0.4～11.0 | 2.72 |

#### 2. 有机磷农药

有机磷农药是指含磷元素的有机化合物农药，主要用于防治植物病虫草害，多为油状液体，有大蒜味，挥发性强，微溶于水，遇碱破坏，是为取代有机氯农药而发展起来的。我国生产的有机磷农药绝大多数为杀虫剂，如常用的对硫磷、内吸磷、马拉硫磷、乐果、敌百虫及敌敌畏等，近几年来已先后合成杀菌剂、杀鼠剂等有机磷农药。有机磷类农药对人的危害作用从低毒到剧毒不等，能抑制乙酰胆碱酯酶，使乙酰胆碱积聚，引起毒蕈碱样症状、烟碱样症状以及中枢神经系统症状，严重时人可因肺水肿、脑水肿、呼吸麻痹而死亡。随着有机磷农药使用量的逐年增加，其对环境的污染以及影响人体健康等问题已经引起各国的高度重视。

#### 3. 氨基甲酸酯类（CMs）农药

氨基甲酸酯类农药是在有机磷酸酯之后发展起来的合成农药，其通式为 RO（CO）NRR，常用的有 4 类，分别是萘基氨基甲酸酯类、苯基氨基甲酸酯类、氨基甲酸肟酯类、杂环二甲基氨基甲酸酯类。氨基甲酸酯类农药一般无特殊气味，在酸性环境下稳定，在碱性条件下易分解，具有高效性，对人畜低毒，大多数品种毒性较有机磷酸酯类低，在农、林、牧等领域应用广泛。据统计，氨基甲酸酯类农药的使用量已超过有机磷农药。

可以看出，我国生产和使用的农药大部分具有较高的毒性。地上用药最为常见方法就是喷洒，在喷洒的过程中，只有少量的农药会被作物吸收，绝大部分农药会以雾滴、粉粒等形式通过地表径流直接积聚进入土壤中，少量悬浮在大气中的农药颗粒则会通过风、降雨等多种形式再次沉降到土壤中，破坏土壤的结构和理化性质，并使部分污染物从土壤固相释放到土壤液相中，造成二次污染。地下用药一般采用沟施和拌种，对土壤的污染性更为直接。

### （二）抗生素类对农田土壤的污染及危害

抗生素是一类具有抑菌或者杀菌活性的化合物，它可以是微生物或高等动植物的次级代谢物，也可以是由人工或半人工合成的有机化合物。按照化学结构和性质的不同，可将其分为多肽类抗生素、多烯类抗生素、大环内酯抗生素、四环类抗生素、嘌呤类抗生素等。抗生素进入土壤，会破坏土壤微生物生活的环境。作物吸收土壤中的抗生素，会通过食物链导致其在人和动物的体内累积，人受抗生素残留的负面影响也是最大的。

### （三）邻苯二甲酸酯类对农田土壤的污染及危害

邻苯二甲酸酯（PAE）是邻苯二甲酸形成的酯的统称。被用作塑料增塑剂时，一般指的是邻苯二甲酸与 4～15 个碳的醇形成的酯。邻苯二甲酸酯在人体和动物体内发挥着类似雌性激素的作用，可干扰内分泌。美国环保署（EPA）已将邻苯二甲酸二辛酯等 6 种邻苯二甲酸酯列为优先控制有机污染物。农田土壤中邻苯二甲酸酯的主要来源是农用薄膜，2016 年我国农用薄膜消耗量达到 242 万 t。

### （四）石油类对农田土壤的污染及危害

石油是一类物质的总称，是由上千种化学性质不同的物质组成的复杂混合物。石油污染是指在开采、炼制、贮运、使用的过程中，原油和各种石油制品进入环境而造成的污染。由于原油泄漏对海洋的污染是当前人们比较关注的问题。

土壤的石油污染主要有3种表现形式，分别是开采过程落地的原油、石油泄漏和开采产生的大量废水。我国石油开采所产生的含石油废水多达十几亿吨，对于含石油废水的处理往往采用回注再利用的方式。在采油废水回注的过程中，有时会发生因为接触不严或者管线老化等问题导致管线泄漏等的事故，使含油废水对土地形成一定时间的淹灌，这就是所谓的油水淹地。近年来油水淹地问题越来越突出。

石油含有碳氢化合物（烷烃、环烷烃及芳香烃等）、含硫化合物（硫醇、硫醚及噻吩等）、含氮化合物（胺类、吡啶及吡咯等）及含氧化合物（环丙酸和酚类），黏着力强，进入土壤后首先阻断土壤孔隙，影响土壤的通水通气功能，致使作物无法正常生长，并且植物根系进行无氧呼吸而逐渐死亡。

### （五）多氯联苯对农田土壤的污染及危害

多氯联苯（PCBs）的全部异构物总共有210种，已确定结构的有102种。多氯联苯是环境中分布最广泛的污染物之一，因其易溶于脂肪和有机溶剂，可以在生物的脂肪中富集。1968年日本曾发生因多氯联苯污染米糠油而造成的有名的公害病“油症”。多氯联苯是一类持久性有机污染物，其危害可持续很长时间，尽管1972年日本已经停止了部分多氯联苯的生产，但污染的农田土壤中的多氯联苯最终仍然可以通过食物链进入人体。

多氯联苯在使用过程中可以通过废物排放、储油罐泄露、挥发干沉降、湿沉降等途径进入土壤及相连的水环境中，造成污染。多氯联苯显著改变了土壤中的微生物结构，导致土壤中微生物的生物量减少。

### （六）多环芳烃对农田土壤的污染及危害

多环芳烃（PAHs）是分子中含有两个以上苯环的碳氢化合物，是煤、石油、木材、烟草、有机高分子化合物等有机物不完全燃烧时产生的挥发性碳氢化合物，是重要的环境和食品污染物。多环芳烃中稠环多环芳烃对人类威胁要高于孤立多环芳烃。迄今为止已经发现了200多种多环芳烃，表11-6列出了EPA公布的16种优先控制的PAHs。

**表11-6 EPA公布的16种优先控制的PAHs**

| 名称 | 缩写 | 环数 | 分子式 | 致癌性 |
|---|---|---|---|---|
| 萘 | NAP | 2 | $C_{10}H_8$ | — |
| 苊烯 | ACY | 3 | $C_{12}H_8$ | — |
| 苊 | ACE | 3 | $C_{12}H_{10}$ | — |
| 芴 | FLU | 3 | $C_{13}H_{10}$ | — |
| 菲 | PHE | 3 | $C_{14}H_{10}$ | — |
| 蒽 | ANT | 3 | $C_{14}H_{10}$ | — |
| 荧蒽 | FLT | 4 | $C_{15}H_{10}$ | 助癌 |
| 芘 | PYR | 4 | $C_{16}H_{10}$ | — |
| 䓛 | CHR | 4 | $C_{18}H_{12}$ | 弱致癌 |
| 苯并[*a*]蒽 | BaA | 4 | $C_{18}H_{12}$ | 强致癌 |
| 苯并[*b*]荧蒽 | BbF | 5 | $C_{20}H_{12}$ | 强致癌 |
| 苯并[*k*]荧蒽 | BkF | 5 | $C_{20}H_{12}$ | 强致癌 |
| 苯并[*a*]芘 | BaP | 5 | $C_{20}H_{12}$ | 强致癌 |
| 二苯并[*a*,*h*]蒽 | DahA | 5 | $C_{22}H_{14}$ | 特强致癌 |

续表

| 名称 | 缩写 | 环数 | 分子式 | 致癌性 |
|---|---|---|---|---|
| 茚并[1,2,3-*cd*]芘 | IcdP | 6 | $C_{22}H_{12}$ | 特强致癌 |
| 苯并[*ghi*]芘 | BghiP | 6 | $C_{22}H_{12}$ | 助癌 |

农田土壤中多环芳烃的污染主要是在土壤中富集。多环芳烃能够在土壤中长时间残留并不断累积。土壤中多环芳烃污染物可通过呼吸、皮肤接触等暴露途径进入人体。基于文献中的数据，我国农业土壤 PAHs 污染水平主要集中在中低污染水平。土壤的污染必然影响到作物的生长，蔬菜中苯并［*a*］芘的含量以叶类蔬菜最多，根菜类和果实类蔬菜次之。已有研究表明，多环芳烃与人类的某些癌症有着密切的关系。强烈致癌的多环芳烃大都是含 4～6 个环的稠环多环芳烃，本身并没有太大的化学活性，必须经过代谢酶的作用被活化后才能转化为在化学性质上活泼的化合物并与细胞内的 DNA 和 RNA 等大分子结合发挥它们的致癌作用。

## 四、农田土壤肥料污染及危害

肥料在生产的过程中，原料伴有一部分杂质，并且在生产的过程中也会引入一部分其他的有毒有害元素。肥料中的污染物质包含重金属元素、放射性元素、氟元素及有毒有机化合物等。近年来，由于规模化养殖，导致有机肥料中含有一定的铜、锌等重金属。这些物质进入土壤后，在土壤中累积到一定程度，就会造成土壤污染。

### （一）重金属污染及危害

虽然应用化肥可以使作物生长需求得到高度满足，但是化肥中存在大量有毒元素和重金属，会在土壤中不断积累。磷肥生产过程中会带入砷、镉、氟等元素。如果在磷肥的生产过程中使用废酸，生产的磷肥中就会伴随着三氯乙醛。如果耕地长期施用含有重金属的磷肥，这些重金属就会在土壤中累积。农田土壤中的重金属迁移性较低，很难从土壤中移出，长期下去土壤中就会累积大量的重金属，进而使农田土壤受到重金属的污染，对农作物的生长和发育造成严重影响。我国因重金属污染而引起的粮食减产每年超过 $1.0\times10^{7}$t，被重金属污染的粮食每年超过 $1.2\times10^{7}$t，两者合计经济损失至少 200 亿元。

### （二）有毒有机化合物的污染及危害

硫氰酸盐、磺胺酸盐、缩二脲、三氯乙醛以及多环芳烃是化肥中普遍存在的有毒有机化合物，它们对种子、幼苗或土壤微生物有毒害作用。

在煤制气和炼焦的过程中都会有硫氰酸盐的产生。硫酸是炼焦的副产品之一，由于工艺等问题，产生的硫酸中含有一定量的硫氰酸。当水溶液中硫氰酸盐浓度超过 5mg/L 时即可危害作物发芽，因此施用硫酸前要注意检测。化肥中磺胺酸盐含量一般较低，主要存在于用制造尼龙原料的废硫酸生产的磷肥氮肥中。缩二脲存在于尿素中，在造粒过程中，经高温（>133℃）处理能分解出氨和缩二脲，对作物有毒害作用。对植物危害较大又较普遍存在的是磷肥中的三氯乙醛，一般在磷肥生产中都存在三氯乙醛污染。三氯乙醛可导致植物生长紊乱，能在土壤中存在较长时间，数月后才能完全降解。

### （三）有机肥料中有毒有害物质的污染及危害

污泥是可以作为有机肥料施入到农田土壤中的，但是有些污泥中含有重金属、多氯联苯等一些污染物质，当含有这些污染物质的肥料施入农田时，会使农田土壤中的这些污染物质累积。将未经无害化处理的人畜粪便、城市垃圾以及携带有病原菌的植物残体制成的有机肥料或一些微生物肥料直接施入农田，会使某些病原菌在土壤中大量繁殖，造成土壤生物污染。这些病原体包括各种病毒、病菌、有害杂菌，甚至一些大肠杆菌、寄生虫卵等，它们在土壤中生存时间较长。例如结核杆菌能在土壤中生存 1 年左右，虫卵在土壤中能生存 315～420d。还有一些有害粪便是一些病虫害的诱发剂，例如鸡粪直接施入土壤，极易诱发地老虎的繁殖，进而造成对作物根系的破坏。此外，被有机废物污染的土壤，是蚊蝇滋生和鼠类繁殖的场所，不仅会带来传染病，还能阻塞土壤孔隙，破坏土壤结构，影响土壤的自净能力，危害作物正常生长。

### （四）不合理的施肥方式导致的土壤污染及危害

个别农民在进行农业生产时，存在少钾肥、轻磷肥、重氮肥等现象。如果土壤中所具有的钾元素含量过低，会使农作物出现营养失调现象，而过量使用氮肥，会使作物具有较高的磷酸盐水平，加快土壤酸化。通常情况下，在使用化肥的过程中，土壤的 pH 值会发生改变，氮肥的过量使用会使土壤酸化加剧。$NH_4Cl$ 和 $(NH_4)_2SO_4$ 均为酸性肥料，将其加入土壤，会使土壤的 pH 值大大降低，造成土壤酸化。微生物会使氨态氮转化为硝酸，造成土壤酸化。例如，在南方地区，过量使用化肥会使土壤中的有机质出现矿质化，进而使土壤结构受到破坏，使铝和锰的含量大大增加。盐基淋溶会使土壤酸化速度大大加快。

放射性污染及危害、氟污染及危害见二维码 11-2。

## 五、农田土壤固体废物污染及危害

二维码 11-2　放射性污染及危害，氟污染及危害

固体废物不仅占用农田土壤，还会对农田土壤产生污染。由于固体废物处理不当，经过日晒等天气条件的综合作用，固体废物的浸出液中往往含有各种污染物质，比如酸、碱、重金属、有毒有害污染物等，它们会直接进入土壤中，改变土壤的结构和理化性质，影响土壤的微生物、动物生长和活性，使土壤退化。这些有害成分不仅难以挥发消解，而且会阻碍植物根系的发育和生长，并在植物体内蓄积，通过食物链危及人体健康。例如固体废物中的塑料地膜或塑料袋，一旦飘落入土壤，就会有大量的塑料碎片残留在土壤中，使土壤通水通气性受阻，土壤结构受到影响，从而影响作物的生长发育，导致减产。一些电子元件堆放在土地上，其浸出液中会含有镉、锌、铅等重金属，使其周围土壤受到严重的重金属污染。随着我国经济的发展和人们生活水平的提高，固体废物的产生量将会越来越大，如果不进行及时有效的处理和利用，固体废物污染土壤的问题将会更加严重。

# 任务三　污染物在土壤中的迁移转化

污染物进入土壤后，与各种土壤组分发生一系列的物理、化学、生物等反应，这些反应主要包括吸附-解吸、沉淀-溶解、络合-解络、同化矿化、降解转化等过程。这些过程与土壤污染物的毒性和迁移性密切相关。一般认为，土壤中某种污染物的水溶态或者交换态有效浓度越高，其对生物的毒性就越大，而铁、锰氧化物结合态、有机结合态或残渣态含量越高，其对生物的毒性就越低。

## 一、重金属在土壤中的迁移转化

土壤中的重金属迁移比较复杂，不仅可以沿水平方向进行平面迁移，还可以沿竖直方向上下实施迁移，并且土壤中任何指标改变，都会影响土壤中重金属的迁移转化。重金属污染物从自身的土壤向其他介质进行迁移的同时，会被自身土壤中所携带的溶液所影响，使其在土壤中发生形态上的转化。土壤重金属的形态包括：①可交换态。金属吸附在黏土、腐殖质及其他成分上，对环境变化敏感，易于迁移转化，能被植物吸收；②碳酸盐结合态。土壤中重金属元素在碳酸盐矿物上形成的共沉淀结合态；③铁锰氧化物结合态。一般以矿物的外囊物和细粉散颗粒存在，活性的铁锰氧化物比表面积大，通过吸附或共沉淀阴离子形成；④有机结合态。土壤中各种有机物，如动植物体、腐殖质及矿物颗粒的包裹层等与土壤中重金属形成的螯合物；⑤残渣态。一般存在于硅酸盐、原生和次生矿物等土壤晶格中，是自然地质风化的结果，在自然界正常条件下不易释放，能长期稳定存在，不易被植物吸收。土壤中的重金属污染物主要通过物理、化学和微生物等一个或几个相互作用进行形态上的迁移转化。

**1. 土壤中重金属污染物的物理迁移**

土壤中重金属元素会随土壤溶液运动而运动，在土壤中沿水平或者垂直方向运动。重金属污染物的水平迁移会让重金属元素向周围不断扩散，土壤被污染的面积越来越大。竖直迁移运动有向上和向下两个方向，向上是由于风力或者人为活动，土壤的表层被带起浮向空气当中，被重金属污染的大气进行活动的过程中将污染物带向周围，其被周围的土壤胶质再次吸附，造成周围环境被重金属污染；向下迁移会深入到地下的深层土壤和地下水流当中，对更深的土壤造成重金属的污染，也有本身密度比较大的重金属发生沉淀或者被封存于其他无机沉淀和有机沉淀中，比如锑和砷在还原环境中，会嵌入到次生矿物的晶格中。

**2. 土壤中重金属污染物的物理化学迁移和转化**

重金属在土壤中是以不同的化学态存在的，但是在固相和液相中的存在形式是不同的。在正常状态下，重金属在固相和液相之间形成多相平衡的稳定状态。但是如果土壤某种理化性质改变就会打破这种平衡状态，这时土壤当中的重金属元素就会实施迁移和进行形态的转化。土壤中的有机物质和土壤胶体也会对重金属污染物的迁移产生影响，电解质的平衡状态被破坏，重金属污染物的迁移过程也会被破坏，它的存在形态也会产生变化。

**3. 土壤中重金属污染物的生物迁移和转化**

土壤是一个复杂的体系，土壤中的各个组分都会影响重金属的迁移转化。其中，土壤微生物、土壤动物及土壤和周围的植物都在重金属的迁移转化中起到一定的作用。土壤中的某些微生物，例如铁还原菌、硫酸盐还原菌等，在其作用下，吸附或者嵌入铁锰氧化物的重金属被活化释放到土壤溶液中。植物通过根系可以吸收某种特定的重金属，并将其累积在植物体内，如果被人类食用，就会对人体产生危害。重金属也可以随着植物的残体进入土壤，使表层土壤的重金属危害加重。在植物吸收重金属进入体内时，重金属的形态可以发生改变，例如从无机态转换为有机态（甲基态），毒性加大。因为土壤的生物体系是很庞大的，这些生物给土壤中重金属污染物所带来的迁移也是极为复杂的。土壤中的重金属污染是可以通过生物的固化作用在一定程度上减小的。

土壤中的重金属形态不同，毒性也是不同的，例如三价砷的毒性要高于五价砷的毒性。不同重金属形态的迁移性也是不同的，三价锑的迁移性要低于五价锑的。土壤中重金属元素的活跃程度一方面取决于其在土壤中的总含量，更重要的一方面则是其形态特征分布所起到的作用。只有在有效态的存在状态下，重金属元素才能在周围土壤中以及土壤与生物间发生迁移转化。重金属元素在污染土壤与植物根系土壤间形态的变化，也是影响其在土壤植物间迁移转化的重要因素。

## 二、农药在土壤中的迁移转化

土壤中的农药可以通过各种方式进入其他的环境中，如可以通过挥发和扩散等方式进入大气环境，通过迁移进入地下水等水体环境中，通过吸收进入生物体内。因此，土壤的农药污染影响很大。直接进入土壤的农药，大部分可被吸附；残留于土壤中的农药，由于生物的作用，经历着转化和降解过程，形成具有不同稳定性的中间产物或最终成为无机物。下面介绍土壤中农药的迁移转化。

### 1. 农药在土壤中的蒸发和迁移

土壤中的农药可以通过一些物理方式降低其在土壤中的含量，这些物理方式包含物理扩散、挥发、移动等。大量的研究表明，几乎所有的农药（即使是不易挥发的农药）都可以通过挥发的方式从土壤、植物表面蒸发。对于持久性和在水中溶解度较低的农药来说，蒸发是它们进入大气的重要途径。研究表明，土壤中的六六六因蒸发而损失的量为50%。土壤中农药的蒸发速度和蒸发量受气象因素、土壤质地、农药本身的物理化学性质等的影响。土壤温度升高，有利于农药的蒸发。因此，农民在喷施农药时要注意时间的选择，尽量选择在一天中温度较低时进行喷施。

### 2. 农药在土壤中的吸附

土壤的组分复杂，农药进入土壤后，土壤各组分也会对农药的迁移产生影响。土壤组分的吸附作用是主要的过程，它是制约农药在水-土体系中运动和最终归宿的重要因素。农药被土壤吸附后，降低了其在土壤中的迁移性，同时生物有效性和毒性也相对降低。但是，土壤环境的改变也会导致农药从土壤组分中解吸进入土壤溶液。这代表通过土壤对农药的吸附是不稳定，一旦解吸还会导致土壤受到农药的污染。目前，已经发现的农药在土壤中的吸附机理有7种，分别是离子交换、氢键、电子转移、共价键、范德华力、配体交换、疏水吸附和分配。研究表明，物理化学吸附是土壤对农药的主要吸附作用，黏土矿物在土壤对农药的吸附中起了主要的作用。有研究者调查了蛭石、蒙脱石等6种土壤组分对农药的吸附能力，结果表明有机胶体对农药的吸附能力最大，依次分别是蛭石、蒙脱石、伊利石、绿泥石、高岭石。

土壤中的有机质含量直接影响土壤吸附农药的能力。一般土壤有机质含量被认为是影响农药在土壤中行为的重要参数。当大分子有机质含量达到百分之几以上时，土壤矿物表面就会被阻塞，不再起吸附作用。在这种情况下，农药在土壤中的吸附量取决于土壤中有机质的种类和数量。

农药本身的性质也会影响农药在土壤中的吸附量。一般农药的分子越大，越易被土壤吸附。农药在水中的溶解度强弱也对吸附有影响，如DDT在水中溶解度很低，在土壤中吸附力很强；而一些有机磷农药，在水中的溶解度很大，在土壤中的吸附能力很低。

### 3. 农药在土壤中的降解

按照降解机理，农药在土壤中的降解可分为生物降解和非生物降解。在光、热及化学因子作用下发生的降解为非生物降解，在动植物体内或微生物体内外的降解作用属于生物降解。生物降解在农药降解中占据了主导地位。影响降解的主要因素如下：

① 环境因子。农药进入环境后会受到一些环境因子的作用如：温度、湿度、pH值、含水量、有机质含量、黏度及气候等。一般来说在高温湿润、有机质含量丰富、pH偏碱性的情况下农药易于被降解，残留量低。

② 农药本身的因素。农药的分子结构、使用浓度及用药历史等也影响农药的降解性能。农药因其在分子结构及理化性质不同，对生物降解的敏感性差别很大。

③ 微生物的影响。由于农药降解的主要方式是在微生物的作用下进行，因此微生物对于农药的降解具有重大的影响。

④ 微生物在农药降解中的应用。微生物是农药转化的重要因素之一，生物修复也已被广泛地应用于微生物降解环境中的有毒成分并日益引起人们的重视。

（1）微生物降解

微生物是农药残留降解的重要方式，某些农药可以作为土壤微生物的碳源和氮源，这些微生物可以直接降解农药。与微生物对农药降解作用有关的主要生化反应包括：烷基化作用、脱烃作用、脱卤作用、脱氨作用、脱卤化氢作用、氧化反应、还原反应、环分裂、键分裂、缩合和结合作用等。

当前发现土壤中的细菌、真菌、放线菌、藻类等都具有降解农药的功效。对于同一农药品种，不同菌属的微生物都能起到降解的作用。例如，磷酸三丁酯属于杀虫剂，产碱杆菌属、普罗维登斯菌属、代尔夫特菌属、罗尔斯通菌属、芽孢杆菌属微生物都能降解它。并且，细菌的基因的不稳定性较高，容易诱导多种突变菌株从而有更强的适应能力，因此被广泛运用于农药降解。微生物降解作用是影响农药最终是否在土壤中残留和残毒量大小的决定因素。当前已经筛选出一些农药的微生物降解资源，见表 11-7。由于土壤中微生物种类繁多，即使被认为难解的有机氯农药，最终也能被微生物降解。

**表 11-7　农药的微生物降解资源**

| 类别 | 降解对象 | 降解菌 |
|---|---|---|
| 杀虫剂 | 硫丹 | 褐球固氮菌 |
| | 磷酸三丁酯 | 产碱杆菌属、普罗维登斯菌属、代尔夫特菌属、罗尔斯通菌属、芽孢杆菌属 |
| | 滴滴涕 | 产碱杆菌属 |
| | 克百威 | *Sphingomonas* sp.（CDS-1） |
| | 呋喃丹 | 假单胞菌（AEBL3） |
| | 烟碱类农药 | 巴氏微杆菌（11L140） |
| | 吡虫啉 | 细菌菌株（BB-1） |
| | 溴氰菊酯 | 黏质沙雷氏菌（DeI-1、DeI-2） |
| 杀菌剂 | 多菌灵 | 假单胞菌属 GRPD-1、红球菌属、寡养单胞菌属、肠杆菌属；红串球菌 XJ-D、茄科劳尔氏菌、芽孢杆菌、副球菌、黄杆菌、假单胞杆菌、总状共头霉 |
| 除草剂 | 阿特拉津 | 微杆菌属、节杆菌属、节杆菌 |
| | 扑草净 | 苍白杆菌属、芽孢杆菌属 |
| | 吡嘧磺隆 | 恶臭假单胞菌 |
| | 氯嘧磺隆 | 真菌黑曲霉 |
| | 敌草腈 | 3. 6-210MPNgdw-1 |
| | 2,6-二氯苯甲酰胺 | |
| | 丁草胺 | 克雷白氏杆菌属、假单胞菌属（Y-1） |
| | 草甘膦 | 米曲霉、嗜麦芽黄单胞菌、放射性土壤农杆菌、无色杆菌 |
| | 有机磷酸酯类化合物 | 橘青霉、青霉菌、哈茨木霉菌、黑曲霉、帚霉菌、树脂枝孢霉菌 |
| | 有机磷农药 | 荧光假单胞菌 |

影响微生物农药降解的因素很多，例如微生物的特征特性、环境适应能力等，大量研究已经证明，不同菌属的微生物甚至同种菌属的微生物对农药的降解能力是有显著差异的，目前仍然没有发现能够降解所有农药的微生物。所以，在做农药降解或者农药污染土壤/场地修复时要根据农药的种类及特征进行微生物的选择。此外，微生物还具有较强的适应和驯化能力，可以通过人工选择不同基因片段、控制基因表达的方式来提高农药降解速率。微生物降解农药是彻底的，不会产生二次污染，这也是有机污染物污染土壤的研究热点。人们对农药微生物降解的研究越来越多，很多能够降解农药的微生物菌株（细菌和真菌）已经相继被分离鉴定出来。但是，降解农药的微生物菌株的分离鉴定过程复杂且困难，这给微生物降解

农药的过程增加了难度。目前，农药微生物降解的技术尚不成熟，大部分研究成果还局限于实验室研究阶段。

（2）光化学降解

农药光化学降解是农药在光的作用下发生的降解过程，该过程是农药使用后在环境中的主要降解途径之一。农药光化学降解过程可以归纳为 3 类：第一类是农药直接光化学降解，是指农药等有机污染物直接吸收太阳光而分解的反应；第二类是间接光解，也称敏化光解，是指光敏剂物质吸收太阳能之后将能量转移给污染物，从而使污染物发生分解的反应；第三类是氧化反应，是指天然物质被辐照产生自由基或纯态氧等中间体，这些中间体又与化合物作用生成转化的产物。农药光化学降解机理包含水解反应、氧化反应、取代反应、异构化反应和离子化反应等，这与农药的物理性质、溶液介质、溶液中其他的反应物等有关。土壤中的一些物质也会影响农药等有机物的降解。例如土壤中的氨基酸、硫基和铜、铁、锰等金属离子可促进某些有机磷农药光化学反应中的水解和氧化还原作用。微生物的降解作用受环境的影响较大。环境因子包括温度、酸碱度、含水量、溶氧量、盐度、有机质含量、黏度、表面活性剂等。环境因素的改变必然影响微生物对农药的降解过程。值得注意的是，对于落到土壤表面而未与土壤结合的农药，光化学降解可能是相当重要的；但是，在表土以下，由于土壤的其他成分对光能的吸收，显著地减弱了到达表土层以下的光能，这是一个重要的限制因素。

（3）化学降解

土壤中的农药降解方式还包含化学降解，按照机理可分为催化反应和非催化反应。催化反应主要是由于土壤硅酸盐黏土矿物表面的化学活性而引起的化学变化，特别是土壤为酸性土时作用更强烈，如马拉硫磷和莠去净等农药就属此类。非催化反应主要包括脱卤作用、脱烃作用、胺及酯的水解、还原作用、环裂解、氧化作用、缩合或共轭形成等作用，其中以水解和氧化较为重要。如 2，4-D 酯类在碱性土壤中可降解为 2，4-D。土壤中的氨基酸、硫氢基以及 Cu、Fe 和 Mn 等金属离子能促进某些有机磷农药的水解和氧化还原作用。

**4. 农药在土壤中的代谢**

常规环境条件下能降解目标污染物的微生物数量少，且活性比较低，当添加某些营养物（包括碳源与能源性物质）或提供目标污染物降解过程所需因子时，有助于降解菌的生长，提高降解效率，也就是所说的共代谢。这一作用最初是由 Foster 等提出的。门多萨假单胞菌 DR-8 菌株降解甲单脒，产物为 2,4-二甲基苯胺和 $NH_3$，而 DR-8 菌株不能以甲单脒为碳源生长，只能在添加其他有机营养基质作为碳源的条件下才能降解甲单脒，且降解产物未完全矿化，属共代谢作用类型。在共代谢降解过程中，微生物通过酶来降解某些能维持自身生长的物质，同时也降解某些非微生物生长必需的物质。大量的研究显示，与有机氯农药降解有关的微生物并非某种特定菌种，通常是通过土壤中各种微生物的共代谢作用进行的。微生物对农药的代谢作用是土壤对农药最彻底的、最主要的降解过程。但是，也不能认为微生物群系是万能的，而且有些代谢产物甚至比原型农药毒性更大。

**5. 农药残留**

进入土壤的人工合成农药性质不同，导致农药在土壤中的残留时间产生差异。据研究，在土壤中残留时间最长的是含重金属类农药，依次是有机氯农药，取代脲类、均三氮苯类和大部分磺酰脲类除草剂，拟除虫菊酯农药，氨基甲酸酯农药，有机磷农药。

半衰（减）期和残留量可用来衡量土壤中农药的残留时间。半衰期是指施入土壤中的农药因降解等原因使其浓度减少一半所需要的时间。不同种类的农药在土壤中的残留时间相差很大，表11-8列出了不同类型农药在土壤中的大致半衰期。

**表11-8　不同类型农药在土壤中的大致半衰期**

| 农药品种 | 大致半衰期/a | 农药品种 | 大致半衰期/a |
|---|---|---|---|
| 含铅、砷、铜、汞的农药 | 10～30 | 三嗪类除草剂 | 1～2 |
| 有机氯杀虫剂 | 2～4 | 苯氧羧酸类除草剂 | 0.2～2 |
| 有机磷杀虫剂 | 0.02～0.2 | 脲类除草剂 | 0.2～0.8 |
| 氨基甲酸酯 | 0.02～0.1 | 氯化除草剂 | 0.1～0.4 |

农药残留量是指土壤中农药因降解等原因含量减少而残留在土壤中的数量，可用下式表示。

$$R=c_0 e^{-kt}$$

式中，$R$ 为农药残留量，$mg \cdot kg^{-1}$；$c_0$ 为农药在土壤中初始质量分数，$mg \cdot kg^{-1}$；$t$ 为农药在土壤中的衰减时间；$k$ 为常数。

影响土壤中农药残留时间的因素很多，例如被降解农药的种类和浓度、微生物群体的活性、环境因子等。因此，农药在土壤中的含量变化实际上不像上式那么简单。土壤中农药的残留时间与农药在土壤中的降解速度成反比，并且残留时间越长的农药对土壤的污染就越大。一些持久性有机农药，例如艾氏剂、狄氏剂、异狄氏剂、滴滴涕等在土壤中残留时间是最长的，也是需要优先管控的农药。

## 三、农用薄膜在土壤中的迁移转化

农用薄膜是对应用于农业生产的塑料薄膜的总称，对于播种时期的保湿、保温起非常重要的作用。随着科学技术的发展，农用薄膜的种类也在不断丰富，包含轻薄型薄膜、多用途薄膜、长寿薄膜、防虫薄膜、防病薄膜、除草薄膜、降解薄膜等。生产农用薄膜主要是以低密度聚乙烯塑料（LDPE）为主要材料，其具有良好的耐化学性能。由于生产工艺等问题，低密度聚乙烯地膜在生产过程中聚乙烯分子容易被破坏，从而产生更多的支链。农用薄膜的重复使用性能差，气候等原因会导致农用薄膜老化，这时聚乙烯分子在老化过程中分子结构发生支化、断链、交联及氧化等，会使薄膜宏观力学性能变差，外观颜色变化。已有研究表明，影响聚乙烯塑料降解的因素包括内因和外因，内因指聚乙烯分子及分子与分子之间本身的结晶度、分子量、支化度等特性，外因是指环境温度、湿度、辐照强度以及老化时间等。聚乙烯分子量的变化是降解是否发生的重要参数之一，其与聚乙烯材料力学性能、耐化学性能和耐热性能有着非常密切的关系。聚乙烯在老化降解过程中，不同降解特性变化趋势也存在较大的差异。目前关于聚乙烯降解特性的研究已有较多报道，多数的研究集中于某一种类型聚乙烯老化特性方面的研究，而从分子量角度出发，比较分析聚乙烯的老化过程中降解特性指标的研究较少。个别研究报道，塑料进入土壤后，表层土壤会为其提供降解环境，主要是由于表层土壤有着较为丰富的紫外线辐射、丰富的氧气以及相对较高的温度。

美国国家海洋和大气管理局把粒径小于5mm的塑料颗粒称为“微塑料”。随着科学技术的发展和人们生活水平的提高，塑料的使用量连连攀升，引起了人们对塑料制品生态危害的广泛关注。人们的关注点从宏观向微观发展，宏观的塑料碎片最终会破碎成微塑料，微塑料是否会进入人体，进而威胁人体健康？多项研究表明农田土壤中微塑料的含量可能比海洋中的微塑料含量更高。农田土壤中的污染物来源于污泥的施用、废水的灌溉、大气沉降、固废堆积等，但农田微塑料污染主要源于农业塑料薄膜覆盖的原位分化和堆肥的直接带入。不同的研究者获得的微塑料丰富度差异较大。有研究者在某郊区菜地检测到土壤浅层和深层的微塑料丰富度分别为78.00±12.91个$\cdot kg^{-1}$、62.50±12.97个$\cdot kg^{-1}$，而且其中50.51%

的微塑料属于聚丙烯、43%的微塑料属于聚乙烯，这也证明了覆膜成为土壤中微塑料来源的主要方式。

有研究者发现，8 年覆膜后残膜以及残膜形成的薄膜型微塑料会广泛分布于 0～30cm 的土层，两者残留量最大的深度范围为 0～20cm。随着时间的推移，更深的土层会发生小块残膜以及薄膜型微塑料的累积。值得注意的是，如果残膜到达 20～30cm 土层土壤，其降解速度远远低于 0～20cm 土层。而且无论在哪一个深度，残膜的存在都会使土层的物理特性朝向不利于作物生长的方向发展。虽然覆膜对土壤有机碳的积累有一定的作用，但不覆膜后，残膜对土壤的负面影响同样显而易见。所以在生态极为脆弱的农田生态系统中，长期的残膜残留和微塑料的逐渐累积会造成土壤物理特性的恶化以及土壤养分的降低，应该引起人们的重视。如果长期覆膜后，对残膜不加以回收，随时间的推移可能对深层土壤产生污染，不利于农业的可持续发展。

# 任务四　农田土壤污染预防

具体内容见二维码 11-3。

二维码 11-3　农田土壤污染预防

# 任务五　重金属污染土壤的修复技术

随着“十四五”规划的实施，生态文明建设提到新的高度，土壤污染防治需求进一步释放。世界范围内至今没有完全成熟的污染土壤修复技术，更没有高效的处理工艺与设备。虽然污染土壤修复的研究已成为当前国内外研究的热点科学问题的前沿领域，但是现有的各种污染土壤的修复技术，无论是化学修复，还是植物修复，甚至微生物修复，都有一定的应用制约。突破当前困境的方法是在生态安全的前提下对技术概念进行整体意义上的创新和技术再造，必须把防治土壤污染与土壤生态系统联系起来。中国科学院南京土壤研究所土壤与环境生物修复中心骆永明提出了土壤修复的方法，即发挥土壤自身功能，使污染物进行转化。只有这样才能把污染土壤修复技术应用到实际中，才能对土壤资源进行保护和利用，污染土壤修复的科学研究和实际工作才能进入一个新的发展阶段。

当前土壤污染治理的主要机制是对土壤污染进行修复，尽量还原土壤本质，实现对土壤污染的控制。其基本方式是根据物理、生物、生态学、化学原理，结合事前工作，充分了解被污染土壤的性质、物理形态、化学形态和土壤中微生物的活性，有针对性地采取相应的调控措施来实现污染净化。

## 一、物理修复技术

物理修复法就是采用一定的技术和手段，将污染物从土壤中分离出来，使土壤恢复可利用价值的方法。一般的土壤物理修复法主要有深耕翻土、客土、换土、热解吸和固化等。这些工程措施治理效果通常较为彻底、稳定，但其工程量比较大，投资大，易引起土壤肥力减弱，因此目前它仅适用于小面积的重污染区。物理修复法是最通用的土壤修复法，广泛应用于各种污染土壤情况。根据不同土壤质地、通透性和污染物类型，以及具体的修复后土壤可再利用价值，可以选择不同的土壤修复方法，在成本一定的情况，达到良好的土壤修复效果。

### （一）深耕翻土、客土、换土和隔离包埋法

深耕翻土法是指对土层较深且污染较轻的土壤，通过深耕将上下层的土壤混合，从而使表层土壤污染物浓度降低，但下层土壤的营养元素和有机质较少，需要在耕种时补充一定量的有机肥。

客土法是指对于污染不严重、取土方便的污染土壤，可以将适量清洁土壤添加到污染土壤中，从而降低污染土壤的重金属污染物的浓度。客土时，尽量选择与污染土壤理化性质相近的清洁土壤，以便植物能较快适应生长。

换土法是将污染土壤取走，更换新鲜的清洁土壤。换土法速度快，但成本较高，该方法适用于重金属污染严重的农业和工业场地土壤的修复。如表层的镉质量分数高达56.13%的土壤，在去除表层15～30cm土壤后，种植的水稻稻米中镉质量分数下降50%。该方法也适用于小面积严重污染且污染物又易扩散、难分解的土壤，以免扩大污染区域。对放射性污染的土壤应迅速剥去其表层。由于重金属容易积聚在细粒中，因此可以先过筛，换走细粒部分，从而减少换土量。但是对换出的土壤应妥善处理，避免二次污染。

隔离包埋法是指对污染较重的土壤，在污染区域的四周和底部修建混凝土钢筋水泥隔离墙，防止污染土壤的有毒滤液渗透到周围土壤和地下水造成污染，但所用隔离墙的渗漏系数必须极小。

### （二）电动修复法

天然的土壤胶体带负电，土壤中的重金属离子吸附在土壤胶体上达到电性平衡，形成分散的双电层结构。电动修复法是指将惰性电极放置于污染土壤两端，并施加电压形成直流电场，使土壤的双电层结构失稳，重金属离子在电迁移、电渗析、电泳等综合作用下，迁移到电极附近，从而使重金属离子从土壤中脱除，实现修复污染土壤的目的。其中，电动修复的电极反应主要是水的电解，电极方程式为

$$\text{阳极反应：}2H_2O-4e^- = 4H^+ + O_2\uparrow \qquad E_0=-1.229V$$

$$\text{阴极反应：}2H_2O+2e^- = 2OH^- + H_2\uparrow \qquad E_0=-0.828V$$

电动修复技术通过物理和化学过程将重金属移出土壤是一项永久解决土壤重金属污染问题的技术。电动修复技术与其他修复技术相比，其具有的优点是借助低导电率分离土壤中的各种重金属细微颗粒，且不会破坏土壤的自然结构，操作灵活简单等。该方法的缺点是需要大量的能源提供动力，长时间运行容易产生极化，并且电动修复效果会受到土壤pH、缓冲性能、组分及污染金属种类的影响。基于进一步提升电动修复技术应用效果的目的，许多学者对这一方法进行了完善和发展，并提出了电渗析法、氧化还原法、Lasagna TM法、酸碱中和法、阳离子选择膜法和表面活性剂法等改良方法。

随着电动修复技术的不断发展和成熟，该技术在实际土壤原位修复上也取得了较好的效果。使用电动修复技术去除土壤中Pb的过程中，去除率和土壤pH值随修复时间和交换电极时间间隔的变化而变化。当电势梯度为1V/cm，交换电极时间间隔为48h时，Pb的去除率最高为87.7%。

电动修复技术除了应用在重金属污染土壤的修复上，还可用于市政污泥重金属的去除。

电动修复技术适用于酸化污泥，可同时去除几种重金属，对导水率较差的市政污泥中的重金属也有明显的去除效果，污泥中有机质含量和形态不发生改变，修复后污泥具有资源化价值。

### （三）热力恢复法

热力恢复法主要是针对熔点较低或挥发性较强的重金属（如汞）污染土壤。此种汞去除/回收技术包括以下几道程序：

① 将被污染的土壤和废物从现场挖掘后进行破碎。

② 往土壤中加具有特定性质的添加剂，此添加剂既有利于汞化合物的分解，又能吸收处理过程产生的有害气体。

③ 在不断向土壤通入低速气流的同时，对土壤进行加热，且加热分两个阶段。第一阶段为低温阶段（88～100℃），主要去除土壤中的水分和其他易挥发性物质；第二阶段温度较高（538～650℃），主要从干燥的土壤中分解汞化合物并使汞气化，让其凝结成纯度为99%的金属汞后予以收集。

④ 使低温阶段排出的气体通过气体净化系统，用活性炭吸收各种残留的含汞蒸气和其他气体，避免汞对大气产生污染。

⑤ 高热阶段产生的气体通过与第④道工序相同的处理净化后再排入大气。为了保证工作环境的安全，程序操作系统采用双层空间，空间中为负压，以防止事故发生时汞蒸气向大气中散发。

应用热力恢复法修复土壤汞污染时，土壤中超过99%的汞可通过电热法在不超过土壤沸点的温度下去除，是土壤汞污染的有效修复方法之一。热力恢复法仅适用于去除低熔点、易挥发重金属，并且挥发出的重金属元素若收集和处置不当，极易污染空气。该方法适用于小面积、重污染土壤修复，成本高，故还需进一步优化完善。研究报道，汞污染土壤在270℃热处理2h后，土壤中的汞质量分数至少降低50%，而土壤营养元素钾、磷、氮等含量变化不大，土壤能够基本保持耕作属性和基本结构。对于重金属污染较严重的土壤，经过热力恢复法处理后，一般需要与植物修复技术或客土修复技术结合，以利于土壤恢复耕作属性。

## 二、化学修复技术

化学修复技术是指利用化学手段，如氧化还原、沉淀聚合、络合吸附等反应改变土壤中重金属的迁移态和生物活性，降低植物对重金属的吸收。

### （一）土壤改良技术

土壤改良技术是指在土壤中加入低毒或无毒的化学物质，通过化学反应改变土壤的物理化学性质，降低土壤中可迁移态重金属含量。目前常用的化学改良剂主要有磷酸盐、石灰、沸石、赤泥、草木灰、钙镁磷肥、生物堆肥、泥炭、畜禽粪便、纯碱、草酸等。对于偏酸性的重金属污染土壤，为了降低重金属的迁移，可以往污染土壤中添加一些碱性物质，例如石灰等可明显提高土壤的酸碱度；对于铅、铬、镉等重金属污染土壤，可采用铁氧化物、硅海泡石或蒙脱石等改良剂降低重金属生物有效状态，降低生物对重金属的吸收。在重金属污染土壤修复与改良实践中，对于酸性土壤，可使用草木灰、碳酸氢铵、农家氨肥和石灰进行改良；对于碱性土壤，可使用低浓度醋酸、硫黄、石膏粉、沼液等进行改良。

随着“碳中和”与“碳达峰”发展目标的提出，低碳、高效、可持续的土壤改良材料越来越受到青睐。生物炭是生物质在缺氧或无氧环境中经高温热裂解后生成的固态产物，具有较大的表面积、微孔结构、碱性性质和活性官能团，可以有效降低土壤中重金属的迁移。其因具有价格低廉、促进碳循环和高度稳定等特点，可作为土壤改良剂、肥料缓释载体及重金属吸附材料。由于生物炭具有比表面积大和疏松多孔的特征，可用于吸附污染土壤中的重金属，降低重金属的生物有效性和迁移性，同时微生物在生物炭上的附着生长也有助于发挥微生物降解重金属的作用。

### （二）土壤淋洗技术

土壤淋洗技术通过向土壤中注入特定的淋洗剂，再利用重力和水力压头，推动淋洗液通过土壤，将土壤中的污染物质溶解并分离出来，不仅能够将土壤中的污染物和重金属分离出去，还有利于有效回收重金属和实现修复污染土壤的目标。淋洗剂的作用机理一般包括溶解、络合、吸附、静电作用、离子交换和氧化还原等。土壤淋洗技术去除土壤中污染物的机理有两种，第一种是化学方法，使污染物与淋洗液结合，并通过可能发生的解吸、螯合、溶解或固定等化学反应，将污染物带离去除；第二种是物理方法，利用淋洗剂冲洗，带走土壤中的重金属污染物。土壤淋洗技术也可以选择原位修复和异位修复两种在不同场地位置的处理方式。

在原位土壤淋洗中，不用移动污染土壤，通过注射井或喷淋头等加压装置向污染土壤中注入淋洗剂，然后液体在自身重力作用下进入土壤的缝隙，渗入土壤内部结构与污染物发生反应，将污染物带离土壤，最后通过地面上的抽提装置收集洗脱液，随后进行集中处理[图11-1(a)]。因此，原位土壤淋洗中，淋洗剂的选择是至关重要的。原位淋洗适合处理工程量较小且多孔隙、易渗透、水力传导系数＞10cm/s 的土壤。原位淋洗已经在实验室模拟实验和实际污染场地的修复中取得了良好的效果。对 116$m^2$ 受 Cd 污染的稻田土壤进行现场原位淋洗，先用食品级 $CaCl_2$ 淋洗，再用水淋洗以减少残留的氯含量，去除了 55%可交换态的 Cd。

采矿和选矿工业产生的污染大，污染范围广，污染土壤量多，因此先采用物理筛分及化学提取的方式分离土壤中的污染物，之后再进行淋洗，称之为土壤异位淋洗。异位淋洗技术的工艺更加复杂、应用更为广泛。异位淋洗相对原位淋洗的操作过程更为复杂，通常需要经过以下几个步骤：①挖掘污染土壤并运送至修复地点；②将土壤进行筛分，去除体积较大的杂物和石块；③进行污染土壤的淋洗修复处理；④固液分离；⑤洁净土壤的回填和洗脱液的处理[图 11-1(b)]。筛分中也涉及到物理分离方法，比如机械筛分、水力分级、静电分选、磁力分选等。

不同种类的淋洗液对于土壤重金属污染的修复效果存在一定的差异。常见的无机淋洗剂包括酸、碱、盐等无机化合物。无机淋洗剂是相对传统的淋洗剂，可用于重金属污染土壤的修复，成本较低。其中，无机酸的作用是破坏土壤与重金属的结合位点，将重金属以离子的形式释放到淋洗剂中，以达到去除重金属的目的；碱和无机盐主要是通过沉淀、离子交换和络合的方式结合土壤重金属；螯合剂是常用于土壤重金属污染修复的药剂，可以在较宽的 pH 范围内通过强螯合作用与土壤重金属形成具有较高稳定性的环状结构，从而增加土壤重金属的溶解性；表面活性剂还能够分散土壤污染物，增加与污染物的接触面积，形成的胶束可以提高污染物在洗脱液中的稳定性。

土壤淋洗技术虽然使用的原理方法比较科学，但仍需注意在使用土壤淋洗化学剂时，要保护土壤肥力不受影响。在实际应用中，虽然淋洗技术能够得到很好的修复效果，但是淋洗液很容易对地表水造成污染，并且回收淋洗液时还会带走土壤中的部分营养元素。因此，使用化学淋洗修复技术会使土壤肥力下降，从而影响植物生长。经过多次实践，相关学者将化学淋洗修复技术与深层土壤固定技术进行结合，可以将重金属固定在深层土壤中，从而有效

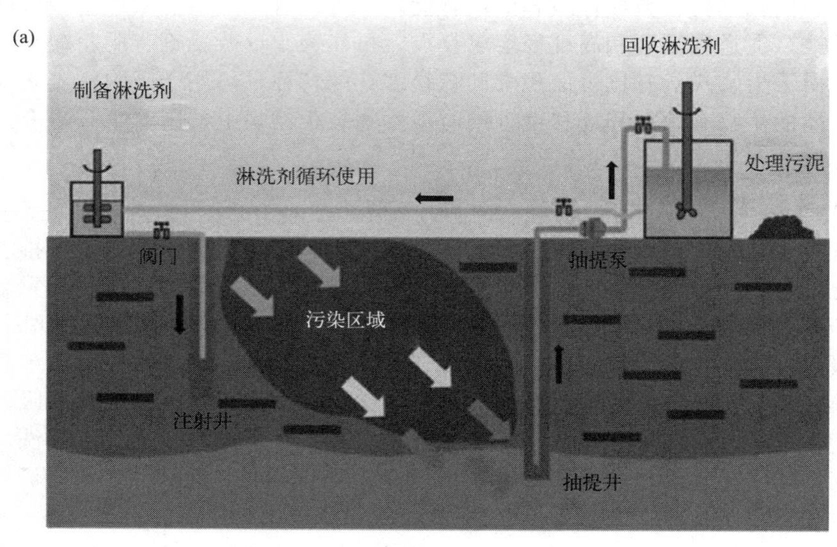


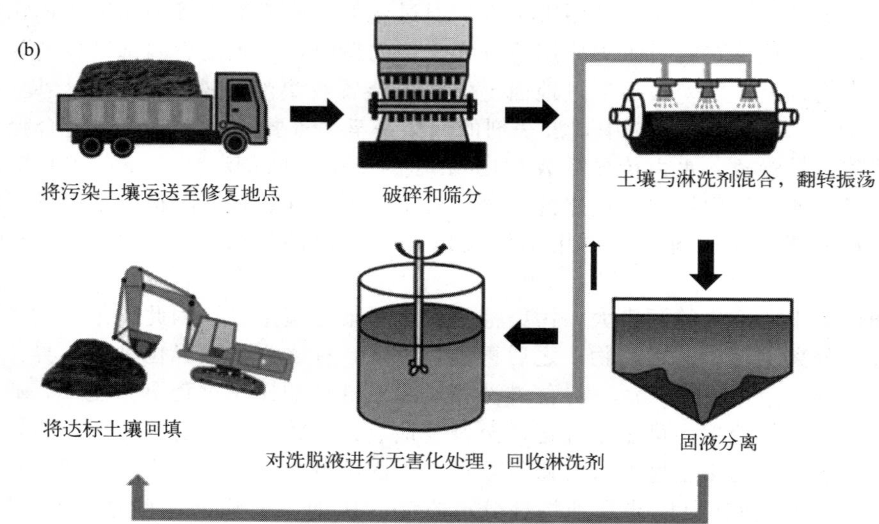


图 11-1 土壤淋洗的实施方式

降低其对地表水的污染。

### （三）固化/稳定化技术

固化/稳定化技术包括固化和稳定化两层含义，主要是用来限制有害物质的释放，降低有害物质的迁移性，降低其环境风险。其中，固化处理是向污染土壤中添加惰性材料（固化剂），使其生成结构完整、具有一定尺寸和机械强度的块状密实体（固化体）的过程；稳定化处理是向污染土壤中添加制剂，改变污染土壤中有毒有害组分的赋存状态或化学组成形式，从而降低其毒性、溶解性和迁移性的过程。固化/稳定化的机理包含吸附、络合、沉淀、离子交换等。

固化/稳定化技术可以单独用于处理污染土壤，也可联合其他风险管控技术处理复合污染的土壤。常用的固化/稳定化材料包括水泥、无机盐、金属氧化物、有机聚合物、热塑性材料、囊封和自胶结材料等。国内重金属污染土壤固化/稳定化修复案例见表 11-9。固化/稳定化是一个相对经济、便捷、快速的修复技术，但是不能去除土壤中重金属的总量，处置后土壤的再利用受到限制，而且还可能增加土壤的体积，其长期稳定性受土壤环境变化的影响。因此固化/稳定化需要长期监测和后期管理。在我国，长期监测一直持续到污染物总量恢复到筛选值以下，也就意味着固化/稳定化处理后的长期监测可能是永久性的。

**表 11-9　国内重金属污染土壤固化/稳定化修复案例**

| 修复材料 | | 污染重金属 | 场地类型 | 修复效果 |
|---|---|---|---|---|
| 水泥 | 水泥 | Cd、As、Pb、Zn | 上海某化工区搬迁遗留场地 | 浸出液达到《地表水环境质量标准》(GB 3838—2002)的Ⅳ类标准 |
| | 水泥 | Cd、Pb、Zn | 甘肃省某地 | |
| 碱性材料 | 碱性钙基 | Pb | 浙江省某塑料助剂厂地块 | 浸出液中重金属的浓度低于《地下水质量标准》(GB/T 14848—2017)中Ⅲ类标准 |
| 黏土矿物质 | 巯基修饰海泡石 | Cd、Pb | 天津市某区 | 油菜可食部分 Pb 质量分数降低至 0.66 $mg \cdot kg^{-1}$，Cd 质量分数降低至 0.07$mg \cdot kg^{-1}$ |
| | 改性蒙脱石 | Cu | 广东省某地 | 小白菜植株 17%～22.5% Cu 累计系数降低 |
| 磷酸盐类 | 过磷酸钙和 CaO | Zn、Pb、Cd | 甘肃省某铅锌冶炼厂地块 | 浸出液中 Zn、Pb、Cd 低于《地下水质量标准》(GB/T 14848—2017)中Ⅳ类水的规定限值 |
| | 磷酸盐 | Pb | 某铅污染场地 | 浸出液中 Pb≤0.25$mg \cdot kg^{-1}$ |
| 金属氧化物 | 铁系药剂 | Cr、Cu、Zn | 湖北省某污染地块 | 土壤浸出液中重金属的含量、浸出液 pH 达到《地表水环境质量标准》(GB 3838—2002)中Ⅳ类标准 |
| | 铁系药剂 | $Cr^{6+}$ | 四川省某铬污染场地 | 浸出液中 $Cr^{6+}$ 质量浓度<0.5$mg \cdot kg^{-1}$，总 Cr 浓度<1.5$mg \cdot kg^{-1}$ |
| | FeO、钠盐、钾盐、缓释碳源，以及 S、Mg、Ca、Si 和 Al 等成分 | As、$Cr^{6+}$ | 云南省某铬渣污染场地 | 浸出液中 As 质量浓度≤0.5$mg \cdot kg^{-1}$，$Cr^{6+}$ 质量浓度≤0.5$mg \cdot kg^{-1}$ |
| | $FeSO_4$、CaO | As | 浙江省某化纤厂搬迁场地 | 浸出液中 As 质量浓度≤0.05$mg \cdot kg^{-1}$ |
| 生物炭 | 铁基改性生物炭 | Cd | 江苏省某农田 | 土壤中有效态 Cd 降低率持续 3 年保持在 45%以上，小麦中 Cd 质量分数降低 22.7% |

## 三、生物修复技术

生物修复技术是指利用植物、动物和微生物吸收，降解和转化土壤中污染物，使污染物浓度降低到国家标准限值。生物修复技术分为植物修复、动物修复、微生物修复等 3 类。生物修复技术与物理、化学修复技术相比，具有成本低、二次污染少、绿色环保等特点，已成为当今重金属污染土壤修复领域的研究热点。目前，土壤重金属污染的生物修复技术已应用于一些污染场地的实地修复。

### （一）植物修复技术

所谓植物修复技术，主要是指通过利用绿色植物的挥发和吸收作用，起到清除污染杂质的作用，从而降低土壤中的重金属含量，使土壤环境满足耕种条件。

在植物修复技术中把植物分为 3 类，分别是超富集植物、高积累植物和低积累植物。

#### 1. 超富集植物

超富集植物组织可以吸收土壤中的重金属，因此，可以通过收获植物去除土壤重金属，从而实现对污染土壤的修复，这也是目前应用最广泛的植物修复方式。目前，我国所发现的重金属超富集植物有700种，分属45个科。镉（Cd）、锌（Zn）超富集植物如伴矿景天、天蓝遏蓝菜，Cd超富集植物如八宝景天、龙葵，铅（Pb）超富集植物如金丝草，砷（As）超富集植物如蜈蚣草等。

**2. 高积累植物**

高积累植物对重金属的吸收积累能力虽然不及超富集植物，但是其耐性好、生物量大，对重金属的积累量也相当可观。如萝卜在50mg·kg$^{-1}$的Cd污染土壤上种植，其植株Cd质量分数可达146.95mg·kg$^{-1}$；象草在2.0mg·kg$^{-1}$的Cd污染土壤上种植，其富集系数大于1，转运系数为0.60～0.84。

**3. 低积累植物**

低积累植物的筛选及其应用是受污染耕地安全利用的重要措施之一。研究表明，根据植物可食部分的重金属含量已筛选出多种低积累作物，如水稻、小麦、玉米、菜豆等。可在轻、中度重金属污染农田种植低积累作物，或通过间作套种超富集植物，实现边生产边修复。我国的基本国情是人均耕地少，人口数量大，需求的粮食量大，对受重金属污染农田大规模开发休闲农业、种植非粮作物或开展植物修复，可行性均不强。因此，低积累植物的推广应用显得尤为重要。

植物修复的机理主要由以下几种：

（1）植物萃取技术

植物萃取技术是去除土壤中重金属的最有效的植物修复手段。植物对重金属的萃取效果与土壤中重金属的生物有效性、土壤的理化性质、重金属形态和植物种类等有关。土壤重金属污染修复植物一般具有易耕易收、抗病虫害、产量高、重金属富集种类多、重金属富集能力强、重金属毒性耐受性强、根系发达和环境及气候条件适应性强等特点。植物萃取潜力主要取决于地上部分重金属浓度和地上部分生物量两个关键因素。有的植物即使生物量少，但是植物体内累积的重金属较多；有的植物可能体内重金属累积得少，但是它的生物量较大，这样累积的重金属量也很可观。由于生长速率高、逆境适应性强、生物量高，因此禾本科植物比灌木、乔木更适用于植物萃取。

（2）植物吸收技术

植物吸收技术是超富集植物修复土壤重金属污染的方式。植物吸收技术的机理是重金属通过共质体和质外体途径进入植物根系，从而被植物吸收，再通过收获植物移除重金属，从而降低土壤中重金属浓度。其中，通过胞间连丝运输的途径叫作共质体途径，通过细胞壁或其间隙等自由空间运输的途径叫作质外体途径。在这两种途径中，根部细胞对重金属的吸收和转运均起着至关重要的作用。

（3）植物挥发技术

植物挥发技术的机理是运用植物根部分泌出来的特殊物质，让土壤之中的一些重金属进一步转化挥发，或者植物通过吸收该物质将其存储在体内，后期将其转化为气态释放在大气之中，从而达到防治土壤污染的重要目标。现阶段的研究还是集中在比较容易挥发的，并且其毒性本身比较低的重金属汞和硒。该技术的运用只能局限于可挥发的重金属，不具有大范围的推广性和实用性，而且就目前的研究来说，无法得知挥发的重金属是否会造成二次污染。

（4）植物稳定化技术

植物稳定化技术是指通过抑制土壤中重金属污染物的活性，防止污染物进一步扩散。植物稳定化技术的优点是耐受重金属的植物将土壤中高浓度污染物覆盖，同时限制了土壤侵蚀和污染物向地下水中淋溶。污染物的流动性可以通过根系表面的吸附/积累和根际的沉淀来控制。

（5）植物阻隔技术

植物阻隔技术是指通过低积累作物的种植来减少植物食用部位重金属的累积量，从而达到安全利用污染农田的目的。该项技术近几年来在受污染耕地的安全利用中得到广泛应用，但因土壤环境存在多样性导致其应用效果差异较大。如全生育期淹水条件下水稻器官中 Cd 含量会显著降低，且糙米中 Cd 累积量随淹水时间的增加而降低等，但是对于砷而言，长时间淹水导致糙米中砷的累积量增多。因此推广时要仔细斟酌土壤的污染特点及污染元素。同时，作为植物阻隔技术关键的低积累作物还不够丰富，易受气候条件等影响，且只适用于轻、中度污染农田，无法满足市场和社会需求。

### （二）动物修复技术

动物修复技术是指利用土壤中的蚯蚓等低等动物的直接（指动物对污染物的富集）或间接影响（指动物行为改变土壤性质，提高污染物的生物有效性，提高植物和微生物的修复效率）来达到修复污染土壤的目的。蚯蚓和线虫是常用的修复动物之一，具有较强的环境适应能力和污染耐受能力，其自身活动可以改善土壤环境质量。在我国湖南等地的动物修复工程中发现，蚯蚓对重金属都具有吸附累积效果，但是对不同重金属的富集效果不同，富集效果最好的是镉，之后依次是锌、铜、铅，并且还发现同一生态类群的蚯蚓物种（$p>0.05$）具有相似的重金属生物富集系数。

### （三）微生物修复技术

微生物修复是利用土壤中一些具有功能的微生物对重金属进行吸收、沉淀、氧化还原等作用，通过改变重金属形态来降低土壤重金属的毒性。汞（Hg）和二价汞（$Hg^{2+}$）可通过一群具有 HGCAB 基因簇的厌氧型微生物转化为甲基汞。硫酸盐还原菌产生的硫离子通过沉淀作用去除周围环境中的金属离子，对土壤中的金属阳离子都具有较好的修复效果。研究表明，拟无枝酸菌属的 *Amycolatopsis tucumanensis* 菌株通过细胞内的一种低分子量的富含半胱氨酸的蛋白，可以将二价铜（$Cu^{2+}$）储存于细胞内部。细胞菌株 *Sporosarcina ginsengisoli* CR5 对砷（As）有一定耐受性，并且该细菌通过矿化作用能够在短时间内将三价砷浓度降低 96.3%。

## 四、农业生态修复技术

农业生态修复主要是指农艺修复和生态修复两部分。农艺修复措施包括改变耕作制度、调整作物品种、种植不进入食物链的植物、选择能降低土壤重金属污染的化肥或增施能固定重金属的有机肥等；生态修复即通过调节诸如土壤水分、养分、pH 值和氧化还原状况及气温、湿度等生态因子，实现对污染物所处环境介质的调控。农业生态修复技术成熟、成本较低、对土壤环境扰动较小，但修复周期长，修复效果的持久性需要跟踪监测。

# 任务六 有机污染土壤的修复技术

有机污染物是土壤中普遍存在的主要污染物之一，主要包括有机农药、酚类、合成洗涤剂，以及由城市污水、污泥及施肥带来的有害微生物等。上述污染物可通过化肥及农药的大量施用、污水灌溉、大气沉降等多种途径进入土壤系统，并改变土壤的理化性质，破坏局部生态系统，对区域的动植物产生间接和直接毒性作用，严重影响土地的使用功能。修复有机物污染的土壤主要有物理方法、化学方法及生物方法。

## 一、有机污染土壤的物理化学修复技术

### （一）土壤蒸汽浸提技术

土壤蒸汽浸提技术的原理是通过布置在不饱和土壤层中的提取井，利用真空向土壤导入空气，空气流经土壤时，挥发性和半挥发性有机物随空气进入真空井而排出土壤，土壤中污染浓度因而降低。土壤蒸汽浸提技术属于一种原位处理技术，但在必要时，也可用于异位修复。该技术适合挥发性有机物和一些半挥发性有机物污染土壤的修复，例如汽油、苯和四氯乙烯。尤其对于苯类物质和石油烃类物质，其有效率能够达到90%以上。蒸气浸提技术应用条件详见表11-10。

**表 11-10 蒸气浸提技术应用条件**

| 项目 | | 有利条件 | 不利条件 |
|---|---|---|---|
| 污染物 | 存在形态 | 气态或蒸发态 | 被土壤强烈吸附或呈固态 |
| | 水溶解度 | $<100mg \cdot L^{-1}$ | $>100mg \cdot L^{-1}$ |
| | 蒸气压 | $>1.33 \times 10^4 Pa$ | $<1.33 \times 10^4 Pa$ |
| 土壤 | 温度 | >20℃ | <10℃ |
| | 湿度 | <10% | >10% |
| | 组成 | 均一 | 不均一 |
| | 空气传导率 | $>10^{-4} cm \cdot s^{-1}$ | $<10^{-6} cm \cdot s^{-1}$ |
| 地下水位 | | >20m | <1m |

土壤蒸汽浸提技术方法初始去除污染物的速率高，随后去除污染物的能力迅速降低，并且有一个很长的时间拖尾期，此期间去除效率非常低。一部分研究者认为，这种现象是因为该技术易去除挥发组分，随着易挥发污染物的最先去除，剩余污染物挥发性相对减弱，因而去除效率降低。但更多研究者认为是由于扩散控制的污染物运移，减少了土壤与气流接触的机会。美国落基山兵工厂18单元污染土壤就是用土壤蒸汽浸提技术方法进行修复的。

### （二）热解吸技术

热解吸技术是通过直接或间接热交换，将污染土壤及其所含污染物（有机污染物、Hg等挥发性金属）加热到足够温度，使土壤中水分和污染物从污染土壤中挥发或分离，并以空气、燃气或惰性气体作传输介质使污染物转移至气相后收集处理。理论上讲，热解吸技术是通过污染物挥发和解吸机制将其由土壤相转移至气相，故通常认为热解吸是物理分离过程。实际热解吸过程中，因空气中存在氧气和热解吸温度较高，故伴随污染物氧化、降解和热解等反应，且反应强度随氧含量增大和热解吸温度升高而增强。热解吸技术基本流程见图11-2。

热解吸技术基本流程主要分为2个阶段：①土壤热解吸，即土壤中污染物受热挥发转移至尾气；②尾气处理，即净化处理尾气中污染物使之达标排放。土壤理化性质影响热解吸过程及处理效果，故热解吸前通常须对待处理土壤进行筛分、脱水或干化、破碎和磁选等预处理。热解吸技术广泛用于修复挥发性/半挥发性有机物、农药及高沸点氯代化合物等污染土壤，如石油烃（TPH）、苯系物（BTEX）、滴滴涕（DDTs）、六六六

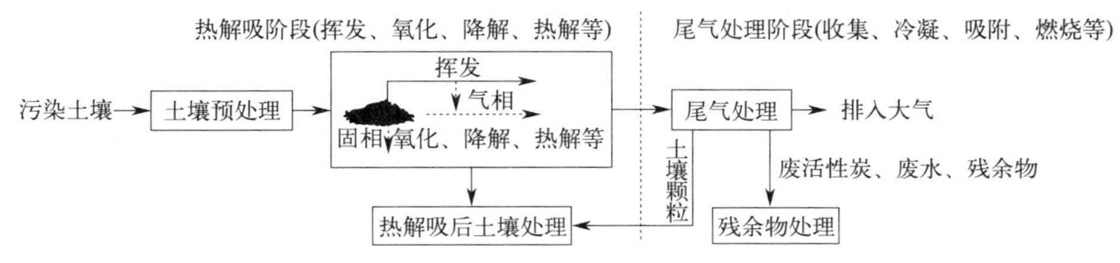

图 11-2　热解吸技术基本流程

(HCHs)、多环芳烃（PAHs）和多氯联苯（PCBs）。热解吸技术的应用实例是沃林顿乳胶厂环境修复工程。

## （三）溶剂浸提技术

溶剂浸提技术通常也被称为化学浸提技术，是一种利用溶剂将有害化学物质从污染土壤中提取出来或去除的技术。该技术是一种异位修复技术，在该过程中，污染物转移进入有机溶剂或超临界液体，而后溶剂被分离以进一步处理或弃置。

溶剂浸提技术的处理系统是利用批量平衡法，在常温下采用溶剂处理被有机物污染的土壤。应用溶剂浸提技术的第一步是挖掘土壤，并把岩石和垃圾等分筛出来；第二步是把污染土壤放置在提取箱中。溶剂与污染物的离子交换等化学反应过程是在提取箱里进行的。

根据污染物的化学结构和土壤特性选择溶剂的种类，常用的溶剂包含三乙基胺等一些专利溶剂。

## （四）原位化学氧化修复技术

原位化学氧化修复技术是在土壤中加入具有氧化或还原功能的试剂，使得土壤中的污染物发生氧化或还原，从而让有机污染物质发生降解或者转化。

原位化学氧化还原技术成本适中，是一种运用非常广泛的污染处理技术。采用这种技术，需要对土壤中的污染物性质和成分进行分析，且可能会改变土壤中有机质等离子含量。该技术擅长难降解有机污染物的处理，例如苯系物多环芳烃、五氯酚、农药、含氯有机溶剂、多氯联苯等。对浙江省一化工厂进行原位化学氧化修复后回填，土壤中的各检测指标显示邻甲苯胺、对氯甲苯等污染物有效降低，达到治理要求。

原位化学氧化修复技术常用的氧化剂主要包括化学氧化剂、催化剂和活化剂，常见的氧化剂包括 Fenton 试剂、双氧水、高锰酸盐、臭氧、过硫酸盐等。表 11-11 概述了常见氧化剂的特点。

**表 11-11　常见氧化剂的特点**

| 特点 | 双氧水/Fenton | 高锰酸盐 | 臭氧 | 过硫酸盐 |
|---|---|---|---|---|
| 快速 | √ | — | — | — |
| 不产生尾气 | √ | √ | — | √ |
| 持续生效 | — | √ | — | — |
| 人体健康风险小 | — | √ | — | √ |
| 增加氧气含量 | √ | — | √ | — |
| 可氧化苯系物 | √ | — | √ | √ |
| 需要臭氧生产系统 | — | — | √ | — |
| 产生沉淀堵塞孔隙 | — | √ | — | — |

## 二、有机污染土壤的生物修复技术

有机污染物的生物修复是指利用植物、动物和微生物在内的许多生物种类吸收、降解、转化土壤中的有机污染物，使有机污染物最终转化为水、二氧化碳等无毒无害的物质，实现土壤环境净化、生态稳定的有效手段。生物修复技术具有操作简单、成本低、对环境扰动少、无二次污染等优点。有机污染物的生物修复技术分为植物修复技术、动物修复技术和微生物修复技术三大类。

### （一）植物修复技术

植物修复是一种原位修复土壤有机污染物的有效手段，其利用植物的吸收作用将土壤中的有机污染物转移到植物体内进行分解或利用根系富集、固定土壤中的污染物。根据其作用和原理，植物修复可分为植物萃取、根际过滤、植物固定、植物降解、植物挥发等类型（表11-12）。植物种类是影响植物修复的关键因素，常见的植物修复物种包括南瓜属、芸薹属、苜蓿、烟草、羊茅和百日草等。实验证明，种植高羊茅和苜蓿均能显著促进土壤中多氯联苯的消散和细菌总数增长。

表 11-12 污染土壤的植物修复类型及机制

| 植物修复类型 | 修复机制 |
|---|---|
| 植物萃取 | 植物将土壤中的污染物质吸收提取到根部可收获的部位和植物地上茎叶部位，一般利用超富集植物 |
| 根际过滤 | 植物根系吸收、吸附、沉淀污染物，形成一个根系过滤系统，一般利用根系发达的植物 |
| 植物固定 | 植物在土表形成绿色覆盖层，植物根系及其分泌物通过吸附、积累、沉淀等过程减少污染物因淋洗、地表侵蚀等作用向地下水等地方扩散 |
| 植物降解 | 植物通过体内或分泌的植物酶将有机质降解 |
| 植物挥发 | 通过植物蒸腾作用使挥发性化合物或其代谢产物释放到大气中 |

### （二）动物修复技术

动物修复是指土壤中线虫等小型动物对土壤中有机污染物进行吸收和富集，并通过自身代谢作用将污染物转化为低毒或无毒产物的方法。蚯蚓是土壤中最典型的小型动物代表，研究报道蚯蚓能通过生物富集作用或刺激土壤微生物的新陈代谢降低土壤中的菲浓度。李森楠等从蚯蚓肠道中分离出能够降解土壤中苯并［*a*］芘的降解菌。同时，蚯蚓能够通过改善土壤环境间接促进有机污染物的降解，如蚯蚓掘穴能增强土壤的通气性，为土壤中好氧降解菌提供生物活性和电子供体。Cao 等证明了蚯蚓和菌根真菌促进了玉米-土壤体系中土霉素的降解。

### （三）微生物修复技术

微生物修复是指通过微生物将有机污染物作为碳源，进行生长繁殖，是一种可持续的降解和清除环境污染物的方法。微生物在好氧和厌氧的条件下均能降解有机污染物，其关键在于微生物通过分解代谢催化有机污染物的转化。微生物降解有机污染物的机制主要分为两种，一是与有机污染物发生酶促反应，直接降解有机污染物，主要的降解酶包括加氧酶、脱氯化氢酶、还原酶、脱氢酶、羟化酶等；二是通过矿化作用、累积作用、共代谢作用去除土壤中的有机污染物。

有机污染物降解菌经过几十年的筛选和发展，已经取得了丰硕的成果。现在已经发现的降解有机污染物的菌株包括黄萎病菌、青霉菌、毛霉菌、曲霉菌、犁头霉菌等真菌和鞘氨醇单胞菌、假单胞菌、黄杆菌、产碱菌、枯草芽孢杆菌、无色杆菌等革兰氏阴性细菌。尽管微生物修复技术已经取得了一定的实践成果，但需进一步发展与完善。其一是一种微生物不能降解所有的环境污染物，某种或某些微生物只能降解特定类型的污染物质，一旦污染物的类型或状态发生变化，生物修复能力便无从发挥。其二是生物修复在很大程度上依赖于降解作用发生的背景环境，如环境温度、湿度等环境因子对生物降解的影响很大。

因此，今后污染土壤的生物修复技术将着重在以下领域开展研究和应用实践：

① 运用分子生物学技术手段和基因工程理论，重新组建微生物的遗传性状，培养筛选具有降解多种污染物且降解效率更高的优良菌株及酶系，提高生物修复的效率

② 微生物的降解活性是生物修复的关键。要根据微生物的生化需要，合理地改善环境因子，创造良好的土壤环境，使微生物的代谢处于最佳状态，以期达到最优的生物修复效果。